Springer-Lehrbuch

Wolfgang Pfeiffer

Simulation von Meßschaltungen

Praktische Beispiele mit PSPICE berechnen

Mit 244 Abbildungen

Springer-Verlag
Berlin Heidelberg New York
London Paris Tokyo
Hong Kong Barcelona Budapest

Prof. Dr.-Ing. Wolfgang Pfeiffer
Technische Hochschule Darmstadt
Fachbereich Elektrische Energietechnik
Elektrische Meßtechnik
Landgraf-Georg-Straße 4
64283 Darmstadt

ISBN-13: 978-3-540-57427-9   e-ISBN-13: 978-3-642-48396-7
DOI: 10.1007/978-3-642-48396-7

CIP-Eintrag beantragt

Die Wiedergabe von Gebrauchsnamen, Handelsnamen, Warenbezeichnungen usw. in diesem Buch berechtigt auch ohne besondere Kennzeichnung nicht zu der Annahme, daß solche Namen im Sinne der Warenzeichen- und Markenschutz-Gesetzgebung als frei zu betrachten wären und daher von jedermann benutzt werden dürften.

Sollte in diesem Werk direkt oder indirekt auf Gesetze, Vorschriften oder Richtlinien (z.B. DIN, VDI, VDE) Bezug genommen oder aus ihnen zitiert worden sein, so kann der Verlag keine Gewähr für die Richtigkeit, Vollständigkeit oder Aktualität übernehmen. Es empfiehlt sich, gegebenenfalls für die eigenen Arbeiten die vollständigen Vorschriften oder Richtlinien in der jeweils gültigen Fassung hinzuzuziehen.

Satz: Reproduktionsfertige Vorlage des Autors;

SPIN: 10126735   62/3020 - 5 4 3 2 1 0 - Gedruckt auf säurefreiem Papier

Inhaltsverzeichnis

Simulation Elektrischer Schaltungen - Schaltungen der Elektrischen Meßtechnik

Einleitung

Das vorliegende Buch entstand im Zusammenhang mit meinen Vorlesungen *Elektrische Meßtechnik* und *Impulsmeßtechnik* an der Technischen Hochschule Darmstadt. Es enthält die Schaltungen aus den genannten Vorlesungen, deren Wirkungsweise mit Hilfe numerischer Berechnungen verdeutlicht werden kann. Darüber hinaus sind viele Beispiele enthalten, die mit Hilfe numerischer Verfahren überhaupt erst mit vertretbarem Aufwand berechnet werden können.

Die Berechnungen wurden unter Verwendung des Programms **PSPICE** der Firma **MICROSIM** auf dem PC durchgeführt. Die aktuelle Version des Programms ist 5.4 erschienen im Herbst 1993, mindestens ist jedoch die Version 5.2 erforderlich. Mit geringen Einschränkungen sind die Berechnungen bereits mit der Versuchsversion von **PSPICE** durchführbar, die einschließlich der vollständigen Dokumentation lediglich gegen eine Schutzgebühr erhältlich ist. Dadurch wird auch den Studierenden der Einstieg in diese Technik ermöglicht. Auf die bestehenden Einschränkungen der Versuchsversion wird jeweils explizit hingewiesen. Die Bearbeitung des Buches erfolgte mit der **DOS**-Version von **PSPICE**. Eine Verwendung der inzwischen existierenden **WINDOWS**-Version ist ohne weiteres möglich, bringt jedoch im vorliegenden Falle keinerlei Vorteile. Gerade für den Studierenden ist aus didaktischen Gründen eher die **DOS**-Version zu empfehlen.

Meinen Mitarbeitern danke ich für die kritische Durchsicht des Manuskriptes sowie dem Springer-Verlag für die vertrauensvolle Zusammenarbeit.

Mühltal, den 15.10.1993   W. Pfeiffer

1 Einführung — Einschwingvorgang

Bei den Berechnungsbeispielen dieses Buches wird davon ausgegangen, daß eine Textdatei mit den Berechnungsanweisungen erstellt wird. Bei der Benutzung der DOS-Version von PSPICE ist dieser Vorgang ohnehin unerläßlich. Bei der WINDOWS-Version von PSPICE werden die Berechnungsanweisungen in der Regel interaktiv erstellt, jedoch bereitet deren Dokumentation dann Schwierigkeiten. Es läßt sich zwar auch hier automatisch eine Netzliste erstellen, diese ist jedoch nicht so übersichtlich. Auch können nicht alle im Buch verwendeten Berechnungsanweisungen unter der WINDOWS-Version eingegeben werden oder machen die Erstellung eigener Modelle für Bauelemente notwendig. Aus den genannten Gründen wird daher im folgenden stets von der Verwendung der DOS-Version von PSPICE ausgegangen. Jedoch sind alle Berechnungsbeispiele selbstverständlich auch unter der WINDOWS-Version lauffähig. Ein grundsätzlicher Vorzug für eine der beiden Versionen soll damit aber nicht ausgesprochen werden, zumal sich die Gewichte hier sicher in Zukunft verschieben werden.

Das erste Beispiel soll die Berechnungsmöglichkeiten von PSPICE einschließlich der Möglichkeiten zur Berücksichtigung von Bauelementetoleranzen an einem einfachen Netzwerk demonstrieren. Obwohl dieses ausschließlich passive Bauelemente enthält, besteht auch hier bereits ein Zusammenhang zur Elektrischen Meßtechnik.

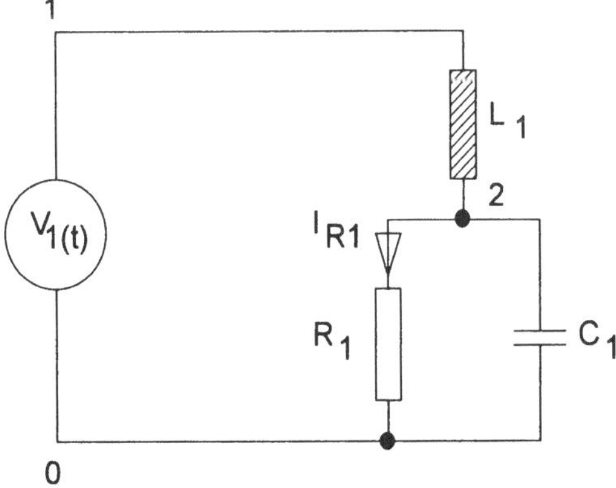

Bild 1.1: Schaltung zur Nachbildung des Einschwingvorgangs eines Drehspulgerätes.

Die in Bild 1.1 dargestellte Schaltung ist nämlich so aufgebaut und bemessen, daß der Strom I_{R1} etwa den gleichen zeitlichen Verlauf aufweist, wie das Einschwingverhalten eines Drehspulgerätes [1, 2] bei Sprunganregung. Voraussetzung ist allerdings, daß das Drehspulgerät den Nullpunkt in Skalenmitte besitzt, da andernfalls das Unterschwingen beim Ausschalten durch den Zeigeranschlag begrenzt würde. Die Resonanzfrequenz der verhältnismäßig schwach bedämpften Schaltung wurde zu 0,4 Hz gewählt. Ein Demonstrationsmeßgerät mit genau diesen Eigenschaften wird zu Hörsaalversuchen verwendet.

Die Eingabe der Berechnungsanweisungen ist in Liste 1.1 dargestellt. Daraus ergibt sich auch die Struktur des Textes sowie die Auswahl der verwendeten Zeichen. Beispielsweise dürfen Umlaute und ähnliche Sonderzeichen nicht verendet werden.

Im folgenden werden die Eingaben kurz erläutert, für Einzelheiten muß jedoch auf das Bedienungshandbuch von PSPICE [3] oder auf andere einführende Literatur [4-6] verwiesen werden.

```
SIMULATION DREHSPULGERAET
.OPTIONS ACCT LIST NODE OPTS TNOM=20

.TEMP -20 20 80
.AC DEC 100 .001Hz 100Hz
.TRAN 4ms 20s 0s 4ms UIC
.WCASE AC I(R1) YMAX OUTPUT ALL

V1 1 0 AC 1.2 PULSE(0V 1.2V 0s 1ms 1ms 10s 20s)
L1 1 2 LMOD 20H IC=0A
C1 2 0 CMOD 8mF IC=0V
R1 2 0 RMOD 120OHM

.MODEL RMOD RES (R=1 DEV=10% TC1=.001)
.MODEL LMOD IND (L=1 DEV=10% TC1=.001)
.MODEL CMOD CAP (C=1 DEV=10% TC1=.001)

.PROBE
.END
```

Liste 1.1: Anweisungen und Eingabedaten für die Berechnung

Mit Hilfe der Optionen (.OPTIONS) wird die Ausgabe zusätzlicher Informationen in der Ausgabedatei veranlaßt. Besonders wichtig ist, daß die Nenntemperatur (TNOM) auf 20°C gesetzt wird, da andernfalls der weniger zweckmäßige Vorgabewert von 27°C ($\approx$300 K) verwendet wird.

Als erste Anweisung werden getrennte Rechengänge (.TEMP) für die verschiedenen Temperaturen von -20°C, +20°C und +80°C festgelegt. Für die

Bauelemente der Schaltung müssen später entsprechende Temperaturabhängigkeiten definiert werden.

Anschließend wird eine Berechnung des Frequenzganges (.AC) im Bereich von 1 mHz bis 100 Hz vorgegeben. Dieser Bereich liegt etwa symmetrisch zur eingestellten Resonanzfrequenz von 0,4 Hz und erlaubt sowohl die Grenzwerte zur Gleichspannung hin als auch die für praktisch unendlich hohe Frequenzen im Frequenzgangdiagramm mit darzustellen. Wenn dies auch beim vorliegenden Beispiel keine Rolle spielt, so ist doch unbedingt zu beachten, daß bei allen Berechnungen im Frequenzbereich die verwendeten Gleichungssysteme am Arbeitspunkt linearisiert werden. Somit ist die Berücksichtigung von nichtlinearen Eigenschaften der Schaltung hier *grundsätzlich nicht möglich*. Dafür reduziert sich der Rechenaufwand bei Berechnungen im Frequenzbereich aber erheblich.

Die Berechnung des Einschwingvorgangs im Zeitbereich (.TRAN) wird entsprechend der zu erwartenden Periodendauer des Einschwingvorganges von etwa 2,5 s auf insgesamt 20 s festgelegt. Für eine hochwertige graphische Darstellung der Ergebnisse ist es meist erforderlich, den maximalen Zeitschritt bei der Berechnung zu begrenzen. In diesem Fall wird durch den letzten Eingabewert von 4 ms ein möglichst kleiner Zeitschritt vorgegeben, der zur Berechnung von insgesamt mindestens 5000 Datenpunkten führt. Andernfalls wird mit einem wesentlich größeren Vorgabewert gearbeitet. Durch diese Eingabe erhöht sich allerdings die Rechenzeit erheblich. Für diese Berechnung wird festgelegt, daß die vorgegebenen Anfangswerte für Spannung und Strom (UIC) für die verwendeten Energiespeicher zu benutzen sind. Diese Angaben sind, da sie beide Null betragen, im vorliegenden Beispiel jedoch nicht unbedingt notwendig.

Nun wird bei der Berechnung des Frequenzganges eine Auswertung der Beeinflussung des Stromes I_{R1} durch Bauelementetoleranzen festgelegt. Bei dieser WORST CASE-Analyse (.WCASE) wird zunächst die Abhängigkeit der gewählten Ausgangsgröße von den einzelnen Bauelementen errechnet und dann deren ungünstigster Einfluß aufsummiert. Dargestellt wird die größte Abweichung (YMAX) von I_{R1} bezogen auf den Verlauf beim Nennwert der Bauelemente.

Als Eingangsspannung (V_1) der Schaltung wird für die Berechnung im Frequenzbereich eine sinusförmige Spannung (AC) von 1,2 V Scheitelwert vorgegeben. Für die Berechnungen im Zeitbereich wird eine symmetrische Rechteckspannung (PULSE) mit 1,2 V Scheitelwert und 20 s Periodendauer festgelegt. Die Halbperioden dauern dann jeweils 10 s, was zum Erreichen des eingeschwungenen Zustands ausreichend erscheint. Falls genauere Ergebnisse erforderlich sind, müßte der Einschalt- und Ausschaltvorgang getrennt betrachtet werden. Die gewählten Anstiegs- beziehungsweise Abfallzeiten von 1 ms sind angesichts der zu erwartenden Einschwingzeiten vernachlässigbar klein.

Die Werte der Bauelemente (C_1, L_1, R_1) folgen aus der vorgegebenen Resonanzfrequenz von 0,4 Hz und der Vorgabe einer schwachen Dämpfung sowie einer Gleichstromaufnahme von 10 mA bei Nennbedingungen. Für alle

Bauelemente werden Modelle (.MODEL) festgelegt, in denen die Bauelementetoleranzen und die Temperaturabhängigkeiten definiert werden. Es wird eine Toleranz von ±10% vom Nennwert angegeben, wobei als Vorgabewert eine konstante Verteilungsfunktion der Werte mit der Toleranz um den Nennwert zugrunde liegt. Falls hier eine Gaußverteilung gewählt wird, ist zu beachten, daß dann die Toleranzeingabe der Standardabweichung σ entspricht. Daraus ergeben sich vergleichsweise wesentlich breitere Verteilungsfunktionen Die Temperaturabhängigkeit wird für die nicht näher bekannten Bauelemente linear mit +0,001/°C angenommen.

Es folgt die Anweisung, daß unmittelbar nach Ende der Berechnung eine graphische Darstellung der Ergebnisse durch Aufruf des graphischen Postprozessors (.PROBE) durchgeführt werden soll.

Die erforderliche Rechenzeit hängt stark von der hardwaremäßigen Ausstattung ab. Angesichts der geringen gewählten Schrittweite bei den Berechnungen im Zeitbereich kann diese selbst für eine so einfache Schaltung 5-10 min betragen.

In Bild 1.2 werden zunächst die Ströme in der Schaltung im Frequenzbereich dargestellt. Dabei ist I_{R1} die wesentliche Größe, da dieser als charakteristisch für den Einschwingvorgang des nachgebildeten Drehspulgerätes gelten soll. Die Resonanzspitze liegt bei knapp 0,4 Hz und die Resonanzüberhöhung beträgt etwa 140%, was den am Demonstrationsmeßgerät tatsächlich gemessenen Werten hinreichend genau entspricht.

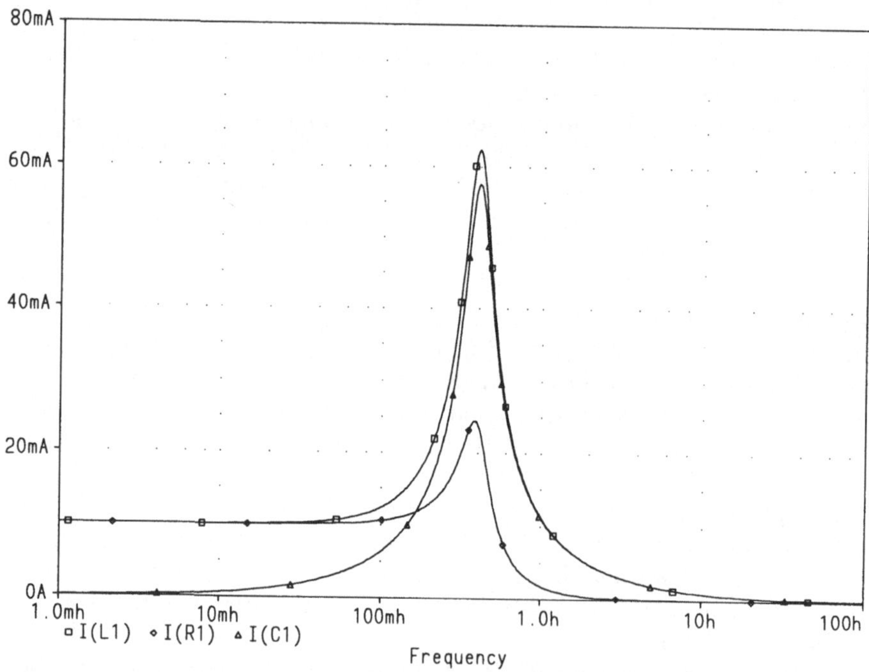

Bild 1.2: Frequenzgang der Ströme $\square - I_{L1}$, $\diamond - I_{R1}$ und $\triangle - I_{C1}$ bei $T = 20°C$

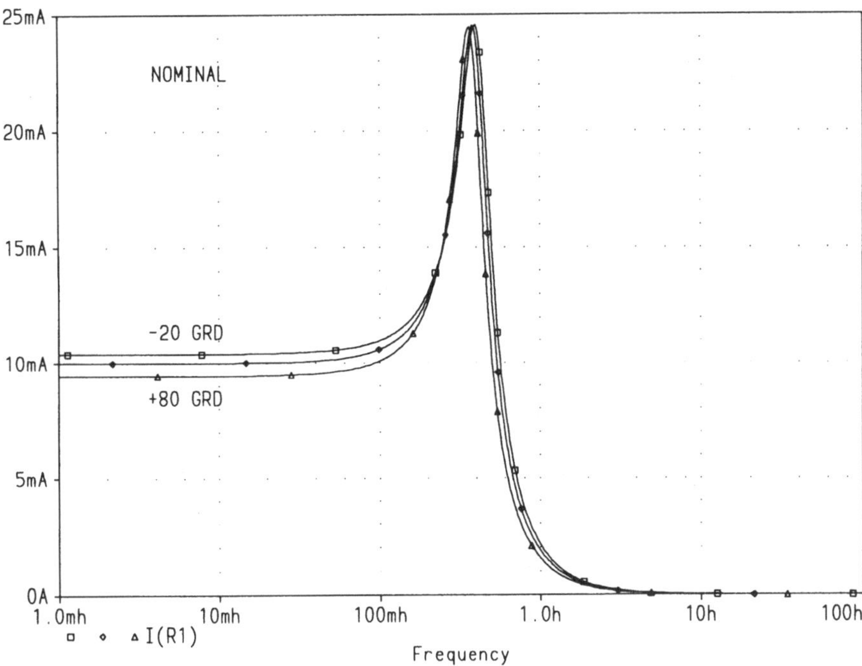

Bild 1.3: Temperaturabhängigkeit von I_{R1}; □ — -20°C, ◇ — +20°C, △ — +80°C

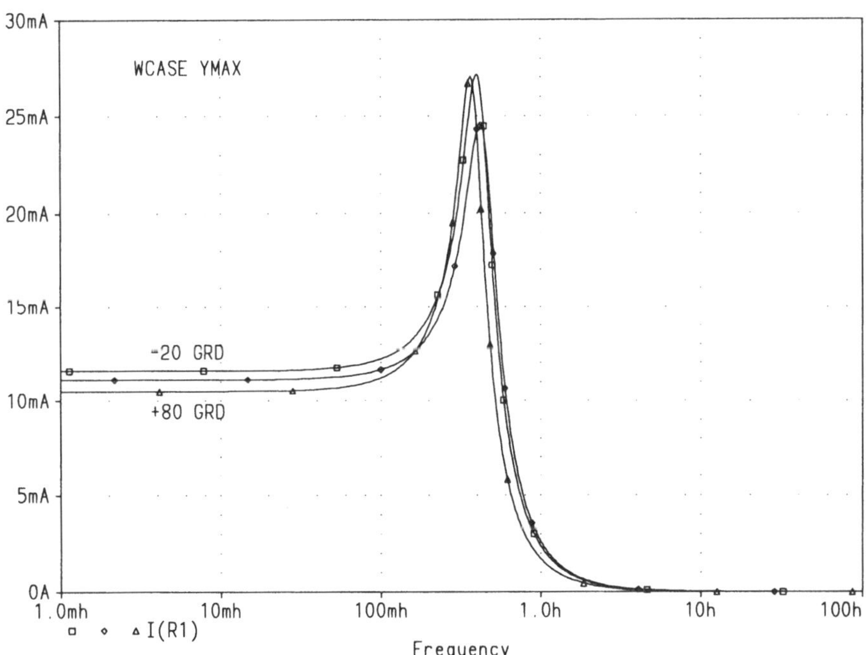

Bild 1.4: Größte Abweichung von I_{R1} vom Nennwert als Folge der Bauelementetoleranzen; □ — -20°C, ◇ — +20°C, △ — +80°C

Die Auswirkung der unterschiedlichen Temperaturen -20°C, +20°C und +80°C auf den Verlauf von I_{R1} im Frequenzbereich ist für den Nennwert der Bauelemente in Bild 1.3 dargestellt. Sowohl der Gleichstromwert von I_{R1} als auch die Resonanzfrequenz nehmen mit steigender Temperatur ab. Die Resonanzspitze ist dagegen in erster Näherung nicht von der Temperatur abhängig.

Größere Auswirkungen auf I_{R1} sind dann zu erwarten, wenn sich der Temperatureinfluß und die Bauelementetoleranzen in ungünstiger Weise überlagern. In Bild 1.4 ist das entsprechende Ergebnis der WORST CASE-Analyse dargestellt. Hier werden für die entsprechenden Temperaturen -20°C, +20°C und +80°C die Bauelementetoleranzen so eingestellt, daß sich für I_{R1} jeweils die größte Abweichung bezogen auf den Verlauf bei Nennwert (siehe Bild 1.3) ergibt. Das führt bei der niedrigsten und der höchsten Temperatur jeweils zu einer wesentlich größeren Resonanzüberhöhung von etwa 170%, während die Resonanzspitze bei 20°C etwa gleich bleibt. Auch die Resonanzfrequenz wird sichtbar stärker beeinflußt.

Im folgenden werden die Ergebnisse der Berechnungen im Zeitbereich betrachtet. Analog zu der in Bild 1.2 gewählten Darstellung werden in Bild 1.5 die zeitlichen Verläufe der Ströme dargestellt.

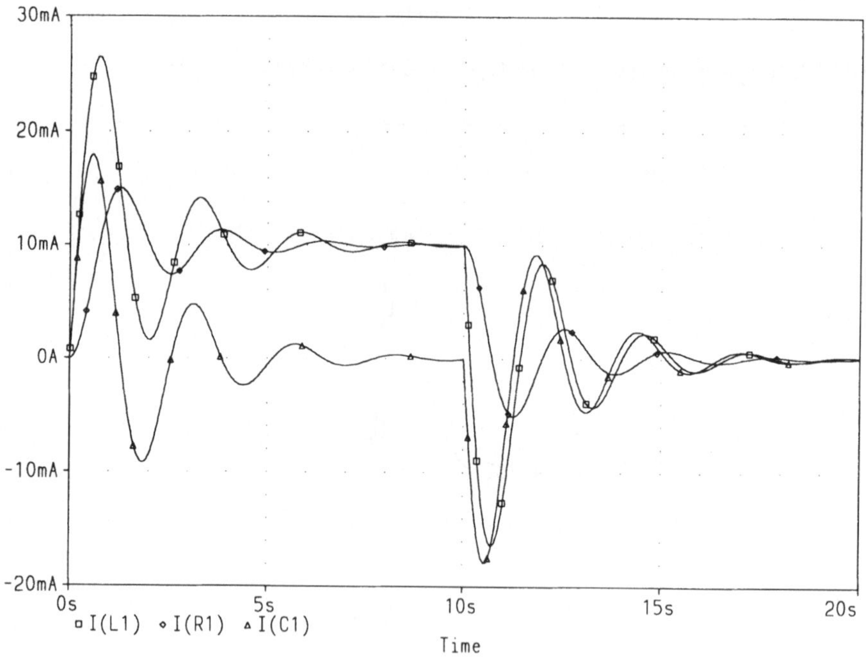

Bild 1.5: Zeitlicher Verlauf der Ströme □ — I_{L1}, ◇ — I_{R1} und △ — I_{C1} bei $T = 20$°C

Der Verlauf des als charakteristisch für das Einschwingverhalten des Drehspulgerätes anzusehenden Stromes I_{R1} beginnt im Nullpunkt mit waagerechter Tangente. Da der Verlauf von I_{R1} der Bewegung des Drehspulgerätes entsprechen soll, gibt dessen Steigung dann die Geschwindigkeit der Drehbewegung an. Da auf das System nur eine endliche Beschleunigung einwirkt, muß diese zum Zeitpunkt $t = 0$ eben auch noch Null sein. Das Überschwingen von I_{R1} beträgt etwa 50%. Trotzdem wird der eingeschwungene Endwert von 10 mA nach der Halbperiode der anregenden Rechteckschwingung von 10 s nahezu erreicht. Damit kann auch der nachfolgende Ausschaltvorgang hinreichend genau wiedergegeben werden. Das beim Ausschaltvorgang auftretende Unterschwingen kann wie schon erwähnt nur auf Meßgeräten mit etwa bis zur Skalenmitte verschiebbarem Nullpunkt dargestellt werden. Darüber hinaus ist zu beachten, daß handelsübliche Meßgeräte sehr viel stärker (nahezu aperiodisch) bedämpft sind. In der Regel ist bei diesen nur ein Überschwingen von wenigen Prozent zu erwarten.

In Bild 1.6 ist der Einfluß der Temperatur auf den zeitlichen Verlauf von I_{R1} für den Nennwert der Bauelemente dargestellt. Der Einschwingvorgang wird deutlich erkennbar, aber nicht gravierend, beeinflußt. Bezüglich des scheinbar unterschiedlichen Verlaufs des Ausschwingvorgangs ist zu beachten, daß hier die Anfangswerte für die verschiedenen Temperaturen um jeweils etwa 0,5 mA gegeneinander verschoben sind. Dadurch ergibt sich dann für alle untersuchten Temperaturen scheinbar die gleiche Amplitude des Unterschwingens.

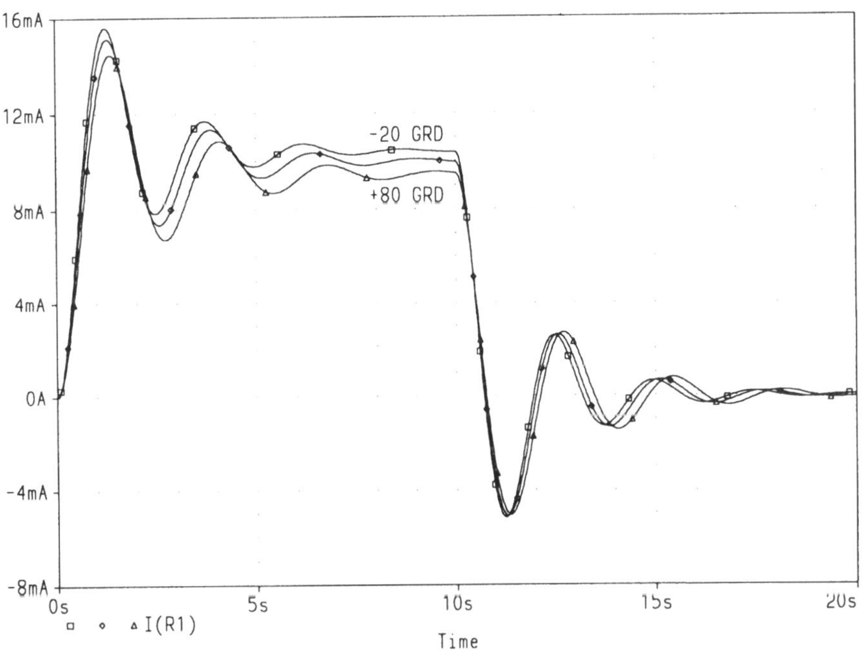

Bild 1.6: Temperaturabhängigkeit des zeitlichen Verlaufs von I_{R1}; □ — -20°C; ◇ — +20°C, △ — +80°C

Wesentlich größere Änderungen des Stromverlaufs wären zu erwarten, wenn auch bei den Berechnungen im Zeitbereich eine WORST CASE-Analyse unter Berücksichtigung der Bauelementetoleranzen durchgeführt worden wäre. Das hätte allerdings einen getrennten Rechengang erfordert, da jeweils nur eine Berechnung und auch nur eine zu berechnende Größe auf diese Weise ausgewertet werden kann.

2 Messung von Wechselströmen

2.1 Gleichrichterbrücke mit idealen Dioden

2.1.1 Sinusförmige Meßgrößen

Zumeist erfolgt die Messung von Wechselgrößen durch Gleichrichtung mit nachfolgender Mittelwertbildung. Die Gleichrichtung könnte bei unipolaren Größen natürlich entfallen. Es wird damit der Mittelwert der Betragskurve bestimmt, der sogenannte Gleichrichtwert. Als Meßgröße ist jedoch in der Regel der Effektivwert, also der quadratische Mittelwert, von Interesse [1, 2]. Beide Größen hängen über den Formfaktor F zusammen:

$$F = \frac{Effektivwert}{Gleichrichtwert} \tag{2.1}$$

Bei einer sinusförmigen Meßgröße und Doppelweggleichrichtung beträgt der Formfaktor:

$$F = \frac{\pi}{2\sqrt{2}} \tag{2.2}$$

Der von einem Meßgerät mit Doppelweggleichrichter angezeigte Gleichrichtwert wird in der Regel mit diesem Formfaktor multipliziert, so daß man dann den Effektivwert erhält. Da der Formfaktor aber ganz wesentlich von der tatsächlichen Kurvenform abhängig ist, treten bei Abweichungen der Meßgrößen von der Sinusform, die heute eher die Regel sind, erhebliche Fehler auf. Solche Kurvenformfehler können vollständig nur durch Verwendung echter Effektivwertmesser vermieden werden. Zum Kurvenformfehler hinzu kommen noch Meßfehler hervorgerufen durch die nichtlinearen Eigenschaften realer Gleichrichter, die vorerst jedoch vernachlässigt werden sollen.
Durch die in Bild 2.1 dargestellte Schaltung wird ein Doppelweggleichrichter für Spannungen mit nachfolgendem Drehspulamperemeter nachgebildet. Die Eingabe der Berechnungsanweisungen ist in Liste 2.1 enthalten.
Die Eingangsspannung wird über den Widerstand R_1 zunächst in einen proportionalen Strom I_{R1} mit 1 mA Scheitelwert umgeformt. Die idealen Dioden

(SDIODE) werden durch spannungsgesteuerte Schalter (VSWITCH) nachgebildet. Der Einschaltwiderstand R_{ON} dieser idealisierten Schalter beträgt
nur 0,1 mΩ und der Ausschaltwiderstand R_{OFF} beträgt 100 MΩ. Das Einschalten erfolgt bereits bei einer vernachlässigbar kleinen Spannung V_{ON}
von 0,1 mV und das Ausschalten bei V_{OFF} von -0,1 mV. Die Steuerspannung
der Schalter ist die Eingangsspannung V_1 beziehungsweise der inverse Wert
$-V_1$. Das Drehspulamperemeter wird durch den vernachlässigbar kleinen
Widerstand R_2 nachgebildet.

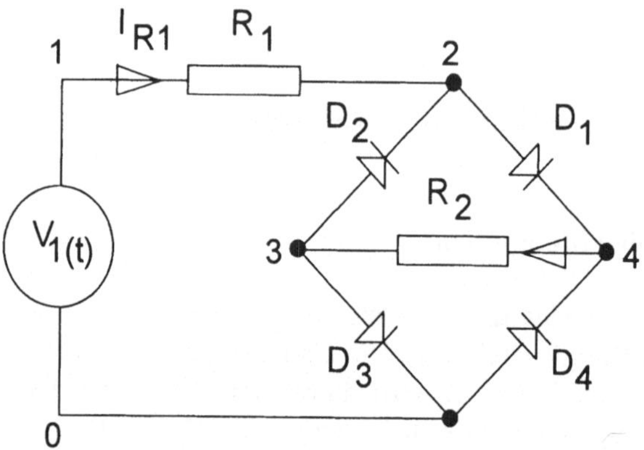

Bild 2.1: Schaltung zur Nachbildung eines Drehspulamperemeters (R_2) mit Doppelweggleichrichter

```
BRUECKE MIT IDEALEN DIODEN
.OPTIONS ACCT LIST NODE OPTS TNOM=20
.DC V1 -10V 10V 10mV
.TRAN 25us 100ms 0s 25us
V1 1 0 SIN(0 10V 50Hz)
R1 1 2 10kOHM
S1 2 4 1 0 SDIODE
S2 3 2 0 1 SDIODE
S3 3 0 1 0 SDIODE
S4 0 4 0 1 SDIODE
R2 4 3 1OHM
.MODEL SDIODE VSWITCH (RON=1E-4 ROFF=1E+8 VON=1E-4
+VOFF=-1E-4)
.PROBE
.END
```

Liste 2.1: Eingabedaten für die Berechnung bei sinusförmiger Meßspannung

Zunächst wird mit Hilfe der Gleichstromanalyse (.DC) die Linearität der
Gleichrichterschaltung überprüft. Als Ergebnis ist in Bild 2.2 der gleichgerichtete Strom I_{R2} in Abhängigkeit von der Eingangsspannung V_1 dargestellt. Offensichtlich handelt es um eine hinreichend lineare Gleichrichter-

schaltung. Von der Betragsbildung abgesehen, verhält sich die Schaltung praktisch wie ein ohmscher Widerstand von 10 kΩ.

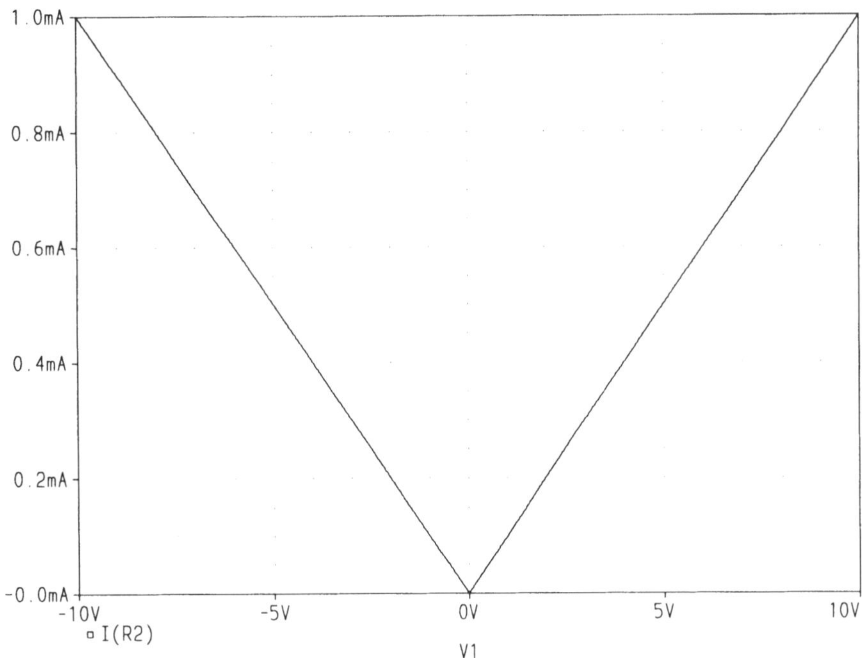

Bild 2.2: Linearität der Doppelweggleichrichterschaltung mit idealen Dioden; □ — I_{R2}

Danach wird eine Transientenanalyse durchgeführt (.TRAN) und der zeitliche Verlauf des Stromes I_{R2} im Drehspulamperemeter ausgewertet. Das Ergebnis ist in Bild 2.3 dargestellt. Dabei werden der Effektivwert (RMS) des zu messenden Stromes I_{R1} mit dem Mittelwert (AVG) des gleichgerichteten Stromes I_{R2} verglichen. Die beiden Kurven unterscheiden sich um den Formfaktor von in diesem Fall 1,11072. Eine Multiplikation des Mittelwerts von I_{R2} mit diesem Formfaktor, die ebenfalls in Bild 2.3 dargestellt ist, zeigt dies anschaulich.

Bei den Auswertungen in Bild 2.3 mag zunächst überraschen, daß bei der Berechnung von Effektivwert und Mittelwert kein konstantes Ergebnis erhalten wird. Das liegt daran, daß im Gegensatz zur geschlossenen Berechnung, die stets über ein ganzzahliges Vielfaches einer Halbperiode (beziehungsweise einer Vollperiode bei Einweggleichrichtung) der sinusförmigen Eingangsspannung durchgeführt wird, die numerische Berechnung mehr oder weniger kontinuierlich bei $t = 0$ beginnend erfolgt.

Zusätzlich zur Schwankung des Ergebnisses, die am Anfang des Kurvenzuges besonders ausgeprägt ist, tritt auch eine Beeinflussung des Formfaktors auf. Der Effektivwert und der mit dem Formfaktor von 1,11072 multiplizierte Gleichrichtwert stimmen jeweils nur am Ende einer Halbperiode genau überein. Auch dieser Effekt ist zu Beginn des Kurvenzuges besonders deutlich zu erkennen. Mit zunehmender Zahl der Perioden wird dieser Unterschied im Berechnungsergebnis zwangsläufig immer geringer. Darüber hinaus nehmen, wenn auch wesentlich langsamer, die zeitlichen Schwankungen im Integrationsergebnis ab.

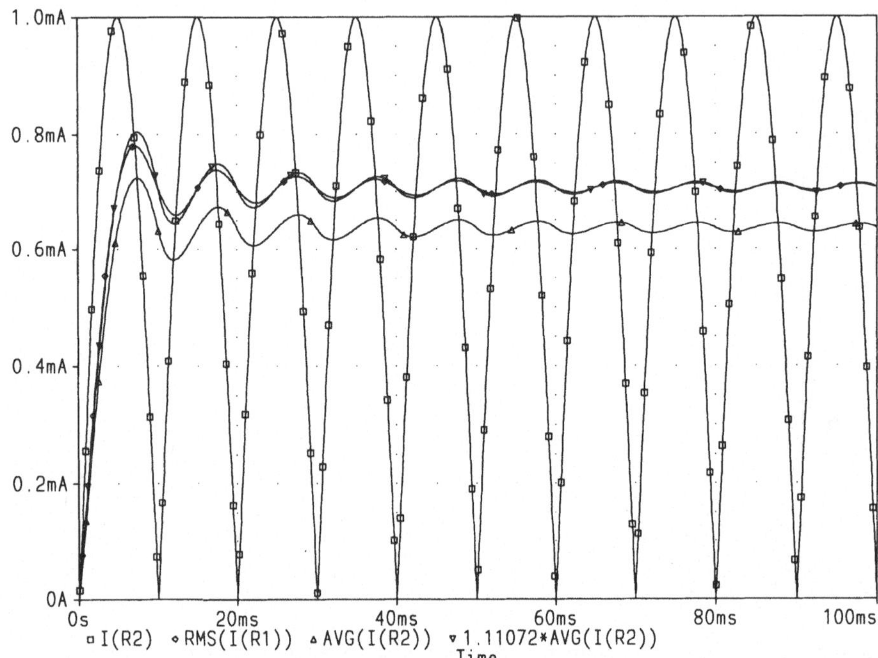

Bild 2.3: Zeitlicher Verlauf der Ströme: □ − I_{R2}, ◇ − Effektivwert von I_{R1}, △ − Mittelwert von I_{R2} sowie ▽ − Mittelwert von I_{R2} mal Formfaktor

2.1.2 Nicht sinusförmige Meßgrößen

An die Schaltung nach Bild 2.1 wird jetzt eine periodische dreiecksförmige Eingangsspannung angelegt. Diese Spannungsform muß als stückweise, lineare Funktion eingegeben werden, so daß sich gegenüber den Eingabedaten in Liste 2.1 die in Liste 2.2 dargestellten Änderungen ergeben.

```
V1 1 0 PWL(0s 0V .005s 10V .01s 0V .015s -10V .02s 0V
+.025s 10V .03s 0V .035s -10V .04s 0V .045s 10V .05s 0V
+.055s -10V .06s 0V .065s 10V .07s 0V .075s -10V .08s 0V
+.085s 10V .09s 0V .095s -10V .1s 0V)
```

Liste 2.2: Eingabedaten für die Berechnung bei dreieckförmiger Eingangsspannung

Das Ergebnis wird in Bild 2.4 ausgewertet. Dabei ist zu berücksichtigen, daß der Formfaktor für diese Spannungsform:

$$F = \frac{2}{\sqrt{3}} \qquad (2.3)$$

beträgt. Eine Multiplikation des Mittelwerts von I_{R2} mit diesem Formfaktor von 1,1547 ist genau gleich dem Effektivwert von I_{R1}.

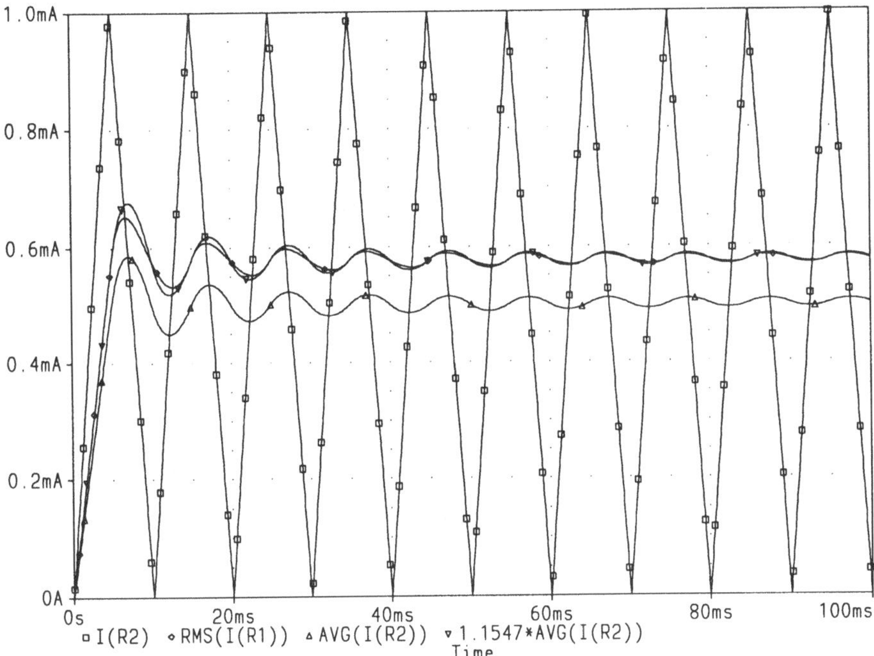

Bild 2.4: Zeitlicher Verlauf der Ströme: □ — I_{R2}, ◇ — Effektivwert von I_{R1}, △ — Mittelwert von I_{R2} sowie ▽ — Mittelwert von I_{R2} mal Formfaktor

Wenn in diesem Falle fälschlicherweise der Formfaktor für Sinusform angewandt worden wäre, dann wäre folgender Kurvenformfehler f entstanden:

$$f = \frac{A-W}{W}\,100\,\% = \frac{\dfrac{\pi}{2\sqrt{2}} - \dfrac{2}{\sqrt{3}}}{\dfrac{2}{\sqrt{3}}}\,100\,\% = -4,114\,\% \qquad (2.4)$$

Dabei ist A die Anzeige des für Sinusform in Effektivwerten kalibrierten Meßgerätes und W der tatsächliche Effektivwert. Ein Fehler dieser Größe ist bei der Mehrzahl der im praktischen Einsatz befindlichen Wechselstrommeßgeräte zu erwarten.

Diese Problematik wird sich verschärfen, wenn entsprechend größere Abweichungen der Meßgröße von der Sinusform auftreten, zum Beispiel dahingehend, daß nur kurze periodische Stromimpulse zu messen sind. An die Schaltung nach Bild 2.1 wird daher jetzt eine impulsförmige Meßgröße

(PULSE) mit einer auf die Periodendauer bezogenen Einschaltdauer (Tastverhältnis) von a angelegt. Dabei wird ein verhältnismäßig kleiner Wert von $a = 0{,}1$ angenommen, um die auftretenden Effekte zu verdeutlichen. Die entsprechende Änderung der Eingabedaten im Vergleich zu Liste 2.1 ist in Liste 2.3 angegeben.

V1 1 0 PULSE(0V 10V 0s 1us 1us 2ms 20ms)

Liste 2.3: Eingabedaten für die Berechnung bei impulsförmiger Eingangsspannung mit einem Tastverhältnis von $a = 0{,}1$

Das Ergebnis wird in Bild 2.5 ausgewertet. Dabei ist zu berücksichtigen, daß der Formfaktor für diese Spannungsform wie folgt vom Tastverhältnis a abhängt:

$$F = \frac{1}{\sqrt{a}} \tag{2.5}$$

Eine Multiplikation des Mittelwerts von I_{R2} mit diesem Formfaktor von 3,1623 ergibt jeweils am Ende einer Periode genau den Effektivwert von I_{R1}. Bei dieser Kurvenform sind sowohl die Schwankungen im Integrationsergebnis als auch die Unterschiede zwischen dem direkt und dem durch Multiplikation mit dem Formfaktor ermittelten Effektivwert stärker ausgeprägt.

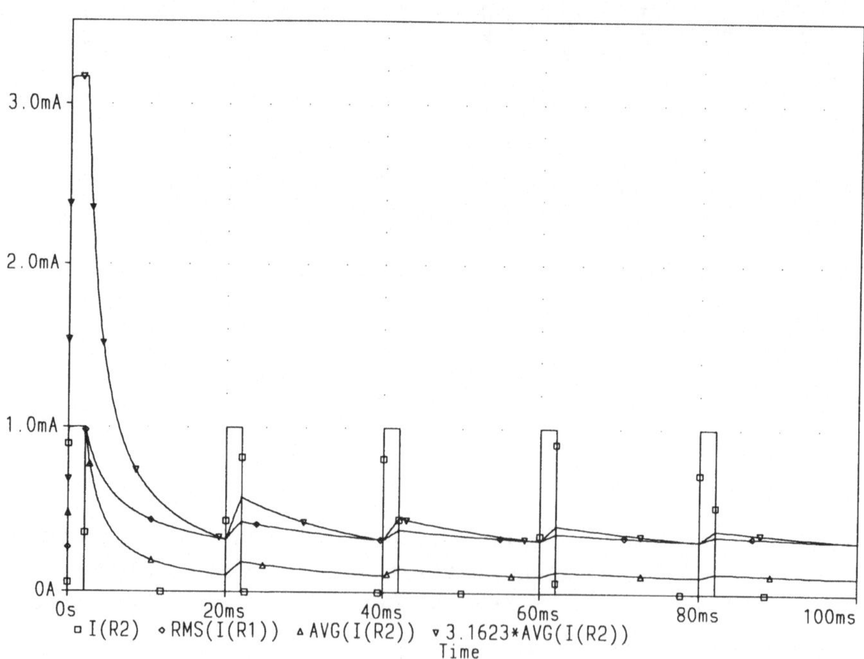

Bild 2.5: Zeitlicher Verlauf der Ströme: $\square$ — I_{R2}, $\diamond$ — Effektivwert von I_{R1}, $\triangle$ — Mittelwert von I_{R2} sowie ∇ — Mittelwert von I_{R2} mal Formfaktor

Wenn in diesem Falle fälschlicherweise der Formfaktor für Sinusform angewandt worden wäre, dann wäre folgender Kurvenformfehler entstanden:

$$f = \frac{\dfrac{\pi}{2\sqrt{2}} - \dfrac{1}{\sqrt{0,1}}}{\dfrac{1}{\sqrt{0,1}}} 100\,\% = -64,98\,\%$$ (2.6)

Hier kann man von einem Meßfehler eigentlich nicht mehr reden, es liegt vielmehr ein grober Fehler vor. Darüber hinaus ist zu berücksichtigen, daß unter solchen Bedingungen auch sogenannte echte Effektivwertmesser durch Übersteuerung versagen können. Man erkennt das tendentiell am Kurvenverlauf in Bild 2.5 in der Nähe des Nullpunktes.

Im folgenden soll der Fall betrachtet werden, daß die Meßgröße als sogenannte Mischspannung in Form einer Summe oder einer Differenz einzelner sinusförmiger Komponenten vorliegt. Bei der Gleichrichtung und den entsprechenden Berechnungen ist dann unbedingt darauf zu achten, ob außer den Nulldurchgängen der Grundschwingung auch *zusätzliche Nulldurchgänge in der Summenkurve* auftreten.

Da in PSPICE mehrere unabhängige Eingangsgrößen direkt nicht eingegeben werden können, muß die Überlagerung der Sinuskomponenten durch eine Art von Addierstufe erfolgen. Für die im folgenden betrachteten zwei Komponenten wird dieser Vorgang durch die in Bild 2.6 dargestellte Schaltung nachgebildet.

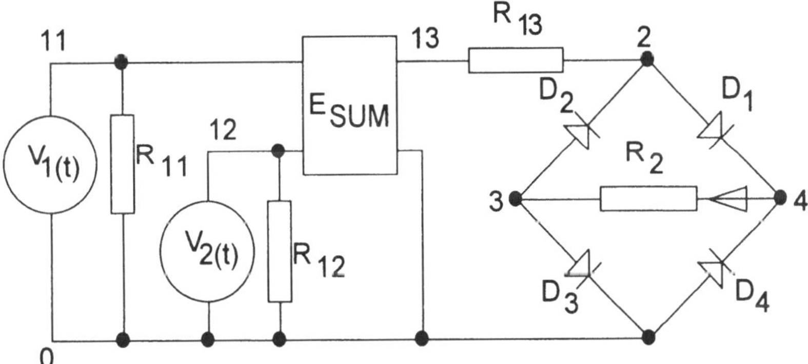

Bild 2.6: Schaltung zur Nachbildung eines Drehspulamperemeters (R_2) mit Doppelweggleichrichter bei Mischspannungseinspeisung

Die Überlagerung der beiden Eingangsgrößen wird durch die Funktion ANALOG BEHAVIORAL MODELING mit Hilfe der Eingabe VALUE = {···} erreicht. Die erforderlichen Eingabedaten für einen Anteil der dritten Oberschwingung von 50% und gleichsinnigem Nulldurchgang mit der Grundschwingung sind in Liste 2.4 angegeben. Als Steuerspannung für die idealen Schalter muß die Summenkurve V_{13} beziehungsweise $-V_{13}$ festgelegt wer-

den. Die Widerstände R_{11} und R_{12} sind notwendig um an den entsprechenden Eingangsklemmen einen geschlossenen Gleichstrompfad herzustellen.

```
IDEALE DIODEN - MISCHSPANNUNG
.OPTIONS ACCT LIST NODE OPTS TNOM=20
.TRAN 25us 100ms 0s 25us
V1 11 0 SIN(0 10V 50Hz)
V2 12 0 SIN(0 5V 150Hz)
ESUM 13 0 VALUE={V(11,0)+V(12,0)}
R11 11 0 1MEGOHM
R12 12 0 1MEGOHM
R13 13 2 10kOHM
S1 2 4 13 0 SDIODE
S2 3 2 0 13 SDIODE
S3 3 0 13 0 SDIODE
S4 0 4 0 13 SDIODE
R2 4 3 1OHM
.MODEL SDIODE VSWITCH (RON=1E-4 ROFF=1E+8 VON=1E-4
+VOFF=-1E-4)
.PROBE
.END
```

Liste 2.4: Eingabedaten für die Berechnung bei Mischspannung

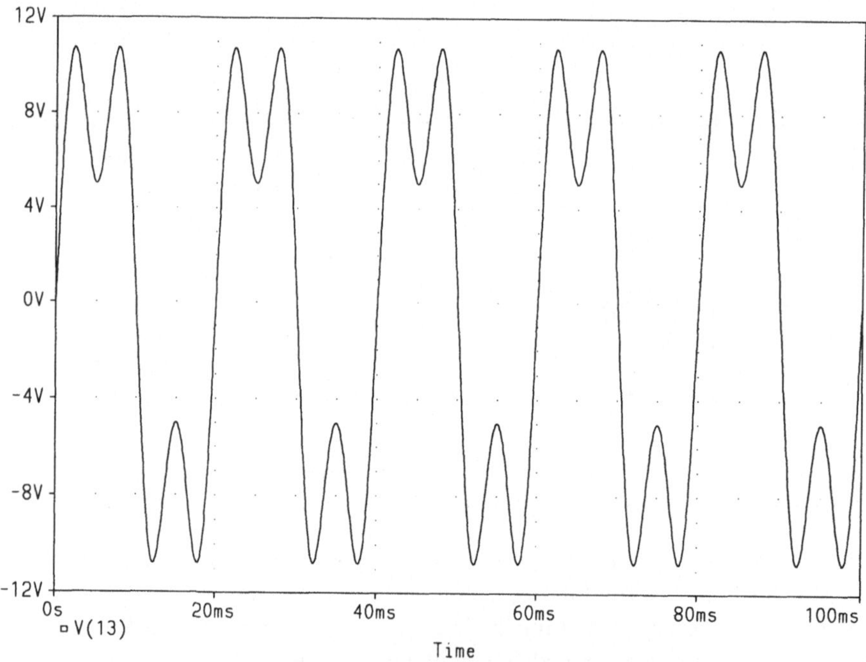

Bild 2.7: Summenkurve der Eingangsspannung bei Mischspannung; $\square - V_{13}$

Die Summenkurve der Eingangsspannung ist in Bild 2.7 dargestellt. Trotz des hohen Anteils der dritten Oberschwingung treten hier bei gleichsinnigem Nulldurchgang noch keine zusätzlichen Nulldurchgänge auf. Daher ist eine einfache und geschlossene Berechnung des Gleichrichtwertes möglich.
Das Ergebnis wird in Bild 2.8 ausgewertet. Der Formfaktor für diese Spannungsform beträgt:

$$F = \sqrt{\frac{5}{2}}\,\frac{3\pi}{14} \tag{2.7}$$

Eine Multiplikation des Mittelwerts von I_{R2} mit diesem Formfaktor von 1,06442 ergibt genau den Effektivwert von I_{R13}.

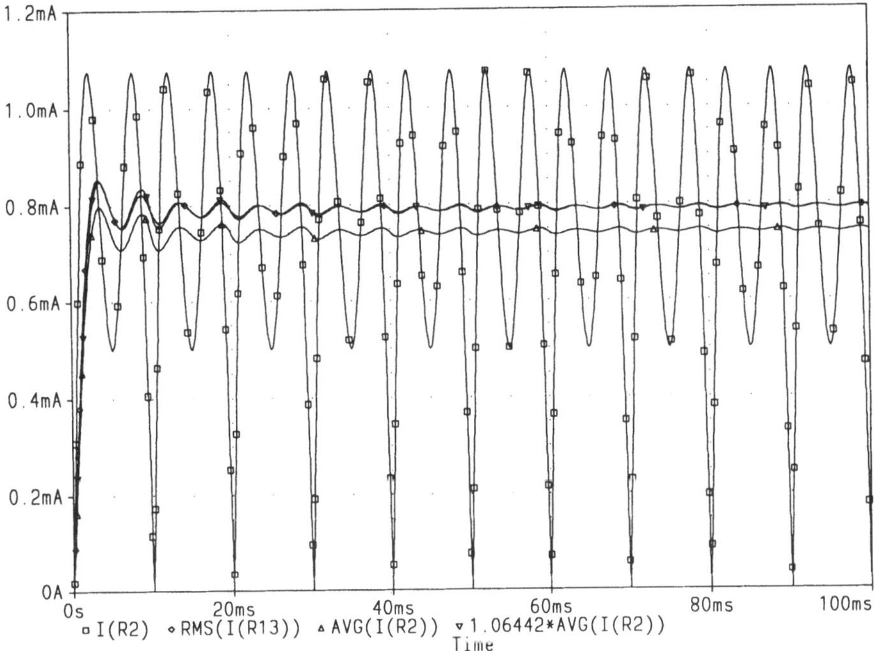

Bild 2.8: Zeitlicher Verlauf der Ströme: □ — I_{R2}, ◇ — Effektivwert von I_{R13}, △ — Mittelwert von I_{R2} sowie ▽ — Mittelwert von I_{R2} mal Formfaktor

Wenn in diesem Falle fälschlicherweise der Formfaktor für reine Sinusform angewandt worden wäre, dann wäre folgender Kurvenformfehler entstanden:

$$f = \frac{\dfrac{\pi}{2\sqrt{2}} - \sqrt{\dfrac{5}{2}}\,\dfrac{3\pi}{14}}{\sqrt{\dfrac{5}{2}}\,\dfrac{3\pi}{14}}\,100\,\% = +4,35\,\% \tag{2.8}$$

Eine weitere Erhöhung der Amplitude der dritten Oberschwingung hat eine Abnahme des Kurvenformfehlers zur Folge. Gegenüber den in Liste 2.4 angegebenen Eingangsdaten kommt es mit der in Liste 2.5 festgelegten Erhöhung des Anteils der dritten Oberschwingung auf 75% gerade zu einem Nulldurchgang des Kurvenformfehlers.

    V1 11 0 SIN(0 10V 50Hz)
    V2 12 0 SIN(0 7.5V 150Hz)

Liste 2.5: Eingabedaten für die Berechnung bei Mischspannung und erhöhtem Anteil der dritten Oberschwingung

Die entsprechende Summenkurve der Eingangsspannung ist in Bild 2.9 dargestellt. Da immer noch keine zusätzlichen Nulldurchgänge auftreten, ist auch hier eine einfache Berechnung des Gleichrichtwertes möglich.

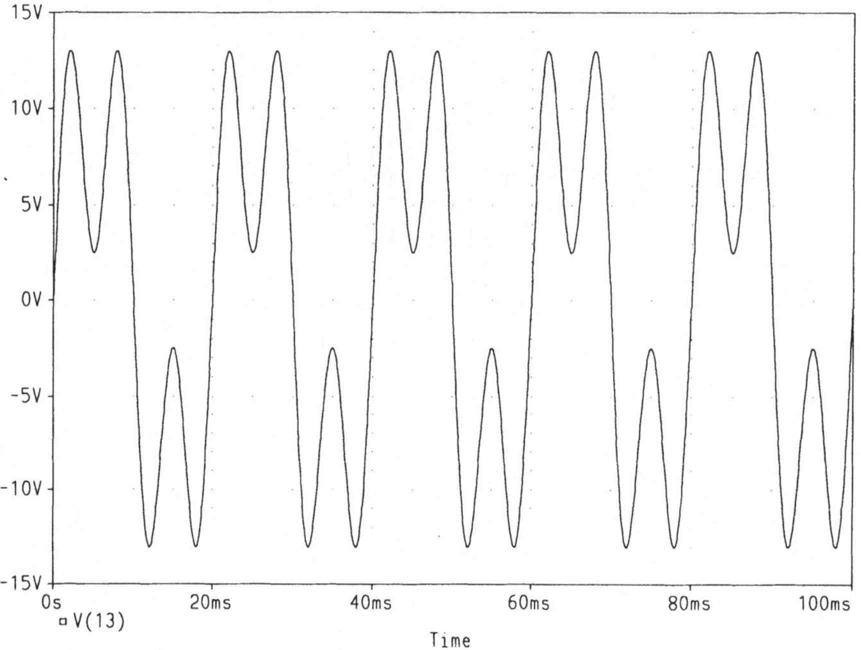

Bild 2.9: Summenkurve der Eingangsspannung bei Mischspannung und erhöhtem Anteil der dritten Oberschwingung; □ — V_{13}

Das Ergebnis wird in Bild 2.10 ausgewertet. Dabei ist zu berücksichtigen, daß der Formfaktor für diese Spannungsform gleich dem für reine Sinusform ist:

$$F = \frac{\pi}{2\sqrt{2}} \tag{2.9}$$

Eine Multiplikation des Mittelwerts von I_{R2} mit diesem Formfaktor von 1,11072 ist genau gleich dem Effektivwert von I_{R13}. In diesem Falle entsteht also zufällig kein Kurvenformfehler.

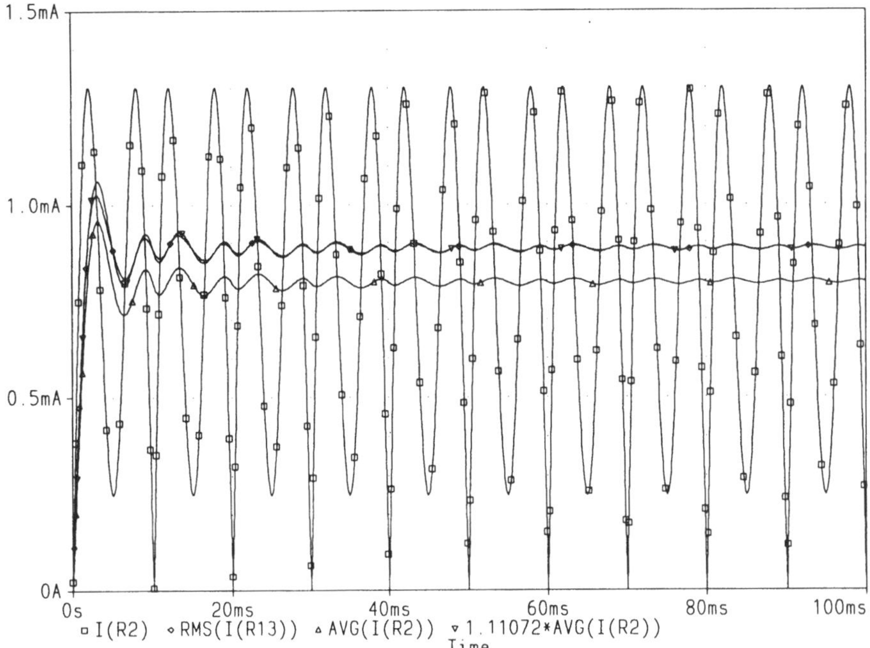

Bild 2.10: Zeitlicher Verlauf der Ströme: □ — I_{R2}, ◇ — Effektivwert von I_{R13}, △ — Mittelwert von I_{R2} sowie ▽ — Mittelwert von I_{R2} mal Formfaktor

Bei gegensinnigem Nulldurchgang der dritten Oberschwingung kommt es bereits bei einem Oberschwingungsanteil von mehr als einem Drittel zu zusätzlichen Nulldurchgängen, was eine geschlossene Berechnung im allgemeinen unmöglich macht. Ein einfacher Sonderfall ergibt sich jedoch bei Gleichheit der Amplituden der Grundschwingung und der dritten Oberschwingung, da hier die zusätzlichen Nulldurchgänge jeweils gerade bei $(2n+1) \cdot 45°$ liegen. Die entsprechenden Änderungen der Eingabedaten im Vergleich zu Liste 2.4 sind in Liste 2.6 enthalten. Anstelle einer Erhöhung der Amplitude der dritten Oberschwingung wurde hier im übrigen die Amplitude der Grundschwingung entsprechend herabgesetzt.

```
V1 11 0 SIN(0 5V 50Hz)
V2 12 0 SIN(0 -5V 150Hz)
```

Liste 2.6: Eingabedaten für die Berechnung bei Mischspannung und gegensinnigem Nulldurchgang der dritten Oberschwingung

Die sich ergebende Summenkurve der Eingangsspannung ist in Bild 2.11 dargestellt. Das Ergebnis wird in Bild 2.12 ausgewertet. Nach der Gleichrichtung ergibt sich durch die zusätzlichen Nulldurchgänge ein wesentlich veränderter Kurvenverlauf.

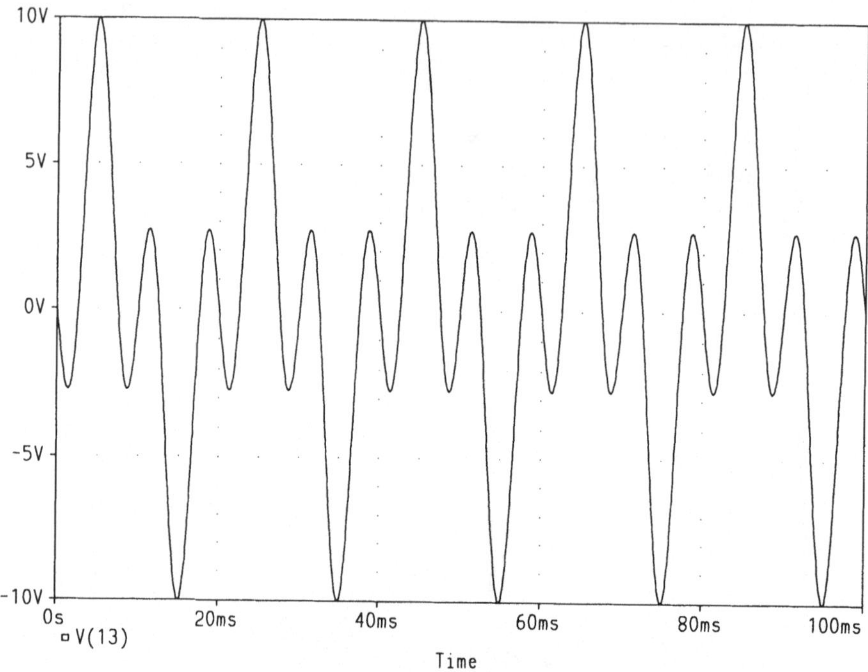

Bild 2.11: Summenkurve der Eingangsspannung bei Mischspannung und gegensinnigem Nulldurchgang der dritten Oberschwingung; □ — V_{13}

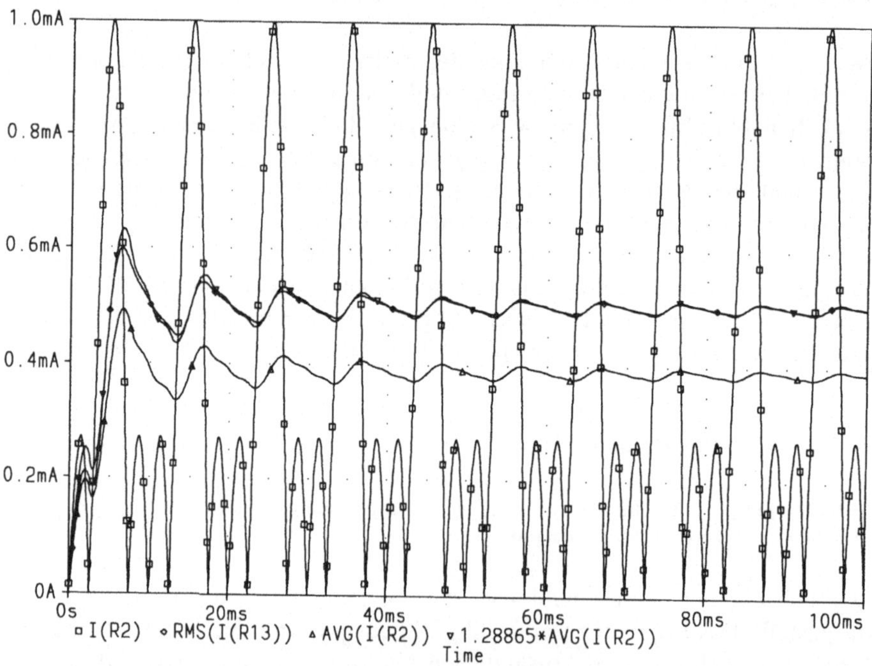

Bild 2.12: Zeitlicher Verlauf der Ströme: □ — I_{R2}, ◇ — Effektivwert von I_{R13}, △ — Mittelwert von I_{R2} sowie ▽ — Mittelwert von I_{R2} mal Formfaktor

Der Formfaktor für diese Spannungsform ist:

$$F = \frac{3\pi}{4\left(2\sqrt{2}-1\right)} \qquad (2.10)$$

Eine Multiplikation des Mittelwerts von I_{R2} mit diesem Formfaktor von 1,28865 ist genau gleich dem Effektivwert von I_{R13}.
Wenn in diesem Falle fälschlicherweise der Formfaktor für Sinusform angewandt worden wäre, dann wäre folgender Kurvenformfehler entstanden:

$$f = \frac{\dfrac{\pi}{2\sqrt{2}} - \dfrac{3\pi}{4\left(2\sqrt{2}-1\right)}}{\dfrac{3\pi}{4\left(2\sqrt{2}-1\right)}} \cdot 100\,\% = -13,81\,\% \qquad (2.11)$$

2.1.3 Sinusförmige Meßgrößen mit Phasenanschnitt

Nun sollen phasenangeschnittene Sinusschwingungen behandelt werden. Diese Spannungsform wird durch die in Bild 2.13 angegebene Schaltung nachgebildet.

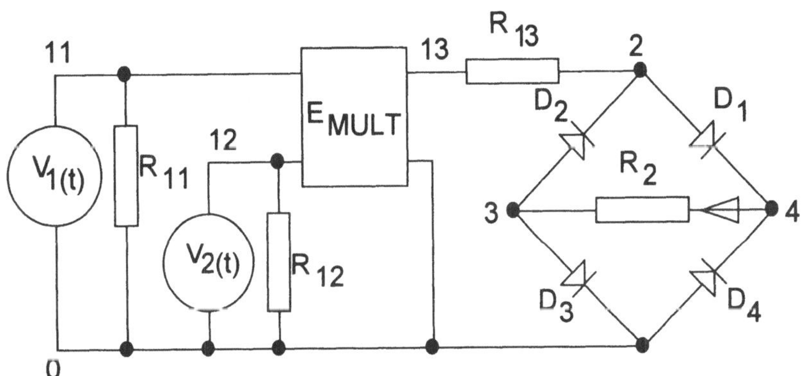

Bild 2.13: Schaltung zur Nachbildung eines Drehspulamperemeters mit Doppelweggleichrichter bei phasenangeschnittener Meßspannung

Dazu wird eine Sinusschwingung mit einer entsprechend dem Phasenanschnittwinkel β zeitlich verschobenen rechteckförmigen Spannung von 1 V multipliziert. Das läßt sich ebenfalls sehr einfach mit Hilfe der Funktion ANALOG BEHAVIORAL MODELING nachbilden. Die entsprechenden Eingabedaten für eine mit β = 45° angeschnittene Sinusschwingung sind in Liste 2.7 wiedergegeben.
Die sich ergebende Summenkurve der Eingangsspannung ist in Bild 2.14 dargestellt.

```
IDEALE DIODEN - PHASENANSCHNITT 45 GRD
.OPTIONS ACCT LIST NODE OPTS TNOM=20
.TRAN 25us 100ms 0s 25us
V11 11 0 SIN(0 10V 50Hz)
V12 12 0 PULSE(0 1V 2.5ms 0s 0s 7.5ms 10ms)
EMULT 13 0 VALUE={V(11,0)*V(12,0)}
R11 11 0 1MEGOHM
R12 12 0 1MEGOHM
R13 13 2 10kOHM
S1 2 4 13 0 SDIODE
S2 3 2 0 13 SDIODE
S3 3 0 13 0 SDIODE
S4 0 4 0 13 SDIODE
R2 4 3 1OHM
.MODEL SDIODE VSWITCH (RON=1E-4 ROFF=1E+8 VON=1E-4
+VOFF=-1E-4)
.PROBE
.END
```

Liste 2.7: Eingabedaten für die Berechnung bei 45° Phasenanschnitt

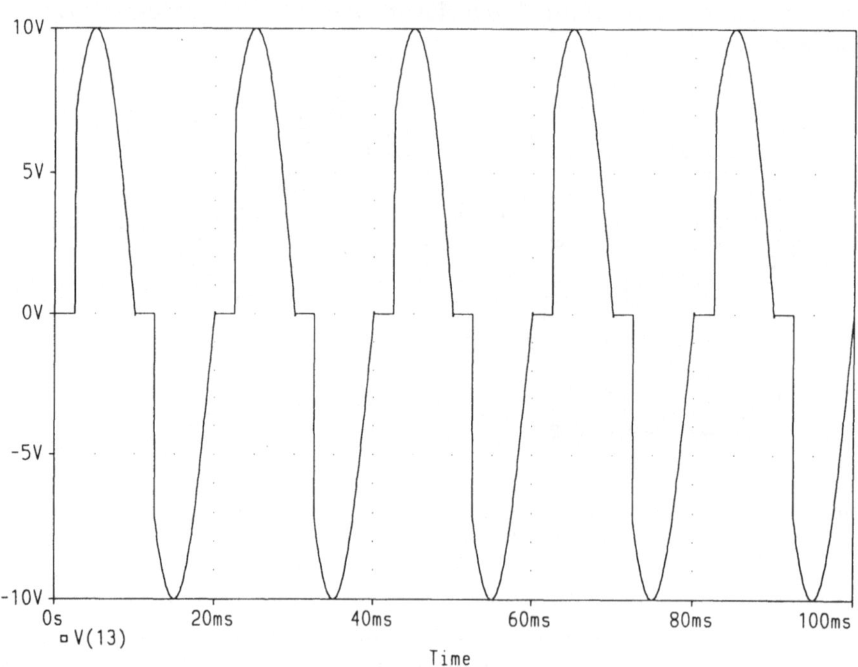

Bild 2.14: Eingangsspannung bei 45° Phasenanschnitt; $\square$ — V_{13}

Das Ergebnis wird in Bild 2.15 ausgewertet. Der Formfaktor für eine mit dem Phasenanschnittwinkel β angeschnittene Sinusschwingung beträgt allgemein:

$$F = \frac{\sqrt{\dfrac{1}{2\pi}\left\{\pi - \beta + \dfrac{1}{2}\sin(2\beta)\right\}}}{\dfrac{1}{\pi}(1 + \cos\beta)} \qquad (2.12)$$

Bei einem Phasenanschnittwinkel von 45° ergibt sich damit ein Zahlenwert von 1,24078. Eine Multiplikation des Mittelwerts von I_{R2} mit diesem Formfaktor ist genau gleich dem Effektivwert von I_{R13}.

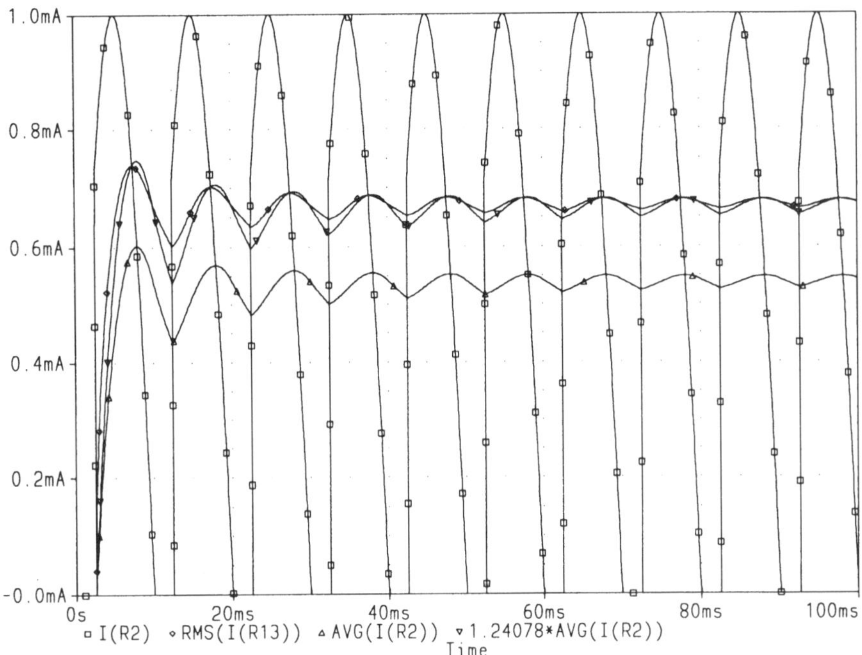

Bild 2.15: Zeitlicher Verlauf der Ströme: □ — I_{R2}, ◇ — Effektivwert von I_{R13}, △ — Mittelwert von I_{R2} sowie ▽ — Mittelwert von I_{R2} mal Formfaktor

Die Anwendung des Formfaktors für Sinusform hätte folgenden Kurvenformfehler verursacht:

$$f = \frac{\dfrac{\pi}{2\sqrt{2}} - 1,24078}{1,24078} \, 100\,\% = -10,48\,\% \qquad (2.13)$$

Für eine mit 90° angeschnittene Sinusschwingung werden im Vergleich zu Liste 2.7 die in Liste 2.8 wiedergegebenen Eingabeänderungen erforderlich.

    V12 12 0 PULSE(0 1V 5ms 0s 0s 5ms 10ms)

Liste 2.8: Eingabedaten für die Berechnung bei 90° Phasenanschnitt

Das Ergebnis wird in Bild 2.16 ausgewertet. Dabei ist zu berücksichtigen, daß der Formfaktor für diese Spannungsform 1,5708 ($\pi/2$) beträgt. Eine Multiplikation des Mittelwerts von I_{R2} mit diesem Formfaktor ist genau gleich dem Effektivwert von I_{R13}.

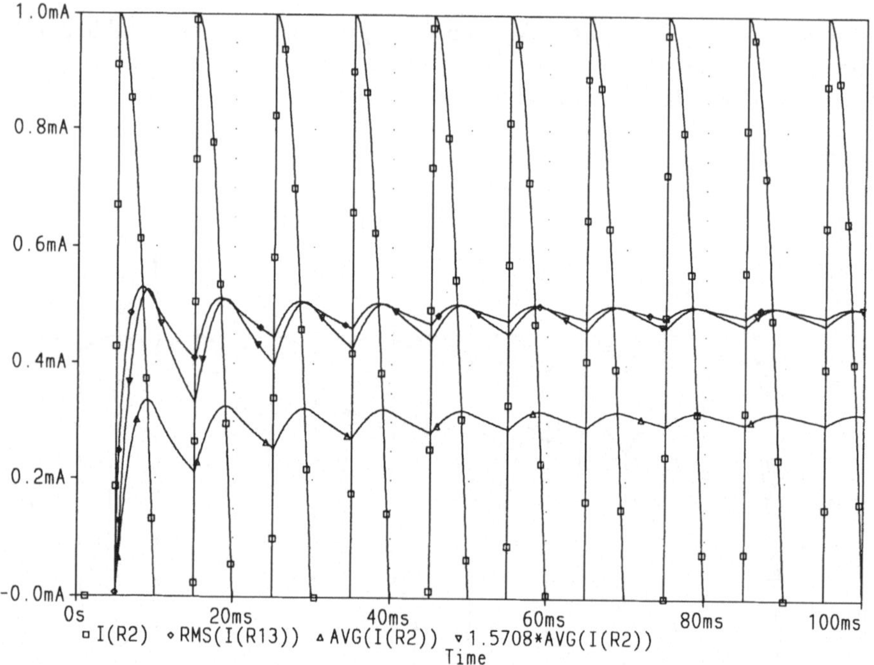

Bild 2.16: Zeitlicher Verlauf der Ströme: □ — I_{R2}, ◇ — Effektivwert von I_{R13}, △ — Mittelwert von I_{R2} sowie ▽ — Mittelwert von I_{R2} mal Formfaktor

Wenn in diesem Falle fälschlicherweise der Formfaktor für Sinusform angewandt worden wäre, dann wäre bereits ein wesentlich größerer Kurvenformfehler entstanden:

$$f = \frac{\dfrac{\pi}{2\sqrt{2}} - \dfrac{\pi}{2}}{\dfrac{\pi}{2}} \, 100\,\% = -29,29\,\% \tag{2.14}$$

Die entsprechenden Eingabeänderungen im Vergleich zu Liste 2.7 für eine mit 135° angeschnittene Sinusschwingung sind in Liste 2.9 wiedergegeben.

    V12 12 0 PULSE(0 1V 7.5ms 0s 0s 2.5ms 10ms)

Liste 2.9: Eingabedaten für die Berechnung bei 135° Phasenanschnitt

Das Ergebnis wird in Bild 2.17 ausgewertet. Dabei ist zu berücksichtigen, daß der Formfaktor für diese Spannungsform 2,286 beträgt. Eine Multiplikation des Mittelwerts von I_{R2} mit diesem Formfaktor ist genau gleich dem Effektivwert von I_{R13}.

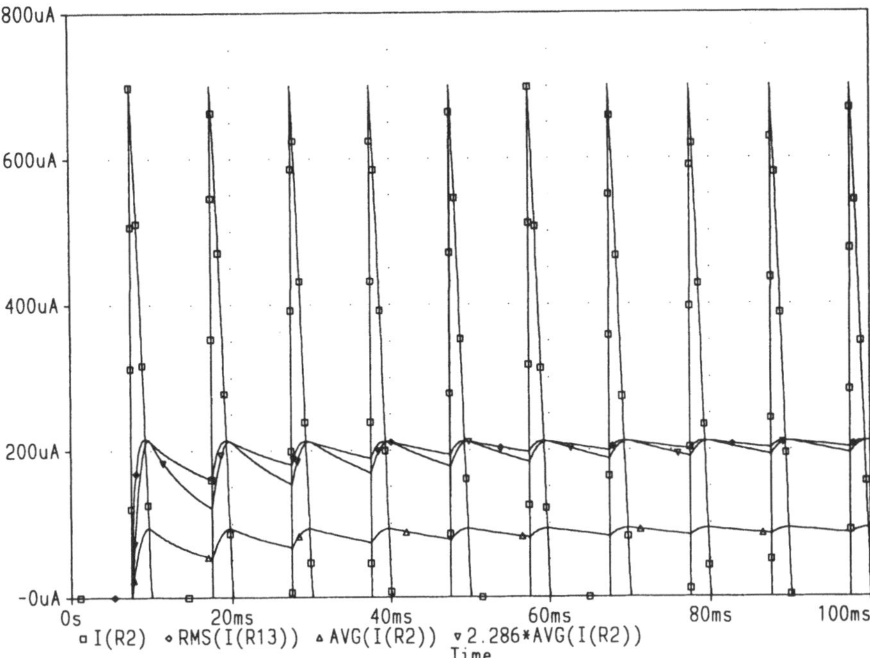

Bild 2.17: Zeitlicher Verlauf der Ströme: $\square$ — I_{R2}, $\diamond$ — Effektivwert von I_{R13}, $\triangle$ — Mittelwert von I_{R2} sowie ∇ — Mittelwert von I_{R2} mal Formfaktor

Bei Anwendung des Formfaktors für Sinusform wäre folgender Kurvenformfehler entstanden:

$$f = \frac{\dfrac{\pi}{2\sqrt{2}} - 2,286}{2,286}\ 100\ \% = -51,57\ \% \tag{2.15}$$

Auch in diesem Fall kann man sicher von einem Meßfehler nicht mehr sprechen, es handelt sich vielmehr um einen groben Fehler, der in der Praxis unbedingt vermieden werden muß.

2.2 Gleichrichterschaltungen mit realen Dioden

2.2.1 Eigenschaften realer Dioden

Durch die Verwendung realer Dioden entstehen stets zusätzliche Meßfehler, deren Ermittlung durch geschlossene Berechnungen nur noch eingeschränkt möglich ist. Hier kommen daher die Möglichkeiten des numerischen Simulationsprogrammes erst wirklich zum Tragen.

Um einem Überblick über die möglichen Fehlereinflüsse und deren Bewertung zu bekommen, soll zunächst die Kennlinie einer typischen Siliziumdiode für kleine Ströme betrachtet werden. Es wurde der Typ 1N4148 ausgewählt, da dieser einerseits auch in der Bibliothek der Versuchsversion von PSPICE vorhanden ist und andererseits dieser Typ vom Strombereich her gesehen durchaus für diesen Anwendungsfall in Frage käme.

Die Meßschaltung zur Bestimmung der Diodenkennlinie ist in Bild 2.18 wiedergegeben, der vernachlässigbar kleine Widerstand R_1 gewährleistet einen Mindestwiderstand im Stromkreis, der bei der numerischen Berechnung unbedingt notwendig ist. Dieser kann auch als Nachbildung des bei einer Strommessung notwendigen Strommeßwiderstands angesehen werden.

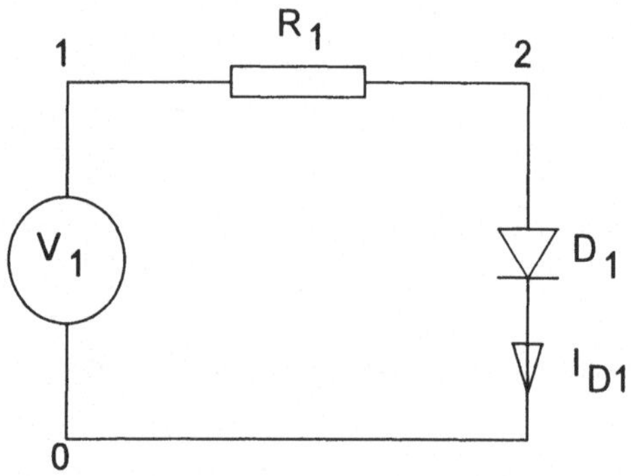

Bild 2.18: Schaltbild zur Darstellung der Diodenkennlinie

```
DURCHLASSKENNLINIE - 1N4148
.OPTIONS ACCT LIST NODE OPTS LIBRARY TNOM=20
+ABSTOL=1E-10A
.DC V1 0V 2V 1mV
.TEMP -20 20 80
V1 1 0
R1 1 2 1mOHM
D1 2 0 D1N4148
.LIB
.PROBE
.END
```

Liste 2.10: Eingabedaten für die Darstellung der Durchlaßkennlinie

Die Eingabedaten zur Darstellung der Diodenkennlinie zunächst für den Durchlaßbereich sind in Liste 2.10 enthalten. Bei den Optionen wird die Genauigkeit bei der Stromberechnung (ABSTOL) vom Vorgabewert 1 pA auf 100 pA herabgesetzt. Dies ist dann empfehlenswert, wenn auch größere Durchlaßströme betrachtet werden sollen, da der gesamte Dynamikbereich der Berechnungen etwa 10^{12} betragen darf. Wegen der starken Temperatur-abhängigkeit der Eigenschaften aller Halbleiter ist die Darstellung der Kennlinie im gesamten in Frage kommenden Temperaturbereich erforderlich. Hierzu wird die Kennlinie sowohl bei Nenntemperatur als auch bei der unteren und der oberen Grenztemperatur dargestellt. Als unterer beziehungsweise oberer Temperaturgrenzwert werden hier und auch in den folgenden Beispielen stets -20°C beziehungsweise +80°C angenommen. Das Diodenmodell wird aus der Bibliothek von PSPICE (.LIB) übernommen.

Das Ergebnis ist in Bild 2.19 dargestellt. Bei Nenntemperatur von 20°C wird eine Durchlaßspannung von etwa 0,6 V benötigt und der Durchlaßwiderstand R_d beträgt mindestens etwa 30 Ω. Mit steigender Temperatur werden diese Eigenschaften etwas günstiger. Bezüglich der Anwendung als Gleichrichter stört der Durchlaßwiderstand solange nicht, wie dieser konstant ist. Durch einen konstanten Durchlaßwiderstand wird lediglich die Empfindlichkeit der Schaltung mehr oder weniger stark beeinflußt. Es ist jedoch deutlich zu erkennen, daß zumindest bei Meßspannungen bis zu 2 V der Durchlaßwiderstand keineswegs konstant ist. Noch störender, insbesondere bei der Messung kleiner Spannungen, ist die relativ hohe Durchlaßspannung. Letztere können praktisch auch nur unter Verwendung von Verstärkern gleichgerichtet werden. Auf solche sogenannten idealen Gleichrichterschaltungen wird später im Zusammenhang mit dem Operationsverstärker eingegangen.

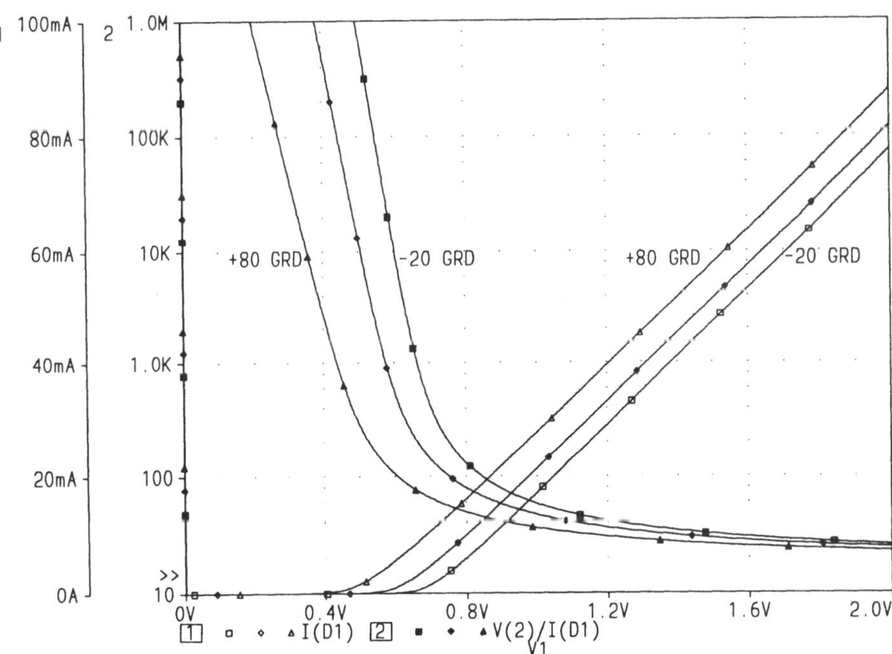

Bild 2.19: Durchlaßkennlinie der Diode 1N4148; I_{D1}: $\square$ — -20°C, $\diamond$ — +20°C, $\triangle$ — +80°C; R_d (V_2/I_{D1}): $\blacksquare$ — -20°C, $\blacklozenge$ — +20°C, $\blacktriangle$ — +80°C

Die Darstellung der Sperrkennlinie erfolgt ebenfalls in der in Bild 2.18 dargestellten Schaltung, lediglich die Eingangsspannung wird umgepolt und entsprechend erhöht. Die zugehörigen Eingabedaten sind in Liste 2.11 enthalten.
Der Vorgabewert für die Genauigkeit der Stromberechnung von 1 pA ist im
Sperrbereich gerade noch ausreichend klein.

```
SPERRKENNLINIE - 1N4148
.OPTIONS ACCT LIST NODE OPTS LIBRARY TNOM=20
.DC V1 0V -120V .1V
.TEMP -20 20 80
V1 1 0
R1 1 2 1mOHM
D1 2 0 D1N4148
.LIB
.PROBE
.END
```

Liste 2.11: Eingabedaten für die Darstellung der Sperrkennlinie

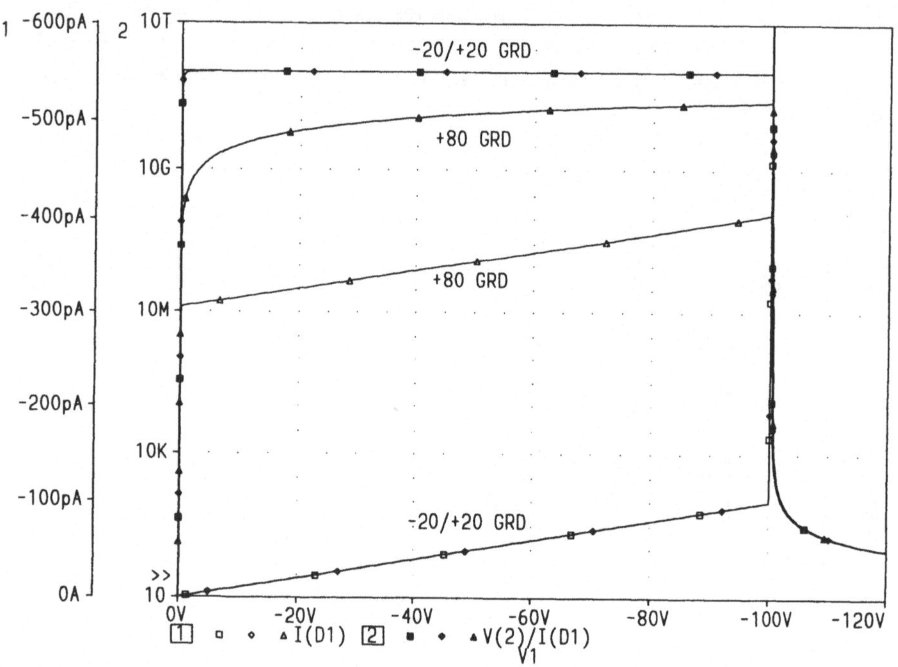

Bild 2.20: Sperrkennlinie der Diode 1N4148; I_{D1}: □ — -20°C, ◇ — +20°C, △ — +80°C; R_s
(V_2/I_{D1}): ■ — -20°C, ◆ — +20°C, ▲ — +80°C

Das Ergebnis ist in Bild 2.20 wiedergegeben. Bis zur maximalen Sperrspannung von -100 V verhält sich die Diode bei -20°C und bei +20°C praktisch wie
ein Widerstand von 1 TΩ (Sperrwiderstand R_s). Bei der höchsten untersuch-

ten Temperatur von +80°C ist der Sperrwiderstand zwar nicht mehr konstant, mit größenordnungsmäßig 100 GΩ ist dieser jedoch bezogen auf normale Anwendungen immer noch vernachlässigbar hoch. Bei einer Erhöhung der Sperrspannung über -100 V hinaus wird durch einen sehr steilen Stromanstieg, beziehungsweise durch einen entsprechend steilen Abfall des Sperrwiderstands bis auf den Wert des Durchlaßwiderstands, der Durchbruch nachgebildet. Dieser Bereich ist für den vorliegenden Anwendungsfall jedoch nicht von Interesse. Für den vorgesehenen Betriebsbereich mit Sperrspannungen von einigen 10 V kann diese Diode damit bezüglich der Sperreigenschaften näherungsweise als ideal angesehen werden.

2.2.2 Doppelweggleichrichter mit realen Dioden

Unter Verwendung von vier Dioden des Typs 1N4148 wird nun eine Doppelweggleichrichterschaltung (Grätzbrücke) aufgebaut. Die Schaltung entspricht Bild 2.1, auf dessen erneute Wiedergabe verzichtet werden soll.
Die erforderlichen Eingabedaten sind in Liste 2.12 angegeben. Im Vergleich zu den Angaben in Liste 2.1 wurden die idealen Schalter durch Dioden des Typs 1N4148 ersetzt. Außerdem werden die Berechnungen nun sowohl bei Nenntemperatur als auch bei der niedrigsten und der höchsten betrachteten Temperatur durchgeführt.

```
GRAETZBRUECKE - 1N4148
.OPTIONS ACCT LIST NODE OPTS LIBRARY TNOM=20
.DC V1 -10V 10V 10mV
.TRAN 25us 100ms 0us 25us
.TEMP -20 20 80
V1 1 0 SIN(0 10V 50Hz)
R1 1 2 10kOHM
D1 2 4 D1N4148
D2 3 2 D1N4148
D3 3 0 D1N4148
D4 0 4 D1N4148
R2 4 3 1OHM
.LIB
.PROBE
.END
```

Liste 2.12: Eingabedaten für die Grätzbrücke mit realen Dioden

Bei der Deutung der Ergebnisse muß man sich zunächst vergegenwärtigen, daß es bedingt durch die Durchlaßspannung der Dioden zu *Lücken im Stromverlauf* der Gleichrichterbrücke in der Nähe des Nulldurchgangs der Meßspannung kommen wird. Dadurch, aber auch durch die Inkonstanz des

Durchlaßwiderstands der Dioden, ist zu erwarten, daß der Formfaktor für reine Sinusform (Gl. 2.2) hier nicht mehr angewandt werden kann.

In Bild 2.21 ist die Linearität dieser Gleichrichterschaltung für die verschiedenen untersuchten Temperaturen dargestellt. Erwartungsgemäß ist das Verhalten in der Nähe des Nullpunktes und zwar inbesondere bei niedrigen Temperaturen stark nichtlinear. Es wird aber auch der bei idealen Dioden zu erwartende Stromendwert von 1 mA (siehe Bild 2.2) bei weitem nicht erreicht. Das liegt daran, daß bei der Brückengleichrichterschaltung in Durchlaßrichtung immer zwei Dioden in Reihe geschaltet sind, so daß der Durchlaßspannungsabfall und auch der Durchlaßwiderstand sogar doppelt wirksam werden. Diesen Effekt könnte man durch Verwendung einer sogenannten Halbbrückenschaltung, in der zum Beispiel die Dioden D_3 und D_4 durch ohmsche Widerstände ersetzt werden, praktisch halbieren. Dadurch wird allerdings auch die Empfindlichkeit der Schaltung entsprechend herabgesetzt. Da es wirksamere Methoden zur Linearisierung von Gleichrichterschaltungen unter Verwendung von Verstärkern gibt, soll auf diese Halbbrückenschaltung hier nicht eingegangen werden.

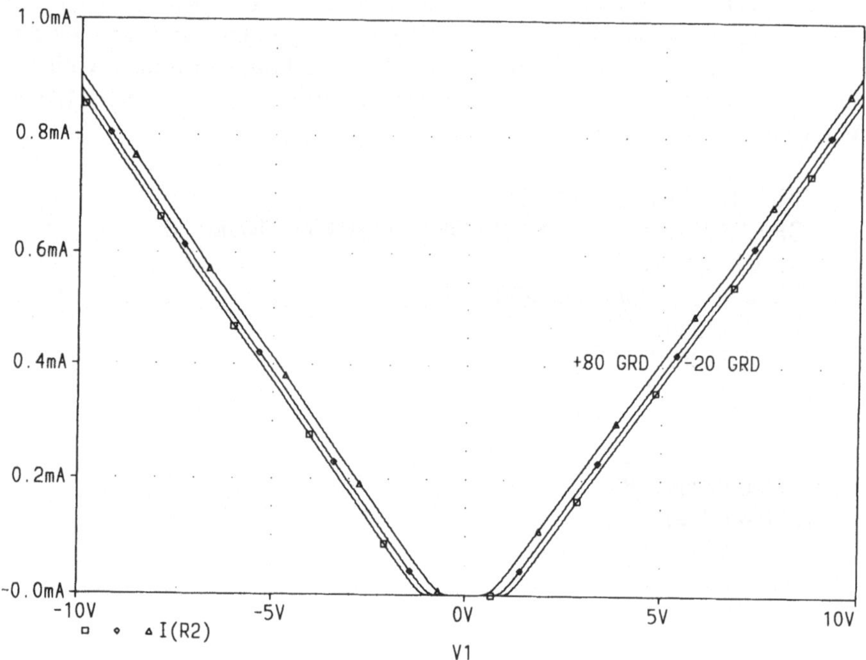

Bild 2.21: Grätzbrücke mit realen Dioden; I_{R2}: □ — -20°C, ◇ — +20°C, △ — +80°C

In Bild 2.22 wird die Wirkungsweise der Schaltung näher untersucht. Die Spannung an der Grätzbrücke V_2 muß im Spannungsnulldurchgang zunächst die doppelte Durchlaßspannung der Diode 1N4148 erreichen. Danach tritt nur noch ein verhältnismäßig geringer zusätzlicher Spannungsabfall entsprechend dem Durchlaßwiderstand der zwei jeweils in Reihe liegenden Dioden auf. Analog zur Temperaturabhängigkeit der Diodenkennlinie verringert sich V_2 ebenfalls mit steigender Temperatur.

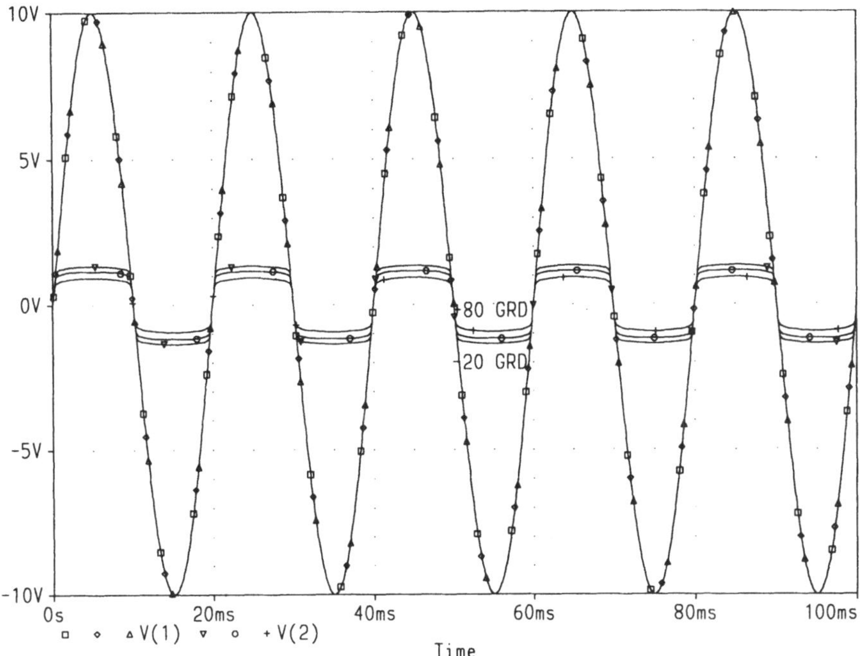

Bild 2.22: Zeitlicher Verlauf der Eingangsspannung V_1 und Spannung an der Grätzbrücke V_2; V_1: □ — -20°C, ◇ — +20°C, △ — +80°C; V_2: ▽ — -20°C, O — +20°C, + — +80°C

Der Verlauf des gleichgerichteten Stromes I_{R2} ist in Bild 2.23 mit höherer zeitlicher Auflösung wiedergegeben. Die Lücken im Stromverlauf betragen je nach Temperatur bis zu etwa 7% der Periodendauer. Ein ebenfalls störender Effekt ist die Temperaturabhängigkeit des Stromscheitelwertes in Höhe von etwa 5%. Auch diese temperaturbedingten Schwankungen lassen eine Anwendung der Schaltung für Meßzwecke in der vorliegenden Ausführung im allgemeinen nicht zu.

Hinzu kommt, daß zwischen dem Gleichrichtwert und dem Effektivwert in dieser Schaltung sicher ein anderer Zusammenhang besteht, als dies in Gl. 2.2 für die ideale Gleichrichtung angegeben ist. Das wird durch die entsprechende Darstellung in Bild 2.24 verdeutlicht. Die Auswertung wird hier allerdings dadurch beeinträchtigt, daß als sogenannter wahrer Wert nur der Effektivwert des lückenden Wechselstromes I_{R1} zur Verfügung steht.

Der Formfaktor zwischen I_{R1} und dem gleichgerichteten Strom I_{R2} ist offensichtlich größer als 1,11072. Man kann nun zwar eine Kalibrierung mit dem sich unter Berücksichtigung der Diodeneigenschaften tatsächlich ergebenden Formfaktor vornehmen. Dies muß dann aber in Vielfachmeßgeräten für jeden Meßbereich getrennt erfolgen, da bei Verwendung anderer Vor- oder Nebenwiderstände die Verhältnisse sich jeweils ändern.

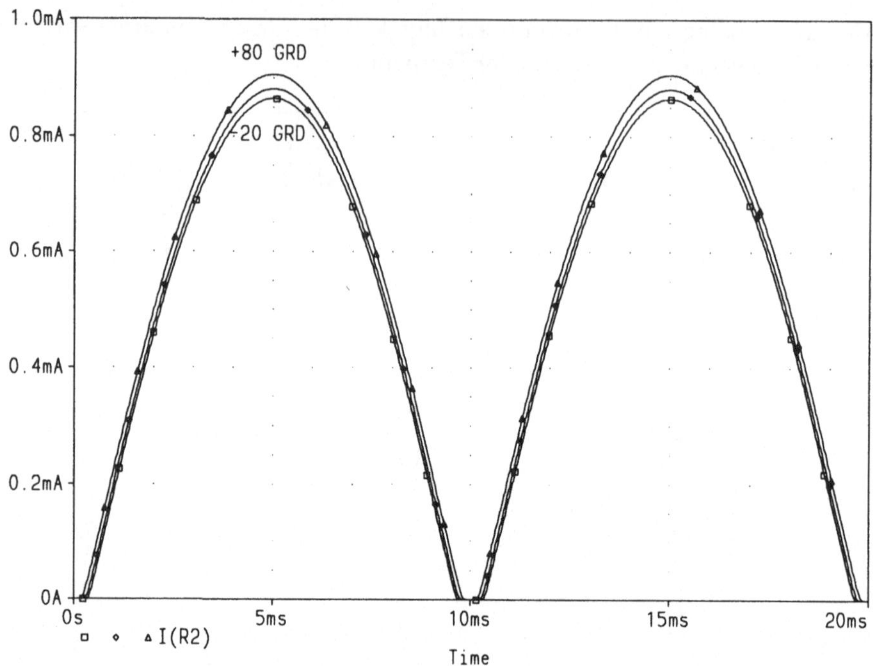

Bild 2.23: Zeitlicher Verlauf von I_{R2}: □ — -20°C, ◇ — +20°C, △ — +80°C

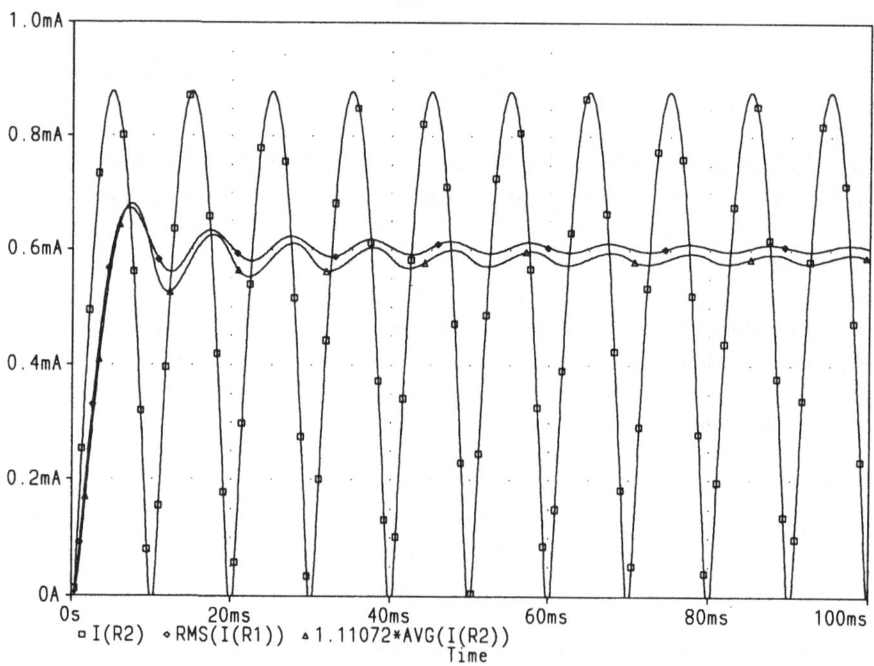

Bild 2.24: Zeitlicher Verlauf der Ströme: □ — I_{R2}, ◇ — Effektivwert von I_{R1} sowie △ — Mittelwert von I_{R2} mal Formfaktor für Sinusform

2.2.3 Scheitelwertmessung

In besonderen Fällen besteht auch die Forderung, daß der Scheitelwert eines Spannungs- oder Stromverlaufs ermittelt werden muß. Bei Sinusform könnte dies einfach durch Multiplikation des Effektivwerts mit dem Scheitelfaktor C geschehen. Der Scheitelfaktor ist wie folgt definiert:

$$C = \frac{Scheitelwert}{Effektivwert} \qquad (2.16)$$

und beträgt in diesem Fall $\sqrt{2}$.

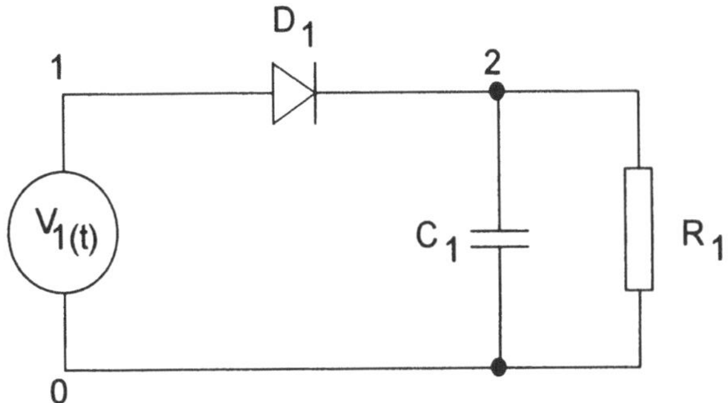

Bild 2.25: Einweggleichrichterschaltung zur Scheitelwertmessung

Bei stärkeren Abweichungen von der Sinusform ist jedoch eine Scheitelwertmessung unerläßlich. Dies kann durch eine Gleichrichterschaltung mit Glättungskondensator erreicht werden. Eine einfache Einweggleichrichterschaltung für diesem Zweck ist in Bild 2.25 angegeben.

```
SCHEITELWERTMESSUNG - 1N4148
.OPTIONS ACCT LIST NODE OPTS LIBRARY TNOM=20
.TRAN 20us 100ms 0us 20us UIC
V1 1 0 SIN(0 10V 50Hz)
D1 1 2 D1N4148
C1 2 0 2uF IC=0V
R1 2 0 100kOHM
.LIB
.PROBE
.END
```

Liste 2.13: Eingabedaten für die Einweggleichrichterschaltung zur Scheitelwertmessung

Die erforderlichen Eingabedaten sind in Liste 2.13 angegeben. Es wird wiederum eine Diode vom Typ 1N4148 verwendet. Der Scheitelwert soll mit Hilfe eines relativ hochohmigen Drehspulvoltmeters angezeigt werden. Dieses wird durch den Widerstand R_1 nachgebildet.

Damit die Schaltung grundsätzlich richtig arbeiten kann, darf der Glättungskondensator C_1 in den Strompausen nicht zu stark entladen werden. Hierzu muß die folgende Ungleichung erfüllt sein:

$$\tau = R_1 C_1 \gg T \tag{2.17}$$

Bei der vorliegenden Bemessung wurde die Entladezeitkonstante τ nur zehnmal größer als die Periodendauer T der an die Schaltung angelegten sinusförmigen Wechselspannung gewählt. Dadurch wird dann zwar nicht genau der Scheitelwert gemessen, dafür können jedoch die Auf- und Entladevorgänge in den Diagrammen deutlicher dargestellt werden.

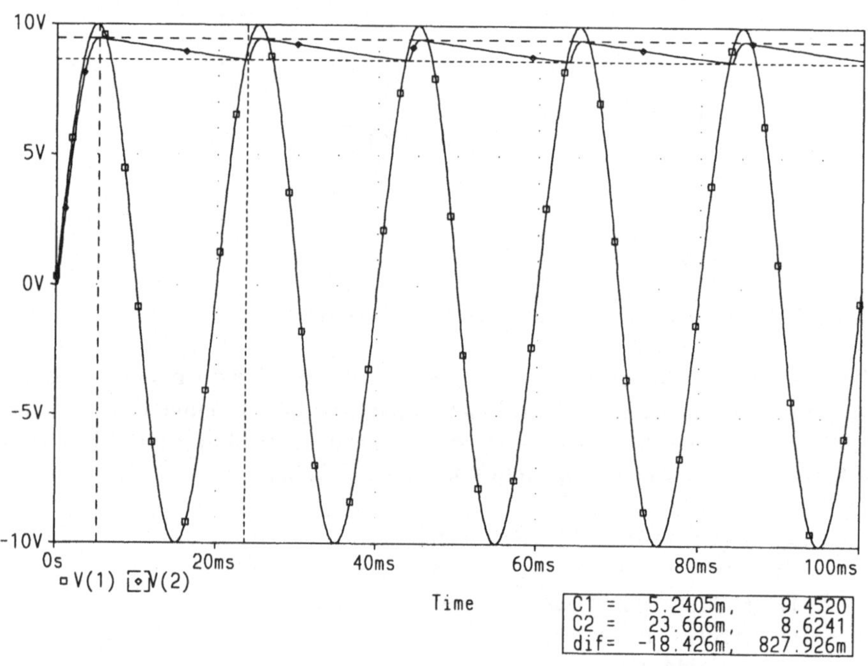

Bild 2.26: Verlauf von Eingangsspannung V_1 und Ausgangsspannung V_2: □ — V_1; ◇ — V_2

Anhand des in Bild 2.26 dargestellten Vergleichs zwischen Eingangsspannung und Ausgangsspannung wird die Wirkungsweise der Schaltung verdeutlicht. Entsprechend dem vorgegebenen Anfangswert bei Null beginnend wächst V_2 zusammen mit V_1 an. Beide Spannungen unterscheiden sich zunächst nur um den Durchlaßspannungsabfall an D_1. Wie die Ausmessung mit Hilfe der Marke C1 ergibt, erreicht die Ausgangsspannung mit maximal 9,452 V einen deutlich unter dem Scheitelwert der Eingangsspannung liegenden Wert. Danach beginnt die Eingangsspannung abzufallen und die Di-

ode sperrt. Der Kondensator entlädt sich nach der folgenden Exponential-
funktion über R_2:

$$V_{2(t)} = \hat{V}_2\, e^{-\frac{t}{\tau}} \tag{2.18}$$

Angesichts der eingestellten Zeitkonstanten τ von 0,2 s befindet man sich
noch im nahezu linearen Anfangsbereich dieser Funktion. Zur Abschätzung
der Spannungsabsenkung ΔV_2 während der Entladezeit Δt ist es daher möglich folgende Näherung zu verwenden:

$$\frac{\Delta V_2}{\hat{V}_2} \approx \frac{\Delta t}{\tau} \tag{2.19}$$

Mit den aus Bild 2.26 ermittelten Zahlenwerten von $\hat{V}_2$ = 9,452 V und Δt =
18,426 ms ergibt sich ein ΔV_2 von 0,871 V. Der sicherlich richtigere Wert von
ΔV_2 aus Bild 2.26 beträgt jedoch 0,828 V. Der Fehler von etwa +5,2% ist für
eine solche Abschätzung jedoch meist annehmbar. Der Entladevorgang ist
beendet, wenn die Eingangsspannung wieder größer als die Ausgangsspannung zuzüglich der Durchlaßspannung der Diode wird. Die Ausmessung
mit Hilfe der Marke C2 ergibt, daß zu diesem Zeitpunkt die Ausgangsspannung noch 8,6241 V beträgt.

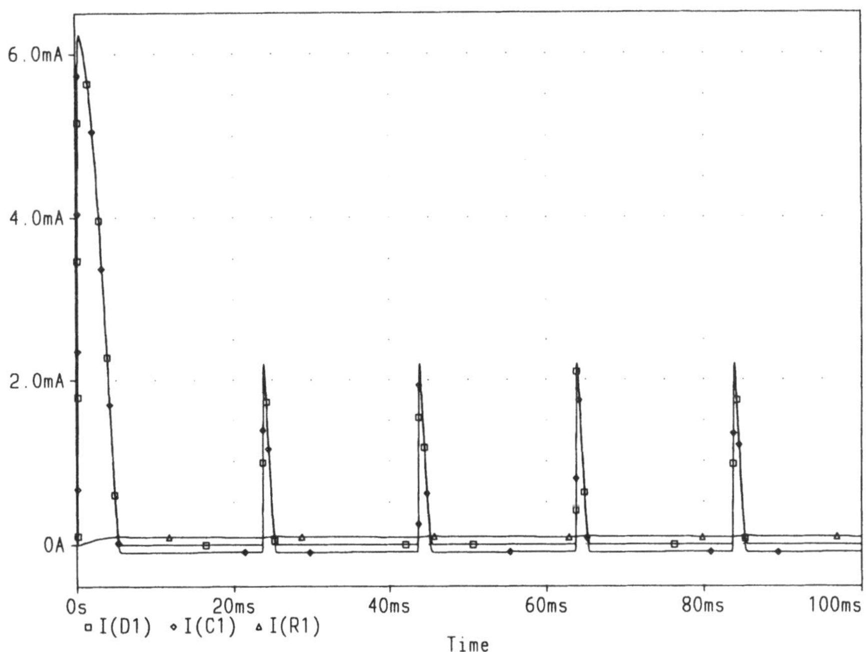

Bild 2.27: Zeitlicher Verlauf der Ströme: $\square$ — I_{D1}, $\diamond$ — I_{C1} und $\triangle$ — I_{R1}

Weiteren Aufschluß über die Wirkungsweise der Schaltung erhält man aus dem in Bild 2.27 dargestellten Verlauf der Ströme. Nach dem Einschalten fließt zunächst ein großer Ladestrom I_{D1} über den Gleichrichter fast vollständig in den Kondensator ($I_{D1} \approx I_{C1}$). Im Spannungsscheitel wird der Strom durch den Gleichrichter praktisch Null. Der jetzt über R_1 fließende Entladestrom I_{R1} wird aus dem Kondensator entnommen, so daß sich der Strom I_{C1} umpolt ($I_{C1} = -I_{R1}$). Grundsätzlich wiederholen sich diese Vorgänge in der nächsten Periode der anliegenden Eingangsspannung. Der Ladestrom in der zweiten Periode ist dann allerdings wesentlich geringer, da nur eine Nachladung des Kondensators notwendig ist. Bei der vorliegenden Schaltung wird in der nächsten Periode im übrigen bereits der eingeschwungene Zustand erreicht.

An die Scheitelwertmeßschaltung wurde der Einfachheit halber eine sinusförmige Wechselspannung angelegt. Grundsätzlich die gleiche Wirkungsweise ergibt sich natürlich auch für jede andere periodische Spannungsform. Die quantitativen Verhältnisse können sich allerdings dabei wesentlich ändern. Für Meßanwendungen muß die Schaltung jedoch grundsätzlich anders bemessen werden, da sowohl der Ladefehler als auch der Entladefehler bereits bei Sinusform zu groß sind.

3 Messung mit Verstärkerschaltungen

3.1 Eigenschaften von Operationsverstärkern

3.1.1 Verstärker ohne Gegenkopplung

Die grundsätzlichen Eigenschaften von Operationsverstärkern [7-9] vor allem im Hinblick auf die Verwendung als Meßverstärker sollen im folgenden untersucht werden. Die Auswahl des ansonsten wenig leistungsfähigen Typs µA741 erfolgte allein deswegen, weil dieser auch in der Bibliothek der Versuchsversion von PSPICE enthalten ist. Es handelt sich dabei um eine sogenannte Teilschaltung (.SUBCKT), die in Form eines Makromodelles beschrieben wird. Dadurch wird das Verhalten der Schaltung bezüglich der Eingangs- und Ausgangsklemmen mit hinreichender Genauigkeit wiedergegeben. Es muß allerdings darauf hingewiesen werden, daß in der Regel auf diese Weise nicht alle Schaltungseigenschaften berücksichtigt werden, hierzu müßte der Verstärker durch die tatsächlich verwendeten Bauelemente dargestellt werden.

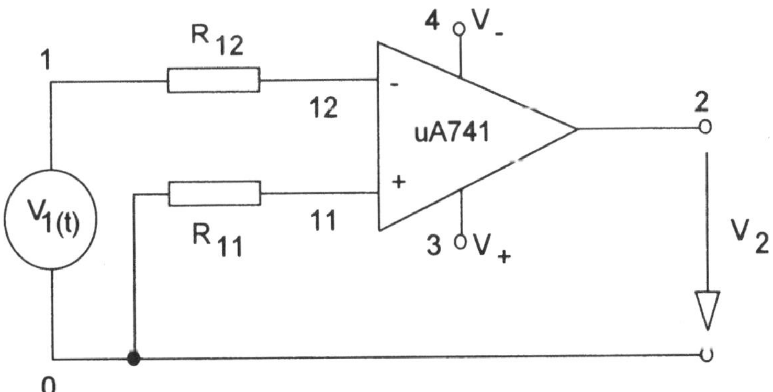

Bild 3.1: Operationsverstärker µA741 im Leerlauf

Der Operationsverstärker wird zunächst als invertierender Verstärker im Leerlauf betrieben. Die Schaltung ist in Bild 3.1 dargestellt. Der Widerstand

R_{12} ist im Hinblick auf die Vergleichbarkeit mit den nachfolgend betrachteten gegengekoppelten Schaltungen vorgesehen. Zur Symmetrierung der Offsetspannung ist der gleich große Widerstand R_{11} notwendig.

Die entsprechenden Eingabedaten sind in Liste 3.1 wiedergegeben. Es wird das Verhalten des Verstärkers bei Gleichspannung (Linearität), Wechselspannung (Kleinsignalverhalten) und Rechteckimpulsen (Großsignalverhalten) überprüft. Die Eingabedaten sind der niedrigen Grenzfrequenz des Verstärkers im Leerlauf von wenigen Hertz und der hohen Leerlaufverstärkung von mehr als 10^5 angepaßt. Der Operationsverstärker wird als Teilschaltung X1 aus der Bibliothek entnommen, die Übergabeparameter sind oberhalb der entsprechenden Klemmenbezeichnungen als Textzeile (*) eingefügt.

Der Verstärker wird unter Nennbedingungen betrieben, sämtliche Berechnungen werden sowohl bei Nenntemperatur als auch bei der höchsten und der niedrigsten der hier betrachteten Temperaturen duchgeführt. Im Verlauf dieser Berechnung entsteht, auch als Folge der hohen gewünschten Zeitauflösung, eine Datei von etwa 5,6 MB Umfang.

```
OPERATIONSVERSTAERKER - uA741/LEERLAUF
.OPTIONS ACCT LIST NODE OPTS LIBRARY TNOM=20
.DC V1 -100uV 100uV .2uV
.AC DEC 100 10mHz 100kHz
.TRAN 100us .5s 0s 100us
.TEMP -20 20 80
V1 1 0 AC 50uV PULSE(0 50uV 0s 10us 10us .25s .5s)
V+ 3 0 DC 15V
V- 4 0 DC -15V
*    E+ E- V+ V- A
X1 11 12 3   4 2  uA741
R11 11 0 1kOHM
R12 1 12 1kOHM
.LIB
.PROBE
.END
```

Liste 3.1: Eingabedaten für die Berechnung des Operationsverstärkers µA741 im Leerlauf

Die Ergebnisse der Berechnung sind in den folgenden Bildern wiedergegeben. Im Bild 3.2 ist zunächst das Gleichstromverhalten der Schaltung dargestellt. Im Leerlauf hat der Verstärker bei Nenntemperatur eine Offsetspannung von 18,6 µV. Die Offsetspannung ändert sich innerhalb des untersuchten Temperaturbereichs (Marken C1 und C2) um 2,6 µV. Ab einer Eingangsspannung von etwa +90 µV beziehungsweise -50 µV wird der Verstärker übersteuert und die Ausgangsspannung verbleibt auf ihrem Höchstwert von etwa ±14 V. Neben der Offsetspannung und deren Temperaturabhängigkeit stört besonders die starke Abhängigkeit der Leerlaufverstärkung von der Temperatur.

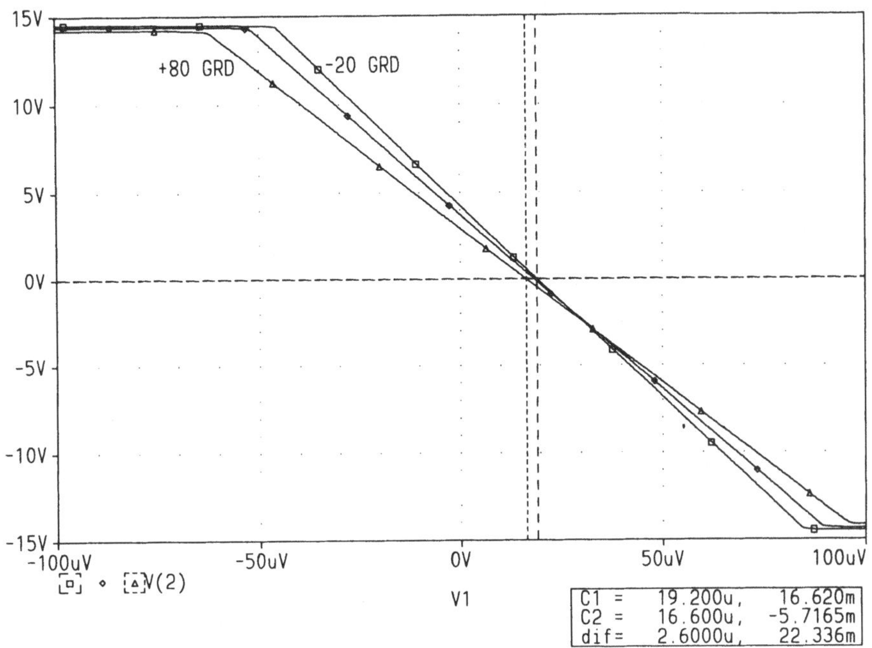

Bild 3.2: Gleichstromverhalten des µA741 im Leerlauf; V_2 bei □ — -20°C, ◇ — +20°C, △ — +80°C

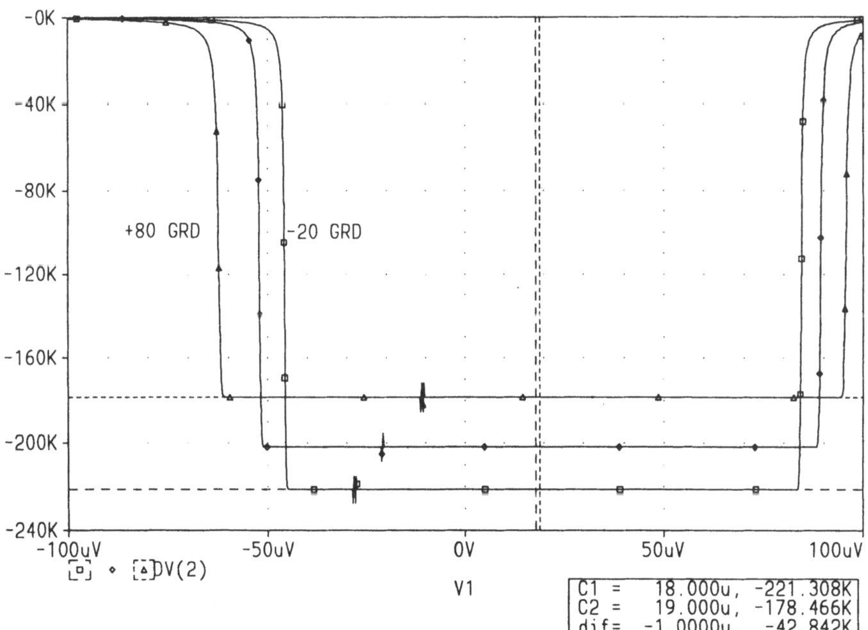

Bild 3.3: Gleichstromverhalten des µA741 im Leerlauf; differentielle Leerlaufverstärkung G_0 (dV_2/dV_1) bei □ — -20°C, ◇ — +20°C, △ — +80°C

In Bild 3.3 wird eine genauere Auswertung bezüglich der Leerlaufverstärkung vorgenommen. Die differentielle Darstellung des Quotienten aus Ausgangsspannung und Eingangsspannung dV_2/dV_1 ergibt, daß die Leerlaufverstärkung G_0 bei Nenntemperatur $-2{,}01908 \cdot 10^5$ beträgt. Im untersuchten Temperaturbereich schwankt G_0 allerdings zwischen $-1{,}78466 \cdot 10^5$ (Marke C2) und $-2{,}21308 \cdot 10^5$ (Marke C1), womit eine Verwendung des Verstärkers für Meßzwecke zunächst nicht in Frage kommt.

In Bild 3.4 ist das Kleinsignalverhalten des leerlaufenden Verstärkers bei Wechselspannung dargestellt. Die Grenzfrequenz f_{c0} der Leerlaufverstärkung G_0 (V_2/V_1) beträgt bei Nenntemperatur 5,02 Hz. Im untersuchten Temperaturbereich schwankt f_{c0} um 0,092 Hz (Marken C1, C2). Da bei dieser Berechnung die nichtlinearen Eigenschaften der Schaltung nicht berücksichtigt sind, ist dieses Ergebnis aber sicherlich unvollständig.

Die Phasenverschiebung der Ausgangsspannung φ_2 $(VP2)$ ist der Übersichtlichkeit halber invertiert und mit um 180° verschobenem Nullpunkt dargestellt. Hervorzuheben ist die geringe maximale Phasenverschiebung von nur etwa 90°, womit bei Verwendung einer Gegenkopplung Phasengleichheit der gegengekoppelten Spannung mit der Eingangsspannung (Mitkopplung) praktisch ausgeschlossen ist.

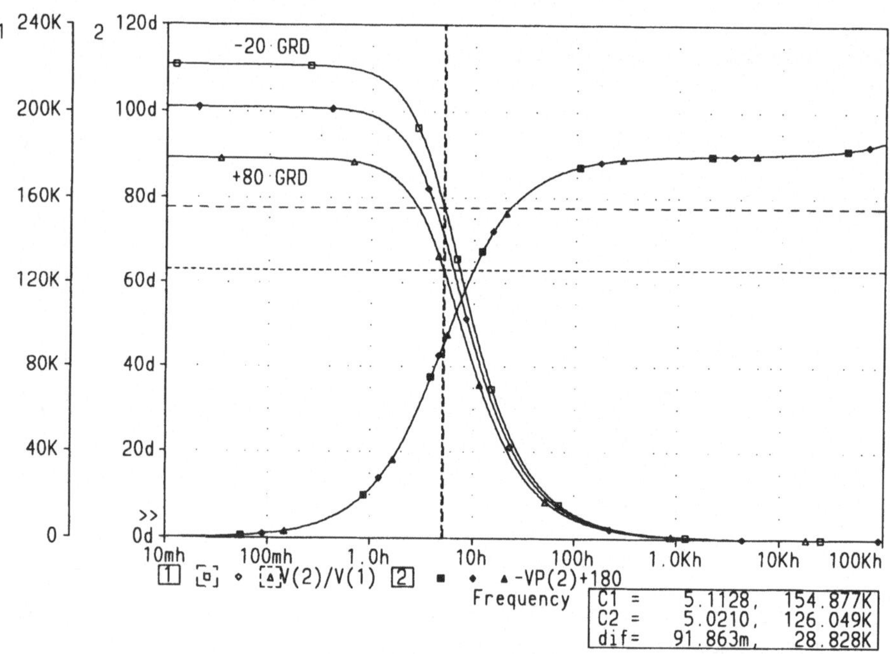

Bild 3.4: Kleinsignalverhalten des µA741 im Leerlauf; G_0 (V_2/V_1): □ − -20°C, ◇ − +20°C, △ − +80°C; $-\varphi_2+180°$ $(-VP2+180°)$: ■ − -20°C, ◆ − +20°C, ▲ − +80°C

Mit den aus Bild 3.3 ermittelten Leerlaufverstärkungen G_0 und den aus Bild 3.4 zu entnehmenden oberen Grenzfrequenzen f_{c0} kann jetzt eine der wich-

tigsten Kenngrößen der Schaltung errechnet werden. Dies ist das sogenannte
Verstärkungs-Bandbreite-Produkt:

$$GB = G_0\, f_{c0} \tag{3.1}$$

Die obere Grenzfrequenz f_{c0} durfte hier direkt als Bandbreite der Schaltung
eingesetzt werden, da die untere Grenzfrequenz Null ist. Das Ergebnis ist,
daß das Verstärkungs-Bandbreite-Produkt der vorliegenden Schaltung bei
Nenntemperatur nur 1,01 MHz beträgt. Im untersuchten Temperaturbereich
schwankt das Verstärkungs-Bandbreite-Produkt zwischen etwa 0,9 und 1,1
MHz. Aufgrund dieser Eigenschaften kommt die vorliegende Schaltung nur
für den Einsatz bei Frequenzen bis zu etwa 100 kHz in Frage.
Wesentlich aussagekräftiger als die Berechnungen im Frequenzbereich
(Kleinsignalverhalten) ist jedoch das Ergebnis der Berechnungen im Zeitbereich (Großsignalverhalten). Die Sprungantwort des Verstärkers auf die am
Eingang angelegte Rechteckspannung mit vernachlässigbar kleiner Anstiegszeit ist in Bild 3.5 dargestellt.

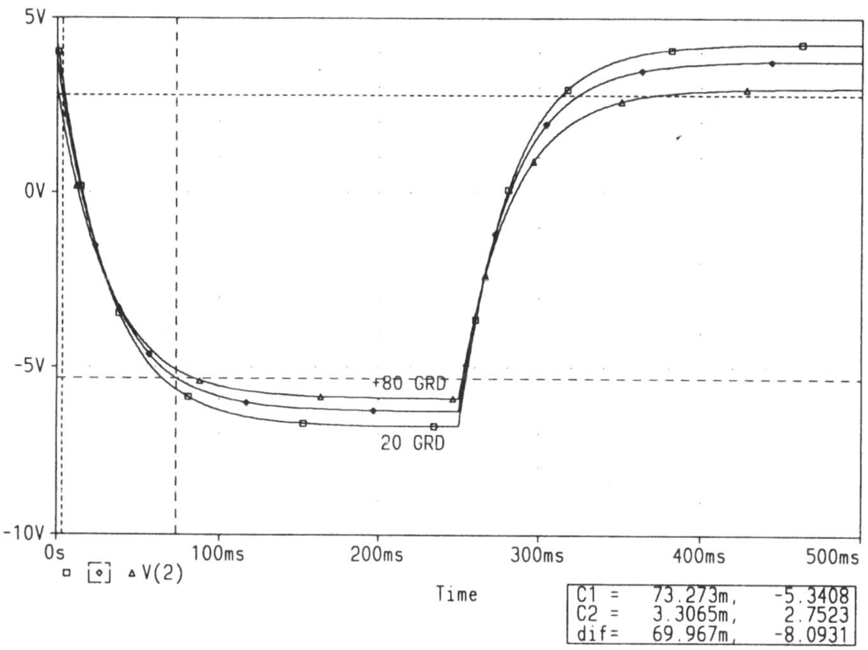

Bild 3.5: Großsignalverhalten des µA741 im Leerlauf; V_2: □ — -20°C, ◇ — +20°C, △ —
+80°C

Erst bei dieser Berechnung wird die Offsetspannung tatsächlich berücksichtigt, womit sich am Ausgang eine Nullpunktverschiebung um etwa 3 bis 4 V
ergibt. Insbesondere deren Temperaturabhängigkeit läßt eine Verwendung
des Verstärkers in dieser Form nicht zu. Die Auswertung mit Hilfe der Mar-

ken ergibt, daß bei 20°C die Anstiegszeit T_a von 10% auf 90% des Spannungsendwertes 69,97 ms beträgt.

Für eine einpolige Frequenzgangfunktion:

$$A_{(j\omega)} = \frac{A_0}{1 + j\omega\tau} \tag{3.2}$$

beträgt, wie in Kap. 5.1.1 noch näher ausgeführt wird, der Zusammenhang zwischen oberer Grenzfrequenz des Frequenzganges f_c und Anstiegszeit der Sprungantwort T_a:

$$T_a = \frac{0,35}{f_c} \tag{3.3}$$

Bei der vorliegenden Schaltung ist diese Beziehung im Leerlauf mit vernachlässigbar kleinem Fehler anwendbar.

3.1.2 Verstärker mit Gegenkopplung

Der Einsatz des Operationsverstärkers für Meßzwecke erfordert eine *Gegenkopplung zur Stabilisierung der Verstärkereigenschaften* [10]. Die Schaltung des gegengekoppelten invertierenden Verstärkers zeigt Bild 3.6.

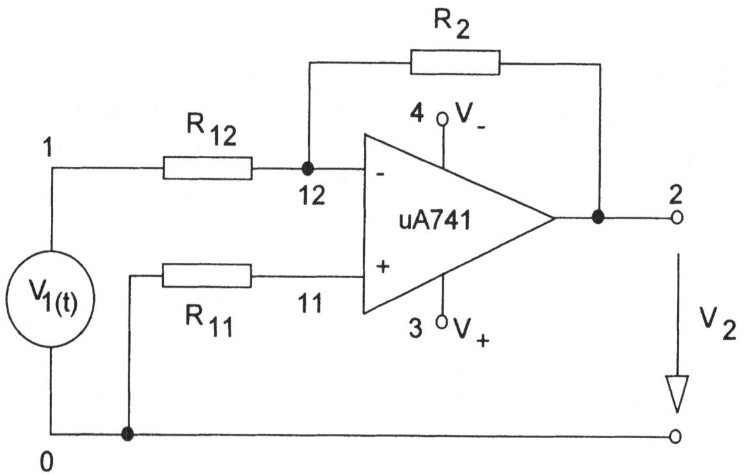

Bild 3.6: Operationsverstärker μA741 mit Gegenkopplung

Durch die Gegenkopplung wird die Verstärkung des Verstärkers von der Leerlaufverstärkung G_0 auf die gegengekoppelte Verstärkung G' herabgesetzt und entsprechend stabilisiert. Das Maß für die Stabilisierung ist die sogenannte *Schleifenverstärkung* G_0/G'. Die nachfolgende Gleichung gibt exakt beziehungsweise als Näherung den rechnerischen Zusammenhang wieder:

$$G' = -\frac{R_2}{R_{12} + \dfrac{R_{12} + R_2}{G_0}} \approx -\frac{R_2}{R_{12}} \tag{3.4}$$

Die Eingabedaten für einen invertierenden Verstärker mit einer gegengekoppelten Verstärkung von $G' \approx -100$ sind in Liste 3.2 enthalten. Für diese Bemessung beträgt die Schleifenverstärkung bei Nenntemperatur $2,02 \cdot 10^3$, womit die in Gl. 3.4 angegebene Näherung mit vernachlässigbar kleinem Fehler anwendbar ist

```
OPERATIONSVERST. - uA741/GEGENKOPPLUNG
.OPTIONS ACCT LIST NODE OPTS LIBRARY TNOM=20
.DC V1 -200mV 200mV .4mV
.AC DEC 100 10Hz 100MEGHz
.TRAN 50ns 250us 0s 50ns
.TEMP -20 20 80
V1 1 0 AC .1V PULSE(0 .1V 0s 10ns 10ns 125us 250us)
V+ 3 0 DC 15V
V- 4 0 DC -15V
*   E+ E- V+ V- A
X1 11 12 3  4 2  uA741
R11 11 0 1kOHM
R12 1 12 1kOHM
R2 2 12 100kOHM
.LIB
.PROBE
.END
```

Liste 3.2: Eingabedaten für die Berechnung des Operationsverstärkers μA741 mit Gegenkopplung bei $G' \approx -100$

Im Bild 3.7 ist zunächst das Gleichstromverhalten der Schaltung dargestellt. Ein Offset ist praktisch nicht mehr festzustellen. Bei einer Eingangsspannung von etwa ± 140 mV ist der Verstärker voll ausgesteuert und die Ausgangsspannung erreicht ihrem Höchstwert von etwa ± 14 V. Die genauere Auswertung durch differentielle Darstellung des Quotienten aus Ausgangsspannung und Eingangsspannung dV_2/dV_1 und die Ausmessung mit Hilfe der Marken ergibt, daß die gegengekoppelte Verstärkung G' im gesamten Temperaturbereich nur noch um etwa $0,01\%$ schwankt. Die in Bild 3.3 ermittelte Schwankung der Leerlaufverstärkung G_0 von etwa 21% ist also durch die Gegenkopplung um den Wert der Schleifenverstärkung von $2,02 \cdot 10^3$ verringert worden. Bezüglich der gleichstrommäßigen Eigenschaften könnte diese Schaltung damit als Meßverstärker für Spannungen eingesetzt werden.

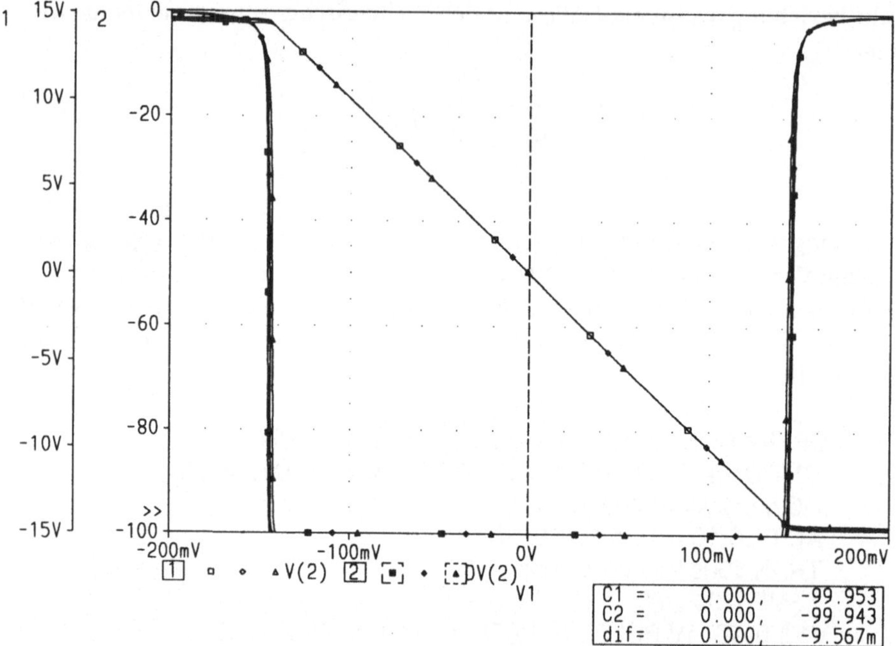

Bild 3.7: Gleichstromverhalten des µA741 mit Gegenkopplung bei $G' \approx$ -100; V_2: □ − -20°C, ◇ − +20°C, △ − +80°C; dV_2/dV_1: ■ − -20°C, ◆ − +20°C, ▲ − +80°C

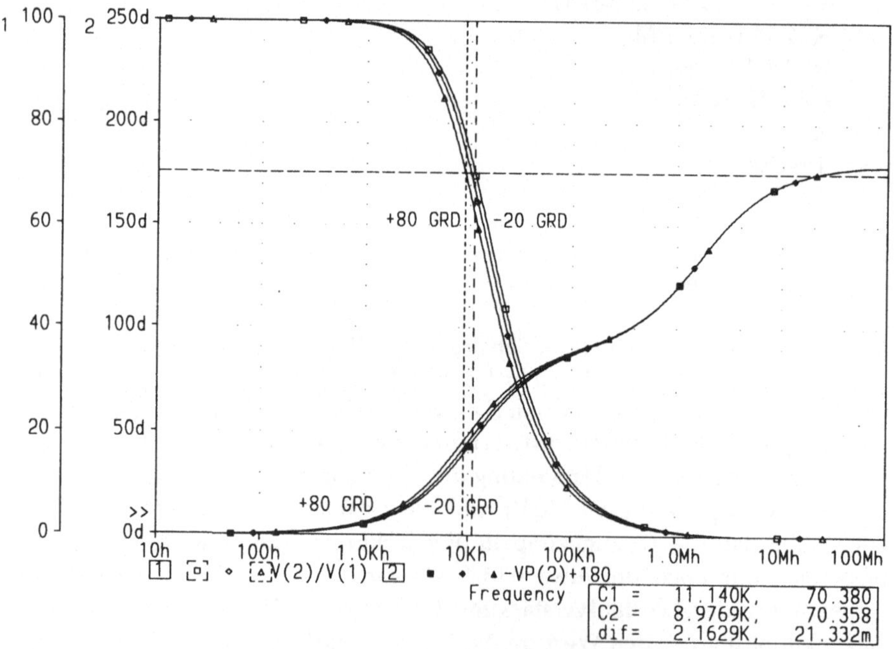

Bild 3.8: Kleinsignalverhalten des µA741 mit Gegenkopplung bei $G' \approx$ -100; G': □ − -20°C, ◇ − +20°C, △ − +80°C; $-\varphi_2+180°$: ■ − -20°C, ◆ − +20°C, ▲ − +80°C

In Bild 3.8 ist das Kleinsignalverhalten des gegengekoppelten Verstärkers bei $G' \approx -100$ für Wechselspannung dargestellt. Die Grenzfrequenz der gegengekoppelten Verstärkung f_c' beträgt bei Nenntemperatur 10,165 kHz. Im untersuchten Temperaturbereich schwankt die Grenzfrequenz zwischen 9 und 11,1 kHz. Es wird daher ein Verstärkungs-Bandbreite-Produkt:

$$GB = G_0\, f_{c0} = G'\, f_c'$$

(3.5)

zwischen 0,9 und 1,11 MHz erreicht, was genau den Erwartungen entspricht. Die Phasenverschiebung der Ausgangsspannung φ_2 erreicht nunmehr Werte bis zu etwa 180°, im nutzbaren Frequenzbereich beträgt sie jedoch maximal nur etwa 90°.

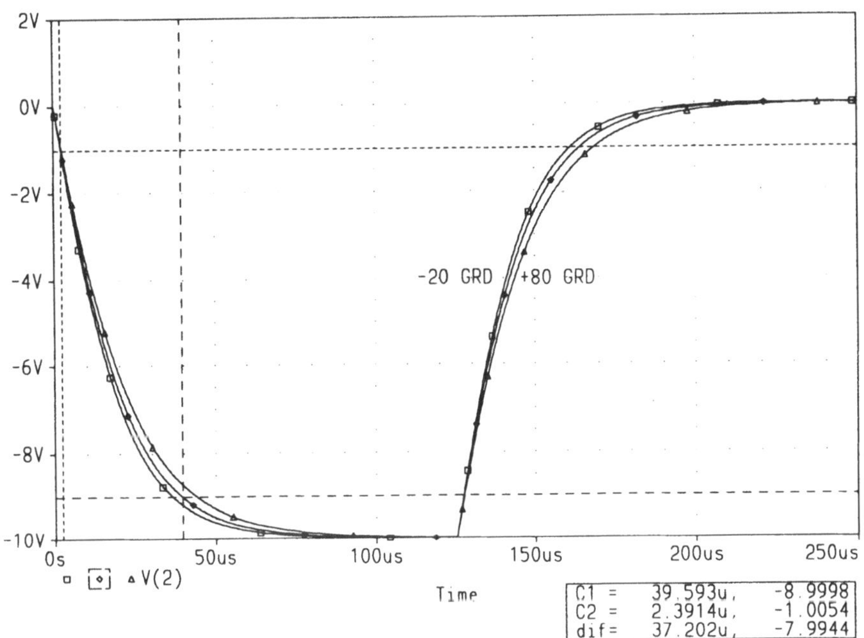

Bild 3.9: Großsignalverhalten des µA741 mit Gegenkopplung bei $G' \approx -100$; V_2: □ — -20°C, ◇ — +20°C, △ — +80°C

Nun wird das Ergebnis der Berechnungen im Zeitbereich (Großsignalverhalten) ausgewertet. Die Sprungantwort des Verstärkers auf die am Eingang angelegte Rechteckspannung mit vernachlässigbar kleiner Anstiegszeit für die verschiedenen untersuchten Temperaturen ist in Bild 3.9 dargestellt. Da die Offsetspannung nunmehr vernachlässigbar klein ist, ergibt sich insofern auch keine Diskrepanz zu den Berechnungen in Frequenzbereich mehr. Die Auswertung mit Hilfe der Marken ergibt, daß bei +20°C die Anstiegszeit 37,2 µs beträgt. Der Zusammenhang zwischen oberer Grenzfrequenz des Frequenzganges f_c und Anstiegszeit der Sprungantwort T_a entsprechend Gl. 3.3

ist also auch hier mit $T_a \cdot f_c = 0{,}378$ noch in etwa erfüllt. Das ist insofern bemerkenswert, als der Frequenzgang des gegengekoppelten Verstärkers sicher nicht genau durch Gl. 3.2 beschrieben wird. Aus dem Vergleich der Berechnungsergebnisse des Kleinsignalverhaltens und des Großsignalverhaltens, die recht gut übereinstimmen, folgt, daß signifikante *Nichtlinearitäten* gegenwärtig noch nicht wirksam sind.

Das ändert sich grundsätzlich, wenn die maximale *Spannungsanstiegsgeschwindigkeit*, die der Verstärker am Ausgang liefern kann, überschritten wird. Diese Situation kann sich dann ergeben, wenn man versucht, das Verstärkungs-Bandbreite-Produkt des Verstärkers bezüglich der oberen Grenzfrequenz weiter auszunutzen. Beim Betrieb des Verstärkers im Großsignalbereich kann dann die maximale Spannungsanstiegsgeschwindigkeit überschritten werden.

Um den Effekt besonders deutlich zu demonstrieren, soll im folgenden als Grenzfall die Bemessung für eine gegengekoppelte Verstärkung von $G' \approx -1$ betrachtet werden. Die entsprechenden Eingabedaten sind in Liste 3.3 angegeben. Für diese Bemessung beträgt bei Nenntemperatur die Schleifenverstärkung $2{,}02 \cdot 10^5$. Mit dieser Gegenkopplung müßte sich theoretisch eine obere Grenzfrequenz von etwa 1 MHz und entsprechend Gl. 3.3 eine Anstiegszeit von $0{,}35$ µs erzielen lassen. Eine Berechnung des Temperatureinflusses wird im übrigen hier gar nicht erst durchgeführt, da sich diese Bemessung im folgenden aus verschiedenen Gründen als wenig sinnvoll erweisen wird.

```
OPERATIONSVERST. - uA741/GEGENKOPPLUNG
.OPTIONS ACCT LIST NODE OPTS LIBRARY TNOM=20
.DC V1 -20V 20V 40mV
.AC DEC 100 1KHz 10GHz
.TRAN 1ns 4us 0s 1ns
V1 1 0 AC 10V PULSE(0 10V 0s .1ns .1ns 2us 4us)
V+ 3 0 DC 15V
V- 4 0 DC -15V
*    E+ E- V+ V- A
X1 11 12 3  4 2  uA741
R11 11 0 1kOHM
R12 1 12 1kOHM
R2 2 12 1kOHM
.LIB
.PROBE
.END
```

Liste 3.3: Eingabedaten für die Berechnung des Operationsverstärkers µA741 mit Gegenkopplung bei $G' \approx -1$

Im Bild 3.10 ist zunächst das Gleichstromverhalten der Schaltung dargestellt. Es sind keinerlei Besonderheiten festzustellen. Bei einer Eingangsspannung von etwa ±14 V ist der Verstärker voll ausgesteuert und die Ausgangsspannung erreicht ihrem Höchstwert von ebenfalls etwa ±14 V. Die genauere Auswertung durch differentielle Darstellung des Quotienten aus Ausgangsspannung und Eingangsspannung dV_2/dV_1 und die entsprechende Ausmessung mit Hilfe der Marken ergibt, daß die gegengekoppelte Verstärkung G' selbst bei Vollaussteuerung nicht mehr meßbar vom Wert des Widerstandsverhältnisses R_2/R_{12} abweicht. Die in Gl. 3.4 angegebene Näherung ist damit praktisch exakt gültig. Das ist angesichts der sehr hohen Schleifenverstärkung von $2{,}02 \cdot 10^5$ auch nicht anders zu erwarten. Rein gleichstrommäßig gesehen ist diese Bemessung also noch praktikabel, wenn auch nicht unbedingt sinnvoll.

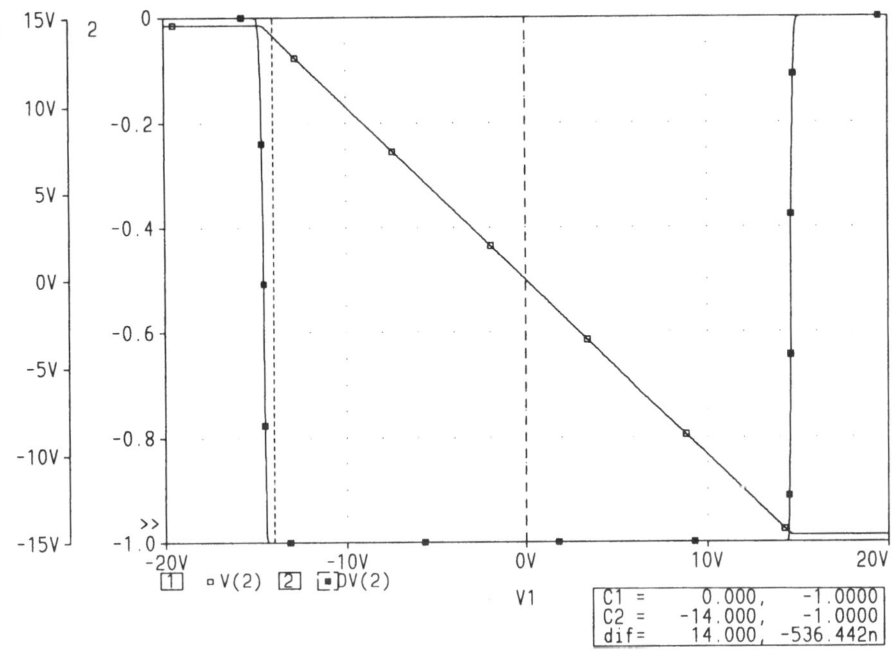

Bild 3.10: Gleichstromverhalten des µA741 mit Gegenkopplung bei $G' \approx -1$; $\square - V_2$, ■ — dV_2/dV_1

In Bild 3.11 ist das Kleinsignalverhalten des gegengekoppelten Verstärkers bei $G' \approx -1$ für Wechselspannung dargestellt. Die Grenzfrequenz der gegengekoppelten Verstärkung f_c' beträgt nur 661 kHz. Das Verstärkungs-Bandbreite-Produkt bleibt damit um etwa ein Drittel hinter dem Erwartungswert von etwa 1 MHz zurück. Diese Abweichung ist jedoch systembedingt, da es sich bei der Betrachtungsweise mit Hilfe des Verstärkungs-Bandbreite-Produktes um eine Näherung handelt, die umso ungenauer wird, je weiter sich die obere Grenzfrequenz dem Werte des Verstärkung-Bandbreite-Produktes nähert. Im Vergleich zu Bild 3.8 hat die Phasenverschiebung der Ausgangsspannung φ_2 im übrigen deutlich zugenommen.

Insgesamt gesehen zeigt damit aber auch die Berechnung des Kleinsignalverhaltens im Frequenzbereich noch keinerlei gravierenden Besonderheiten,
die auf mangelnde Funktionsfähigkeit der Schaltung rückschließen lassen.
Da die Schaltung tatsächlich aber bereits nicht mehr bestimmungsgemäß arbeitet, muß zumindest vor ausschließlichen Berechnungen des Kleinsignalverhaltens dringend gewarnt werden.

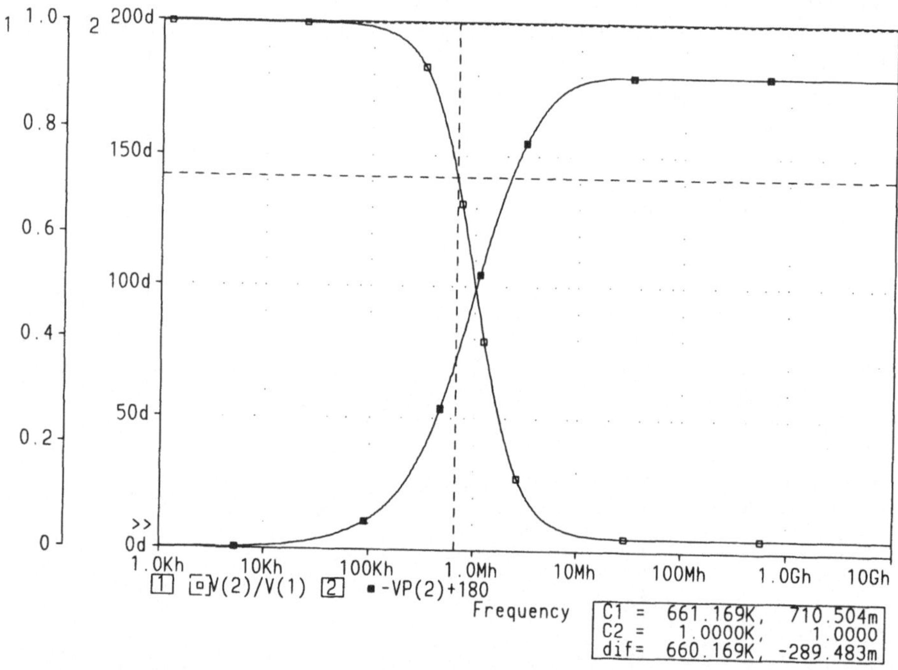

Bild 3.11: Kleinsignalverhalten des µA741 mit Gegenkopplung bei $G' \approx -1$; $\square - G'$, $\blacksquare - -\varphi_2$ $+180°$

Nachfolgend ist das Ergebnis der Berechnungen des Großsignalverhaltens im
Zeitbereich dargestellt. Die Sprungantwort des Verstärkers auf die am Eingang angelegte Rechteckspannung mit vernachlässigbar kleiner Anstiegszeit
ist in Bild 3.12 zusammen mit der Rechteckspannung dargestellt. Das Ergebnis enthält gleich mehrere Überraschungen. Anstelle des theoretischen Endwertes des Ausgangsspannung von -10 V wird nach 2 µs nur eine Spannung
von knapp -1 V erreicht. Theoretisch hätte die Anstiegszeit auf 90% des
Spannungsendwertes von 10 V jedoch nur etwa 0,35 µs betragen dürfen.
Diese gravierenden Abweichungen kommen dadurch zustande, daß der Verstärker unabhängig von der gewählten Gegenkopplung nur eine maximale
Spannungsanstiegsgeschwindigkeit am Ausgang von etwa 0,5 V/µs erreichen kann. Dieser Wert war in Bild 3.9 gerade noch nicht überschritten worden, nunmehr würde dieser um nahezu zwei Größenordnungen überschritten. Eine weitere Besonderheit ist die Tatsache, daß nach dem Anstieg der

Rechteckspannung am Eingang zunächst eine Änderung der Ausgangsspannung in die falsche Richtung erfolgt.

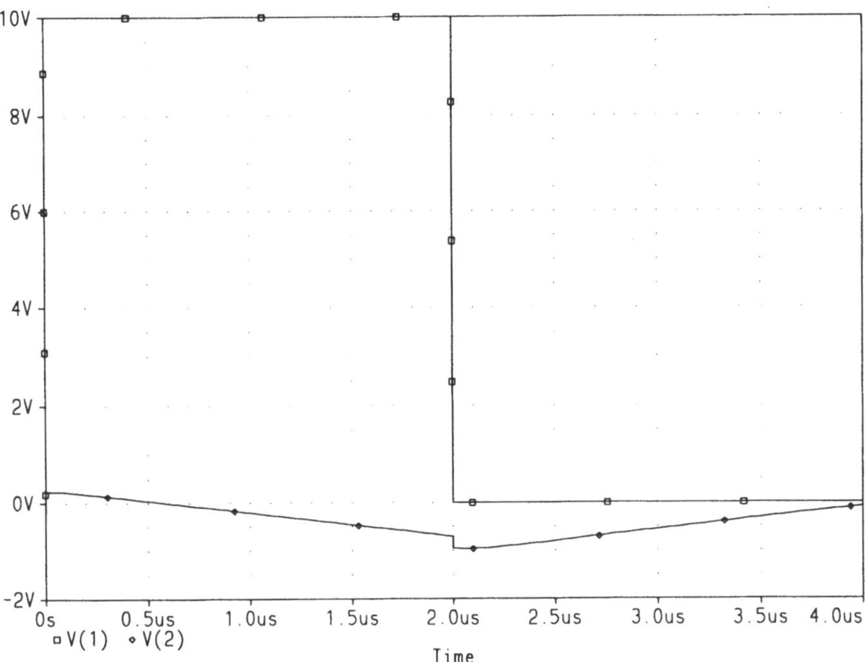

Bild 3.12: Großsignalverhalten des µA741 mit Gegenkopplung bei $G' \approx -1$; $\square - V_1$, $\diamond - V_2$

Die Richtigkeit der vorangegangenen Überlegungen vorausgesetzt, müßte die Schaltung dann wieder bestimmungsgemäß arbeiten, wenn die Amplitude der Rechteckspannung am Eingang auf etwa 0,1 V herabgesetzt wird. Die notwendigen Änderungen der Eingabedaten sind in Liste 3.4 angegeben.

V1 1 0 AC .1V PULSE(0 .1V 0s .1ns .1ns 2us 4us)

Liste 3.4: Eingabedaten für die Berechnung des Operationsverstärkers µA741 mit Gegenkopplung bei $G' \approx -1$ und verminderter Eingangsspannung

Die Sprungantwort des Verstärkers auf die am Eingang angelegte Rechteckspannung mit auf 0,1 V verminderter Amplitude ist in Bild 3.13 dargestellt. Das Ergebnis entspricht jetzt eher den Erwartungen und zwar sowohl bezüglich des grundsätzlichen Verlaufs als auch bezüglich der erzielten Anstiegszeit. Diese liegt mit 0,54 µs allerdings immer noch etwa 50% über dem erwarteten Wert. Verblieben ist hingegen die anfängliche Abweichung der Ausgangsspannung von der erwarteten Polarität. Diese kurze Spannungsspitze von etwa 2% des Spannungsendwertes ist offensichtlich unabhängig von dem Phänomen der begrenzten Anstiegsgeschwindigkeit der Ausgangsspannung. Eine Erklärung hierfür kann jedoch nicht gegeben werden.

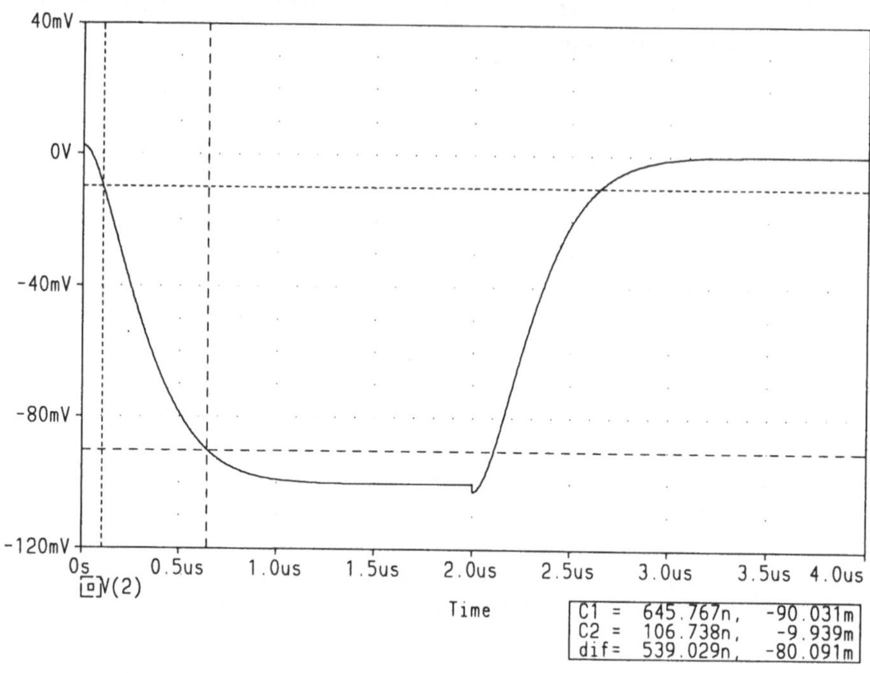

Bild 3.13: Großsignalverhalten des µA741 mit Gegenkopplung bei $G' \approx -1$; $\square - V_2$

3.2 Operationsverstärker als Meßverstärker

3.2.1 Meßverstärker für Spannungen

Bisher wurde nicht berücksichtigt wie sich die Eigenschaften der Verstärkerschaltung auf die Messung selbst auswirken. Da zunächst Spannungsverstärker betrachtet wurden, müßte im Hinblick auf eine niedrige Belastung der Meßspannungsquelle ein hoher Eingangswiderstand der Verstärkerschaltung erreicht werden. Dies wird zumindest bei der bisherigen Bemessung der Schaltungen in keiner Weise erfüllt, da der Eingangswiderstand R_{12} entspricht und somit nur 1 kΩ beträgt. Selbst wenn man von der vorliegenden Bemessung abweicht, so können auf diese Weise doch keine sehr hohen Werte des Eingangswiderstands erreicht werden. Es würden sich dabei nämlich unrealistisch hohe Widerstandswerte R_{11}, R_{12} und R_2 oder keine nennenswerte Verstärkung der Schaltung ergeben. Es müssen also spezielle Meßschaltungen zunächst für Spannungen und später auch für Ströme entwickelt werden, die auch diese Anforderungen erfüllen können.
Hierzu muß die Auswirkung der Gegenkopplung gezielt eingesetzt werden. Beim bisher betrachteten invertierenden Verstärker war die Gegenkopp-

lungsgröße (I_{R2}) der Ausgangsspannung proportional (*Spannungsgegenkopplung*) und wurde von der Eingangsgröße (I_{R12}) in einer Parallelschaltung abgezogen. Eine Spannungsgegenkopplung führt zu einem niedrigen Ausgangswiderstand der gegengekoppelten Schaltung, jedoch hat eine Parallelschaltung am Eingang des Verstärkers einen niedrigen Eingangswiderstand zur Folge. Letztere Eigenschaft ist bei einem Spannungsverstärker unerwünscht, so daß hier eine andere Lösung angestrebt werden muß.

Eine geeignete Schaltung zeigt Bild 3.14. Die Gegenkopplungsgröße, nämlich der über den Spannungsteiler bestehend aus R_2 und R_{12} an R_{12} entstehende Spannungsabfall, ist ebenfalls der Ausgangsspannung proportional (Spannungsgegenkopplung). Da diese Spannung an den invertierenden Eingang zurückgeführt wird, erfolgt die Differenzbildung mit der am nicht invertierenden Eingang anliegenden Eingangsspannung jedoch in Serienschaltung. Dadurch entsteht eine Spannungsverstärkerschaltung mit sehr hohem Eingangswiderstand. Durch den niedrigen Ausgangswiderstand der Schaltung stellt diese nahezu eine ideale Spannungsquelle dar.

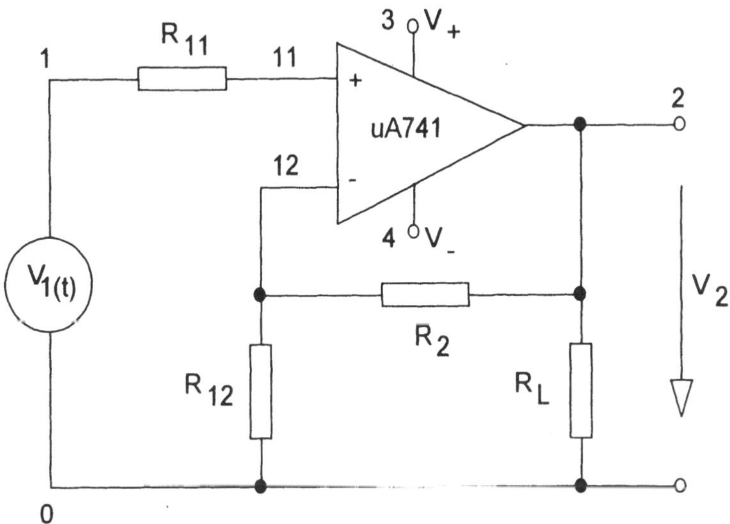

Bild 3.14: Operationsverstärker μA741 als nicht invertierender Spannungsverstärker

Bei den folgenden geschlossenen Berechnungen wird R_{11} nicht berücksichtigt. Die gegengekoppelten Spannungsverstärkung G' beträgt dann:

$$G' = \frac{R_{12}+R_2}{R_{12}+\dfrac{R_{12}+R_2}{G_0}} \approx \frac{R_{12}+R_2}{R_{12}} \tag{3.6}$$

Der Eingangswiderstand R_e des nicht gegengekoppelten Verstärkers wird in dieser Schaltung um die Schleifenverstärkung G_0/G' erhöht:

$$R_E = R_e\, G_0\, \frac{R_{12} + \dfrac{R_{12} + R_2}{G_0}}{R_{12} + R_2} = R_e\, \frac{G_0}{G'} \tag{3.7}$$

Die Eingabedaten für die Berechnung des Operationsverstärkers µA741 als nicht invertierender Spannungsverstärker bei $G' \approx 100$ sind in Liste 3.5 enthalten. Bei dieser Eingabe wird im übrigen zum ersten Mal davon Gebrauch gemacht, daß außer der Temperatur auch nahezu beliebige andere Größen als Parameter (.PARAM) definiert werden können, und danach variiert werden können. Dies geschieht hier mit dem Widerstandswert (RVALUE) des Lastwiderstands R_L mit dem Ziel der genauen Untersuchung der Belastbarkeit dieser Schaltung mit niedrigem Ausgangswiderstand.

```
SPANNUNGSVERSTAERKER - uA741
.OPTIONS ACCT LIST NODE OPTS LIBRARY TNOM=20
.DC V1 -200mV 200mV 1mV
.AC DEC 100 10Hz 100MEGHz
.TRAN 50ns 250us 0s 50ns
.PARAM RVALUE=10kOHM
.STEP PARAM RVALUE LIST 50OHM 500OHM 10kOHM
V1 1 0 AC .1V PULSE(0 .1V 0s 10ns 10ns 125us 250us)
V+ 3 0 DC 15V
V- 4 0 DC -15V
*   E+ E- V+ V- A
X1 11 12 3  4 2  uA741
R11 1 11 1kOHM
R12 12 0 1kOHM
R2 2 12 99kOHM
RL 2 0 {RVALUE}
.LIB
.PROBE
.END
```

Liste 3.5: Eingabedaten für die Berechnung des Operationsverstärkers µA741 als nicht invertierender Spannungsverstärker bei $G' \approx 100$

Im Bild 3.15 ist zunächst das Gleichstromverhalten der Schaltung dargestellt. Wie die Auswertung mit Hilfe der Marke C1 ergibt, beträgt bei einer Belastung der Schaltung mit $R_L = 10\ \text{k}\Omega$ die Verstärkung $G' = 99{,}96$. Angesichts der Leerlaufverstärkung des Operationsverstärkers G_0 von $2{,}02\cdot10^5$ entspricht das fast genau dem nach Gl. 3.6 zu erwartenden Wert. Anhand der Marke C2 ergibt sich, daß auch bei Verminderung des Lastwiderstandes auf $R_L = 500\ \Omega$ die gegengekoppelte Verstärkung mit $G' = 99{,}95$ kaum auswertbar beeinflußt wird. Bei kleiner Aussteuerung trifft dies auch noch für einen Lastwiderstand von $R_L = 50\ \Omega$ zu. Allerdings wird hier die Ausgangsspan-

nung, begrenzt durch den maximalen Ausgangsstrom des Verstärkers von
etwa ±40 mA, bei ±2 V praktisch abgeschnitten.

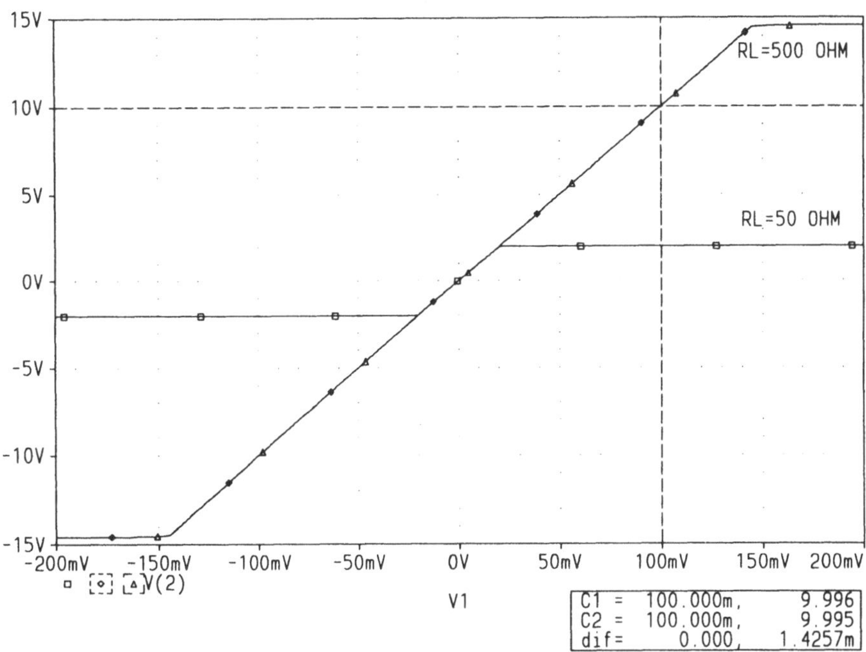

Bild 3.15: Gleichstromverhalten des nicht invertierenden Verstärkers bei $G' \approx 100$; V_2: $\square$ —
$R_L = 50\,\Omega$, $\Diamond$ — $R_L = 500\,\Omega$, $\triangle$ — $R_L = 10\,\text{k}\Omega$

In Bild 3.16 wird der gleichstrommäßige Eingangswiderstand R_E des gegengekoppelten Verstärkers mit Hilfe der differentiellen Darstellung ausgewertet. Dieser liegt bei einer verhältnismäßig geringen Belastung der Schaltung
mit $R_L = 10\,\text{k}\Omega$ bei etwa 1,06 GΩ. Da der Eingangswiderstand des leerlaufenden Operationsverstärkers R_e bei Nenntemperatur etwa 1,25 MΩ beträgt,
hätte sich nach Gl. 3.7 allerdings ein Wert von etwa 2,5 GΩ ergeben müssen.
Insofern besteht ein nicht unerheblicher Widerspruch zwischen numerischer
und geschlossener Berechnung. Bei einer niederohmigen Belastung fällt der
Eingangswiderstand R_E erheblich ab. Für $R_L = 50\,\Omega$ werden nur noch weniger als die Hälfte des Ausgangswertes erreicht. Darüber hinaus macht sich
hier bei Eingangsspannungen von mehr als ±20 mV der begrenzte maximale
Ausgangsstrom des Verstärkers wieder störend bemerkbar. Der Verstärker
ist bei Überschreitung dieser Grenze der Belastbarkeit praktisch nicht mehr
funktionsfähig, was zu einem sprunghaften Abfall des Eingangswiderstands
führt.
Insgesamt gesehen können jedoch die gleichstrommäßigen Eigenschaften der
Schaltung für die Anwendung als Meßverstärker für Spannungen als zufriedenstellend angesehen werden. Auch die Belastbarkeit der Schaltung ist in
der Regel ausreichend.

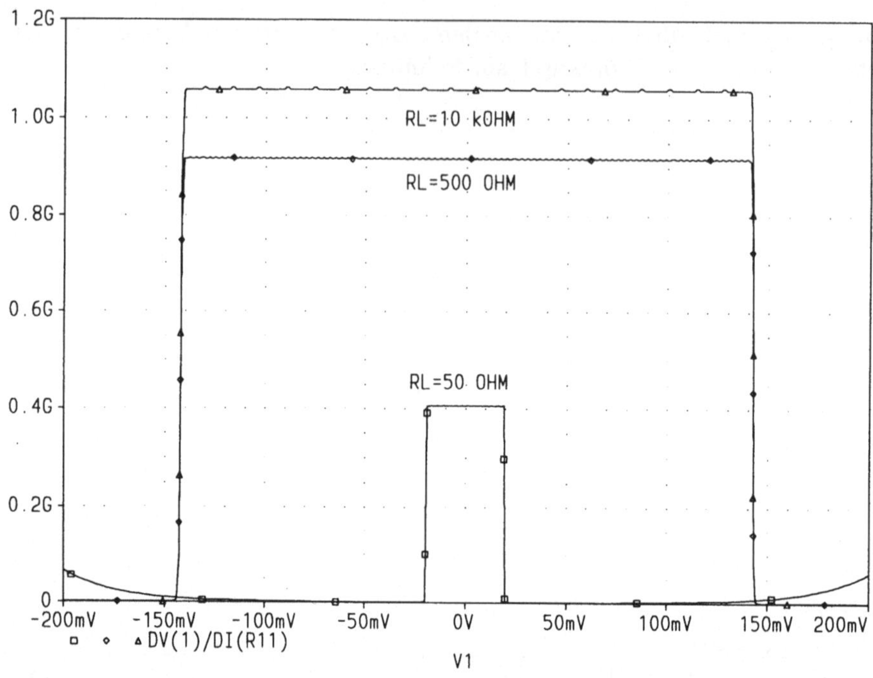

Bild 3.16: Eingangswiderstand R_E (dV_1/dI_{R11}) des nicht invertierenden Verstärkers bei $G' \approx$ 100; $\square - R_L = 50\,\Omega$, $\diamond - R_L = 500\,\Omega$, $\triangle - R_L = 10\,k\Omega$

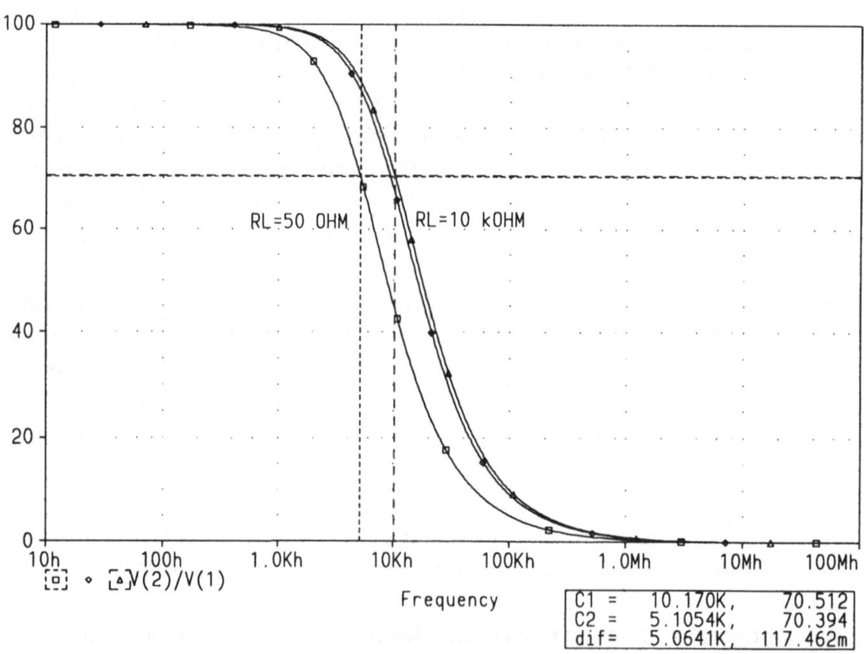

Bild 3.17: Kleinsignalverhalten des nicht invertierenden Verstärkers bei $G' \approx$ 100; G': $\square - R_L = 50\,\Omega$, $\diamond - R_L = 500\,\Omega$, $\triangle - R_L = 10\,k\Omega$

In Bild 3.17 ist das Kleinsignalverhalten des nicht invertierenden Verstärkers bei $G'\approx 100$ für Wechselspannung dargestellt. Die Grenzfrequenz der gegengekoppelten Verstärkung f_c' liegt im untersuchten Lastbereich zwischen 5,1 und 10,17 kHz. Der höhere Wert, der für $R_L = 10$ kΩ genau und für $R_L = 500$ Ω noch näherungsweise gilt, entspricht dem erwarteten Verstärkungs-Bandbreite-Produkt des Operationsverstärkers bei Nenntemperatur. Inwieweit der für $R_L = 50$ Ω errechnete Frequenzgang der Realität entspricht, muß allerdings sehr in Frage gestellt werden, da hier eigentlich die Berücksichtigung des Großsignalverhaltens erforderlich wäre.

Nachfolgend ist das Ergebnis der Berechnungen im Zeitbereich (Großsignalverhalten) dargestellt. Die Sprungantwort des nicht invertierenden Verstärkers auf die am Eingang angelegte Rechteckspannung mit vernachlässigbar kleiner Anstiegszeit für die verschiedenen untersuchten Belastungsfälle ist in Bild 3.18 dargestellt. Die Auswertung mit Hilfe der Marken ergibt, daß bei $R_L = 10$ kΩ die Anstiegszeit 37,05 µs beträgt. Der Zusammenhang zwischen oberer Grenzfrequenz des Frequenzganges f_c und Anstiegszeit der Sprungantwort T_a entsprechend Gl. 3.3 ist damit auch hier recht gut erfüllt.

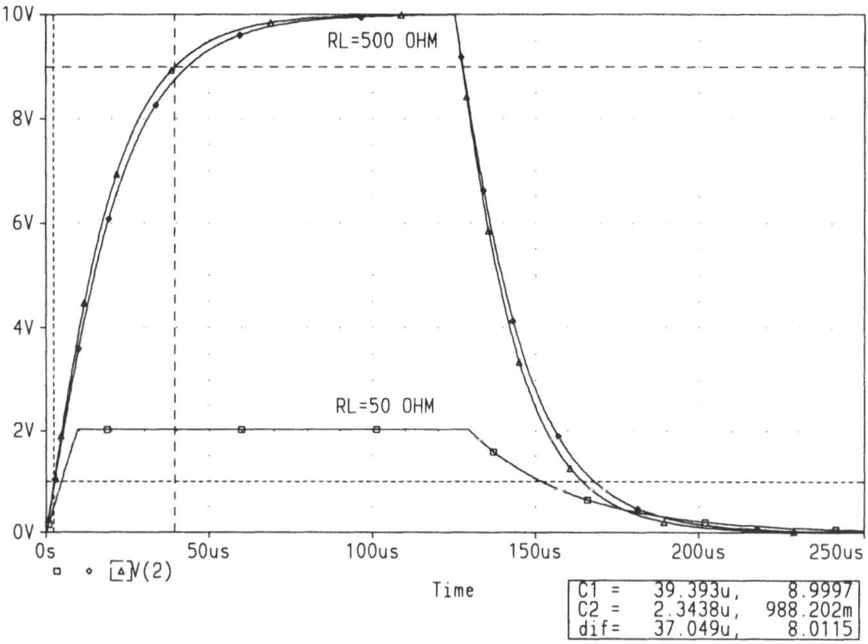

Bild 3.18: Großsignalverhalten des nicht invertierenden Verstärkers bei $G'\approx 100$; V_2: □ − $R_L = 50$ Ω, ◇ − $R_L = 500$ Ω, △ − $R_L = 10$ kΩ

Eine Verminderung des Lastwiderstands R_L macht sich im Großsignalverhalten jedoch wesentlich gravierender als im Kleinsignalverhalten bemerkbar. Besonders deutlich wird dies beim Lastwiderstand von 50 Ω. Der Einschaltvorgang verläuft hier mit erheblich verringerter Spannungsanstiegsgeschwindigkeit und die Ausgangsspannung verbleibt infolge der Überlastung der Schaltung bei einem maximalen Spannungswert von 2 V. Eine Anstiegszeit kann hier sinnvollerweise nicht angegeben werden. Der Ausschaltvorgang erfolgt ganz erheblich verlangsamt und die sich ergebende Anstiegszeit liegt bei etwa 69 µs. Es bestätigt sich daher die Vermutung, daß in diesem Fall die Berechnungsergebnisse des Kleinsignalverhaltens nur zum Teil brauchbar sind.

3.2.2 Meßverstärker für Ströme

Nunmehr soll die Gegenkopplung in der Weise verändert werden, daß sich ein Stromverstärker mit niedrigem Eingangswiderstand und hohem Ausgangswiderstand ergibt. Dazu muß die Gegenkopplungsgröße dem Ausgangsstrom proportional sein (*Stromgegenkopplung*) und diese muß in Parallelschaltung von der Eingangsgröße abgezogen werden.

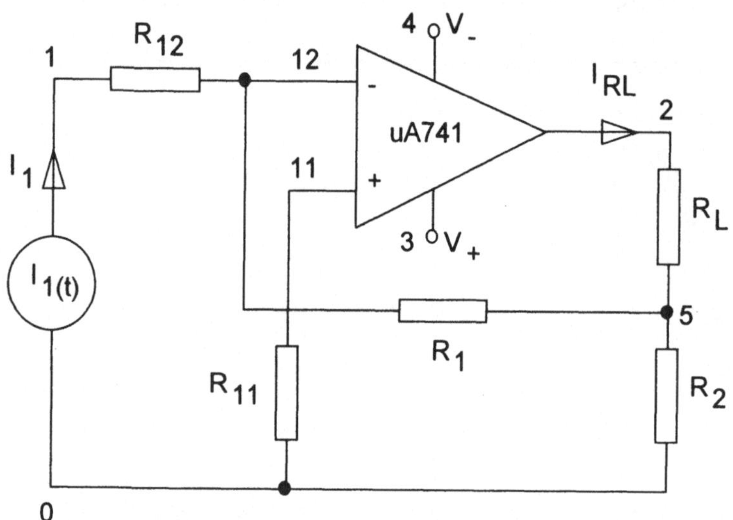

Bild 3.19: Operationsverstärker µA741 als invertierender Stromverstärker

Eine geeignete Schaltung zeigt Bild 3.19. Diese basiert darauf, daß der gesamte Ausgangsstrom des Operationsverstärkers über den Lastwiderstand R_L fließt und die Schaltung nicht anderweitig am Ausgang belastet wird. Die Gegenkopplungsgröße, nämlich der Strom I_{R1}, ist dann dem Ausgangsstrom I_{RL} proportional (Stromgegenkopplung). Dieser Strom wird an den invertierenden Eingang parallel zurückgeführt und vom Eingangsstrom abgezogen. Dadurch entsteht eine Stromverstärkerschaltung mit niedrigem Eingangswiderstand. Durch den hohen Ausgangswiderstand der Schaltung liefert diese praktisch einen eingeprägten Strom. Soweit die Schaltung nicht übersteuert wird, darf sich damit die Größe des Lastwiderstands R_L nicht auf das Übertragungsverhalten auswirken.

Die vernachlässigbar kleinen Widerstände R_{11} und R_{12} sind für die numerische Berechnung aus Stabilitätsgründen trotzdem dringend erforderlich. Bei der nachfolgenden geschlossenen Berechnung wurden diese jedoch nicht berücksichtigt.

Für die gegengekoppelte Stromverstärkung G' ergibt sich dann:

$$G' = -\frac{I_{RL}}{I_1} = -\frac{R_1 + R_2 + \dfrac{R_2}{G_0}}{R_2 + \dfrac{R_2 + R_L}{G_0}} \approx \frac{R_1 + R_2}{R_2} \tag{3.8}$$

Der Eingangswiderstand R_E des gegengekoppelten Verstärkers setzt sich näherungsweise wie folgt aus zwei Komponenten zusammen:

$$R_E = \frac{R_1 R_2 + R_L (R_1 + R_2)}{R_2 G_0 + R_2 + R_L} \approx \frac{1}{G_0}(R_1 + G' R_L) \tag{3.9}$$

und erreicht bei kurzgeschlossenem Ausgang den Kleinstwert R_1/G_0.

```
STROMVERSTAERKER - uA741
.OPTIONS ACCT LIST NODE OPTS LIBRARY TNOM=20
.DC I1 -200uA 200uA 1uA
.AC DEC 100 10Hz 100MEGHz
.TRAN 50ns 250us 0s 50ns
.PARAM RVALUE=10OHM
.STEP PARAM RVALUE LIST 10OHM 100OHM 1kOHM
I1 0 1 AC .1mA PULSE(0 .1mA 0s 10ns 10ns 125us 250us)
V+ 3 0 DC 15V
V- 4 0 DC -15V
*    E+ E- V+ V- A
X1 11 12 3  4 2 uA741
R11 11 0 1mOHM
R12 1 12 1mOHM
R1 5 12 99kOHM
R2 5 0 1kOHM
RL 2 5 {RVALUE}
.LIB
.PROBE
.END
```

Liste 3.6: Eingabedaten für die Berechnung des Operationsverstärkers μA741 als invertierender Stromverstärker bei $G' \approx -100$

Die Eingabedaten für die Berechnung des Operationsverstärkers µA741 als invertierender Stromverstärker bei $G' \approx -100$ sind in Liste 3.6 enthalten. Parameter ist der Lastwiderstand R_L.

Im Bild 3.20 ist zunächst das Gleichstromverhalten der Schaltung dargestellt. Wie die Auswertung mit Hilfe der Marke C1 ergibt, beträgt bei einer niederohmigen Belastung der Schaltung mit $R_L = 10\ \Omega$ die Verstärkung $G' = 100{,}16$. Dies liegt geringfügig über dem nach Gl. 3.8 erwarteten Wert von fast genau 100. Anhand der Marke C2 ergibt sich, daß selbst bei einer Erhöhung des Lastwiderstandes auf $R_L = 1\ \text{k}\Omega$ die gegengekoppelte Verstärkung nicht auswertbar beeinflußt wird. Allerdings wird hier der Ausgangsstrom I_{RL} bereits bei etwa 7,3 mA infolge des zu hohen Spannungsabfalls an R_L praktisch abgeschnitten.

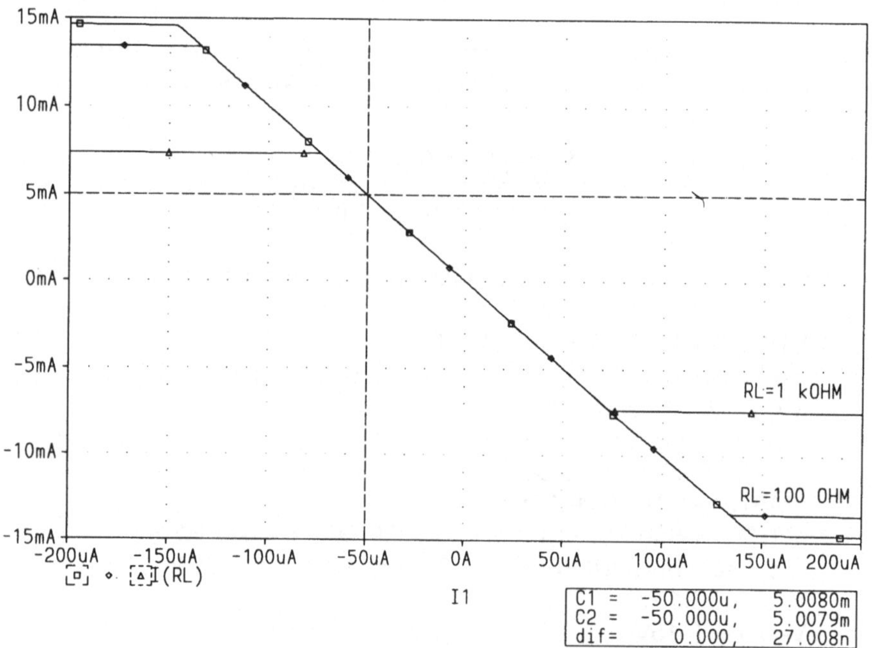

Bild 3.20: Gleichstromverhalten des invertierenden Stromverstärkers bei $G' \approx -100$; I_{RL}: □ — $R_L = 10\ \Omega$, ◇ — $R_L = 100\ \Omega$, △ — $R_L = 1\ \text{k}\Omega$

In Bild 3.21 wird der gleichstrommäßige Eingangswiderstand R_E des Stromverstärkers ausgewertet. Dieser beträgt bei angenähertem Kurzschluß der Schaltung etwa 0,57 Ω und erhöht sich für $R_L = 1\ \text{k}\Omega$ auf 1,06 Ω. Mit der Leerlaufverstärkung des Operationsverstärkers von $2{,}02{\cdot}10^5$ hätte sich nach Gl. 3.9 für R_E bei $R_L = 1\ \text{k}\Omega$ ein etwas kleinerer Wert von 0,5 Ω ergeben müssen, der sich für $R_L = 1\ \text{k}\Omega$ dann auf 1 Ω erhöht hätte. Damit stimmen hier die Ergebnisse der numerischen und der geschlossenen Berechnung auch bezüglich des Eingangswiderstands wesentlich besser überein. Darüber hinaus macht sich bei für R_L = 1 kΩ bei Eingangsströmen von mehr als etwa ±70 μA die Begrenzerwirkung der Schaltung bedingt durch den zu hohen Spannungsabfall an R_L wieder bemerkbar. Der Verstärker ist bei Überschreitung dieser Grenze praktisch nicht mehr funktionsfähig. Bezüglich des Eingangswiderstands bedeutet das einen schlagartigen Anstieg.

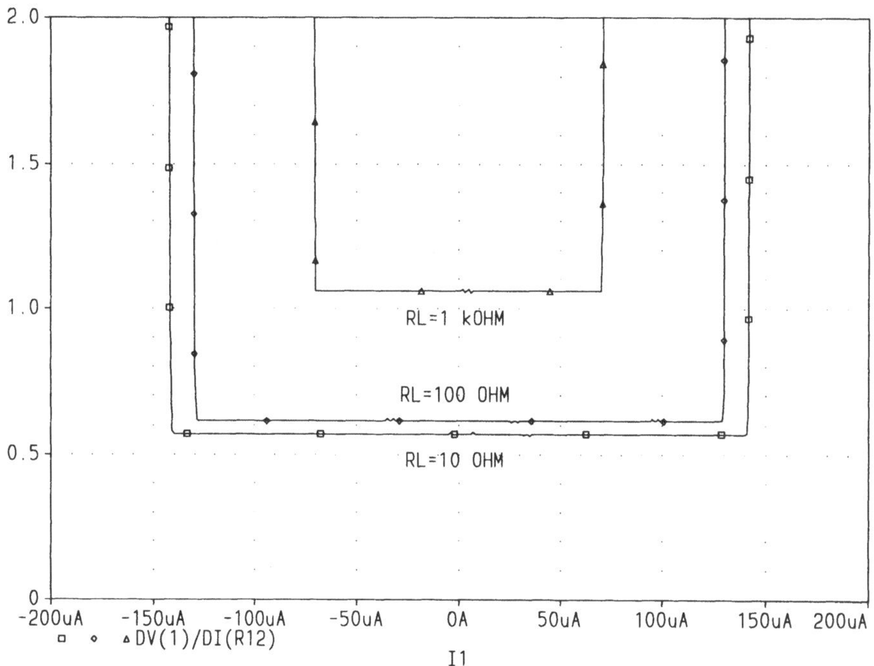

Bild 3.21: Eingangswiderstand R_E (dV_1/dI_{R12}) des invertierenden Stromverstärkers bei G' ≈ -100; □ − R_L = 10 Ω, ◇ − R_L = 100 Ω, △ − R_L = 1 kΩ

Insgesamt gesehen lassen die gleichstrommäßigen Eigenschaften der Schaltung eine Anwendung als Strommeßverstärker durchaus zu.
In Bild 3.22 ist das Kleinsignalverhalten des invertierenden Stromverstärkers bei G' ≈ -100 für Wechselspannung dargestellt. Die Grenzfrequenz der gegengekoppelten Verstärkung f_c' liegt im untersuchten Lastbereich zwischen 0,584 und 1,224 MHz. Diese Werte entsprechen einem Verstärkungs-Bandbreite-Produkt der Schaltung das bis um mehr als das 100-fache über dem Verstärkungs-Bandbreite-Produkt des Operationsverstärkers selbst liegt. Die bereits zuvor geäußerten Bedenken gegen die Berechnung des Kleinsignalverhaltens werden durch dieses sicher unzutreffende Ergebnis bestätigt.
Nun wird das Ergebnis der Berechnungen im Zeitbereich (Großsignalverhalten) betrachtet. Die Sprungantwort des invertierenden Stromverstärkers auf den am Eingang angelegten Rechteckstrom mit vernachlässigbar kleiner Anstiegszeit für die verschiedenen untersuchten Belastungsfälle ist in Bild 3.23 dargestellt. Die Auswertung mit Hilfe der Marken ergibt, daß bei R_L = 10 Ω die Anstiegszeit 16,53 μs beträgt.

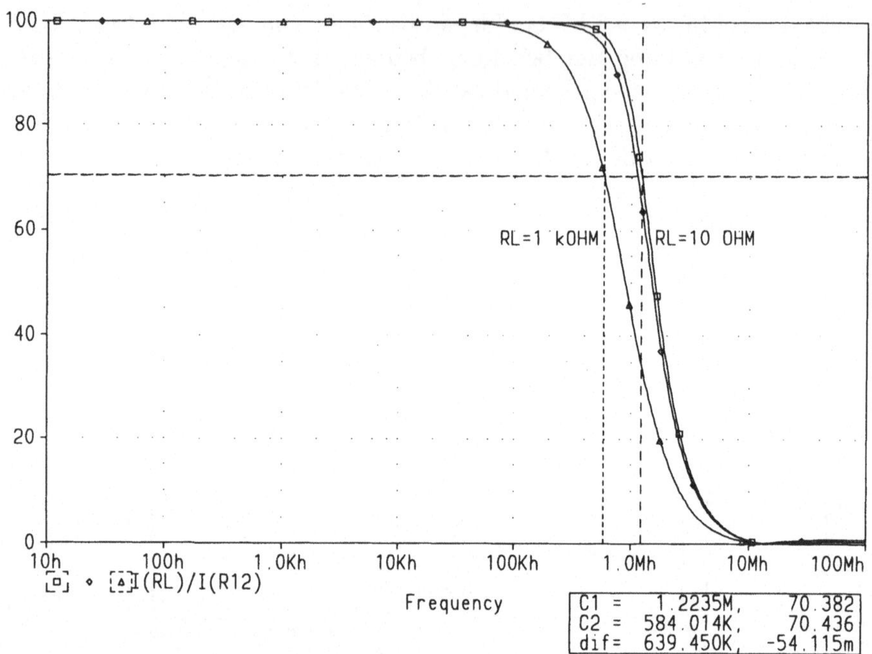

Bild 3.22: Kleinsignalverhalten des invertierenden Stromverstärkers bei $G' \approx -100$; G': □ — $R_L = 10\,\Omega$, ◇ — $R_L = 100\,\Omega$, △ — $R_L = 1\,\text{k}\Omega$

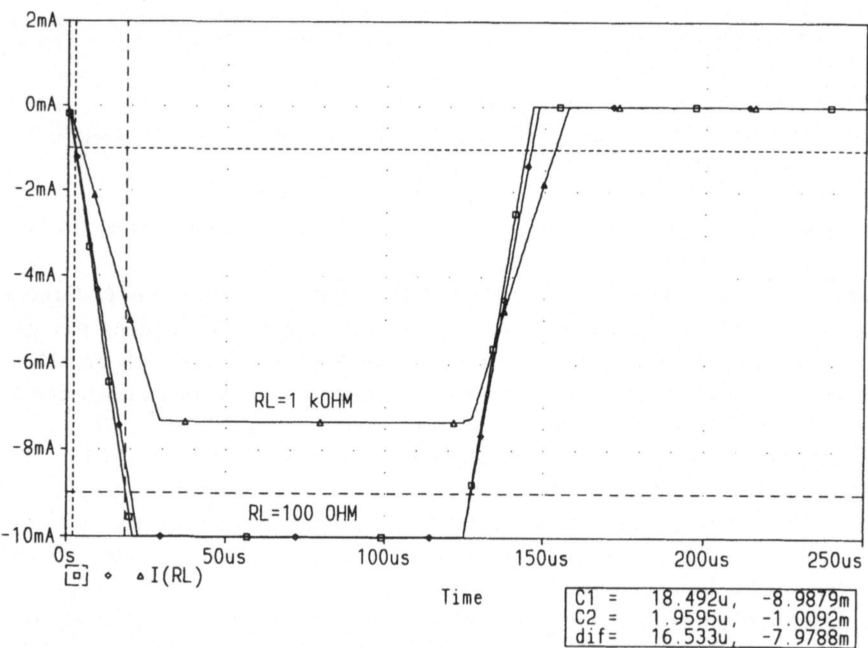

Bild 3.23: Großsignalverhalten des invertierenden Stromverstärkers bei $G' \approx -100$; I_{RL}: □ — $R_L = 10\,\Omega$, ◇ — $R_L = 100\,\Omega$, △ — $R_L = 1\,\text{k}\Omega$

Das ist nur etwa die Hälfte des angesichts des Verstärkungs-Bandbreite-Produkts des Operationsverstärkers und des durch Gl. 3.3 näherungsweise gegebenen Zusammenhangs zwischen oberer Grenzfrequenz des Frequenzganges f_c und Anstiegszeit der Sprungantwort T_a zu erwartenden Werts von 35 µs. Auffallend ist auch, daß der Anstieg des Ausgangsstromes I_{RL} vollkommen linear verläuft. Durch die Erhöhung des Lastwiderstandes auf 1 kΩ wird der Stromanstieg erwartungsgemäß deutlich verlangsamt. Wenn also auch die Berechnung des Großsignalverhaltens wesentlich realistischere Ergebnisse liefert, so verbleiben doch erhebliche Bedenken, ob das verwendete Makromodell, das sich beim Spannungsverstärker sehr gut bewährt hatte, auch gleichermaßen gut zur Beschreibung des Stromverstärkers geeignet ist.

3.2.3 Differenzverstärker

Da der Operationsverstärker den invertierenden und den nicht invertierenden Eingang besitzt, läßt dieser sich auch als Differenzverstärker für Spannungen verwenden. Damit können zum Beispiel erdfreie Spannungen gemessen werden. Ein solcher Fall liegt beispielsweise bei Brückenschaltungen vor, wenn diese aus einer einpolig geerdeten Quelle gespeist werden. Darüber hinaus gehen auf beiden Meßleitungen gleichermaßen vorhandene Störsignale (*Gleichtaktstörungen*) durch die Differenzbildung zumindest theoretisch nicht in die Ausgangsspannung mit ein.

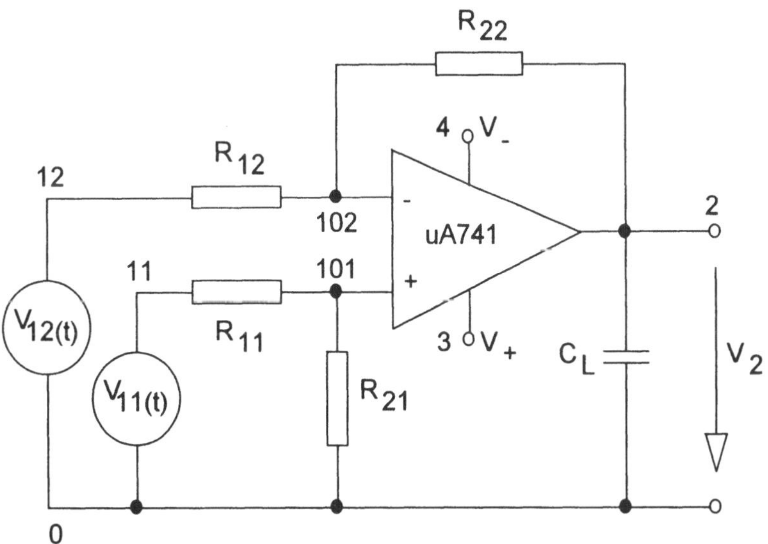

Bild 3.24: Operationsverstärker µA741 als Differenzverstärker

Die entsprechende Schaltung ist in Bild 3.24 angegeben. Aufgrund des Aufbaus der Schaltung und der Art der verwendeten Gegenkopplung ist ein sehr ähnliches Verhalten wie beim invertierenden Spannungsverstärker nach Bild 3.6 zu erwarten. Der Ausgangswiderstand der Schaltung wird damit sehr klein sein und der Eingangswiderstand wird etwa R_{11} beziehungsweise R_{12} betragen.

Bei der folgenden geschlossenen Berechnungen wird der in den Eingang des Operationsverstärkers fließende Strom vernachlässigt. Für die Ausgangsspannung erhält man dann folgendes Ergebnis:

$$V_2 = V_{11} \frac{R_{12} + R_{22}}{R_{12} + \dfrac{R_{12} + R_{22}}{G_0}} \frac{R_{21}}{R_{11} + R_{21}} - V_{12} \frac{R_{22}}{R_{12} + \dfrac{R_{12} + R_{22}}{G_0}} \tag{3.10}$$

Bei symmetrischer Bemessung der Schaltung ($R_{11} = R_{12}$ und $R_{21} = R_{22}$) erhält man für die gegengekoppelte Differenzverstärkung G':

$$G' = \frac{V_2}{V_{11} - V_{12}} = \frac{R_{22}}{R_{11} + \dfrac{R_{11} + R_{22}}{G_0}} \approx \frac{R_{22}}{R_{11}} \tag{3.11}$$

```
DIFFERENZVERSTAERKER - uA741
.OPTIONS ACCT LIST NODE OPTS LIBRARY TNOM=20
.DC V11 -100mV 100mV .2mV
.AC DEC 100 10Hz 100MEGHz
.TRAN 50ns 250us 0s 50ns
.PARAM CLOAD=1nF
.STEP PARAM CLOAD LIST 1nF 10nF 100nF
V11 11 0 AC 50mV PULSE(0 50mV 0s 10ns 10ns 125us 250us)
EV12 12 0 11 0 -1
V+ 3 0 DC 15V
V- 4 0 DC -15V
*    E+  E-  V+ V- A
X1 101 102 3   4  2  uA741
R11 11 101 1kOHM
R12 12 102 1kOHM
R21 101 0 100kOHM
R22 2 102 100kOHM
CL 2 0 {CLOAD}
.LIB
.PROBE
.END
```

Liste 3.7: Eingabedaten für die Berechnung des Operationsverstärkers μA741 als Differenzverstärker bei $G' \approx 100$

Die Eingabedaten für die Berechnung des Operationsverstärkers µA741 als Differenzverstärker bei $G' \approx 100$ sind in Liste 3.7 enthalten. Die Gegentaktaussteuerung des Verstärkers wird dadurch erreicht, daß an den invertierenden Eingang eine spannungsgesteuerte Spannungsquelle gelegt wird (EV_{12}), deren Spannungswert der umgepolten Spannung am nicht invertierenden Eingang V_{11} entspricht. Darüber hinaus wird bei dieser Berechnung der Einfluß einer kapazitiven Belastung am Ausgang durch die Lastkapazität C_L auf das Übertragungsverhalten mit untersucht. Dazu wird C_L als Parameter definiert.

Im Bild 3.25 ist zunächst das Gleichstromverhalten der Schaltung dargestellt. Wie die Auswertung mit Hilfe der Marken C1 und C2 ergibt, beträgt die Verstärkung im gesamten Aussteuerbereich $G' = 99{,}95$. Angesichts der Leerlaufverstärkung des Operationsverstärkers G_0 von $2{,}02 \cdot 10^5$ entspricht das genau dem nach Gl. 3.11 zu erwartenden Wert.

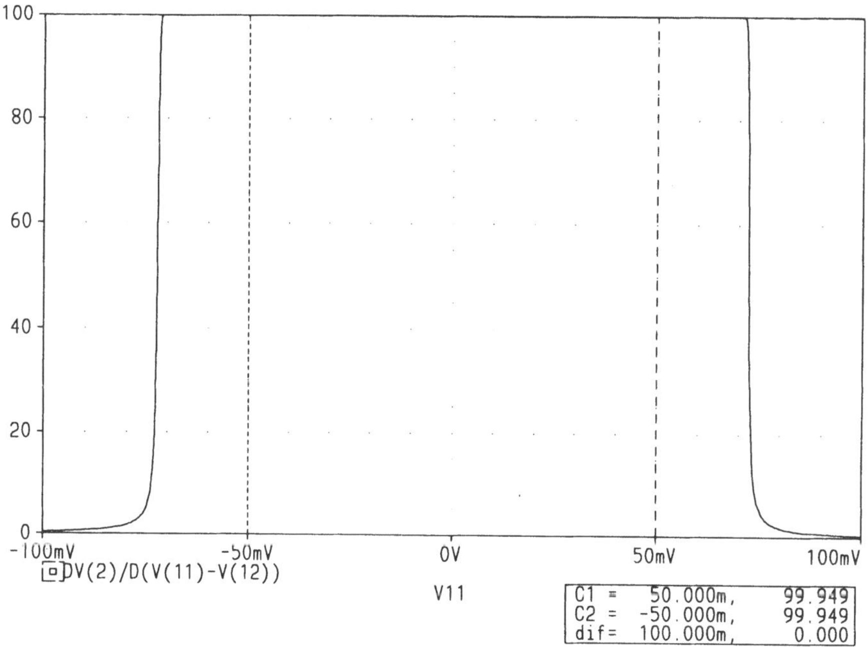

Bild 3.25: Gleichstromverhalten des Differenzverstärkers bei $G' \approx 100$; □ — $G'[\mathrm{d}V_2/\mathrm{d}(V_{11}-V_{12})]$

In Bild 3.26 ist das Kleinsignalverhalten des Differenzverstärkers bei $G' \approx 100$ für Wechselspannung dargestellt. Die Grenzfrequenz der gegengekoppelten Verstärkung f_c' liegt im untersuchten Bereich der kapazitiven Belastung zwischen 10,17 und 13,53 kHz. Der niedrigere Wert, der für $C_L = 1$ nF genau und für $C_L = 10$ nF näherungsweise gilt, entspricht genau dem erwarteten Verstärkungs-Bandbreite-Produkt des Operationsverstärkers bei Nenntemperatur. Inwieweit die für die höchste kapazitive Belastung bei $C_L = 100$ nF errechnete Grenzfrequenz von 13,53 kHz der Realität entspricht, muß allerdings sehr in Frage gestellt werden, da eine Erhöhung der Grenzfrequenz mit steigender Lastkapazität der praktischen Erfahrung widerspricht. Es ist daher zu vermuten, daß diesbezüglich eine Unzulänglichkeit des für die Beschreibung des Operationsverstärkers verwendeten Makromodells vorliegt. Diese Fragestellung wird bei der Untersuchung des transienten Verhaltens noch weiter verfolgt werden.

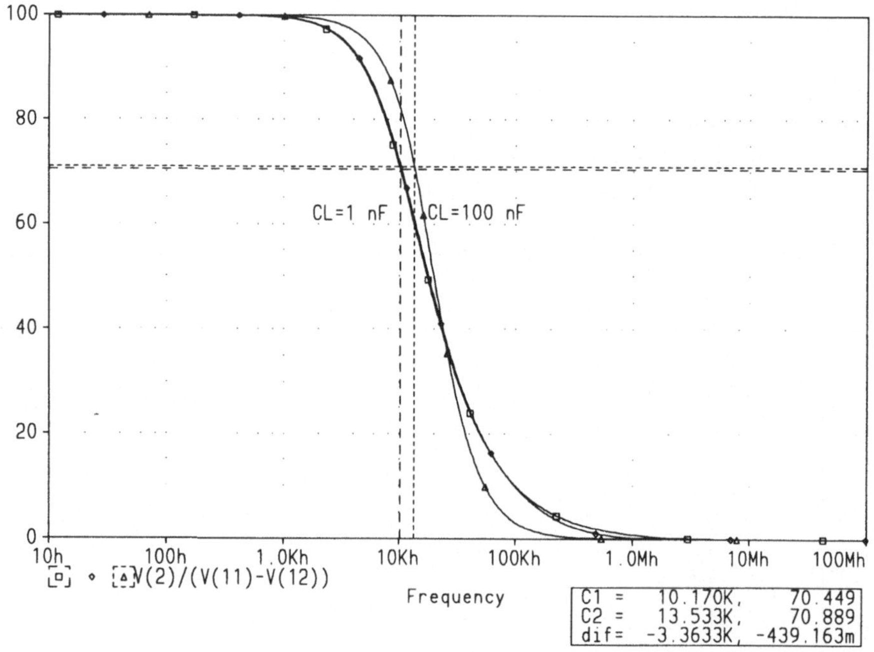

Bild 3.26: Kleinsignalverhalten des Differenzverstärkers bei $G' \approx 100$; G': $\square$ — C_L = 1 nF, $\diamond$ — C_L = 10 nF, $\triangle$ — C_L = 100 nF

Nachfolgend ist das Ergebnis der Berechnungen im Zeitbereich (Großsignalverhalten) dargestellt. Die Sprungantwort des Differenzverstärkers auf die am Eingang angelegte Rechteckspannung mit vernachlässigbar kleiner Anstiegszeit für die verschiedenen untersuchten Belastungsfälle ist in Bild 3.27 dargestellt. Bei der kapazitiven Belastung mit C_L = 1 nF und C_L = 10 nF ist der Zusammenhang zwischen oberer Grenzfrequenz des Frequenzganges f_c und Anstiegszeit der Sprungantwort T_a entsprechend Gl. 3.3 recht gut erfüllt. Wie die Auswertung mit Hilfe der Marken ergibt vermindert sich bei der höchsten kapazitiven Belastung von C_L = 100 nF die Anstiegszeit jedoch auf 29,2 µs. Dies steht zwar in etwa im Einklang mit der zuvor für diesen Belastungsfall errechneten erhöhten Grenzfrequenz, das Ergebnis selbst muß jedoch aufgrund der praktischen Erfahrung mit einiger Skepsis zur Kenntnis genommen werden.

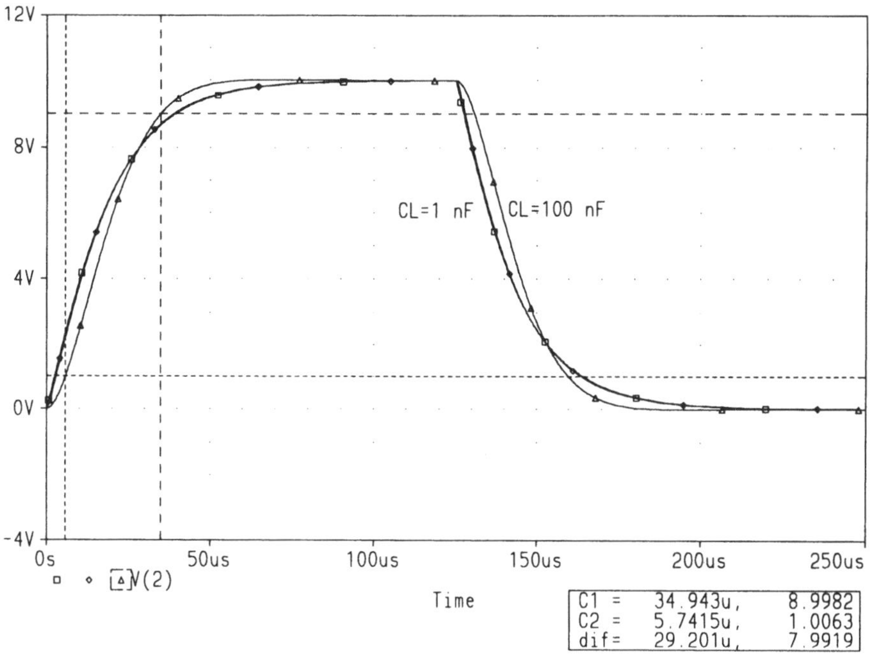

Bild 3.27: Großsignalverhalten des Differenzverstärkers bei $G' \approx 100$; V_2: □ $- C_L = 1$ nF, ◇ $- C_L = 10$ nF, △ $- C_L = 100$ nF

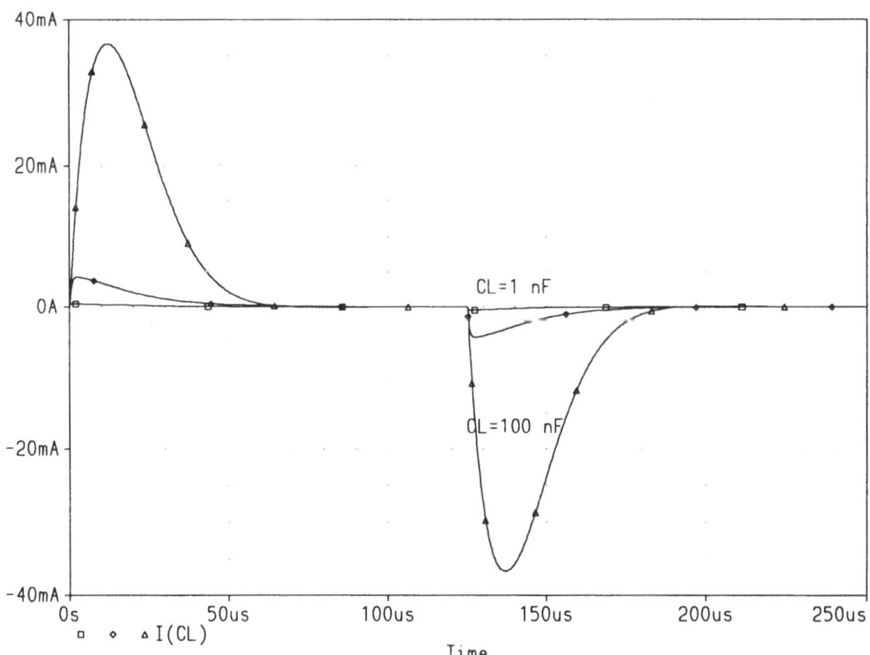

Bild 3.28: Großsignalverhalten des Differenzverstärkers bei $G' \approx 100$; I_{CL}: □ $- C_L = 1$ nF, ◇ $- C_L = 10$ nF, △ $- C_L = 100$ nF

Diese Bedenken werden auch durch den Verlauf des in Bild 3.28 dargestellten kapazitiven Ausgangsstroms I_{CL} gestützt. Bei der höchsten kapazitiven Belastung wird immerhin ein Spitzenstrom von etwa 40 mA erreicht, was der gleichstrommäßigen Belastungsgrenze des Operationsverstärkers entspricht. Es ist nicht plausibel, daß durch diesen hohen Ladestrom das transiente Verhalten nicht nachteilig sondern sogar vorteilhaft beeinflußt wird. Offensichtlich ist diesbezüglich das Simulationsmodell nicht vollständig.

Eine ganz wesentliche Eigenschaft von Differenzverstärkern ist die Tatsache, daß am Differenzeingang anliegende Gleichtaktspannungen (Störspannungen) am Ausgang weitestgehend unterdrückt werden. Allerdings ist durch die stets vorhandenen Unsymmetrien des Verstärkers diese Unterdrückung nicht vollständig. Darüber hinaus darf der Verstärker auf keinen Fall übersteuert werden.

Die bei Gleichtaktansteuerung am Ausgang entstehende geringe Spannung bezogen auf die Gleichtakteingangsspannung wird als Gleichtaktverstärkung G_{com} bezeichnet. Das Verhältnis zwischen der Differenzverstärkung G' nach Gl. 3.11 und der Gleichtaktverstärkung G_{com} wird als Gleichtaktunterdrückung CMR (common mode rejection) bezeichnet:

$$CMR = \frac{G'}{G_{com}} \qquad (3.12)$$

```
DIFFERENZVERSTAERKER - uA741
.OPTIONS ACCT LIST NODE OPTS LIBRARY TNOM=20
.DC V11 -1V 1V 2mV
.AC DEC 100 10Hz 100MEGHz
.TRAN 50ns 250us 0s 50ns
V11 11 0 AC 1V PULSE(0 1V 0s 10ns 10ns 125us 250us)
EV12 12 0 11 0 1
V+ 3 0 DC 15V
V- 4 0 DC -15V
*    E+  E-  V+ V- A
X1 101 102 3  4 2  uA741
R11 11 101 1kOHM
R12 12 102 1kOHM
R21 101 0 100kOHM
R22 2 102 100kOHM
CL 2 0 1nF
.LIB
.PROBE
.END
```

Liste 3.8: Eingabedaten für die Berechnung des Operationsverstärkers µA741 als Differenzverstärker bei $G' \approx 100$; Berechnung der Gleichtaktverstärkung G_{com}

Die entsprechenden Zahlenwerte für die vorliegende Differenzverstärkerschaltung werden in der folgenden Simulationsrechnung für eine konstante Lastkapazität von C_L = 1 nF ermittelt. Die notwendigen Eingabedaten für eine Gleichtakteingangsspannung von 1 V sind in Liste 3.8 enthalten. Die Gleichtaktansteuerung wird durch Umpolung der spannungsgesteuerten Spannungsquelle (EV$_{12}$) erreicht.

In Bild 3.29 ist das Kleinsignalverhalten des Differenzverstärkers bei G' ≈ 100 für Wechselspannung bei Gleichtaktbetrieb dargestellt. Der Betrag der Gleichtaktverstärkung beläuft sich auf G_{com} = 3,13·10^{-3}. Daraus errechnet sich dann eine Gleichtaktunterdrückung von CMR = 3,2·10^4 (90 dB). Die Frequenzabhängigkeit entspricht bei Frequenzen bis zu etwa 100 kHz weitgehend dem entsprechenden Verlauf der Differenzverstärkung.

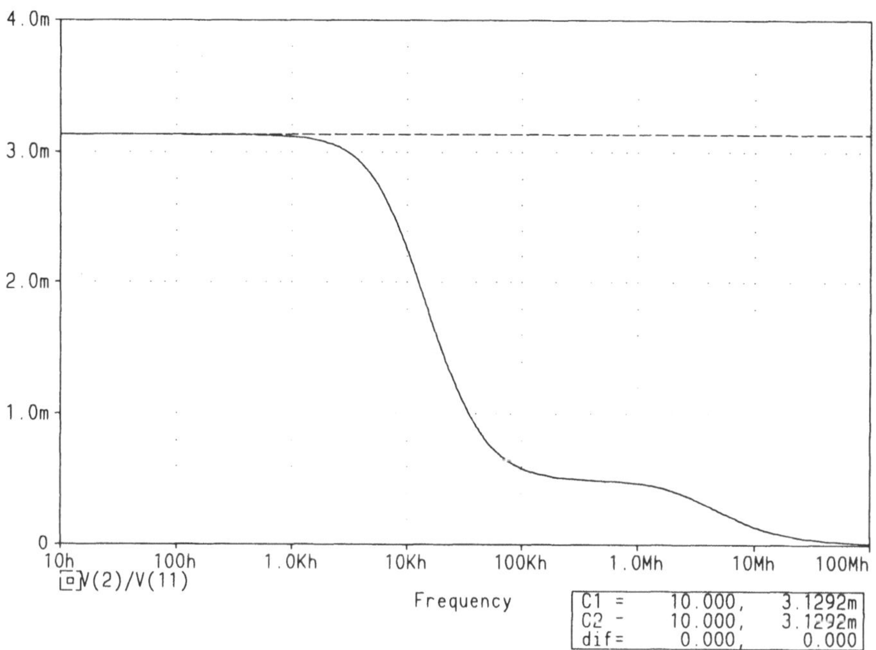

Bild 3.29: Kleinsignalverhalten des Differenzverstärkers bei G' ≈ 100 und Gleichtaktbetrieb;
□ − G_{com}

Die Sprungantwort des Differenzverstärkers auf die am Eingang angelegte Rechteckspannung mit vernachlässigbar kleiner Anstiegszeit für Gleichtaktbetrieb ist in Bild 3.30 dargestellt. Nunmehr wird auch die Offsetspannung mit berücksichtigt, so daß sich gemäß der Eingangsoffsetspannunng des Operationsverstärkers von 18,6 µV (siehe Bild 3.2) und der Differenzverstärkung von G' ≈ 100 eine Nullpunktverschiebung am Ausgang in Höhe von 1,87 mV ergibt. Entsprechend der mit Hilfe der Marken ausgewerteten Amplitude der Rechteckspannung in Höhe von 3,12 mV ergibt sich die Gleichtaktverstärkung genau wie im Frequenzbereich zu G_{com} = 3,12·10^{-3}.

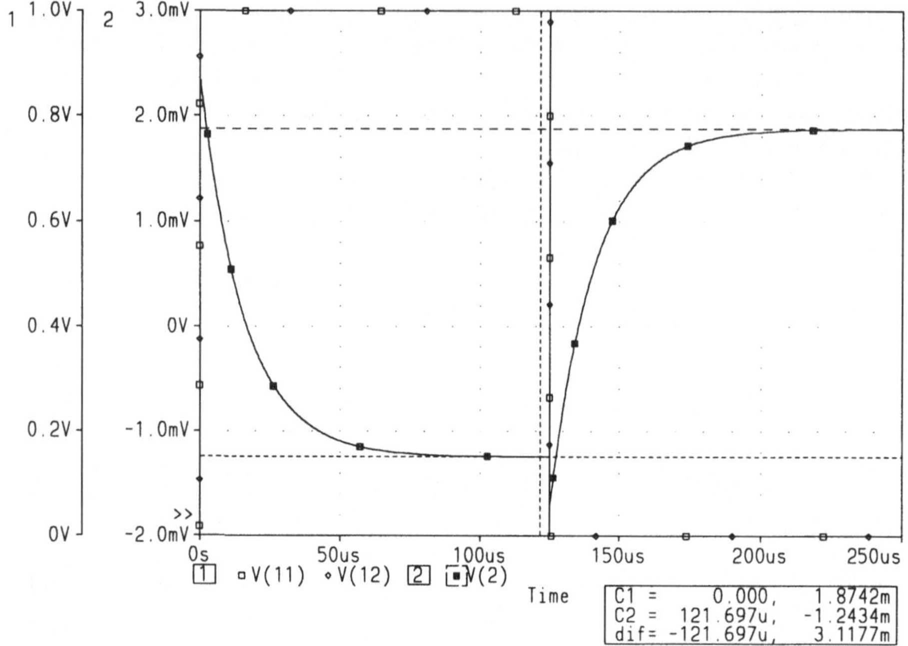

Bild 3.30: Großsignalverhalten des Differenzverstärkers bei $G' \approx 100$ und Gleichtaktbetrieb;
$\square - V_{11}$, $\diamond - V_{12}$, $\blacksquare - V_2$

Es ist daher anzunehmen, daß durch das verwendete Makromodell das
Gleichtaktverhalten für den Großsignalbetrieb nicht vollständig nachgebildet
wird. Dies bestätigten weitere Rechnungen mit veränderlicher Gleichtakteingangsspannung, die stets die gleiche Gleichtaktunterdrückung von $CMR =$
$3,2{\cdot}10^4$ ergaben. In Realität ist jedoch damit zu rechnen, daß die Gleichtaktunterdrückung bei Vollaussteuerung oder gar Übersteuerung des Verstärkers
abnimmt.

3.3 Operationsverstärker als Meßgleichrichter

3.3.1 Einweggleichrichter

Wie bereits zuvor erwähnt wurde, eignen sich Operationsverstärker sehr gut
zum Aufbau idealer Gleichrichterschaltungen. Dabei muß unterschieden
werden, ob die gleichgerichtete Ausgangsgröße eine Spannung oder ein
Strom sein soll. Für beide Fälle soll im folgenden jeweils ein Beispiel berechnet werden.

Zunächst wird eine ideale Einweggleichrichterschaltung für eine Spannung am Ausgang betrachtet. Eine geeignete Schaltung zeigt Bild 3.31. Die negative Halbwelle der Eingangsspannung beziehungsweise des Eingangsstromes wird durch die Wirkung der dann in Durchlaßrichtung gepolten Diode D_2 praktisch nicht verstärkt. Am Ausgang erscheint für diese Polarität nur die geringe Durchlaßspannung von D_2, die jedoch durch D_1 abgeschnitten wird. Die positive Halbwelle der Eingangsspannung wird hingegen infolge der nunmehr gesperrten Diode D_2 entsprechend der eingestellten Verstärkung G' des invertierenden Verstärkers (Gl. 3.4) verstärkt und durch die jetzt in Duchlaßrichtung gepolte Diode D_1 zum Ausgang durchgelassen.

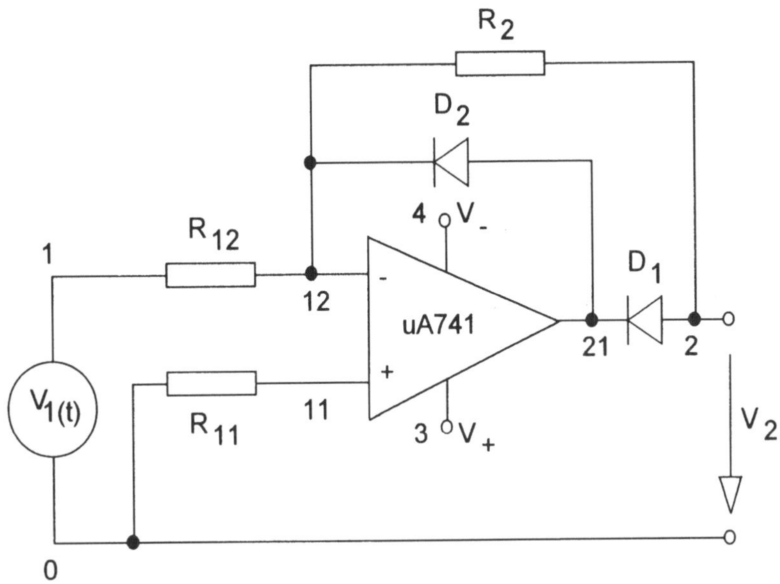

Bild 3.31: Operationsverstärker µA741 als idealer Einweggleichrichter

Für die positive Polarität der Eingangsspannung besitzt die Schaltung unter Vernachlässigung des Sperrwiderstands R_S von D_2 folgende Spannungsverstärkung:

$$G' = -\frac{R_2}{R_{12} + \dfrac{R_{12} + R_2}{G_0}} \approx -\frac{R_2}{R_{12}} \qquad (3.13)$$

Die Eingabedaten für die Berechnung des Operationsverstärkers µA741 als idealer Einweggleichrichter sind in Liste 3.9 wiedergegeben. Da die Eigenschaften der verwendeten Gleichrichter entsprechend Kap. 2.2 sowohl im Durchlaß- als auch im Sperrbereich stark von der jeweiligen Temperatur abhängen, wird das Übertragungsverhalten der Schaltung auch bei der unteren und der oberen Grenztemperatur untersucht.

```
EINWEGGLEICHRICHTER - uA741
.OPTIONS ACCT LIST NODE OPTS LIBRARY TNOM=20
+VNTOL=1E-9V
.DC V1 -.2V .2V .2mV
.TRAN 25us 100mS 0us 25us
.TEMP -20 20 80
V1 1 0 SIN(0 .1V 50Hz)
V+ 3 0 DC 15V
V- 4 0 DC -15V
*   E+ E- V+ V- A
X1 11 12  3   4  21  uA741
D1 2 21 D1N4148
D2 21 12 D1N4148
R11 11 0 1kOHM
R12 1 12 1kOHM
R2 12 2 100kOHM
.LIB
.PROBE
.END
```

Liste 3.9: Eingabedaten für die Berechnung des Operationsverstärkers μA741 als idealer Einweggleichrichter bei $G' \approx -100$

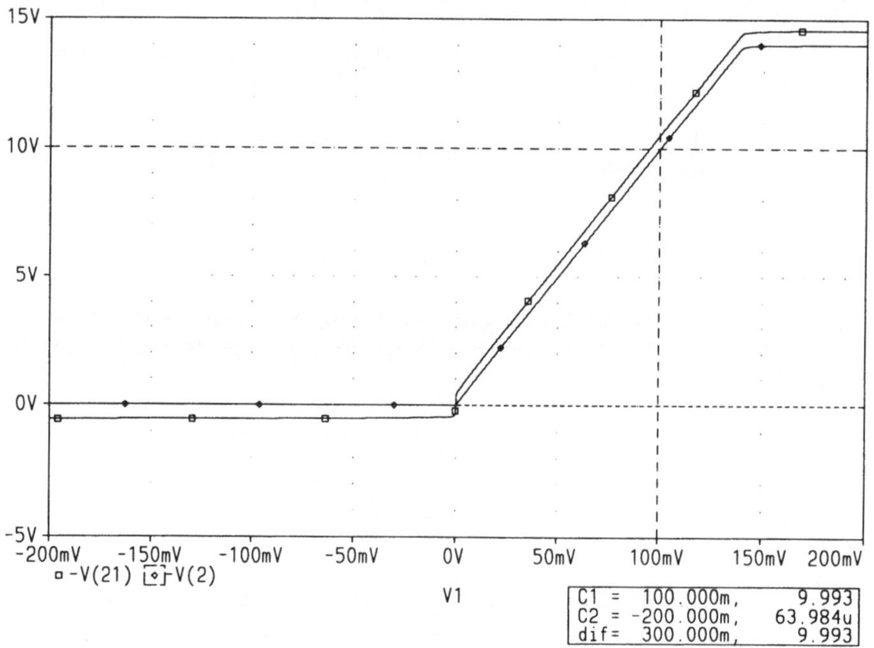

Bild 3.32: Gleichstromverhalten des Einweggleichrichters bei $G' \approx -100$; $\square$ — $-V_{21}$, $\diamond$ — $-V_2$

Im Bild 3.32 ist zunächst das Gleichstromverhalten der Schaltung dargestellt. Abgesehen von der Umpolung entspricht die Ausgangsspannung V_2 offensichtlich dem von einem idealen Einweggleichrichter für Spannungen zu erwartenden Verlauf. Wie die Auswertung mit Hilfe der Marke C1 ergibt, beträgt in der Durchlaßrichtung die Verstärkung $G' = -99{,}93$. Angesichts der Leerlaufverstärkung des Operationsverstärkers G_0 von $2{,}02 \cdot 10^5$ entspricht das fast genau dem nach Gl. 3.13 zu erwartenden Wert von $-99{,}95$. Die Auswertung mit der Marke C2 ergibt allerdings eine geringe Nullpunktverschiebung der Ausgangsspannung von $-64\ \mu V$.

In Bild 3.33 ist eine genauere Auswertung dargestellt. Durch differentielle Darstellung des Quotienten aus Ausgangsspannung und Eingangsspannung $-dV_2/dV_1$ und die entsprechende Ausmessung mit Hilfe der Marken ergibt sich, daß bei großer Aussteuerung die gegengekoppelte Verstärkung G' im gesamten Temperaturbereich um etwa $0{,}012\%$ schwankt. Diese Schwankung ist nur etwa 20% größer als bei der entsprechenden Schleifenverstärkung für den Operationsverstärker allein berechnet worden war. In unmittelbarer Nähe des Nullpunktes ($V_1 < 5$ mV) ist allerdings mit etwas größeren Fehlern zu rechnen, da bereits aus dem Kurvenverlauf in Bild 3.33 eine Abnahme der Verstärkung erkennbar ist.

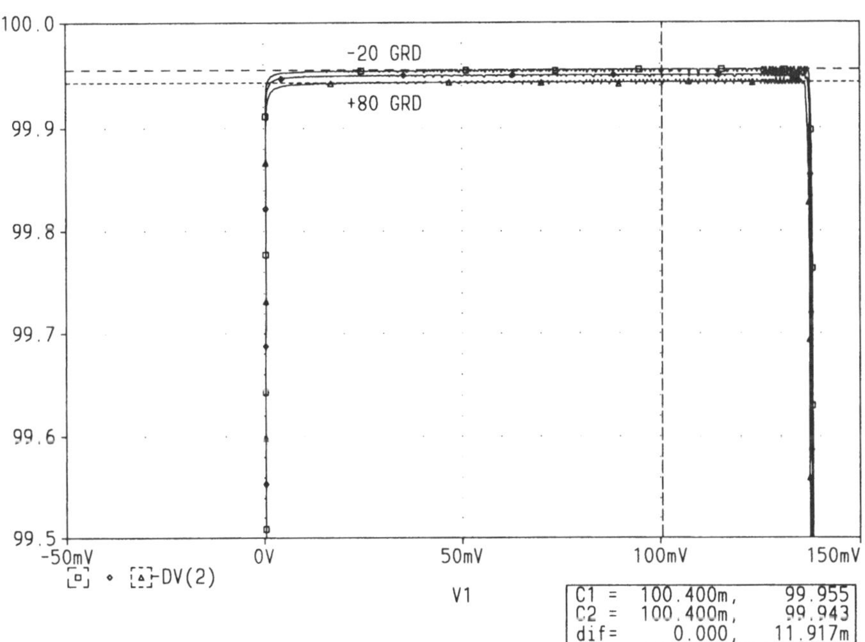

Bild 3.33: Gleichstromverhalten des Einweggleichrichters bei $G' \approx -100$; $-G'$ ($-dV_2/dV_1$) bei □ − -20°C, ◇ − +20°C, △ − +80°C

Anhand des in Bild 3.34 dargestellten zeitlichen Verlaufs der Ausgangsspannungen wird die Wirkungsweise der Schaltung noch deutlicher erkennbar.

Die Spannung am Ausgang des Operationsverstärkers V_{21} weicht noch erheblich von dem bei einem idealen Gleichrichter zu erwartenden Verlauf ab. Darüber hinaus ist diese sowohl in Durchlaß- als auch in Sperrichtung stark von der Temperatur abhängig. Durch die Wirkung der mit in die Gegenkopplung einbezogenen Diode D_1 erfolgt dann jedoch sowohl eine vollständige Linearisierung des Übertragungsverhaltens der Schaltung als auch eine Temperaturkompensation. Aus dem Verlauf von V_2 ist dies deutlich zu erkennen.

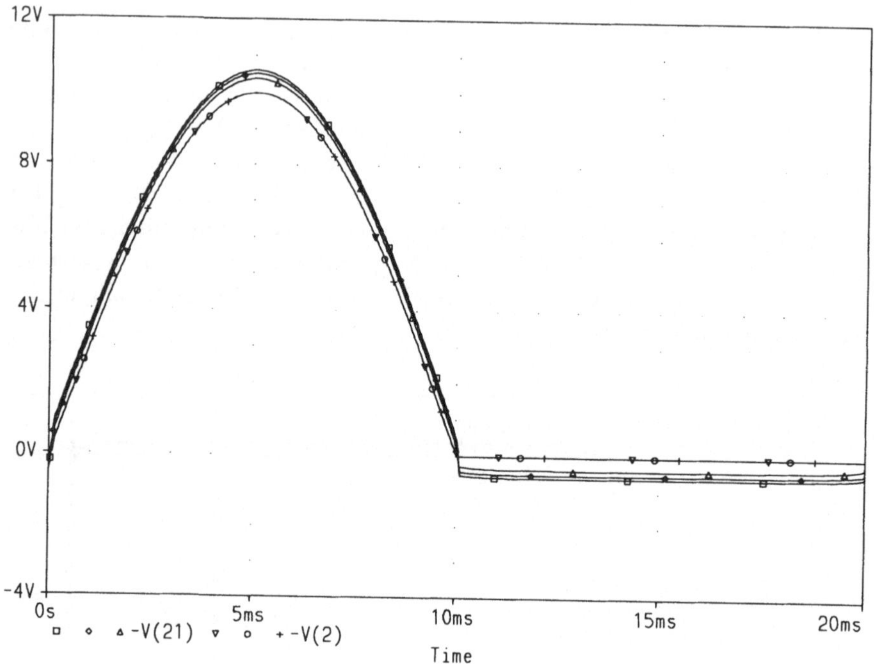

Bild 3.34: Zeitlicher Verlauf der Ausgangsspannungen des Einweggleichrichters: $-V_{21}$ bei $\square$ — -20°C, $\diamond$ — +20°C, $\triangle$ — +80°C und $-V_2$ bei ∇ — -20°C, O — +20°C, + — +80°C

Die in Bild 3.35 bei Nenntemperatur vorgenommene Auswertung dient zum Nachweis, ob bei der Schaltung mit hinreichender Genauigkeit der für reine Sinusform geltenden Formfaktor angewandt werden kann. Da es sich um eine Einweggleichrichterschaltung handelt, beträgt der Formfaktor allerdings:

$$F = \frac{\pi}{\sqrt{2}} = 2,22144 \tag{3.14}$$

Die Auswertung zeigt, daß jeweils beim ganzzahligen Vielfachen der Periodendauer der Wechselspannung der mit diesem Formfaktor multiplizierte Mittelwert der Ausgangsspannung genau mit dem Effektivwert der Eingangsspannung übereinstimmt. Bei diesem Vergleich muß natürlich die Verstärkung G' der Schaltung mit berücksichtigt werden.

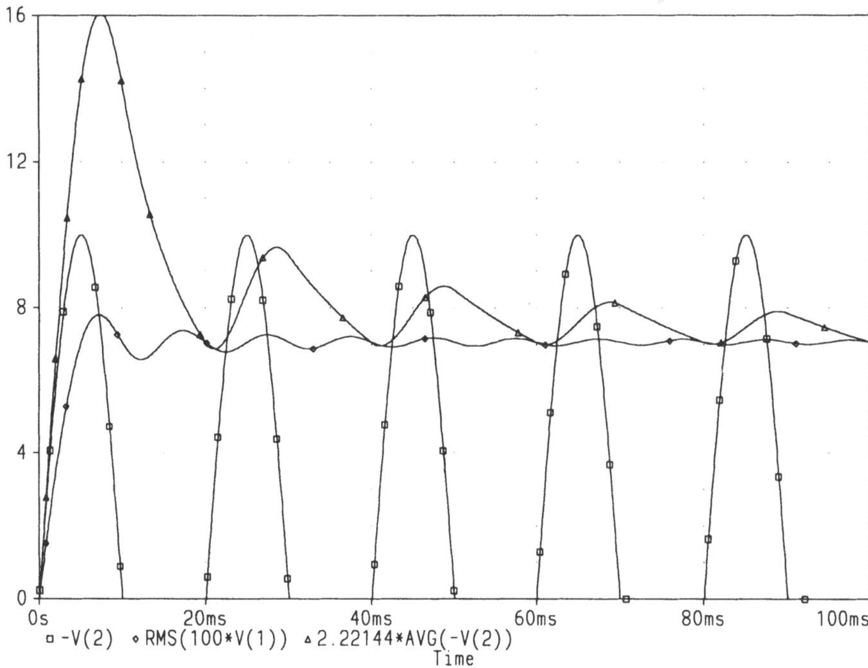

Bild 3.35: Zeitlicher Verlauf der Spannungen des Einweggleichrichters: □ — $-V_2$, ◇ — Effektivwert von G' mal V_1 sowie △ — Mittelwert von $-V_2$ mal Formfaktor für Sinusform

Insgesamt gesehen erfüllt diese Schaltung damit recht gut die Eigenschaften, die von einem idealen Einweggleichrichter für Spannungen erwartet werden können. Vorteilhafter ist in der Regel jedoch ein Doppelweggleichrichter. Häufig wird auch ein Stromausgang der Gleichrichterschaltung gewünscht.

3.3.2 Doppelweggleichrichter

Daher soll nun eine ideale Brückengleichrichterschaltung für Ströme vergleichend betrachtet werden. Die entsprechende Schaltung ist in Bild 3.36 angegeben. Der Eingangsstrom wird der Schaltung praktisch eingeprägt und es kommt zu einem entsprechenden Stromfluß in der Gleichrichterbrücke. Der Widerstand R_2 ist dabei als Nachbildung des Strommeßgeräts anzusehen. Die Durchlaßspannung V_d der beiden jeweils in Reihe liegenden Dioden der Gleichrichterbrücke wird wegen der hohen Verstärkung des zunächst leerlaufenden Operationsverstärkers bereits bei der kleinen Eingangsspannung V_1 erreicht:

$$V_1 = \frac{2V_d}{G_0} \tag{3.15}$$

Unter Vernachlässigung des Sperrwiderstands der Dioden besitzt die Schaltung gleichstrommäßig das folgende Übertragungsverhalten:

$$\frac{I_{R2}}{V_1} = \frac{1}{R_{12} + \dfrac{R_{12}+R_2+2R_d}{G_0}} \approx \frac{1}{R_{12}} \qquad (3.16)$$

Bei richtiger Bemessung der Schaltung ($R_{12} \gg 2R_d/G_0$) ist damit auch der veränderliche Durchlaßwiderstand R_d der Dioden vernachlässigbar.

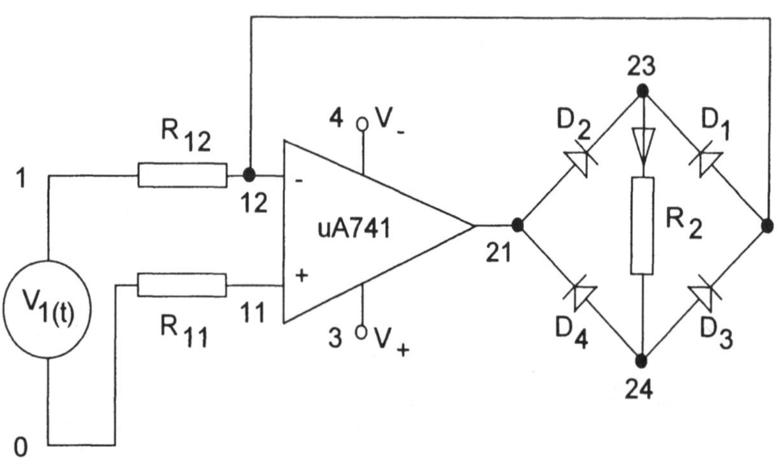

Bild 3.36: Operationsverstärker µA741 als idealer Brückengleichrichter

```
BRUECKENGLEICHRICHTER - uA741
.OPTIONS ACCT LIST NODE OPTS LIBRARY TNOM=20 VNTOL=1E-9V
.DC V1 -1V 1V 1mV
.TRAN 25us 100mS 0us 25us
.TEMP -20 20 80
V1 1 0 SIN(0 1V 50Hz)
V+ 3 0 DC 15V
V- 4 0 DC -15V
*   E+ E- V+ V- A
X1 11 12 3  4  21  uA741
D1 12 23 D1N4148
D2 21 23 D1N4148
D3 24 12 D1N4148
D4 24 21 D1N4148
R11 11 0 1kOHM
R12 1 12 1kOHM
R2 23 24 10OHM
.LIB
.PROBE
.END
```

Liste 3.10: Eingabedaten für die Berechnung des Operationsverstärkers µA741 als idealer Brückengleichrichter

Die Eingabedaten für die Berechnung des Operationsverstärkers µA741 als
Brückengleichrichter für Ströme sind in Liste 3.10 wiedergegeben. Die Be-
messungswerte sind im Hinblick auf weitestgehend ideale Gleichrichterei-
genschaften gewählt worden. Angesichts der Temperaturabhängigkeit der
Eigenschaften der verwendeten Gleichrichter wird das Übertragungsverhalten der Schaltung wiederum auch in Abhängigkeit von der Temperatur untersucht.
Im Bild 3.37 ist zunächst das Gleichstromverhalten der Schaltung dargestellt.
Offensichtlich verläuft der Ausgangsstrom I_{R2} so, wie es bei einem idealen
Brückengleichrichter zu erwarten ist. Wie die Auswertung mit Hilfe der
Marken C1 und C2 ergibt, entspricht das Übertragungsverhalten sowohl bei
der unteren als auch bei der oberen Grenztemperatur mit praktisch nicht
mehr auswertbaren Abweichungen dem Wert $1/R_{12}$. Die bei Vollaussteuerung der Schaltung zwischen den beiden Marken angezeigte Stromdifferenz
von etwa 2,8 nA zeigt, daß der Temperatureinfluß vernachlässigbar klein ist.

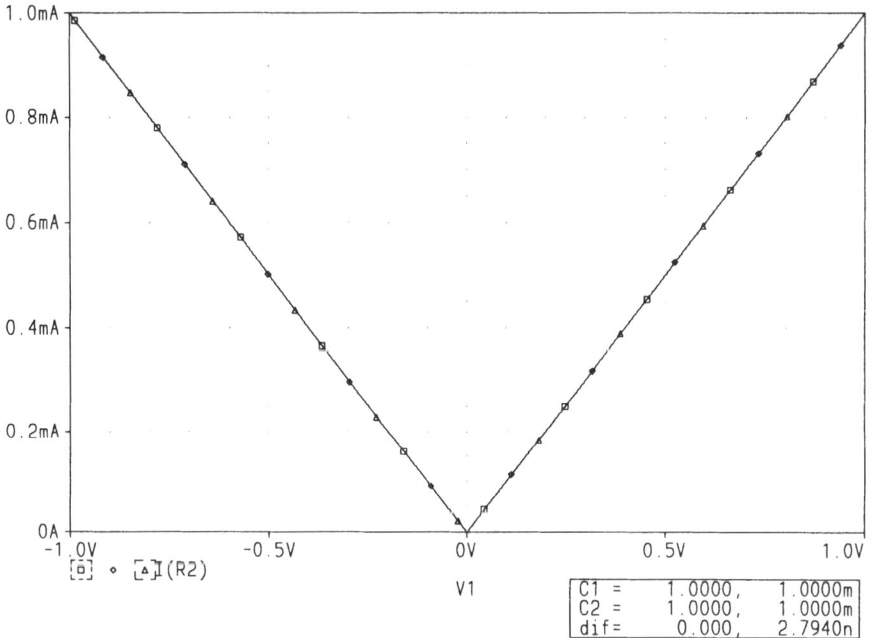

Bild 3.37: Gleichstromverhalten des Brückengleichrichters; I_{R2} bei □ — -20°C, ◇ -- +20°C,
△ — +80°C

Anhand der in Bild 3.38 gegebenen Darstellung des zeitlichen Verlaufs der
charakteristischen Größen der Brückengleichrichterschaltung wird deren
Wirkungsweise verdeutlicht. Die Spannung am Ausgang des Operationsverstärkers V_{21} steigt im Spannungsnulldurchgang der Eingangswechselspan-
nung nahezu senkrecht jeweils auf den Wert der doppelten Durchlaßspannung der Dioden an. Darüber überlagert ist ein weiterer nicht sinusförmiger

Anstieg von V_{21} verursacht durch den Spannungsabfall am nicht konstanten Durchlaßwiderstand jeweils zweier Dioden. Dieser Verlauf ist, wie jeweils für die untere und die obere Grenztemperatur dargestellt wird, stark von der Temperatur abhängig. Der Verlauf des Stromes I_{R2} bleibt jedoch davon unbeeinflußt genau sinusförmig, wie der Vergleich mit dem Strom I_{R12} eindeutig zeigt. Auch eine Temperaturabhängigkeit von I_{R2} ist offensichtlich nicht vorhanden.

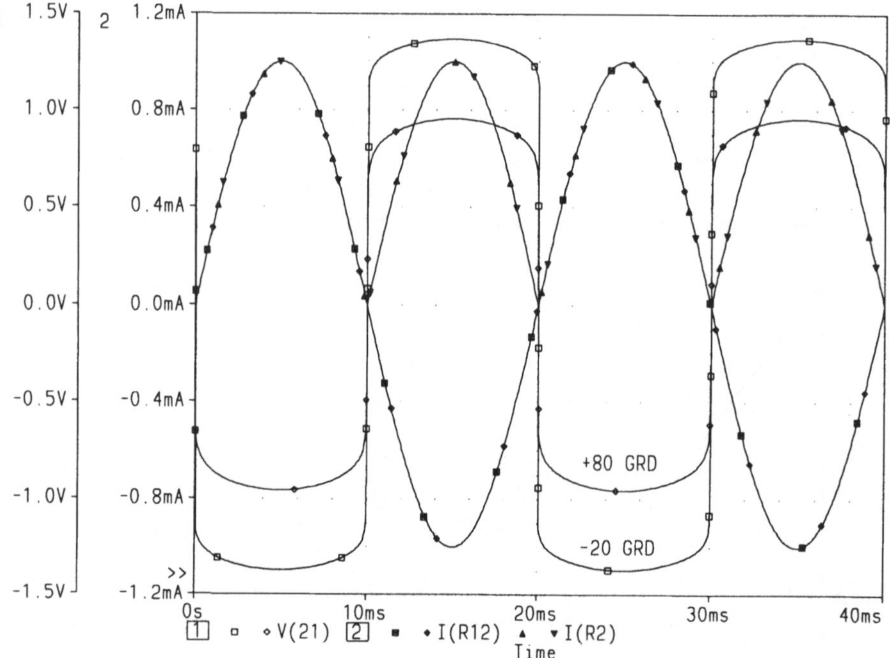

Bild 3.38: Zeitlicher Verlauf der charakteristischen Größen des Brückengleichrichters; V_{21}: □ — -20°C, ◇ — +80°C; I_{R12}: ■ — -20°C, ◆ — +80°C; I_{R2}: ▲ — -20°C, ▼ — +80°C

Die in Bild 3.39 bei Nenntemperatur vorgenommene Auswertung dient zum Nachweis, ob die Schaltung hinreichend genau dem für Sinusform der Eingangsspannung geltenden Formfaktor entspricht. Da es sich um eine Brückengleichrichterschaltung handelt, beträgt der Formfaktor:

$$F = \frac{\pi}{2\sqrt{2}} = 1,11072 \qquad (3.17)$$

Die Auswertung zeigt, daß jeweils am Ende einer Halbperiode der Wechselspannung der mit dem Formfaktor für Sinusform multiplizierte Gleichrichtwert des Ausgangsstromes genau mit dem Effektivwert des Eingangsstromes übereinstimmt. Die bei $t = 100$ ms mit Hilfe der Marken ermittelte Differenz zwischen beiden Größen beträgt nur 29,3 nA. Relativ gesehen ist diese Abweichung von 0,0042% vernachlässigbar und liegt bereits in der

Größenordnung möglicher Berechnungsfehler. Insgesamt gesehen erfüllt diese Schaltung damit sehr gut die Eigenschaften, die von einem idealen Brückengleichrichter für Ströme erwartet werden können.

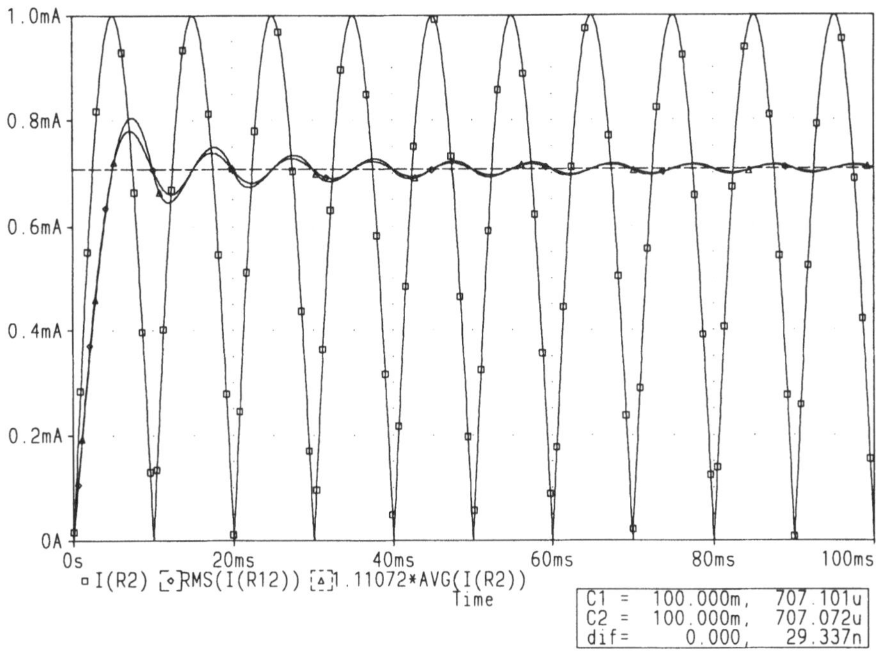

Bild 3.39: Zeitlicher Verlauf der Ströme des Brückengleichrichters: $\square$ — I_{R2}, $\Diamond$ — Effektivwert von I_{R12} sowie $\triangle$ — Mittelwert von I_{R2} mal Formfaktor für Sinusform

3.4 Operationsverstärker als Rechenverstärker

3.4.1 Integrator

Mit dem zuvor behandelten Differenzverstärker war bereits eine analoge Subtraktionsschaltung behandelt worden. Eine analoge Addition läßt sich mit Hilfe des invertierenden Verstärkers durchführen. Die folgenden Schaltungen dienen zur analogen Integration, Differentiation und Multiplikation beziehungsweise Division, wobei allerdings beim letztgenannten Typ keine hohen Genauigkeitsanforderungen gestellt werden dürfen [10, 11].
Zunächst soll der auch in Analog-Digital-Wandlern sehr weit verbreitete Integrator betrachtet werden. Die in der Regel verwendete Schaltung ist in Bild 3.40 dargestellt. Der Gegenkopplungswiderstand R_2 des invertierenden Verstärkers wird hierbei durch den Integrationskondensator C_2 ersetzt. Eine Berechnung des gleichstrommäßigen Übertragungsverhaltens ist beim Integra-

tor nicht sinnvoll, da dieses infolge der dielektrischen Verluste des Integrationskondensators mehr oder weniger undefiniert ist. Da beim Integrator auch gleichspannungsmäßige Arbeitspunktverschiebungen wie der Eingangsoffset mit aufintegriert werden, wird die Schaltung in längeren Ruhephasen sich entweder zur maximalen positiven oder negativen Ausgangsspannung hin bewegen. Um diesen Effekt zu vermeiden, muß C_2 in den Integrationspausen ohnehin kurzgeschlossen werden.

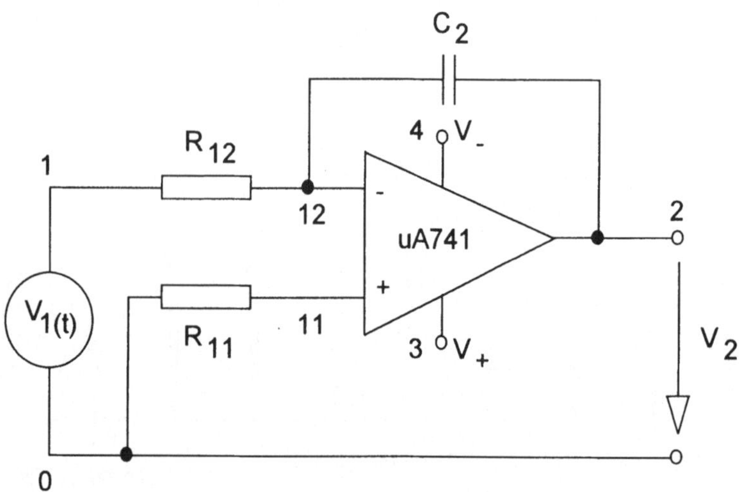

Bild 3.40: Operationsverstärker μA741 als Integrator

Im Frequenzbereich erhält man unter der Annahme eines einpoligen Frequenzganges für die Leerlaufverstärkung des Operationsverstärkers entsprechend Gl. 3.2 das folgende Übertragungsverhalten:

$$G'_{(j\omega)} = -\frac{\dfrac{1}{j\omega C_2}}{R_{12} + (1 + j\omega\tau)\dfrac{R_{12} + \dfrac{1}{j\omega C_2}}{G_0}} \approx -\frac{1}{j\omega R_{12} C_2} \tag{3.18}$$

Im Zeitbereich entspricht das näherungsweise folgendem Verlauf der Ausgangsspannung V_2:

$$V_{2(t)} \approx -\frac{1}{R_{12} C_2} \int_0^t V_{1(t)} \, dt \tag{3.19}$$

Bei der Berechnung wird der vor Beginn der Integration erforderliche Kurzschluß des Integrationskondensators durch die Anfangsbedingung $V_{C2} = 0\,\text{V}$ nachgebildet. Die entsprechenden Eingabedaten für die Berechnung sind in Liste 3.11 enthalten. Integriert wird über eine Rechteckspannung, so daß sich im Idealfall eine Dreieckspannung am Ausgang des Integrators ergeben muß. Die Bemessung wurde so gewählt, daß die maximale Anstiegsgeschwindigkeit der Ausgangsspannung des Operationsverstärkers bei weitem noch nicht erreicht wird. Untersucht wird zunächst das grundsätzliche Verhalten der Schaltung und die Temperaturabhängigkeit des Integrationsfehlers.

```
INTEGRATOR - uA741
.OPTIONS ACCT LIST NODE OPTS LIBRARY TNOM=20
.TRAN .5us 2ms 0s .5us UIC
.TEMP -20 20 80
V1 1 0 PULSE(-1V 1V 0s .1us .1us 1ms 2ms)
V+ 3 0 DC 15V
V- 4 0 DC -15V
*   E+ E- V+ V- A
X1 11 12 3  4 2 uA741
R11 11 0 1kOHM
R12 1 12 1kOHM
C2 2 12 .1uF IC=0V
.LIB
.PROBE
.END
```

Liste 3.11: Eingabedaten für die Berechnung des Integrators mit $C_2 = 100$ nF

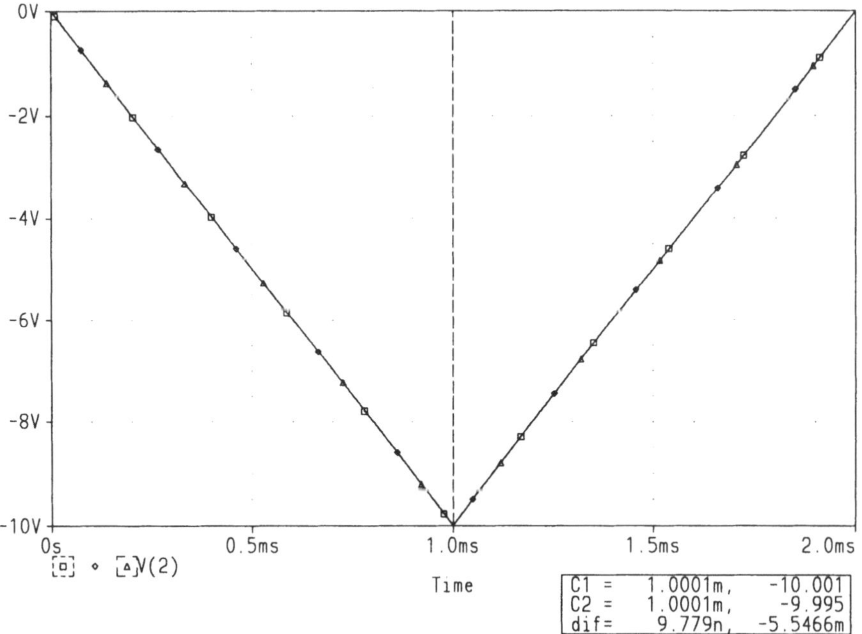

Bild 3.41: Ausgangsspannung des Integrators V_2: □ — -20°C, ◇ — +20°C, △ — +80°C

In Bild 3.41 wird das Verhalten der Schaltung bei der Integration ausgehend vom Nullpunkt bis nahe zum negativen Vollausschlag hin untersucht. Bei der rechteckförmigen Eingangsspannung wird der Integrationsfehler direkt als Abweichung vom linearen Verlauf der idealen Ausgangsspannung ausgewertet. Diese Auswertung wird im gesamten untersuchten Temperaturbereich vorgenommen. Die dabei maximal auftretende Abweichung vom linearen Verhalten beträgt -5,55 mV. Damit beträgt der relative Integrationsfehler maximal -0,06 % und kann in der Regel vernachlässigt werden.

Diese Verhältnisse können sich grundsätzlich ändern, wenn man in den Bereich der maximalen Anstiegsgeschwindigkeit der Ausgangsspannung des Operationsverstärkers kommt. Dieser Effekt wird durch eine Bemessung mit einem wesentlich verringertem Wert der Kapazität des Integrationskondensators nachgebildet. Die Annäherung an den Grenzfall erfolgt durch schrittweise weitere Verringerung des Kapazitätswerts. Die entsprechenden Eingabedaten sind in Liste 3.12 angegeben.

```
INTEGRATOR - uA741
.OPTIONS ACCT LIST NODE OPTS LIBRARY TNOM=20
.TRAN 5ns 20us 0s 5ns UIC
.PARAM CINT=10nF
.STEP PARAM CINT LIST 10nF 5nF 2nF 1nF
V1 1 0 PULSE(-1V 1V 0s 1ns 1ns 10us 20us)
V+ 3 0 DC 15V
V- 4 0 DC -15V
*   E+ E- V+ V- A
X1 11 12 3  4 2 uA741
R11 11 0 1kOHM
R12 1 12 1kOHM
C2 2 12 {CINT} IC=0V
.LIB
.PROBE
.END
```

Liste 3.12: Eingabedaten für die Berechnung des Integrators mit veränderlichem Integrationskondensator C_2

Das Integrationsergebnis bei dieser erhöhten Anstiegsgeschwindigkeit der Ausgangsspannung ist in Bild 3.42 wiedergegeben. Unmittelbar nach der sprunghaften Änderung der Eingangsspannung tritt nun wieder der bereits aus den Bildern 3.12 beziehungsweise 3.13 bekannte kleine Ausgangsspannungssprung in die umgekehrte Richtung auf. Darüber hinaus bleibt mit abnehmender Integrationskapazität das Integrationsergebnis immer mehr hinter den Erwartungen zurück. Dieser Fehler wird nun mit Hilfe der Marken genauer ausgewertet. Während für $C_2 = 10$ nF der Integrationsfehler noch bei -3,19 % liegt (Marke C1), beträgt dieser bei $C_2 = 2$ nF bereits -12 % (Marke C2) und bei $C_2 = 1$ nF etwa -50 %. Im letzteren Fall ist die maximale Anstiegsgeschwindigkeit der Ausgangsspannung des Operationsverstärkers von etwa 0,5 V/µs erreicht worden, was natürlich die Verwendung der Schaltung für Meßzwecke ohnehin ausschließt. Aber auch die zuvor aufgetretenen Fehler sind in der Regel bereits zu groß.

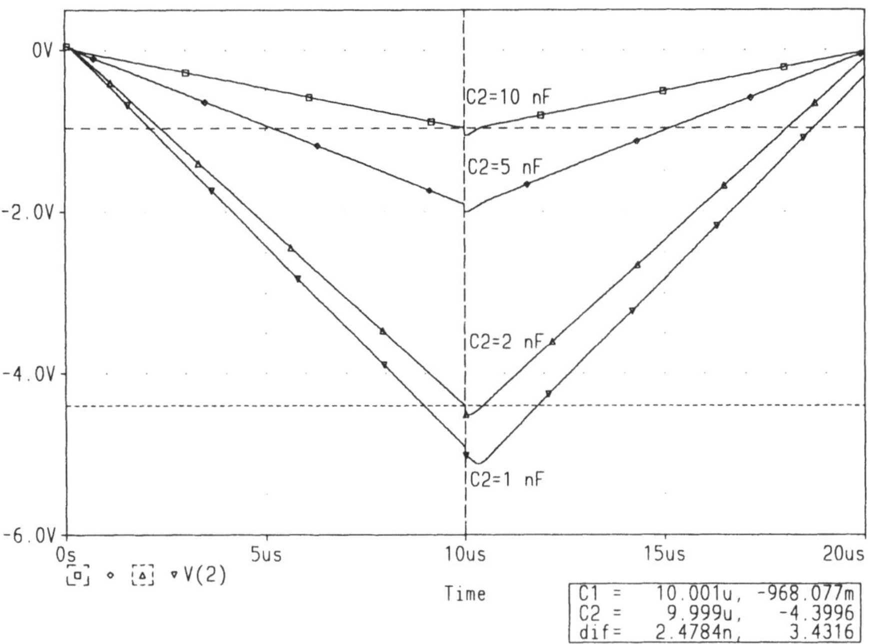

Bild 3.42: Ausgangsspannung des Integrators V_2: $\square - C_2 = 10$ nF, $\lozenge - C_2 = 5$ nF, $\triangle - C_2 = 2$ nF, $\nabla - C_2 = 1$ nF

3.4.2 Differentiator

Nun soll der Differentiator betrachtet werden, bei dessen Anwendung allerdings Vorsicht geboten ist. Eine mögliche Schaltung ist in Bild 3.43 dargestellt. Die Kapazität befindet sich hier im Eingang der Schaltung in Reihe mit dem aus Stabilitätsgründen dringend erforderlichen Widerstand R_{12}.
Auch hier ist eine Berechnung des gleichstrommäßigen Übertragungsverhaltens nicht sinnvoll, da dieses infolge der dielektrischen Verluste von C_1 mehr oder weniger undefiniert ist. Im Frequenzbereich erhält man unter der Annahme eines einpoligen Frequenzganges für die Leerlaufverstärkung des Operationsverstärkers gemäß Gl. 3.2 folgendes Übertragungsverhalten:

$$G'_{(j\omega)} = -\frac{j\omega R_2 C_1}{1 + j\omega R_{12} C_1 + (1 + j\omega\tau)\dfrac{1 + j\omega C_1\left(R_{12} + R_2\right)}{G_0}} \approx -j\omega R_2 C_1 \quad (3.20)$$

Es ist zu erwarten, daß der lineare Anstieg der Verstärkung mit der Frequenz
allenfalls in einem eingeschränkten Frequenzbereich realisiert werden kann.
Darüber hinaus ist aus Gl. 3.20 zu erkennen, daß durch den Dämpfungswiderstand R_{12} die Fehler beim Differenzieren vergrößert werden. Im Zeitbereich entspricht die angegebene Näherung folgendem Verlauf der Ausgangsspannung V_2:

$$V_{2(t)} \approx -R_2 C_1 \frac{dV_{1(t)}}{dt} \tag{3.21}$$

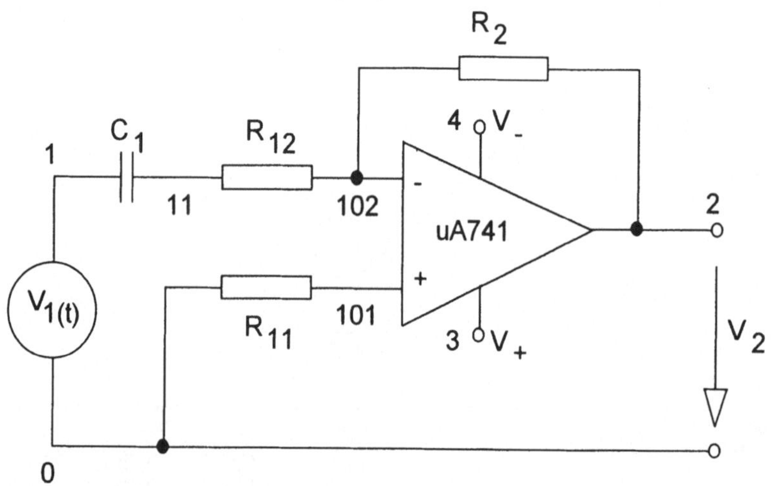

Bild 3.43: Operationsverstärker µA741 als Differentiator

```
DIFFERENTIATOR - uA741
.OPTIONS ACCT LIST NODE OPTS LIBRARY TNOM=20
.TRAN .5us 2ms 0s .5us UIC
.PARAM RVALUE=1kOHM
.STEP PARAM RVALUE LIST .1kOHM 1kOHM 2kOHM 3kOHM
V1 1 0 PWL(0s 0V 1ms 10V 2ms 0V)
V+ 3 0 DC 15V
V- 4 0 DC -15V
*   E+  E-  V+ V- A
X1 101 102 3  4 2 uA741
C1 1 12 10nF
R12 12 102 {RVALUE}
R11 101 0 {RVALUE}
R2 2 102 100kOHM
.LIB
.PROBE
.END
```

Liste 3.13: Eingabedaten für die Berechnung des Differentiators mit veränderlichem Dämpfungswiderstand R_{12}

Die Eingabedaten für die Berechnung des Differentiators bei verschiedenen Werten des Dämpfungswiderstands R_{12} sind in Liste 3.13 enthalten. Entsprechend der am Eingang anliegenden linear ansteigenden beziehungsweise abfallenden Spannung müßte sich nach der Differentiation eine rechteckförmige Spannung entsprechender Amplitude ergeben. Die Bemessung wurde so gewählt, daß mit 10 V nahezu die maximale Ausgangsspannung des Operationsverstärkers erreicht wird. Dabei wird aber sicher eine Begrenzung des Spannungsanstieges bedingt durch die maximale Anstiegsgeschwindigkeit der Ausgangsspannung des Operationsverstärkers auftreten.

Im Bild 3.44 ist zunächst das grundsätzliche Verhalten der Schaltung in Abhängigkeit vom Dämpfungswiderstand R_{12} dargestellt. Bei kleinen Dämpfungswiderständen unter etwa 1 kΩ ist das Verhalten der Schaltung völlig unbrauchbar. Die Schaltung fährt hier mit der maximal möglichen Spannungsanstiegsgeschwindigkeit, die sich aufgrund der Marken zu fast genau 0,5 V/µs ergibt, an den negativen Anschlag. Nach einer kurzen Erholzeit setzt eine nur schwach gedämpfte Schwingung ein. Bemerkenswert ist auch, daß das Verhalten der Schaltung sehr deutlich davon beeinflußt wird, ob diese vom Nullpunkt zum Vollausschlag hin oder von einem Vollausschlag zum entgegengesetzten Vollausschlag hin ausgesteuert wird. Im letzteren Fall ist eine deutlich schwächere Dämpfung erkennbar.

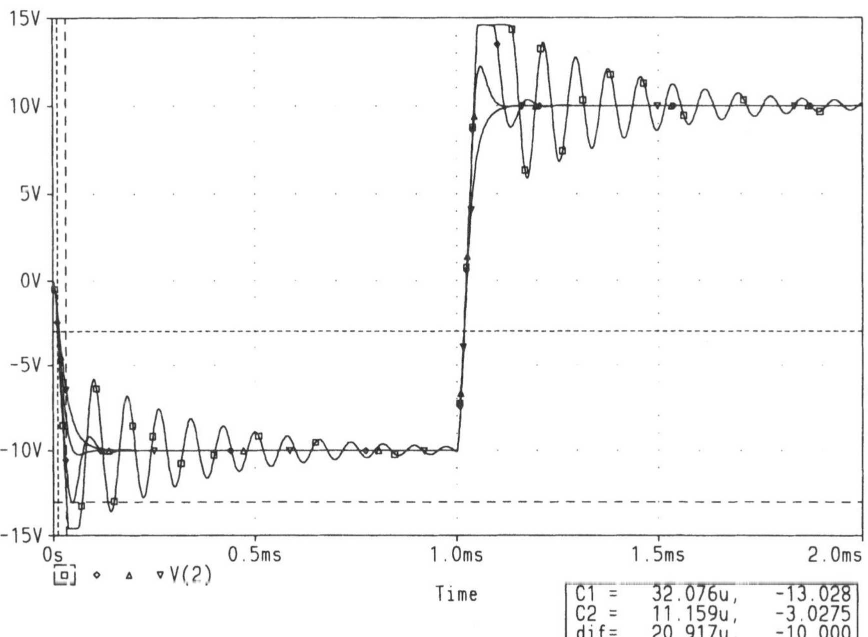

Bild 3.44: Ausgangsspannung des Differentiators V_2: □ $-$ R_{12} = 0,1 kΩ, ◇ $-$ R_{12} = 1 kΩ, ▵ $-$ R_{12} = 2 kΩ, ▽ $-$ R_{12} = 3 kΩ

Ein einigermaßen zufriedenstellendes Verhalten erhält man erst bei Dämpfungswiderständen von mindestens 2 kΩ. Dies ist in Bild 3.45 im Detail dargestellt. Beim Umschalten vom negativen zum positiven Spannungsmaximum ist dabei die Dämpfung aber immer noch nicht ausreichend.

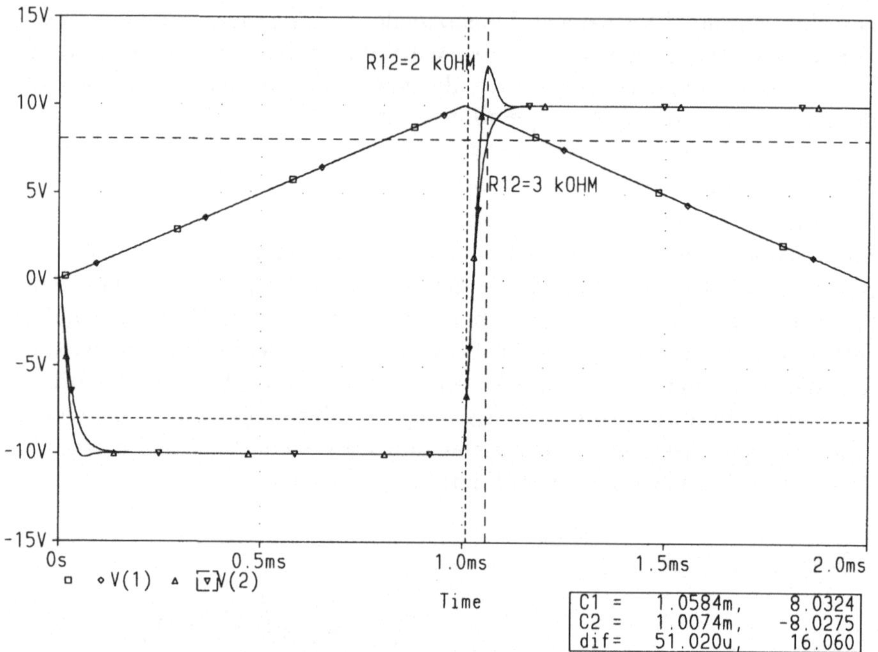

Bild 3.45: Eingangs- und Ausgangsspannung des Differentiators V_1: □ − R_{12} = 2 kΩ, ◇ − R_{12} = 3 kΩ; V_2: △ − R_{12} = 2 kΩ, ▽ − R_{12} = 3 kΩ

Der Dämpfungswiderstand muß daher auf 3 kΩ vergrößert werden. Dabei ergibt sich allerdings bereits eine relativ hohe Anstiegszeit der Ausgangsspannung von 51 µs (Marken C1, C2). Insgesamt gesehen bestätigt sich damit das nicht unproblematische Verhalten der Differenzierschaltung.

3.4.3 Logarithmierschaltung

Die analogen Rechenoperationen Multiplikation und Division können prinzipiell mit Hilfe einer Logarithmierschaltung und nachfolgender Addition beziehungsweise Subtraktion durchgeführt werden. Angesichts der Fehler solcher Logarithmierschaltungen und der Notwendigkeit der anschließenden Delogarithmierung dürfen dabei allerdings keine sehr genauen Ergebnisse erwarten werden. Darüber hinaus arbeiten solche Schaltungen natürlich nur unipolar.
Eine einfache Möglichkeit zur Verwirklichung einer logarithmischen Kennlinie besteht in der Ausnutzung des Anlaufstrombereichs einer Siliziumdiode

beziehungsweise eines als Diode geschalteten bipolaren Transistors. Zwischen der Basis-Emitter-Spannung V_{BE} und dem Kollektorstrom I_C gilt dann folgender Zusammenhang:

$$I_C = I_0 \, e^{\frac{V_{BE}}{V_T}} \tag{3.22}$$

Dabei ist I_0 der Sperrsättigungsstrom der Basis-Emitter-Diode und V_T die Temperaturspannung des Halbleiters:

$$V_T = \frac{k\,T}{e} \tag{3.23}$$

mit der Boltzmann-Konstante k und der Elementarladung e. Bei Nenntemperatur von $T = 20°C$ erhält man einen Wert von $V_T = 25{,}26$ mV. Damit wird auch das Logarithmierergebnis sicher von der Temperatur abhängig sein.
Eine besonders einfache Logarithmierschaltung ist in Bild 3.46 angegeben. Der verwendete bipolare NPN-Transistor 2N2222A ist allerdings ebenso wie der Operationsverstärker µA741 für diesen Anwendungsfall nicht optimal geeignet. So wäre eine höhere Stromverstärkung β des Transistors und eine kleinerer Eingangsstrom des Operationsverstärkers wünschenswert. Die Entscheidung für diese Bauelemente fiel allein im Hinblick auf den begrenzten Umfang der Bibliothek der Versuchsversion von PSPICE.

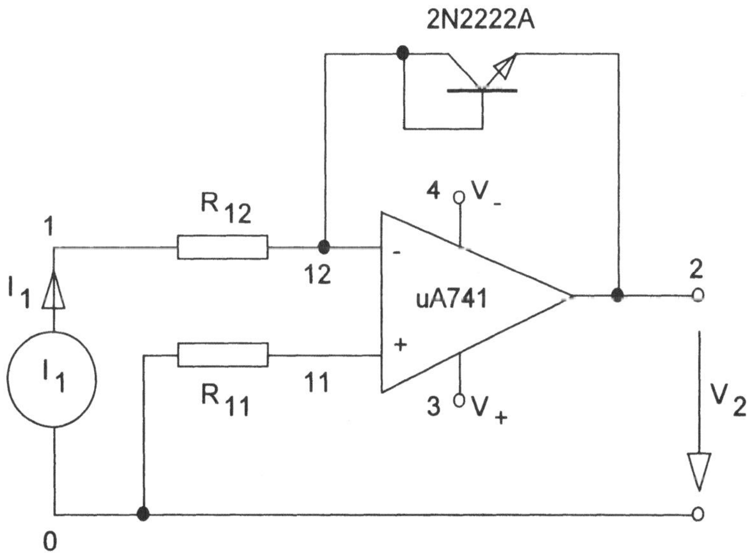

Bild 3.46: Operationsverstärker µA741 als Logarithmierer

Der Transistor ist hier als Diode geschaltet. Geringfügige Verbesserungen der Schaltung sind noch möglich, darauf wird jedoch in diesem Rahmen auch im

Hinblick auf eine einfache Darstellung nicht eingegangen. Gleichstrommäßig ergibt sich für die Schaltung das folgende Übertragungsverhalten:

$$V_2 = -V_T \ln \frac{I_1}{I_0} = -V_T \, 2{,}3026 \log \frac{I_1}{I_0} \tag{3.24}$$

Dabei beträgt der Sperrsättigungsstrom I_0 des verwendeten Transistors bei Nenntemperatur (exakt bei 300 K) 14,34 fA.

Die Eingabedaten für die Berechnung des Logarithmierers sowohl bei Nenntemperatur als auch bei der unteren und der oberen betrachteten Grenztemperatur sind in Liste 3.14 angegeben. Dabei wird der Eingangsstrom in dem in Frage kommenden Eingangsstrombereich von nA bis mA durchgewobbelt.

```
LOGARITHMIERVERSTAERKER - uA741
.OPTIONS ACCT LIST NODE OPTS LIBRARY TNOM=20
.DC DEC I1 10nA 10mA 100
.TEMP -20 20 80
I1 0 1
V+ 3 0 DC 15V
V- 4 0 DC -15V
*    E+ E- V+ V- A
X1 11 12 3  4 2  uA741
Q1 12 12 2 Q2N2222A
R11 11 0 1mOHM
R12 1 12 1mOHM
.LIB
.PROBE
.END
```

Liste 3.14: Eingabedaten für die Berechnung des Logarithmierers

Im Bild 3.47 ist die Ausgangsspannung der Schaltung für die untersuchten Temperaturen dargestellt. Entsprechend Gl. 3.24 müßten sich im einfach logarithmischen Maßstab Geraden ergeben, deren Steigung mit zunehmender Temperatur entsprechend V_T anwächst. Durch die Temperaturabhängigkeit des Sperrsättigungsstromes werden diese Geraden außerdem noch gegeneinander verschoben. Innerhalb des Arbeitsbereichs der Schaltung entspricht das Ergebnis recht gut den Erwartungen. Allerdings reicht der Arbeitsbereich nur von etwa 0,2 µA bis zu 10 mA. Darüber hinaus müßte die starke Temperaturabhängigkeit der Schaltung kompensiert werden.

Bei Nenntemperatur von 20°C müßte sich entsprechend Gl. 3.24 eine Ausgangsspannungsänderung von 58,168 mV bei einer Änderung des Eingangsstromes I_1 um eine Dekade ergeben. Wie die Auswertung mit Hilfe der Marken über vier Dekaden des Eingangsstromes ergibt, beträgt die tatsächliche Ausgangsspannungsänderung in diesem Bereich 59,129 mV je Dekade. Die Schaltung arbeitet also auch bei konstanter Temperatur nicht ganz fehlerfrei.

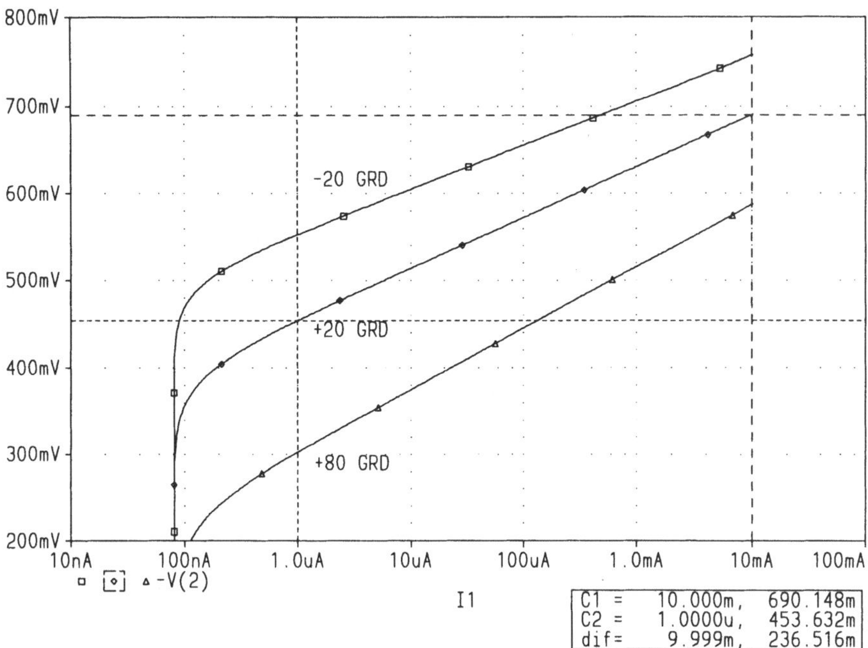

Bild 3.47: Ausgangsspannung des Logarithmierers $-V_2$: □ — -20°C, ◇ — +20°C, △ — +80°C

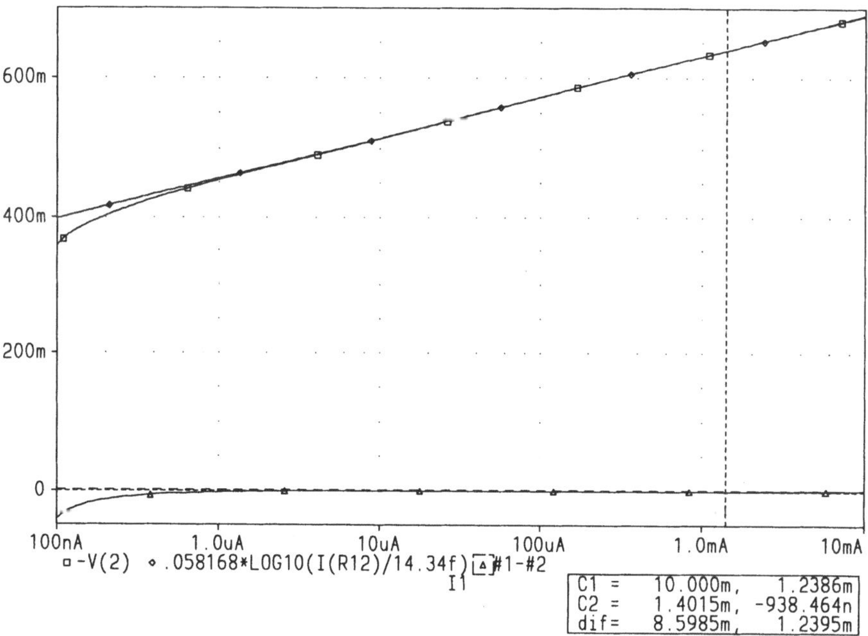

Bild 3.48: Fehler des Logarithmierers bei 20°C: □ — $-V_2$, ◇ — theoretischer Wert von V_2 nach Gl. 3.25, △ — Differenz der zuvor genannten Kurven (#1-#2)

Dies wird durch die in Bild 3.48 für Nenntemperatur vorgenommene Auswertung näher untersucht. Dabei wird der berechnete Wert von V_2 mit dem theoretisch bei Nenntemperatur zu erwartenden Wert von:

$$V_2 = 58,168 \log\left(I_1 / 14,34\,\text{fA}\right)\ [\text{mV}] \tag{3.25}$$

verglichen und die entsprechende Differenz dargestellt.

Aus der dargestellten Differenz beider Kurven ergeben sich deutlich sichtbare Abweichungen für kleine Ströme unter etwa 1 µA. Mit zunehmendem Eingangsstrom nimmt der Fehler ab und erreicht bei etwa 1,4 mA (Marke C2) das Minimum. Darüber steigt der Fehler rasch wieder an und hat bei einem Eingangsstrom von 10 mA (Marke C1) bereits wieder +0,18% erreicht. Insgesamt bestätigen sich damit die eingangs genannten Bedenken gegenüber Logarithmierschaltungen.

4 Meßschaltungen für Gleichstrom

4.1 Referenzspannungsquelle

Bei Gleichstrommeßschaltungen wird meist eine Referenzspannungsquelle verwendet. Eine solche wird in der Regel auch bei Analog-Digital-Wandlern und bei Digital-Analog-Wandlern eingesetzt. Der auftretende Meßfehler wird dabei direkt von der Stabilität der Referenzspannungsquelle bestimmt. Im folgenden soll eine einfache Referenzspannungsquelle untersucht und deren Stabilität bezüglich Lastschwankungen und Temperaturänderungen berechnet werden.

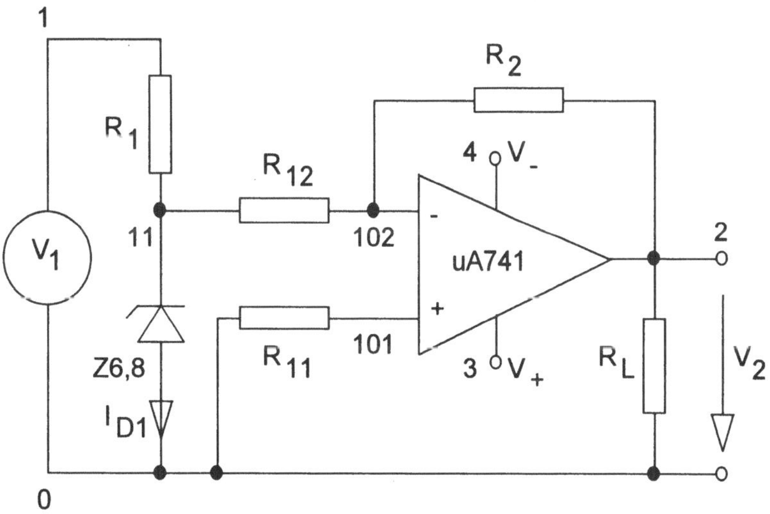

Bild 4.1: Referenzspannungsquelle mit einer Zenerdiode

Die zunächst verwendete Schaltung ist in Bild 4.1 dargestellt. Zur Stabilisierung wird die steile Sperrcharakteristik einer Zenerdiode eingesetzt. Dazu wird über den Vorwiderstand R_1 ein Sperrstrom von mindestens einigen mA in die Zenerdiode näherungsweise eingeprägt. An der Zenerdiode fällt dann eine sehr konstante Sperrspannung ab. Bei Belastung der Referenzspannungsquelle würde sich jedoch eine erhebliche Rückwirkung auf die Zenerspannung ergeben. Dies wird durch den nachfolgenden Spannungsverstärker, der einen niedrigen Ausgangswiderstand besitzt, verhindert. Mit Hilfe des gegengekoppelten Verstärkungsfaktors G' entsprechend Gl. 3.4 kann eine Feineinstellung der Referenzspannung erfolgen.

Leider ist in der Bibliothek der Versuchsversion von PSPICE nur eine Zenerdiode vorhanden deren Innenwiderstand viel zu hoch ist, um in dieser Schaltung gute Ergebnisse erzielen zu können. Es mußte daher näherungsweise ein Modell für eine niederohmigere Zenerdiode mit der in dieser Beziehung optimalen Zenerspannung von 6,8 V entwickelt und direkt in die Eingabedaten für die Berechnung aufgenommen werden. Da an den Operationsverstärker keine besonderen Anforderungen gestellt werden, ist hier der Standardtyp µA741 völlig ausreichend.

Die Eingabedaten für die Berechnung der Referenzspannungsquelle mit dem Lastwiderstand R_L als Parameter sind in Liste 4.1 angegeben. Dabei wurde der Kleinstwert von R_L so gewählt, daß der maximale Ausgangsstrom des Operationsverstärkers gerade noch nicht erreicht wird.

```
REFERENZSPANNUNGSQUELLE - uA741
.OPTIONS ACCT LIST NODE OPTS LIBRARY TNOM=20
.DC V1 10V 20V .005V
.PARAM RLOAD=10kOHM
.STEP PARAM RLOAD LIST .3kOHM 1kOHM 10kOHM
V1 1 0
V+ 3 0 DC 15V
V- 4 0 DC -15V
*   E+  E-  V+ V- A
X1 101 102 3  4 2  uA741
D1 0 11 DZ6.8
R1 1 11 .82kOHM
R11 101 0 10kOHM
R12 11 102 10kOHM
R2 102 2 14.75kOHM
RL 2 0 {RLOAD}
.MODEL DZ6.8 D(IS=1.6f RS=1.8 IKF=0 VJ=.75 ISR=1.7n
+BV=6.8 IBV=3 NBV=.3 IBVL=2e-6 NBVL=.3 TBV1=.5m)
.LIB
.PROBE
.END
```

Liste 4.1: Eingabedaten für die Berechnung der Referenzspannungsquelle bei unterschiedlicher Belastung

Im Bild 4.2 sind die Zenerspannung V_{11} und die Ausgangsspannung $-V_2$ der Schaltung als Funktion der zu stabilisierenden Eingangsspannung V_1 dargestellt. Die relativ geringe Änderung der Zenerspannung bei Veränderung der Eingangsspannung um immerhin 10 V wird mit dem Verstärkungsfaktor G' praktisch unverändert auf den Ausgang übertragen. Eine Beeinflussung der Ausgangsspannung durch die unterschiedliche Belastung kann man allenfalls anhand der Strichstärke im Diagramm vermuten, eine Auswertung mit Hilfe der Marken lieferte jedoch immer noch kein Ergebnis. Bezüglich der Belastbarkeit verhält sich die Schaltung also weitgehend ideal. Die Auswertung mit Hilfe der Marken C1 und C2 ergibt, daß eine Eingangsspannungsänderung von 2 V nur eine Ausgangsspannungsänderung von 9,374 mV zur Folge hat. Der Stabilisierungsfaktor K der Schaltung:

$$K = \frac{\Delta V_1}{\Delta V_2} \tag{4.1}$$

beträgt damit 213,4.

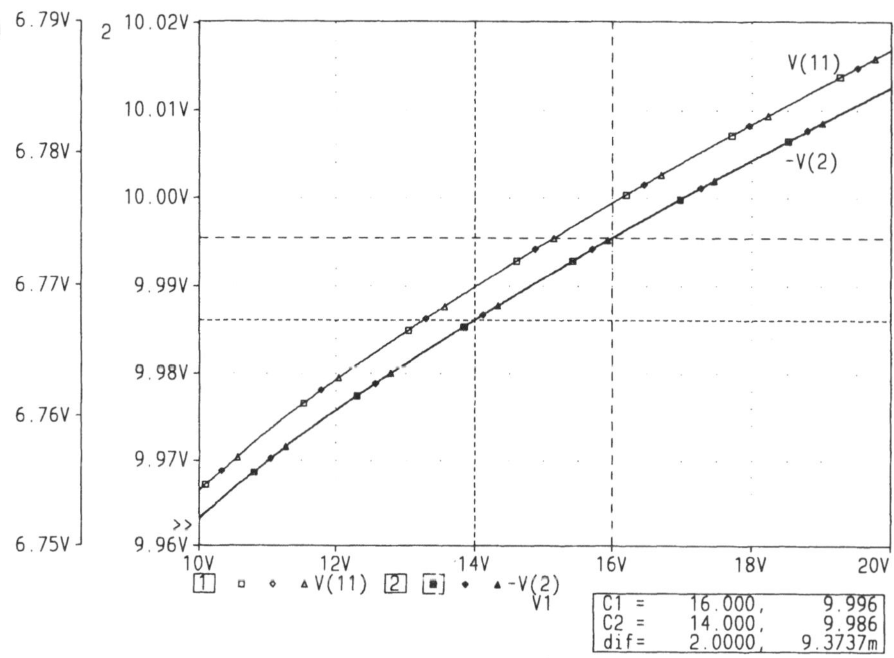

Bild 4.2: Verhalten der Referenzspannungsquelle bei unterschiedlicher Last; V_{11}: □ — R_L = 0,3 kΩ, ◇ — R_L = 1 kΩ, △ — R_L = 10 kΩ; -V_2: ■ — R_L = 0,3 kΩ, ◆ — R_L = 1 kΩ, ▲ — R_L = 10 kΩ

Nachfolgend wird für die gleiche Schaltung eine Berechnung der Temperaturabhängigkeit der Ausgangsspannung durchgeführt. Die Eingabedaten sind in Liste 4.2 enthalten. Dabei wurde mit R_L = 1 kΩ ein Lastwiderstand mittlerer Größe gewählt, was aber angesichts der geringen Belastungsabhängigkeit der Ausgangsspannung nur von untergeordneter Bedeutung ist.

```
REFERENZSPANNUNGSQUELLE - uA741
.OPTIONS ACCT LIST NODE OPTS LIBRARY TNOM=20
.DC V1 10V 20V .005V
.TEMP -20 20 80
V1 1 0
V+ 3 0 DC 15V
V- 4 0 DC -15V
*   E+  E-  V+ V- A
X1 101 102 3   4  2  uA741
D1 0 11 DZ6.8
R1 1 11 .82kOHM
R11 101 0 10kOHM
R12 11 102 10kOHM
R2 102 2 14.75kOHM
RL 2 0 1kOHM
.MODEL DZ6.8 D(IS=1.6f RS=1.8 IKF=0 VJ=.75 ISR=1.7n
+BV=6.8 IBV=3 NBV=.3 IBVL=2e-6 NBVL=.3 TBV1=.5m)
.LIB
.PROBE
.END
```

Liste 4.2: Eingabedaten für die Berechnung der Temperaturabhängigkeit der Referenzspannungsquelle

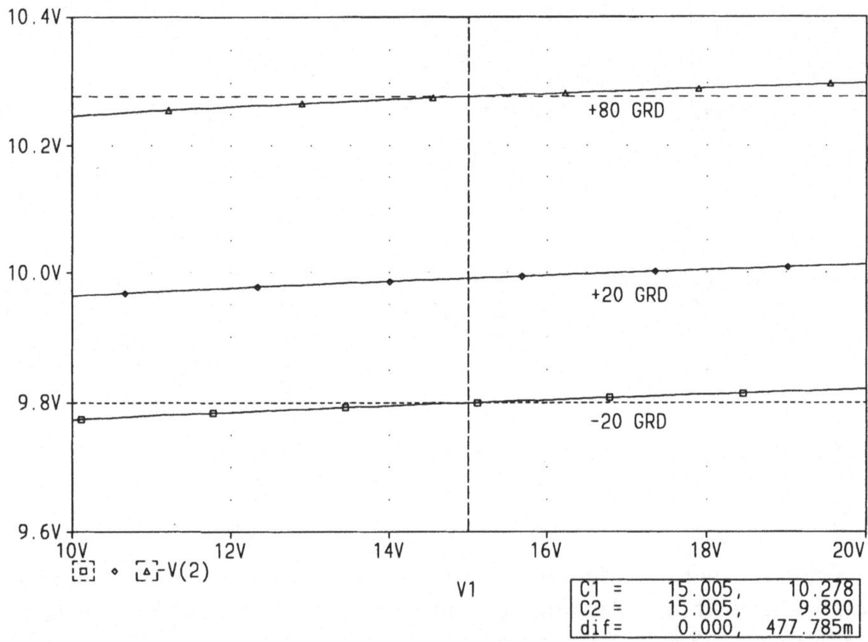

Bild 4.3: Temperaturabhängigkeit der Referenzspannung; -V_2: □ — -20°C, ◇ — +20°C, △ — +80°C

Die Berechnungsergebnisse sind in Bild 4.3 wiedergegeben. Offensichtlich stellt die Temperaturabhängigkeit der Ausgangsspannung das gravierende Problem dieser Schaltung dar. Die Änderungen der Ausgangsspannung bei der Variation der Eingangsspannung um 10 V sind fast vernachlässigbar klein im Vergleich zu den Änderungen, die sich infolge der unterschiedlichen Temperaturen ergeben. Anhand der Auswertung mit den Marken ergibt sich bei einer Eingangsspannung von 15 V im betrachteten Temperaturbereich eine maximale Ausgangsspannungsänderung von 0,478 V. Für eine Referenzspannungsquelle ist das in der Regel ein viel zu hoher Wert. Es muß daher eine geeignete Temperaturkompensation eingeführt werden, damit der Anstieg der Zenerspannung mit der Temperatur zumindest teilweise ausgeglichen werden kann. Die einfachste Möglichkeit hierzu liegt in der Ausnutzung der entgegengesetzten Temperaturabhängigkeit der Durchlaßspannung einer Diode.

Zur zumindest teilweisen Temperaturkompensation wird daher der Zenerdiode eine normale Diode in Durchlaßrichtung in Reihe geschaltet. Der Abfall der Durchlaßspannung dieser Diode mit steigender Temperatur wirkt dann dem Anstieg der Zenerspannung der Zenerdiode mit steigender Temperatur entgegen. Durch den Durchlaßwiderstand der Diode darf allerdings der Innenwiderstand der Zenerdiode, der nur etwa 3 Ω beträgt, nicht wesentlich erhöht werden, da andernfalls die Stabilisierungswirkung der Schaltung zu sehr beeinträchtigt wird. Angesichts der in Bild 2.19 dargestellten Ergebnisse kommt damit eine Diode des Typs 1N4148 für diesen Anwendungsfall überhaupt nicht in Frage. Die zweite in der Bibliothek der Versuchsversion von PSPICE vorhandene Diode des Typs MBD101 hat einen wesentlich geringeren Durchlaßwiderstand, so daß diese hier verwendet werden kann. Die entsprechende Schaltung ist in Bild 4.4 dargestellt.

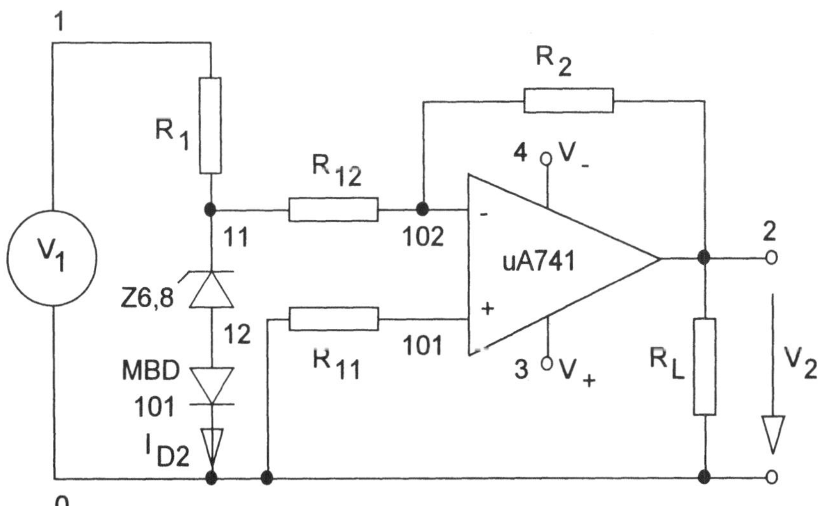

Bild 4.4: Referenzspannungsquelle mit Temperaturkompensation

Die erforderlichen Änderungen und die Ergänzung der Eingabedaten im
Vergleich zu Liste 4.2 für die Berechnung der Referenzspannungsquelle mit
Temperaturkompensation sind in Liste 4.3 angegeben. Dabei wurde der Wi-
derstand R_2 so geändert, daß sich etwa die gleiche Ausgangsspannung der
Referenzspannungsquelle ergibt.

```
D1 12 11 DZ6.8
D2 12 0 MBD101
R2 102 2 13.84kOHM
```

Liste 4.3: Eingabedaten für die Berechnung der Referenzspannungsquelle mit Temperaturkompensation

Die Berechnungsergebnisse sind in Bild 4.5 wiedergegeben. Offensichtlich ist
die Temperaturkompensation zumindest teilweise erfolgt. Die Temperaturabhängigkeit der Ausgangsspannung ist etwa um den Faktor 5 reduziert
worden und beträgt im betrachteten Temperaturbereich nur noch 98,2 mV.
Dafür ist allerdings auch die Stabilisierungswirkung bezüglich Änderungen
der Eingangsspannung deutlich geringer geworden. Eine Eingangsspannungsänderung von 2 V verursacht nunmehr eine Ausgangsspannungsänderung von knapp 20 mV. Der Stabilisierungsfaktor K hat sich damit mit etwa 100 praktisch halbiert.

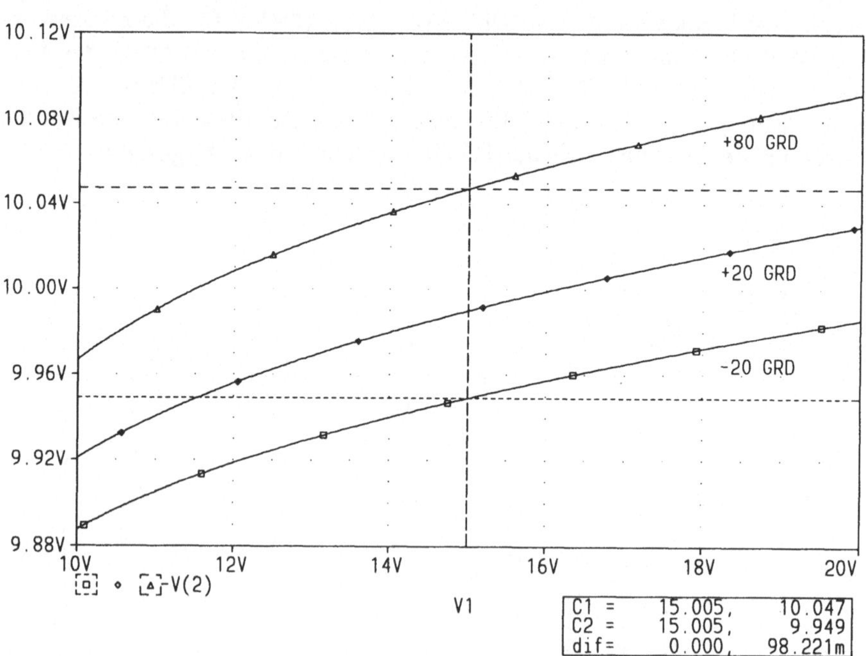

Bild 4.5: Temperaturabhängigkeit der kompensierten Referenzspannung; $-V_2$: □ — -20°C, ◇
— +20°C, △ — +80°C

Die Kompensationsmöglichkeiten sind damit im übrigen keineswegs ausgeschöpft, was aber in diesem Rahmen nicht weiter betrachtet werden soll.

4.2 Gleichstrombrücken

Gleichstrombrücken werden in der Regel zur Umsetzung eines Widerstandswertes in einen Spannungs- oder Stromwert eingesetzt. Der Widerstandswert ist dabei wieder ein Maß für eine andere nicht elektrische Meßgröße. Ein sehr weit verbreitetes Beispiel ist die Kraftmessung mit Hilfe von Dehnungsmeßstreifen (DMS) [12]. Typisch hierfür ist, daß sich der Widerstandswert des DMS durch die Dehnung nur geringfügig ändert.
Von der Gleichstrombrücke wird im Idealfall erwartet, daß die Brückenausgangsgröße der Widerstandsänderung proportional ist. Das setzt einerseits den Betrieb der Brücke mit konstanter Eingangsgröße und andererseits Linearität des Übertragungsfaktors der Brückenschaltung voraus. Letzteres ist nicht unwesentlich von der Art der Brückenspeisung und der Belastung des Brückenausgangs abhängig und soll durch die folgenden Rechenbeispiele erläutert werden.
Zunächst wird die Gleichstrombrücke bei Speisung aus einer Spannungsquelle betrachtet. Die Schaltung ist in Bild 4.6 dargestellt, wobei R_1 der veränderliche Widerstand ist und R_L die Belastung der Brücke nachbildet.

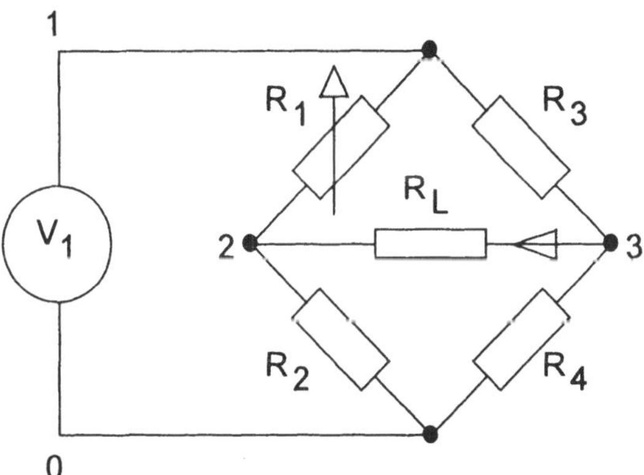

Bild 4.6: Gleichstrombrücke mit Spannungsspeisung

Allgemein gilt folgende Beziehung für den Strom I_{RL}:

$$I_{RL} = V_1 \frac{R_1 R_4 - R_2 R_3}{R_L(R_1 + R_2)(R_3 + R_4) + R_1 R_2(R_3 + R_4) + R_3 R_4(R_1 + R_2)} \quad (4.2)$$

Bezüglich der Belastung der Brücke sollen nunmehr die beiden Grenzfälle Leerlauf und Kurzschluß betrachtet werden. Der erste Fall liegt zumindest näherungsweise bei einer hochohmigen Messung der Brückenausgangsspannung V_{32} vor, der zweite ist näherungsweise bei einer niederohmigen Messung des Brückenausgangsstromes I_{RL} gegeben.

Für die Brückenausgangsspannung im Leerlauf ($R_L = \infty$) erhält man aus Gl. 4.2 folgende vereinfachte Beziehung:

$$V_{32} = V_1 \frac{R_1 R_4 - R_2 R_3}{(R_1 + R_2)(R_3 + R_4)} \qquad (4.3)$$

Die Eingabedaten für die Berechnung der Gleichstrombrücke bei Speisung aus einer Spannungsquelle und bei ausgangsseitigem Leerlauf sind in Liste 4.4 angegeben. Die Brückenwiderstände wurden der Einfachheit halber alle gleich groß angenommen. Der veränderliche Brückenwiderstand R_1 wurde um ±10% vom Nennwert in Schritten von 0,05% variiert.

```
GLEICHSTROMBRUECKE
*SPANNUNGSQUELLE/LEERLAUF
.OPTIONS ACCT LIST NODE OPTS TNOM=20
.DC RES RMOD(R) .9 1.1 .0005
V1 1 0 1V
R1 1 2 RMOD 1kOHM
R2 2 0 1kOHM
R3 1 3 1kOHM
R4 3 0 1kOHM
RL 2 3 1E12OHM
.MODEL RMOD RES(R=1 DEV=0% TC1=0)
.PROBE
.END
```

Liste 4.4: Eingabedaten für die Berechnung der Gleichstrombrücke bei Speisung aus einer Spannungsquelle und ausgangsseitigem Leerlauf

In Bild 4.7 ist das Ergebnis dargestellt. Die Brückenausgangsspannung V_{32} scheint sich etwa linear mit der Widerstandsänderung zu verändern. Wie die differentielle Darstellung zeigt, ist die Brückenempfindlichkeit S:

$$S = \frac{dV_{32}}{dR_1} \qquad (4.4)$$

jedoch nicht konstant. Dabei ist die Kurve so aufgetragen, daß sich auf der zweiten Vertikalskala die differentielle Brückenausgangsspannung bezogen auf die prozentuale Änderung von R_1 ergibt. In der Nähe des Abgleichpunktes sind also 2,5 mV Ausgangsspannung bei einer Änderung von R_1 um ein Prozent zu erwarten. Läßt man eine maximale Abweichung der Brücken-empfindlichkeit von ±1% von diesem Nennwert zu, dann darf sich R_1, wie die Auswertung mit Hilfe der Marken ergibt, ebenfalls um ±1% verändern.

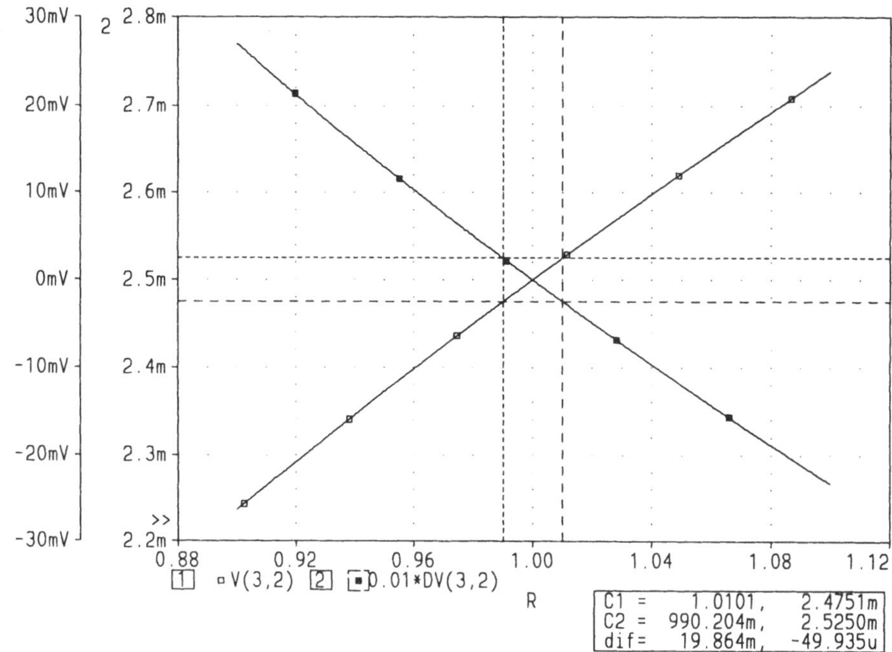

Bild 4.7: Linearität der Gleichstrombrücke bei Speisung aus einer Spannungsquelle und ausgangsseitigem Leerlauf; □ − V_{32}, ■ − $0{,}01 \cdot dV_{32}/dR_1$

Es stellt sich nunmehr die Frage, wie die Größe dieses in etwa linearen Bereichs von der Speisung beziehungsweise der Belastung der Brücke abhängt. Daher wird nun der Brückenausgangsstrom im Kurzschluß ($R_L = 0$) betrachtet. Aus Gl. 4.2 ergibt sich dabei folgender Zusammenhang:

$$I_{RL} = V_1 \frac{R_1 R_4 - R_2 R_3}{R_1 R_2 (R_3 + R_4) + R_3 R_4 (R_1 + R_2)} \tag{4.5}$$

Die Änderung der Eingabedaten im Vergleich zu Liste 4.4 für die Berechnung der Gleichstrombrücke bei Speisung aus einer Stromquelle und bei ausgangsseitigem Kurzschluß sind in Liste 4.5 angegeben.

```
GLEICHSTROMBRUECKE
*SPANNUNGSQUELLE/KURZSCHLUSS
RL 3 2 1E-6OHM
```

Liste 4.5: Eingabedaten für die Berechnung der Gleichstrombrücke bei Speisung aus einer Spannungsquelle und ausgangsseitigem Kurzschluß

In Bild 4.8 ist das Ergebnis dargestellt. Der Brückenausgangsstrom I_{RL} verhält sich deutlich weniger linear verhält als die Brückenausgangsspannung V_{32} zuvor. Läßt man wieder eine maximale Abweichung der Brückenempfindlichkeit von ±1% vom Nennwert zu, dann darf sich R_1 nur noch um ±0,66% ändern. Dieser Betriebsfall sollte also vermieden werden.

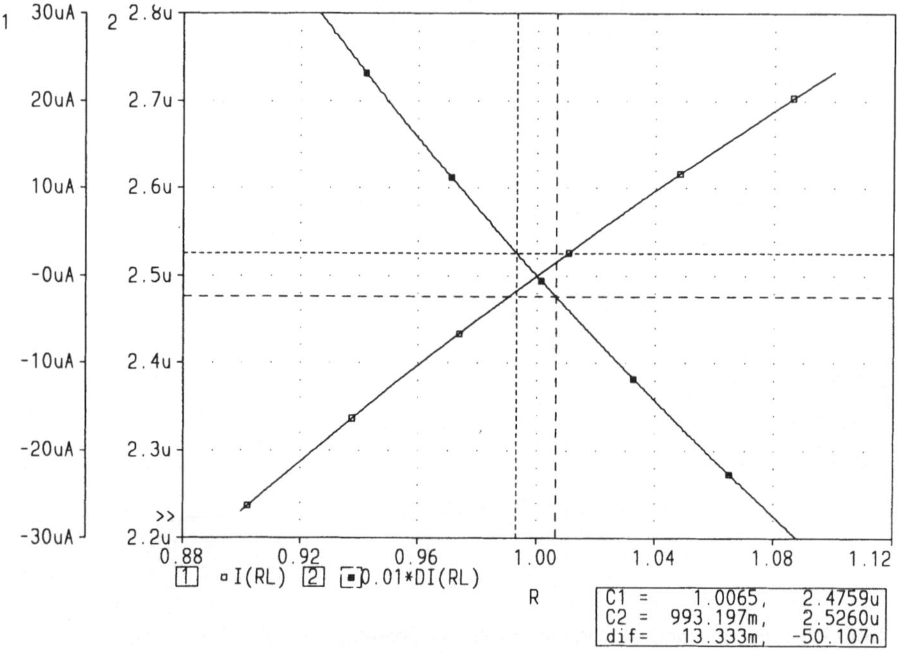

Bild 4.8: Linearität der Gleichstrombrücke bei Speisung aus einer Spannungsquelle und ausgangsseitigem Kurzschluß; □ − I_{RL}, ■ − 0,01·dI_{RL}/dR_1

Nun wird das Verhalten der Gleichstrombrücke bei Speisung aus einer Stromquelle betrachtet.

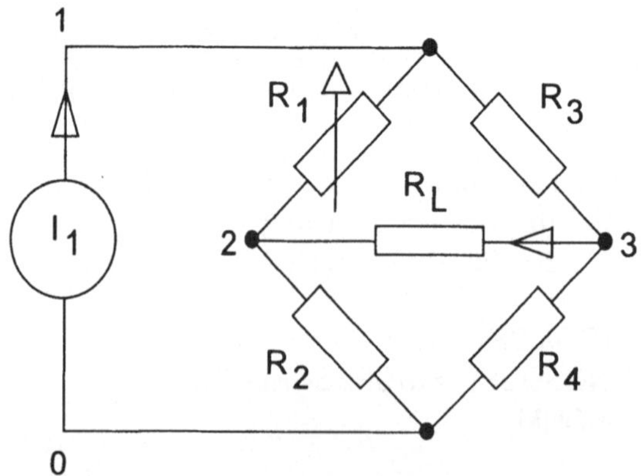

Bild 4.9: Gleichstrombrücke mit Stromspeisung

Die Schaltung ist in Bild 4.9 dargestellt, die ansonsten gegenüber Bild 4.6 unverändert ist.

Der genaue Zusammenhang zwischen dem Brückenausgangsstrom I_{RL} und den Bauelementen der Schaltung wird durch die folgende Gleichung beschrieben:

$$I_{RL} = I_1 \frac{R_1 R_4 - R_2 R_3}{R_L(R_1 + R_2 + R_3 + R_4) + (R_1 + R_3)(R_2 + R_4)} \qquad (4.6)$$

Die stromgespeiste Brücke wird wieder zunächst im ausgangsseitigen Leerlauf ($R_L = \infty$) betrachtet. Für die Brückenausgangsspannung ergibt sich dann aus Gl. 4.6:

$$V_{32} = I_1 \frac{R_1 R_4 - R_2 R_3}{R_1 + R_2 + R_3 + R_4} \qquad (4.7)$$

Die Eingabedaten für die Berechnung der Gleichstrombrücke bei Speisung aus einer Stromquelle und bei ausgangsseitigem Leerlauf sind in Liste 4.6 angegeben.

```
GLEICHSTROMBRUECKE
*STROMQUELLE/LEERLAUF
.OPTIONS ACCT LIST NODE OPTS TNOM=20
.DC RES RMOD(R) .9 1.1 .0005
I1 0 1 1mA
R1 1 2 RMOD 1kOHM
R2 2 0 1kOHM
R3 1 3 1kOHM
R4 3 0 1kOHM
RL 3 2 1E12OHM
.MODEL RMOD RES(R=1 DEV=0% TC1=0)
.PROBE
END
```

Liste 4.6: Eingabedaten für die Berechnung der Gleichstrombrücke bei Speisung aus einer Stromquelle und ausgangsseitigem Leerlauf

In Bild 4.10 ist das Ergebnis der Berechnung dargestellt. Die Auswertung mit Hilfe der Marken ergibt, daß die Brückenausgangsspannung V_{32} sich wesentlich linearer verhält als die Brückenausgangsgröße bei beiden zuvor betrachteten Beispielen mit Spannungsspeisung der Brücke. Läßt man wieder eine maximale Abweichung der Brückenempfindlichkeit von ±1% vom Nennwert zu, dann darf sich R_1 jetzt immerhin um ±2% ändern. Dieser Betriebsfall liefert also in Bezug auf die Linearität die bisher günstigsten Ergebnisse.

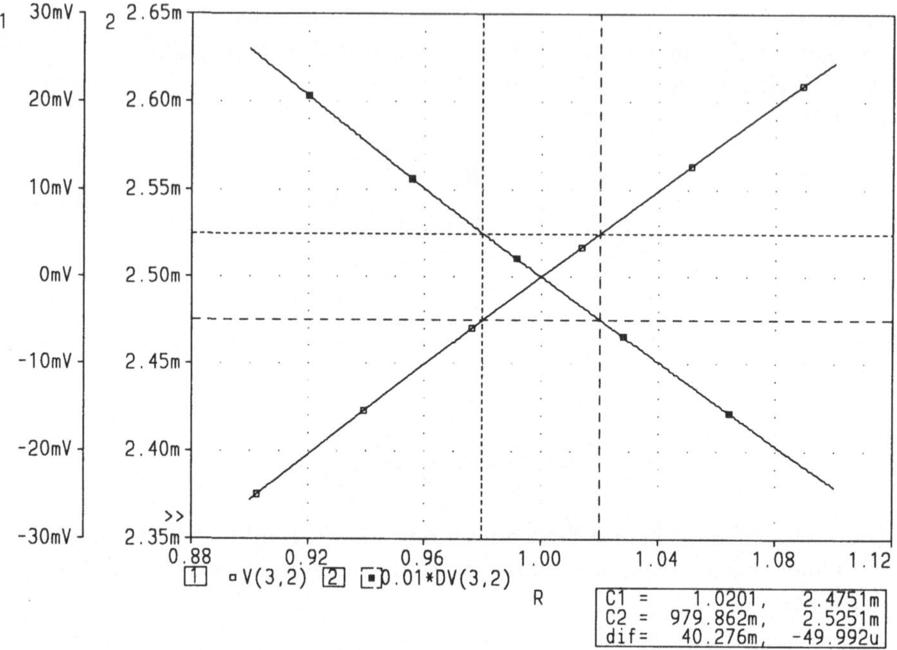

Bild 4.10: Linearität der Gleichstrombrücke bei Speisung aus einer Stromquelle und ausgangsseitigem Leerlauf; □ − V_{32}, ■ − 0,01·dV_{32}/dR_1

Nun wird der Brückenausgangsstrom im Kurzschluß (R_L = 0) betrachtet. Aus Gl. 4.6 ergibt sich dabei folgender Zusammenhang:

$$I_{RL} = I_1 \frac{R_1 R_4 - R_2 R_3}{(R_1 + R_3)(R_2 + R_4)} \tag{4.8}$$

Die Änderung der Eingabedaten im Vergleich zu Liste 4.7 für die Berechnung der Gleichstrombrücke bei Speisung aus einer Stromquelle und bei ausgangsseitigem Kurzschluß sind in Liste 4.7 angegeben.

```
GLEICHSTROMBRUECKE
*STROMQUELLE/KURZSCHLUSS
RL 3 2 1E-6OHM
```

Liste 4.7: Eingabedaten für die Berechnung der Gleichstrombrücke bei Speisung aus einer Stromquelle und ausgangsseitigem Kurzschluß

Das in Bild 4.11 dargestellte Ergebnis ist mit dem in Bild 4.7 erzielten Ergebnis praktisch identisch. Bezüglich der Linearität werden also die gleichen Ergebnisse erreicht, wenn eine spannungsgespeiste Brücke im ausgangsseitigen

Leerlauf und eine stromgespeiste Brücke im ausgangsseitigen Kurzschluß betrieben werden.

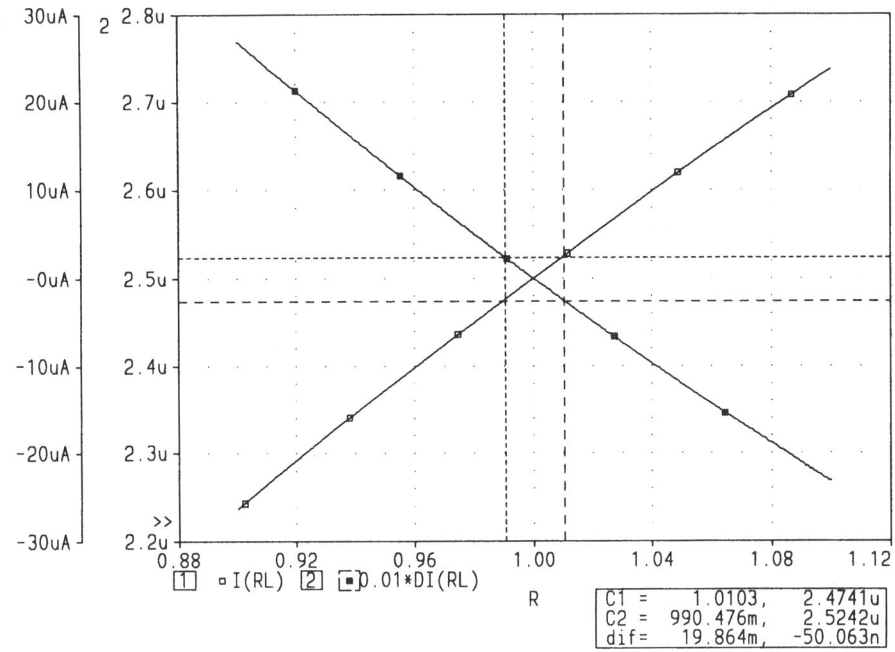

Bild 4.11: Linearität der Gleichstrombrücke bei Speisung aus einer Stromquelle und ausgangsseitigem Kurzschluß; □ $- I_{RL}$, ■ $- 0{,}01 \cdot dI_{RL}/dR_1$

5 Meßschaltungen für Wechselstrom

5.1 Tiefpaß

5.1.1 Einstufiger Tiefpaß

Für die folgenden Berechnungen im Frequenz- und im Zeitbereich sollen zunächst einige Grundlagen erarbeitet werden. Hierzu wird der einstufige Tiefpaß als einfachste Schaltung herangezogen. Dessen Übertragungsverhalten kann in erster Näherung für alle frequenzabhängigen Meßschaltungen und Meßgeräte als charakteristisch angenommen werden.

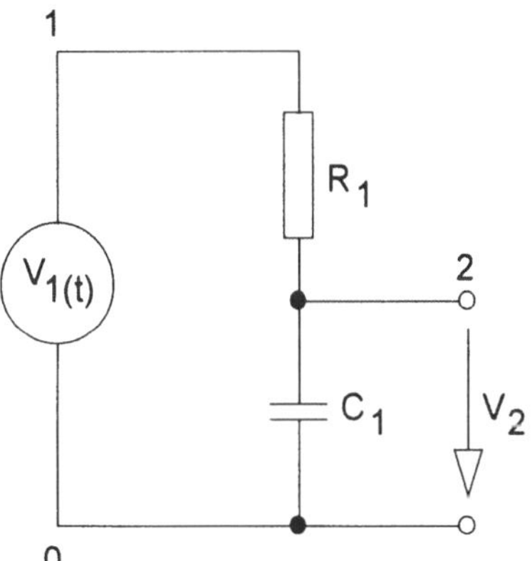

Bild 5.1: RC-Tiefpaß

Die Schaltung eines einstufigen Tiefpasses ist in Bild 5.1 angegeben. Der frequenzabhängige Übertragungsfaktor der am Ausgang nicht belasteten Schaltung beträgt:

$$\frac{U_{2(j\omega)}}{U_{1(j\omega)}} = \frac{1}{1 + j\omega R_1 C_1} = \frac{1}{1 + j\omega\tau} \tag{5.1}$$

Dabei ist es im Hinblick auf die nachfolgende Betrachtung im Zeitbereich sinnvoll das Produkt aus R_1 und C_1 als Zeitkonstante τ der Schaltung zu bezeichnen.

Die Grenzfrequenz f_c, bei der der Betrag des Übertragungsfaktors auf das $1/\sqrt{2}$-fache des Gleichstromwertes abgefallen ist, errechnet sich wie folgt:

$$f_c = \frac{1}{2\pi R_1 C_1} = \frac{1}{2\pi\tau} \tag{5.2}$$

Nun wird das zeitliche Verhalten des Tiefpasses betrachtet. Auf eine Sprungfunktion am Eingang der Schaltung ergibt sich folgende Sprungantwort:

$$U_{2(t)} = U_1\left(1 - e^{-\frac{t}{\tau}}\right) \tag{5.3}$$

Die Anstiegszeit T_a, das heißt die Zeitdifferenz zwischen den Punkten wo V_2 auf 10% beziehungsweise auf 90% des Spannungsendwertes angestiegen ist, beträgt damit:

$$T_a = 2,197\,\tau \tag{5.4}$$

Durch Vergleich von Gl. 5.2 und 5.4 erhält man folgenden grundlegenden Zusammenhang zwischen Grenzfrequenz und Anstiegszeit:

$$T_a = \frac{0,35}{f_c} \tag{5.5}$$

Auf diesen Zusammenhang war in Gl. 3.3 bereits ohne Begründung Bezug genommen worden. Näherungsweise darf Gl. 5.5 auch auf andere frequenzabhängige Schaltungen angewandt werden, solange deren Übertragungsverhalten dem eines einstufigen Tiefpasses nahekommt.

```
RC-TIEFPASS
.OPTIONS ACCT LIST NODE OPTS TNOM=20
.AC DEC 100 1MEGHz 10GHz
.TRAN 5ps 20ns 0s 5ps UIC
V1 1 0 AC 1 PULSE(0V 1V 0ns 1ps 1ps 10ns 1s)
R1 1 2 50OHM
C1 2 0 20pF IC=0V
.PROBE
.END
```

Liste 5.1: Eingabedaten für die Berechnung des RC-Tiefpasses bei Sprunganregung

Nun wird die numerische Berechnung des Übertragungsverhaltens vorgenommen. Die Eingabedaten für die Berechnung sind in Liste 5.1 angegeben.

Die Bemessung wurde so gewählt, daß sich ungefähr die Frequenzabhängigkeit ergibt, die man beim Anschluß eines Oszilloskops ohne Verwendung eines Tastkopfes an eine Spannungsquelle mit 50 Ω Innenwiderstand erhält.

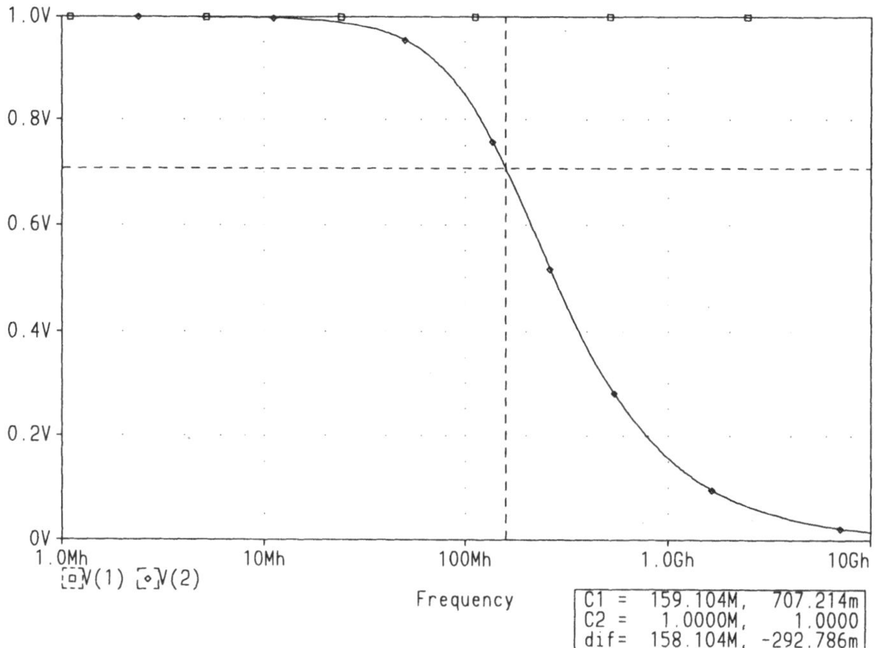

Bild 5.2: Frequenzgang des RC-Tiefpasses; $\square - V_1$, $\diamond - V_2$

In Bild 5.2 sind die Eingangsspannung V_1 und die Ausgangsspannung V_2 der Schaltung im Frequenzbereich dargestellt. Entsprechend der gewählten Zeitkonstanten der Schaltung von $\tau = 1$ ns hätte sich nach Gl. 5.2 eine Grenzfrequenz von 159,155 MHz ergeben müssen. Die Auswertung mit der Marke C1 bestätigt dieses Ergebnis mit vernachlässigbar kleinen Abweichungen. Diese Abweichungen kommen übrigens im wesentlichen daher, daß man die Marke nicht genau auf den Amplitudenwert von 0,7071 V einstellen kann, da auch bei der graphischen Auswertung eine Mindestschrittweite besteht.
Die Sprungantwort des RC-Tiefpasses ist in Bild 5.3 wiedergegeben. Dabei wird statt einer einfachen Sprungfunktion ein symmetrischer Rechteckimpuls auf den Eingang der Schaltung gegeben, so daß nach dem Einschaltvorgang auch der Ausschaltvorgang dargestellt werden kann. Damit beide Vorgänge sich nicht beeinflussen, muß allerdings zwischendurch der eingeschwungene Zustand mit hinreichender Genauigkeit erreicht werden. Da die gewählte Pulsbreite des Rechteckimpulses das 10-fache der Zeitkonstanten τ beträgt, ist das hier hinreichend genau erfüllt. Die Anstiegszeit wird mit Hilfe der Marken ausgemessen und das Ergebnis entspricht mit $T_a = 2,18$ ns fast genau dem theoretischen Wert nach Gl. 5.4. Auch hier ist die verbleibende Differenz durch die Mindestschrittweite zu erklären.

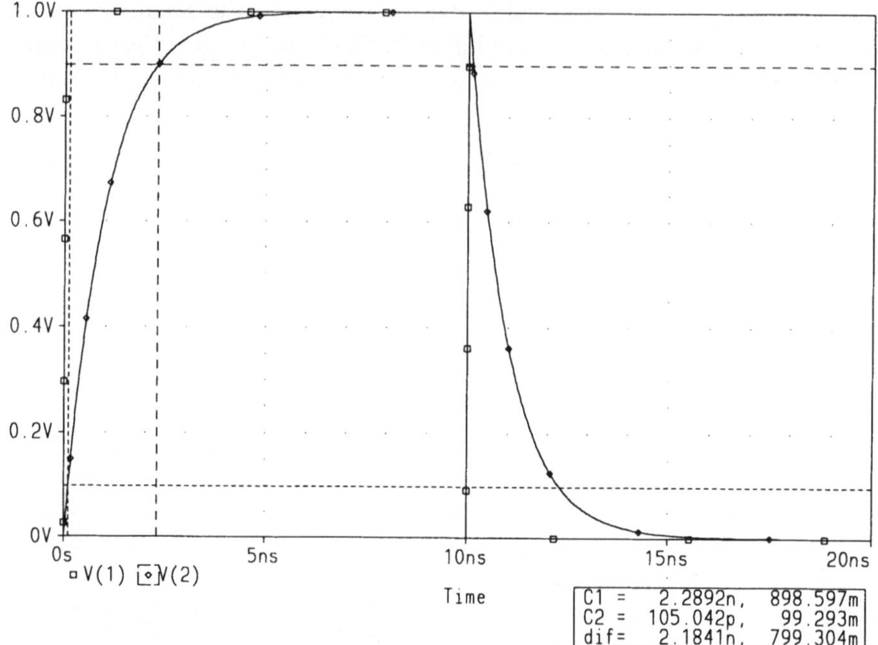

Bild 5.3: Sprungantwort des RC-Tiefpasses; $\square - V_1$, $\diamond - V_2$

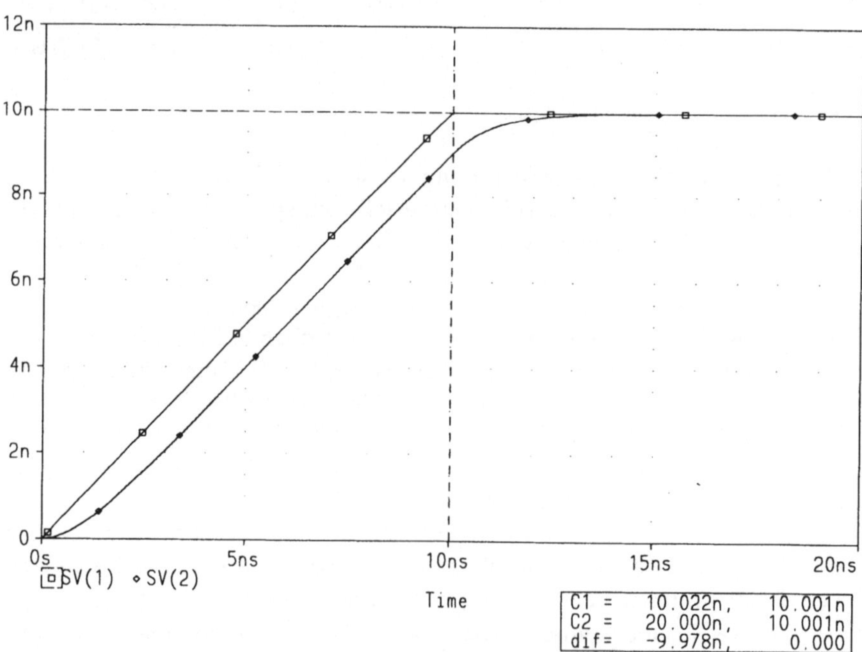

Bild 5.4: Sprungantwort des RC-Tiefpasses; Numerische Integration von Eingangsspannung V_1 und Ausgangsspannung V_2: $\square - \int V_1 dt$, $\diamond - \int V_2 dt$

Es läßt sich theoretisch zeigen, daß durch einen Tiefpaß ein Impuls zwar wie in Bild 5.3 gezeigt verformt beziehungsweise verzögert wird, die Impulsfläche jedoch erhalten bleibt. Dies kann mit Hilfe einer numerischen Integration leicht bestätigt werden. Das Ergebnis ist in Bild 5.4 dargestellt. Die Auswertung mit Hilfe der Marken ergibt, daß nach Ablauf von 20 ns die Fläche des Ausgangsimpulses mit 10 nVs gleich derjenigen des Eingangsimpulses ist.

5.1.2 Anwendung der Fast-Fourier-Transformation

Wie bereits mehrfach ausgeführt wurde, ist der Berechnung des zeitlichen Verhaltens der Vorzug zu geben, da hiermit auch nichtlineare Eigenschaften der untersuchten Schaltung erfaßt werden können. Um aus den Berechnungen im Zeitbereich dann wieder Aussagen über den Frequenzbereich machen zu können, müßte eine *Fourier-Transformation* vorgenommen werden. Wenn diese Aufgabenstellung bei der vorliegenden linearen Schaltung auch nicht relevant ist, so sollen die dabei auftretenden Probleme wegen der einfachen Überschaubarkeit der Schaltung doch kurz betrachtet werden.

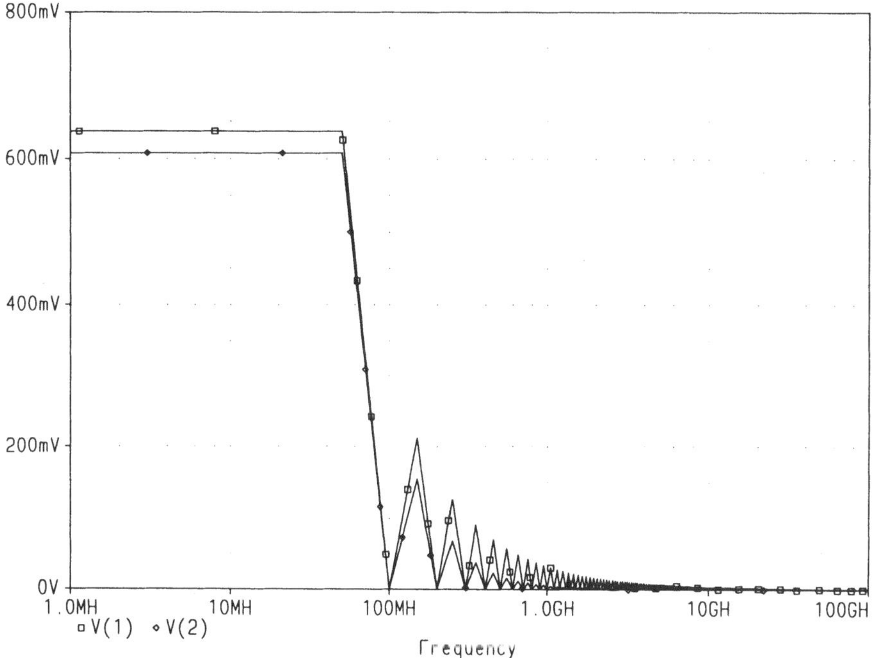

Bild 5.5: Transformation der Sprungantwort des RC-Tiefpasses in den Frequenzbereich; □ − V_1, ◇ − V_2

In der Regel erfolgt bei den numerischen Berechnungen der Übergang vom Zeitbereich in den Frequenzbereich mit Hilfe der *Fast-Fourier-Transformation (FFT)*. Dabei sind allerdings einige Eigentümlichkeiten dieses Rechenverfahrens zu beachten. In Bild 5.5 ist das Ergebnis der an den in Bild 5.3 dargestellten Berechnungsergebnissen vorgenommen FFT wiedergegeben.

An dem Ergebnis fällt zunächst die grobe Struktur der Spektren auf, was auf eine ungenügende Anzahl von Stützwerten hinweist. Darüber hinaus werden die Spektren unnötigerweise bis zu einer Frequenz von 100 GHz ausgewertet, obwohl oberhalb von 10 GHz praktisch keine spektralen Anteile mehr vorhanden sind. Bei insgesamt begrenzter Zahl von Stützwerten wird dadurch die Auflösung im interessierenden Frequenzbereich zu gering. Die Ursache für dieses ungeeignete Ergebnis liegt darin, daß entsprechend der Eingabedaten in Liste 5.1 aus dem Kehrwert des betrachteten Zeitbereichs von T = 20 ns eine Frequenzauflösung von Δf = 50 MHz folgt. Dazwischen wird in Bild 5.5 einfach linear interpoliert. Die erhaltene obere Frequenzgrenze f_{max} ergibt sich infolge der Spiegelung des Spektrums an der Abtastfrequenz zur Hälfte der Abtastfrequenz f_A:

$$f_{max} = \frac{f_A}{2} = \frac{1}{2T_A} \tag{5.6}$$

Die Abtastfrequenz ist der Kehrwert des Abtastintervalls T_A von hier 5 ps gemäß Liste 5.1. Der Sachverhalt ist in Wirklichkeit noch etwas komplexer, da die FFT stets an 2^n Stützwerten durchgeführt werden muß und eine periodische Fortsetzung des Signals mit dem betrachteten Zeitbereich als Periodendauer voraussetzt. Hierzu sei auf die entsprechende Literatur verwiesen [13].

Der in Bild 5.5 dargestellte Gleichstromanteil ist im übrigen auch nicht richtig. Angesichts der Impulsamplitude von 1 V und der periodischen Fortsetzung des Impulses mit einer Periodendauer von 20 ns beträgt der Mittelwert des Signals 0,5 V. Bei der FFT wird allerdings grundsätzlich der doppelte Wert dargestellt, so daß sich in Bild 5.5 ein Wert von 1 V ergeben müßte. Dieser kann infolge der ungenügenden Frequenzauflösung jedoch nicht annähernd richtig wiedergegeben werden.

```
RC-TIEFPASS
.OPTIONS ACCT LIST NODE OPTS TNOM=20
.TRAN 100ps 400ns 0s 100ps UIC
V1 1 0 AC 1 PULSE(0V 1V 0ns 1ps 1ps 10ns 1s)
R1 1 2 50OHM
C1 2 0 20pF IC=0V
.PROBE
.END
```

Liste 5.2: Eingabedaten für die Berechnung des RC-Tiefpasses bei Sprunganregung; Veränderung von Zeitbereich und Zeitauflösung für die FFT

Es ist nunmehr klar, in welcher Richtung die Eingabedaten geändert werden müssen, damit sich eine ausreichende spektrale Auflösung ergibt. In Liste 5.2

sind die Eingabedaten enthalten, die eine spektrale Auflösung von 2,5 MHz und eine obere Frequenzgrenze von etwa 5 GHz (genau 5,12 GHz) ergeben. Im Bild 5.6 ist zunächst die Sprungantwort dargestellt. Nun ergibt sich im Zeitbereich keine gute Auflösung mehr, eine Ermittlung der Anstiegszeit mit Hilfe der Marken ist praktisch nicht mehr möglich. Insofern ist eine gleichzeitige genaue Auswertung im Frequenz- und im Zeitbereich praktisch ausgeschlossen.

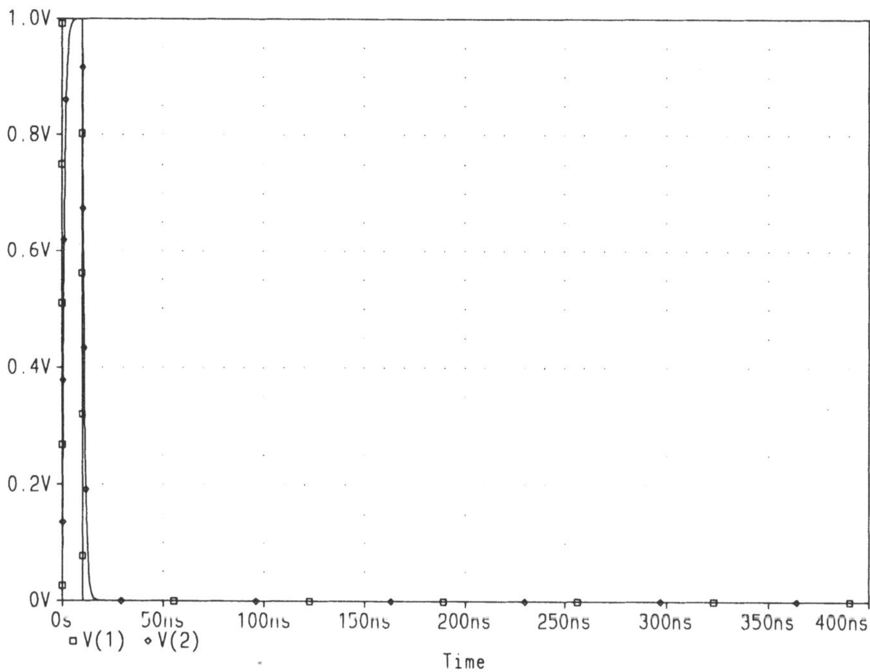

Bild 5.6: Sprungantwort des RC-Tiefpasses; $\square - V_1$, $\diamond - V_2$

In Bild 5.7 ist das Ergebnis der FFT wiedergegeben. Dieses ist zumindest vom grundsätzlichen Verlauf her nunmehr plausibel, da sich betragsmäßig ein Verlauf entsprechend der Spaltfunktion:

$$f_{(x)} = \frac{\sin x}{x} \tag{5.7}$$

ergibt. Bezüglich des Gleichstromanteils ist zu beachten, daß dieser für den nunmehr mit einer Periodendauer von 400 ns fortgesetzten Impuls nur noch 25 mV beträgt. Durch die FFT erhöht sich der Wert systembedingt auf 50 mV, was auch richtig wiedergegeben wird. Die Auswertung mit Hilfe der Marken ergibt, daß das Ausgangsspektrum bei der Grenzfrequenz von 159 MHz auf etwa das 0,707-fache des Eingangsspektrums abgefallen ist. Die Plausibilität dieses Ergebnisses erscheint damit hinreichend nachgewiesen.

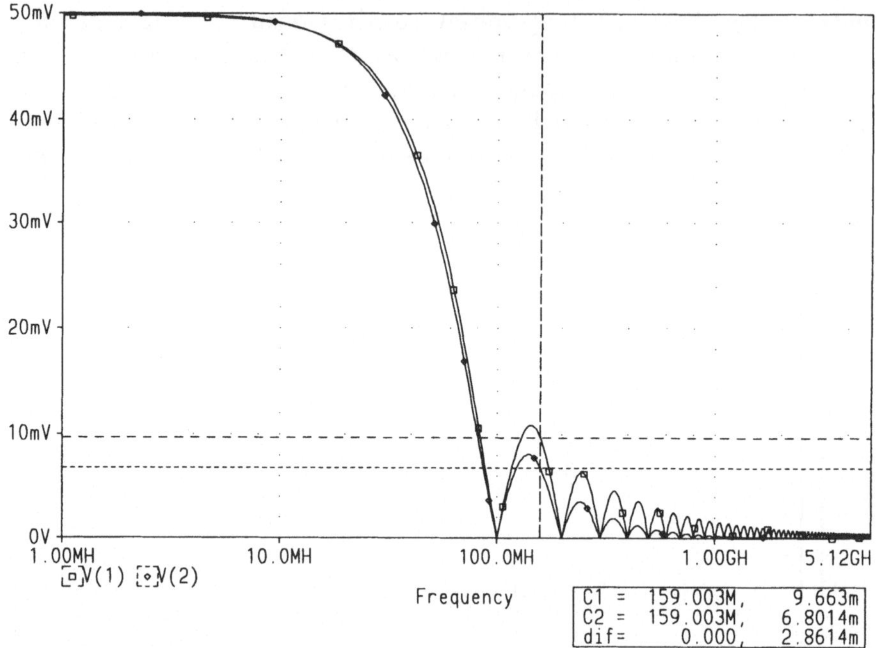

Bild 5.7: Transformation der Sprungantwort des RC-Tiefpasses in den Frequenzbereich; □ − V_1, ◊ − V_2

Im folgenden sollen das Verhalten des Tiefpasses und die Ergebnisse der FFT noch für einen anderen Verlauf und eine wesentlich kürzere Dauer des Eingangsimpulses untersucht werden. Gewählt wurde ein symmetrischer dreieckförmiger Eingangsimpuls mit nur 2 ns Impulsbreite. Die entsprechenden Eingabedaten sind in Liste 5.3 enthalten.

```
RC-TIEFPASS
.OPTIONS ACCT LIST NODE OPTS TNOM=20
.TRAN 5ps 10ns Ons 5ps UIC
V1 1 0 PWL(Ons OV 1ns 1V 2ns OV)
R1 1 2 50OHM
C1 2 0 20pF IC=0V
.PROBE
.END
```

Liste 5.3: Eingabedaten für die Berechnung des RC-Tiefpasses bei einem dreieckförmigen Eingangsimpuls

Die Antwort des Tiefpasses auf die dreieckförmige Anregungsfunktion ist in Bild 5.8 wiedergegeben. Die Ausgangsspannung kann nun nicht mehr den Scheitelwert der Eingangsspannung erreichen, da bereits während des exponentiellen Anstieges der Ausgangsspannung wieder der Abfall der Eingangsspannung erfolgt. Dieses Beispiel ist insofern für die Praxis von Bedeutung, als dadurch Fehlmessungen der Amplituden kurzer Störimpulse bei nicht ausreichender oberer Grenzfrequenz des Oszilloskops verdeutlicht werden. Die Angabe einer Anstiegszeit für den derartig verformten Ausgangsimpulses ist hier wenig sinnvoll. Das Ergebnis der numerischen Integration über die Eingangs- und Ausgangsspannung zeigt aber wieder, daß die Impulsfläche von 1 nVs auch bei dieser sehr viel stärkeren Impulsverformung genau erhalten bleibt.

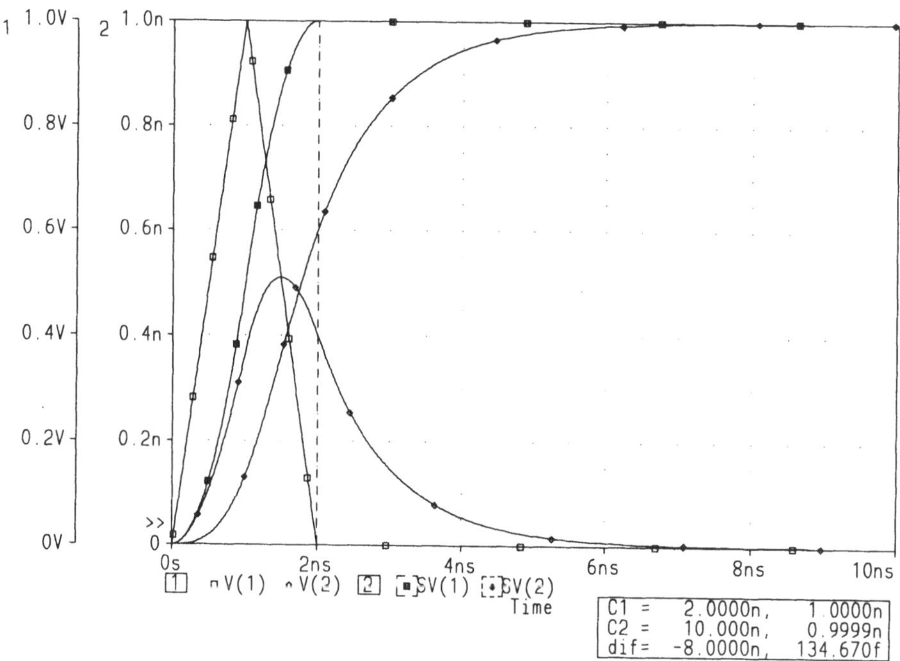

Bild 5.8: Zeitliches Verhalten des RC-Tiefpasses bei dreieckförmiger Anregung; □ − V_1, ◇ − V_2, ■ − $\int V_1 \mathrm{d}t$, ◆ − $\int V_2 \mathrm{d}t$

In Bild 5.9 ist das Ergebnis der an den in Bild 5.8 dargestellten Rechenwerten vorgenommen FFT dargestellt. Die berechneten Spektren enthalten wesentlich höherfrequente Anteile als das in Bild 5.7 dargestellte Ergebnis, was angesichts der erheblich kürzeren Impulsdauer zu erwarten war.
Entsprechend dem in Bild 5.8 dargestellten Verlauf des Eingangsimpulses und dessen periodischer Wiederholung mit einer Periodendauer von $T = 10$ ns hätte der Gleichstromanteil des Spektrums unter Berücksichtigung der Auswirkung der FFT jedoch 200 mV betragen müssen. Darüber hinaus ist auch hier die spektrale Auflösung von 50 MHz nicht ausreichend und die obere Frequenzgrenze des Spektrums mit 100 GHz zu hoch angesetzt. Das Mißverhältnis ist allerdings angesichts des wesentlich höhere Frequenzen enthaltenden Spektrums nicht so kraß wie in Bild 5.5.

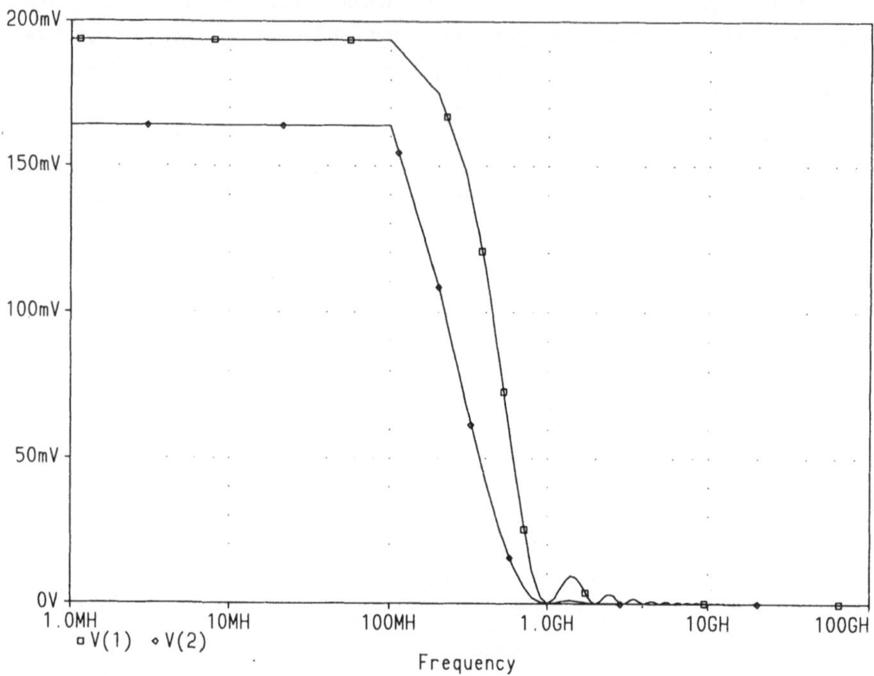

Bild 5.9: Transformation der Antwort des RC-Tiefpasses auf die dreieckförmige Anregung in den Frequenzbereich; $\square - V_1$, $\diamond - V_2$

Daher müssen auch hier die Eingabedaten für die FFT wie zuvor beschrieben geändert werden, wobei dann wieder die zeitliche Auflösung vermindert wird. In Liste 5.4 sind die Eingabedaten enthalten, die eine spektrale Auflösung von 2,5 MHz und eine obere Frequenzgrenze von etwa 5 GHz (genau 5,12 GHz) ergeben.

```
RC-TIEFPASS
.OPTIONS ACCT LIST NODE OPTS TNOM=20
.TRAN 100ps 400ns 0s 100ps UIC
V1 1 0 PWL(0ns 0V 1ns 1V 2ns 0V)
R1 1 2 50OHM
C1 2 0 20pF IC=0V
.PROBE
.END
```

Liste 5.4: Eingabedaten für die Berechnung des RC-Tiefpasses bei einem dreieckförmigen Eingangsimpuls; Veränderung von Zeitbereich und Zeitauflösung für die FFT

In Bild 5.10 ist das Ergebnis der FFT wiedergegeben. Der Gleichstromanteil entspricht genau dem erwarteten Wert von jetzt 5 mV ($T = 400$ ns). Die Auswertung mit Hilfe der Marken ergibt, daß das Ausgangsspektrum bei der Grenzfrequenz von 160,1 MHz auf das 0,707-fache des Eingangsspektrums

abgefallen ist. Dadurch ist auch die Plausibilität dieser Berechnung hinreichend unter Beweis gestellt.

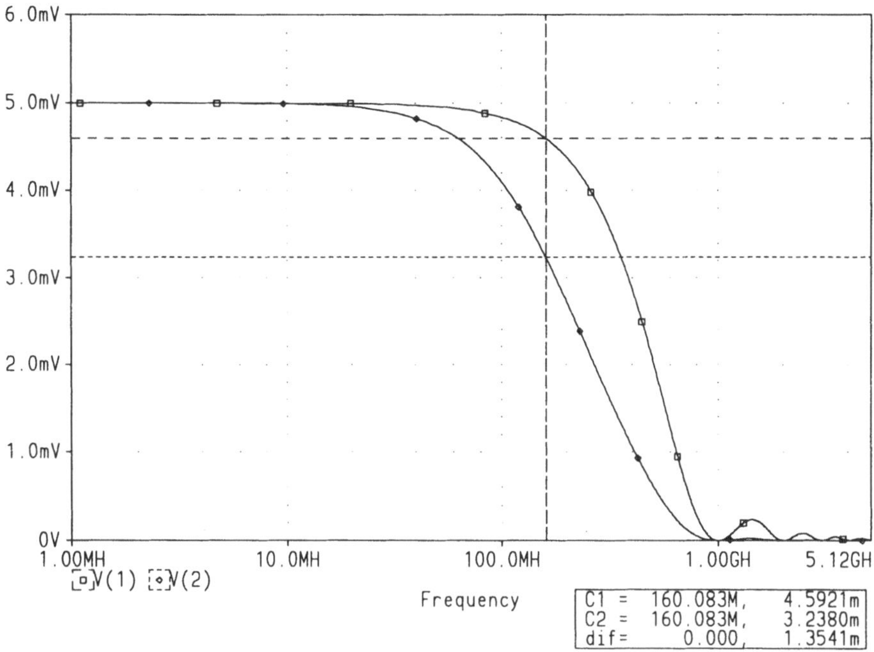

Bild 5.10: Transformation der Antwort auf die dreieckförmige Anregung des RC-Tiefpasses
in den Frequenzbereich; $\square - V_1$, $\diamond - V_2$

Die vorgenannten Beispiele zeigen deutlich, daß bei der Anwendung der FFT
eine gewisse Vorsicht geboten ist. Darüber hinaus *kann nicht gleichzeitig eine gute Zeitauflösung beziehungsweise Frequenzauflösung erreicht werden.*

5.1.3 Mehrstufiger Tiefpaß

Bei der Hintereinanderschaltung von bandbegrenzten Schaltungen mit Tief-
paßcharakteristik stellt sich oft die Frage, wie sich die Zahl der hintereinan-
der geschalteten Elemente auf das resultierende Übertragungsverhalten aus-
wirkt. Dies soll unter den beiden folgenden Annahmen betrachtet werden.
Die Übertragungsfunktion der einzelnen Tiefpässe wird durch Gl. 5.1 beschrieben und eine Rückwirkung tritt bei der Kettenschaltung nicht auf. Darüber hinaus sollen alle Grenzfrequenzen gleich groß sein. Bei n hintereinan-
der geschalteten Elementen ergibt sich dann folgende Übertragungsfunktion:

$$\frac{U_{2(j\omega)}}{U_{1(j\omega)}} \approx \left[\frac{1}{1+j\omega R_1 C_1}\right]^n = \left[\frac{1}{1+j\omega\tau}\right]^n \tag{5.8}$$

Näherungsweise läßt sich diese Funktion durch eine einpolige Funktion mit einer um $\sqrt{n}$ verminderten Grenzfrequenz beschreiben:

$$\frac{U_{2(j\omega)}}{U_{1(j\omega)}} \approx \frac{1}{1+j\omega R_1 C_1 \sqrt{n}} = \frac{1}{1+j\omega\tau\sqrt{n}} \qquad (5.9)$$

Daraus ergibt sich dann folgende Grenzfrequenz f_{cn}:

$$f_{cn} = \frac{1}{2\pi R_1 C_1 \sqrt{n}} = \frac{1}{2\pi\tau\sqrt{n}} \qquad (5.10)$$

beziehungsweise Anstiegszeit T_{an}:

$$T_{an} = 2{,}197\,\tau\sqrt{n} \qquad (5.11)$$

Der in Gl. 5.5 dargestellte Zusammenhang wäre damit von der Stufenzahl eines Tiefpasses unabhängig, was sicher nicht genau gültig ist. Insbesondere für große Werte von n sind bei Anwendung von Gl. 5.10-11 nicht unerhebliche Fehler zu erwarten. Das soll durch die folgende numerische Berechnung genauer untersucht werden.

Anstelle einer Nachbildung der Kettenschaltung einzelner Tiefpässe durch RC-Glieder wird von der Möglichkeit Gebrauch gemacht, eine Spannungsquelle mit der entsprechenden Frequenzabhängigkeit beziehungsweise dem entsprechenden zeitlichen Verhalten definieren zu können. Dies wird mit der Funktion ANALOG BEHAVIORAL MODELING durch die Eingabe E LAPLACE erreicht.

Die auf diese Weise nachgebildete Schaltung läßt sich durch das in Bild 5.11 dargestellte Schaltbild beschreiben. Dabei haben die Widerstände R_1 und R_2 lediglich die Aufgabe, im Eingang und Ausgang der Schaltung einen geschlossenen Gleichstrompfad herzustellen.

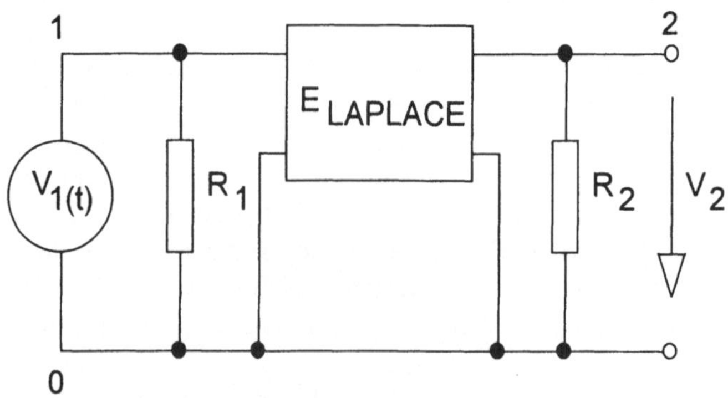

Bild 5.11: Nachbildung einer Kettenschaltung von Tiefpässen

Die Eingabedaten für die Berechnung von zunächst zwei Tiefpässen sind in Liste 5.5 angegeben. Die Bemessung wurde so gewählt, daß sich die Vergleichbarkeit mit den in Liste 5.1 gewählten Daten ($\tau = 1$ ns) ergibt.

```
RC-TIEFPASS - N=2
.OPTIONS ACCT LIST NODE OPTS TNOM=20
.AC DEC 200 1MEGHz 10GHz
.TRAN 5ps 20ns 0s 5ps
V1 1 0 AC 1 PULSE(0V 1V 0ns 1ps 1ps 20ns 1s)
E 2 0 LAPLACE {V(1)}={PWR((1/(1+1E-9*s)),2)}
R1 1 0 1MEGOHM
R2 2 0 1MEGOHM
.PROBE
.END
```

Liste 5.5: Eingabedaten für die Berechnung des Übertragungsverhaltens einer Kettenschaltung von zwei Tiefpässen

Die Eingabe der komplexen Frequenz muß im übrigen nicht mit p sondern mit s erfolgen:

$$A_{(s)} = \left[\frac{1}{1+s\tau}\right]^{n} \tag{5.12}$$

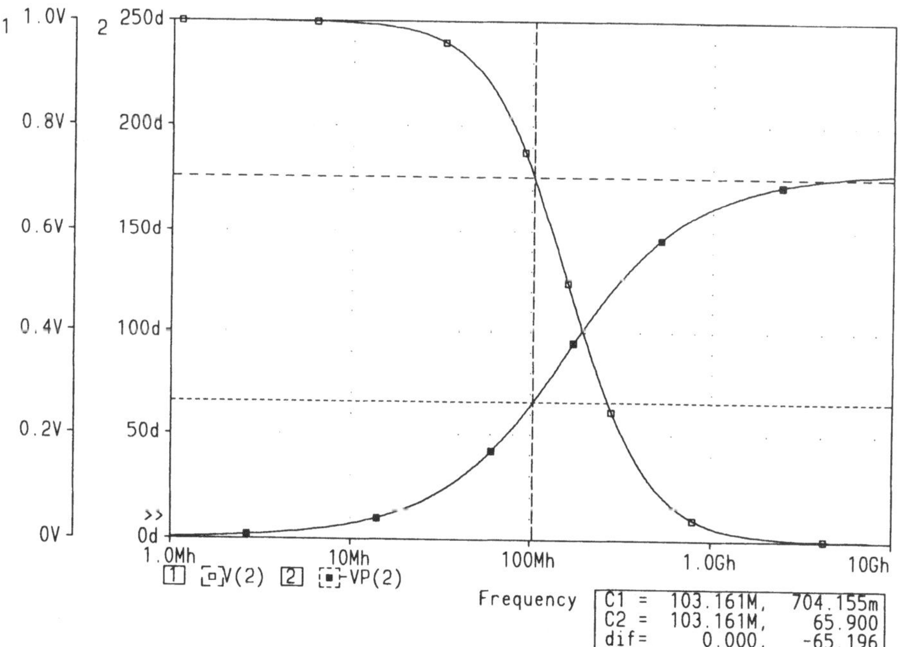

Bild 5.12: Frequenz- und Phasengang der Kettenschaltung aus zwei Tiefpässen; $\square$ — V_2, $\blacksquare$ — $-\varphi_2$

In Bild 5.12 sind die Ausgangsspannung V_2 der Schaltung und deren Phasenverschiebung im Frequenzbereich dargestellt. Die Auswertung mit Hilfe der Marken ergibt eine Grenzfrequenz von 103,16 MHz und eine dazugehörige Phasenverschiebung von -65,9°. Nach der in Gl. 5.10 angegebenen Näherung hätte man eine Grenzfrequenz von f_{c2} = 112,54 MHz erhalten. Die Anwendung der Näherung verursacht bei n = 2 also einen Fehler von +9,1%.

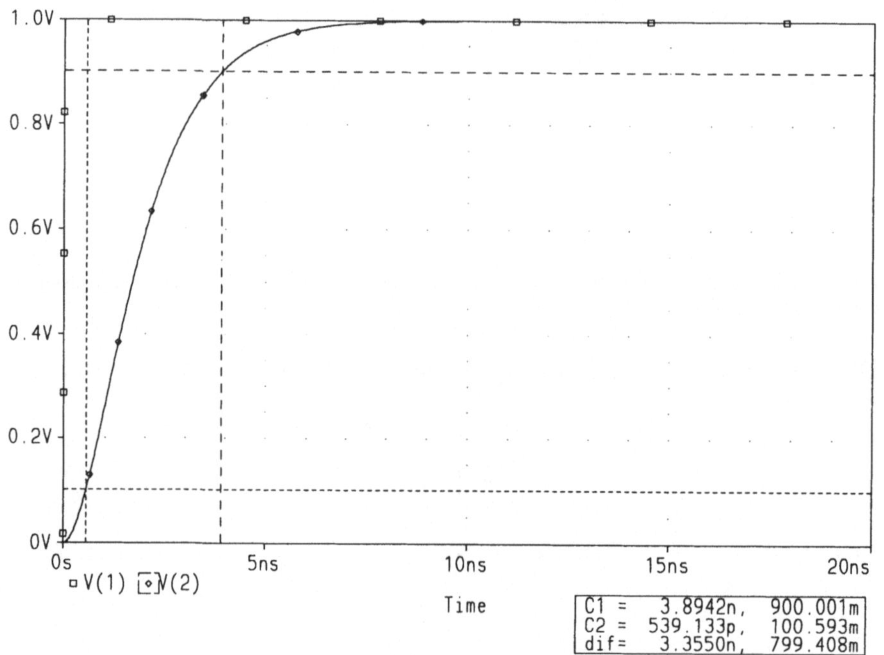

Bild 5.13: Zeitliches Verhalten der Kettenschaltung aus zwei Tiefpässen; □ — V_1, ◇ — V_2

In Bild 5.13 sind die Eingangs- und Ausgangsspannung der Schaltung im Zeitbereich dargestellt. Zur Berücksichtigung des verzögerten Anstieges der Ausgangsspannung war die Impulsbreite im Vergleich zu den Werten in Liste 5.1 auf 20 ns vergrößert worden. Auf eine Wiedergabe der abfallenden Flanke des Impulses wurde verzichtet. Die Auswertung mit den Marken ergibt eine Anstiegszeit von 3,355 ns. Nach der in Gl. 5.11 angegebenen Näherung hätte man eine Anstiegszeit von T_{a2} = 3,107 ns erhalten. Die Anwendung der Näherung verursacht bei n = 2 also einen Fehler von -7,4%.
Durch Vergleich der erhaltenen Grenzfrequenz beziehungsweise Anstiegszeit zeigt sich, daß Gl. 5.5 für dieses Übertragungsverhalten wie folgt geringfügig modifiziert werden muß:

$$T_{a2} = \frac{0,346}{f_{c2}} \tag{5.13}$$

Die Kettenschaltung von wesentlich mehr als zwei Tiefpässen ist zwar in der Praxis ein unwahrscheinlicher Fall, ein weiteres Beispiel für zehn gleiche Tiefpässe soll jedoch berechnet werden, um ein gewissen Überblick herzustellen. Die notwendigen Änderungen der Eingabedaten im Vergleich zu Liste 5.5 enthält Liste 5.6.

```
RC-TIEFPASS - N=10
E 2 0 LAPLACE {V(1)}={PWR((1/(1+1E-9*s)),10)}
```

Liste 5.6: Änderung der Eingabedaten für die Berechnung des Übertragungsverhaltens einer Kettenschaltung von zehn Tiefpässen

In Bild 5.14 sind die Ausgangsspannung V_2 der Schaltung und deren Phasenverschiebung im Frequenzbereich dargestellt. Die Auswertung mit Hilfe der Marken ergibt eine Grenzfrequenz von 42,84 MHz und eine Phasenverschiebung von -150°. Nach der in Gl. 5.10 angegebenen Näherung hätte man eine Grenzfrequenz von f_{c10} = 50,33 MHz erhalten. Die Anwendung der Näherung verursacht also bei n = 10 bereits einen Fehler von +17,5%.

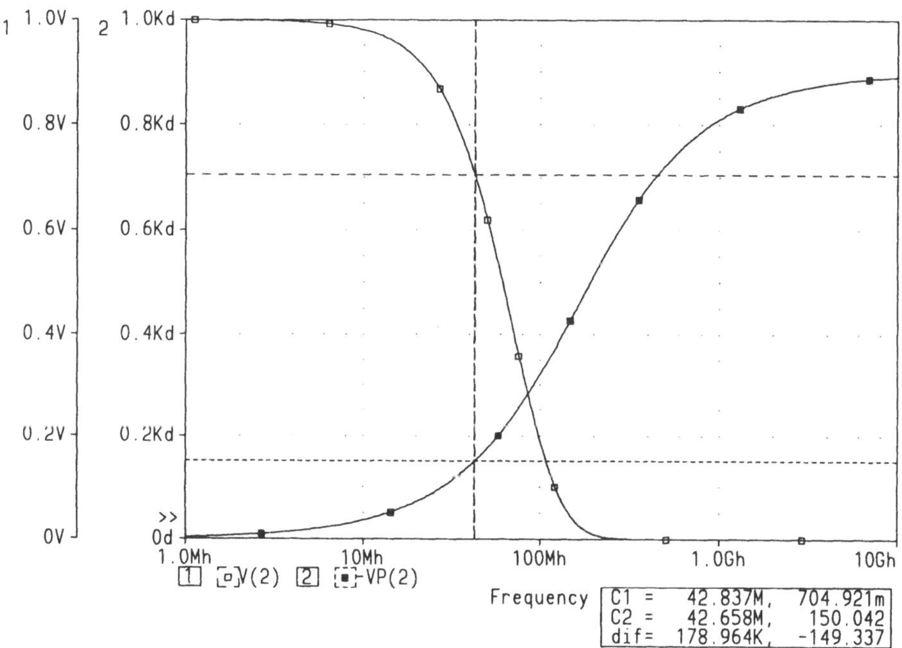

Bild 5.14: Frequenz- und Phasengang der Kettenschaltung aus zehn Tiefpässen; □ — V_2, ■ — $-\varphi_2$

In Bild 5.15 sind die Eingangs- und Ausgangsspannung der Schaltung im Zeitbereich dargestellt. Die Auswertung mit Hilfe der Marken ergibt eine Anstiegszeit von 7,93 ns. Nach der in Gl. 5.11 angegebenen Näherung hätte man eine Anstiegszeit von $T_{a10} = 6{,}95$ ns erhalten. Die Anwendung der Näherung verursacht bei $n = 10$ damit einen Fehler von -12,4%.

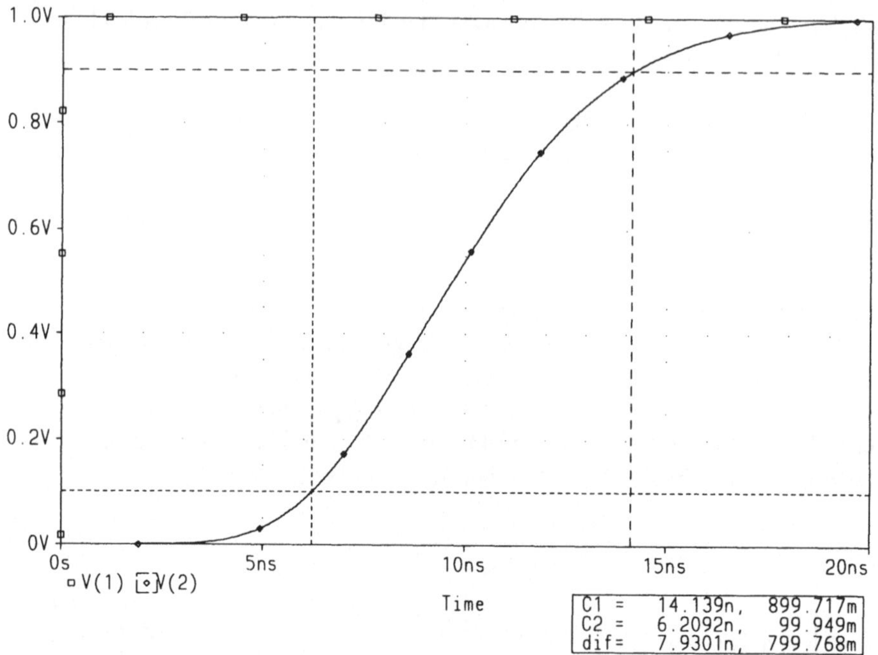

Bild 5.15: Zeitliches Verhalten der Kettenschaltung aus zehn Tiefpässen; $\square - V_1$, $\diamond - V_2$

Durch Vergleich der erhaltenen Grenzfrequenz beziehungsweise Anstiegszeit zeigt sich, daß Gl. 5.5 für dieses Übertragungsverhalten folgendermaßen geändert werden muß:

$$T_{a10} = \frac{0{,}34}{f_{c10}} \tag{5.14}$$

Für die Anwendungspraxis kann mit den in Gl. 5.10-11 angegebenen Näherungen recht gut gearbeitet werden, zumal n meist wesentlich kleiner als 10 ist. Die Übertragung dieser Näherungen auf die Kettenschaltung von Tiefpässen unterschiedlicher Grenzfrequenz beziehungsweise Anstiegszeit ist daher ebenfalls für die Praxis von Interesse. Aus den einzelnen Grenzfrequenzen f_{cn} erhält man näherungsweise für die resultierende Grenzfrequenz f_{cges}:

$$\frac{1}{f_{cges}} = \sqrt{\left(\frac{1}{f_{c1}}\right)^2 + \left(\frac{1}{f_{c2}}\right)^2 + ... + \left(\frac{1}{f_{cn}}\right)^2} \tag{5.15}$$

Bei der Kettenschaltung von Tiefpässen mit der Anstiegszeit T_{an} ist analog dazu näherungsweise folgende resultierende Anstiegszeit T_{ages} zu erwarten:

$$T_{ages} = \sqrt{\left(T_{a1}\right)^2 + \left(T_{a2}\right)^2 + ... + \left(T_{an}\right)^2} \tag{5.16}$$

5.2 Spannungsteiler

5.2.1 Ohmscher Teiler mit RC-Belastung

Als eine der einfachsten Wechselstrommeßschaltungen soll im folgenden der Spannungsteiler betrachtet werden. Dieser ist einerseits zur Meßbereichsanpassung in vielen Meßgeräten integriert und wird andererseits häufig Meßgeräten als Tastkopf vorgeschaltet. Betrachtet man letzteren, dann werden neben der Meßbereichsanpassung mit einem Teilerverhältnis von meist 10:1 noch andere Funktionen deutlich. So ermöglicht der Tastkopf einschließlich seiner Zuleitungen gleichzeitig den direkten Anschluß am Meßobjekt, der sonst ohnehin eine abgeschirmte Leitung erfordert hätte. Auf die mit der Verwendung einer solchen Leitung verbundenen Probleme wird im folgenden Kapitel noch eingegangen werden. Darüber hinaus kann durch den Tastkopf die Eingangsimpedanz von Meßgeräten um den Betrag des Teilerverhältnisses erhöht werden und damit die Belastung des Meßobjektes entscheidend verringert werden. Die Messung in elektronischen Schaltungen ist ohne die Verwendung von Tastköpfen meist gar nicht mehr möglich [10].
Für die Verwendung im Spannungsteiler kommen primär ohmsche Widerstände in Frage. Damit würde sich grundsätzlich das gewünschte frequenzunabhängige Übertragungsverhalten ergeben. Der Spannungsteiler wird jedoch am Ausgang durch die Eingangsimpedanz des Meßgeräts belastet, so daß sich in der Regel insgesamt die in Bild 5.16 dargestellte Schaltung ergibt.

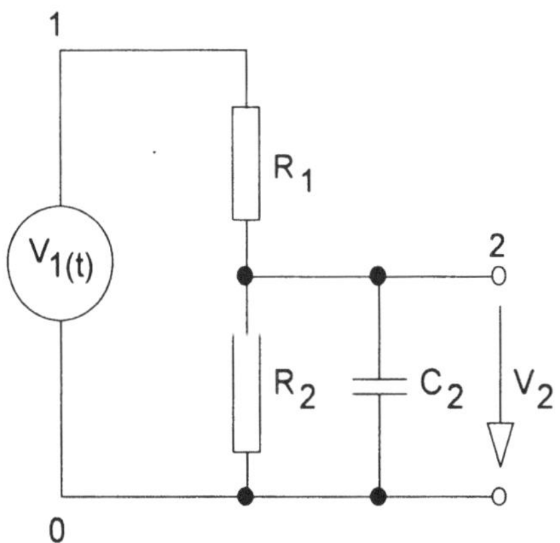

Bild 5.16: Ohmscher Spannungsteiler mit RC-Belastung

Diese Schaltung hat das grundsätzlich gleiche Übertragungsverhalten wie der zuvor betrachtete einstufige Tiefpaß. Als Zeitkonstante τ ergibt sich hier:

$$\tau = \frac{R_1 R_2}{R_1 + R_2} C_2 \qquad (5.17)$$

Angesichts der zu erwarteten Zahlenverhältnisse könnte nur unter Verwendung sehr niederohmiger Widerstände R_1 und R_2 eine hinreichend hohe Grenzfrequenz erreicht werden. Diese Bemessung würde aber der anderen Forderung widersprechen, daß der Eingangswiderstand der Schaltung bei Gleichstrom möglichst hoch sein sollte.

5.2.2 Kompensierter Teiler mit RC-Belastung

Die weitgehende Frequenzunabhängigkeit der Schaltung muß daher auf andere Weise erreicht werden. Hierzu wird, wie in Bild 5.17 angegeben, zur Frequenzkompensation ein Kondensator C_1 eingefügt.

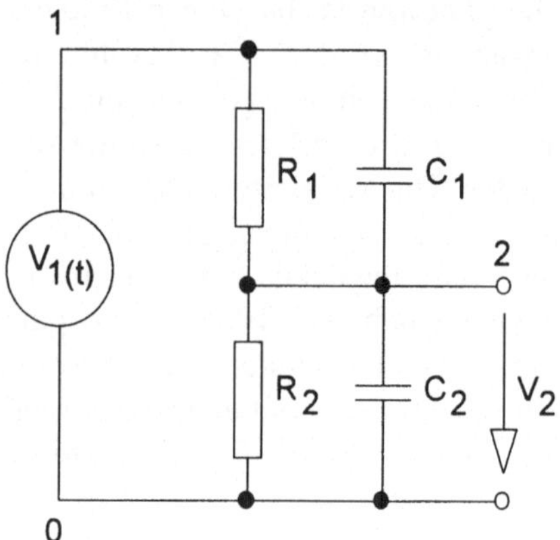

Bild 5.17: Kompensierter Spannungsteiler mit RC-Belastung

Die Schaltung ist so zu verstehen, daß die ausgangsseitige Belastung mit R und C bereits in R_2 und C_2 mit eingerechnet ist. Dies ist im Hinblick auf eine eventuelle Belastungsänderung unbedingt zu beachten. Der Übertragungsfaktor der Schaltung berechnet sich wie folgt:

$$\frac{U_{2(j\omega)}}{U_{1(j\omega)}} = \frac{R_2}{R_2 + \dfrac{1 + j\omega R_2 C_2}{1 + j\omega R_1 C_1} R_1} \qquad (5.18)$$

Die gewünschte Frequenzunabhängigkeit wird bei folgender Bemessung erreicht:

$$\tau_1 = R_1 C_1 = \tau_2 = R_2 C_2 \tag{5.19}$$

Das ohmsche und das kapazitive Teilerverhältnis sind bei dieser Bemessung gleich groß:

$$\frac{U_{2(j\omega)}}{U_{1(j\omega)}} = \frac{R_2}{R_1 + R_2} = \frac{C_1}{C_1 + C_2} \tag{5.20}$$

Nun wird das zeitliche Verhalten des Spannungsteilers betrachtet. Auf eine Sprungfunktion am Eingang der Schaltung ergibt sich folgende Sprungantwort:

$$U_{2(t)} = U_1 \left[\frac{R_2}{R_1 + R_2} + \left(\frac{C_1}{C_1 + C_2} - \frac{R_2}{R_1 + R_2} \right) e^{\frac{-t}{\tau}} \right] \tag{5.21}$$

$$\tau = \frac{R_1 R_2}{R_1 + R_2} \left(C_1 + C_2 \right) \tag{5.22}$$

Für die Bemessung entsprechend Gl. 5.19 beziehungsweise Gl. 5.20 erhält man eine ideale Sprungantwort mit der Anstiegszeit Null.

```
KOMPENSIERTER RC-SPANNUNGSTEILER
.OPTIONS ACCT LIST NODE OPTS TNOM=20
.AC DEC 100 10Hz 1GHz
.TRAN 100ns 400us 0s 100ns
.PARAM CKOMP=20pF
.STEP PARAM CKOMP LIST 10pF 20pF 50pF
V1 11 0 AC 1 PULSE(0V 1V 0ns 1ns 1ns 200us 400us)
R11 11 1 .001OHM
R1 1 2 9MEGOHM
C1 1 2 2.2222pF
R2 2 0 1MEGOHM
C2 2 0 {CKOMP}
.PROBE
.END
```

Liste 5.7: Eingabedaten für die Berechnung des kompensierten Spannungsteilers mit RC-Belastung

Bei der numerische Berechnung des Übertragungsverhaltens soll nicht nur der kompensierte Zustand sondern auch das Verhalten bei Fehlabgleich des Spannungsteilers untersucht werden. Dazu wird die Kapazität C_2 einmal unter den abgeglichenen Wert verringert und danach über diesen Wert hinaus erhöht. Vor allem der letztere Fall kann in der Praxis sehr leicht auftreten, wenn zusätzliche Kapazitäten zum Beispiel durch Verlängerung der Meßleitung eingefügt werden.

Die Eingabedaten für die Berechnung mit dem Teilerverhältnis von 10:1 und den bei Tastköpfen üblichen Widerstands- und Kapazitätswerten sind in Liste 5.7 angegeben. Die den Berechnungseingaben zugrunde liegende Schaltung weicht dabei geringfügig von der in Bild 5.17 angegebenen Schaltung ab. Die Spannungsquelle V_1 mußte nämlich mit einem wenn auch vernachlässigbar kleinen Innenwiderstand von $R_{11} = 1\ \mathrm{m\Omega}$ versehen werden, da andernfalls keine sinnvollen Rechenergebnisse erzielt werden können. Vermutlich treten ohne R_{11} bei sehr hohen Frequenzen numerische Probleme auf. Es ergibt sich damit das in Bild 5.18 dargestellte Schaltbild.

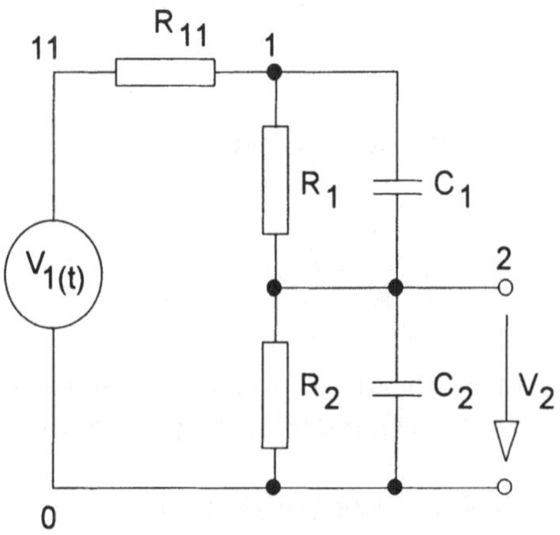

Bild 5.18: Kompensierter Spannungsteiler mit RC-Belastung; Spannungsquelle mit Innenwiderstand

In Bild 5.19 ist die Ausgangsspannung V_2 des Spannungsteilers im Frequenzbereich dargestellt. Da nur die Kapazität C_2 variiert wurde, ergeben sich auch erst bei höheren Frequenzen Abweichungen des Teilerverhältnisses vom angestrebten Wert 10:1. Der Übergang vom Teilerverhältnis für Gleichstrom zum Teilerverhältnis für unendlich hohe Frequenzen, die entsprechend Gl. 5.20 nur beim abgeglichenen Teiler übereinstimmen, vollzieht sich bei der vorliegenden Bemessung bereits im Tonfrequenzbereich. Das Teilerverhältnis des mit $C_2 = 20\ \mathrm{pF}$ abgeglichenen Spannungsteilers ist erwartungsgemäß frequenzunabhängig.

In Bild 5.20 ist der zeitliche Verlauf der Ausgangsspannung V_2 des Spannungsteilers dargestellt. Entsprechend der Variation von C_2 und dem dadurch veränderten kapazitiven Teilerverhältnis ergeben sich die größten Abweichungen von der idealen Sprungantwort bei $t = 0$. Der Übergang zu der durch das ohmsche Teilerverhältnis bestimmten Ausgangsspannung vollzieht sich danach im betrachteten Zeitbereich praktisch vollständig. Der Verlauf der Sprungantwort des mit $C_2 = 20\ \mathrm{pF}$ abgeglichenen Spannungsteilers ist erwartungsgemäß ideal.

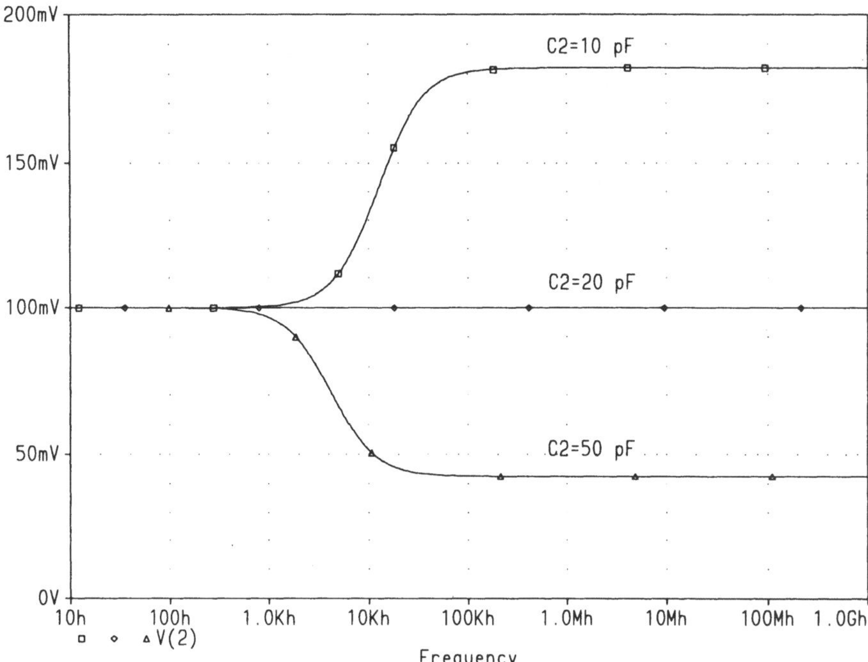

Bild 5.19: Ausgangsspannung des kompensierten Spannungsteilers; V_2: $\square$ — $C_2 = 10$ pF, $\diamond$ — $C_2 = 20$ pF, $\triangle$ — $C_2 = 50$ pF

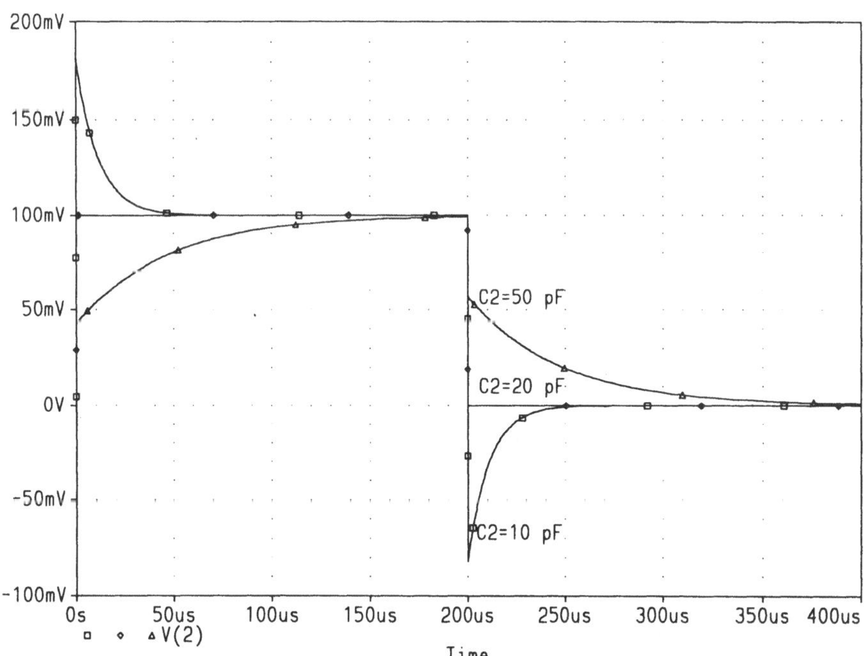

Bild 5.20: Zeitliches Verhalten des kompensierten Spannungsteilers; V_2: $\square$ — $C_2 = 10$ pF, $\diamond$ — $C_2 = 20$ pF, $\triangle$ — $C_2 = 50$ pF

Die bisherigen Ergebnisse zeigen, daß der kompensierte Spannungsteiler bei
richtigem Abgleich die Erwartungen erfüllt. Neben dem groben Fehlabgleich, der zum Beispiel durch Verlängerung der Meßleitung und der damit
verbundenen Erhöhung der Lastkapazität hervorgerufen werden kann, ist
aber auch ein gewisser Fehlabgleich durch die Toleranzen der Bauelemente
möglich. Eine Vermeidung dieses Fehlers wäre zwar durch Einzelabgleich
möglich, was aber einen hohen Aufwand verursachen würde. Das folgende
Beispiel soll zeigen, wie groß der maximale Meßfehler eines für den Nennwert der Bauelemente abgeglichenen Spannungsteilers werden kann. Die erforderlichen Eingabedaten für die Berechnung des ansonsten gegenüber den
Angaben in Liste 5.7 unveränderten Spannungsteilers sind in Liste 5.8 enthalten. Bezüglich der Toleranzen der Bauelemente wurden bereits recht optimistische Annahmen gemacht.

```
KOMPENSIERTER RC-SPANNUNGSTEILER
.OPTIONS ACCT LIST NODE OPTS TNOM=20
.AC DEC 100 10Hz 1GHz
.WCASE AC V(2) YMAX
V1 11 0 AC 1
R11 11 1 .001OHM
R1 1 2 RMOD 9MEGOHM
C1 1 2 CMOD 2.2222pF
R2 2 0 RMOD 1MEGOHM
C2 2 0 CMOD 20pF
.MODEL RMOD RES (R=1 DEV=1%)
.MODEL CMOD CAP (C=1 DEV=2%)
.PROBE
.END
```

Liste 5.8: Eingabedaten für die Berechnung des kompensierten Spannungsteilers mit RC-
Belastung; Einfluß der Bauelementetoleranzen auf das Teilerverhältnis

Im vorliegenden Beispiel wird die bereits in der Einführung vorgestellte
WORST CASE-Analyse durchgeführt. Dabei wird der ungünstigste Einfluß
der Toleranzen der Bauelemente auf die Ausgangsspannung V_2 aufsummiert
und die größte Abweichung vom Nennwert ermittelt. *Bei dieser linearen
Schaltung wird die Berechnung bewußt im Frequenzbereich durchgeführt*, da
sich dadurch ohne Beeinträchtigung der Aussagekraft der Ergebnisse erhebliche Rechenzeit einsparen läßt. Vor einer kritiklosen Anwendung der
WORST CASE-Analyse beziehungsweise der Übernahme der erhaltenen Ergebnisse muß im übrigen dringend gewarnt werden, da nicht immer eindeutig ist, was unter der Funktion YMAX im Einzelfall zu verstehen ist. Darüber hinaus ist es möglich, daß die Eingabedaten insofern nicht richtig gewählt sind, als daß im berechneten Bereich die größten Abweichungen der
untersuchten Größe vom Nennwert gar nicht auftreten.

In Bild 5.21 ist die Ausgangsspannung V_2 des Spannungsteilers sowohl für den Nennwert der Bauelemente als auch bei deren ungünstigster Abweichung vom Nennwert dargestellt. Da für die Kondensatoren eine doppelt so große Toleranz angenommen worden war, tritt die größte Abweichung von V_2 bei hohen Frequenzen auf. Hier muß man bedingt durch die Tiefpaßeigenschaften aller Meßgeräte ohnehin mit größeren Meßfehlern rechnen. Die Auswertung mit der Marke C1 ergibt einen maximalen Meßfehler von +3,66%. Bei Gleichspannung beziehungsweise niedrigen Frequenzen beträgt der maximale Meßfehler dagegen nur +1,82% (Marke C2). Diese Werte sind für normale Anwendungen meist annehmbar.

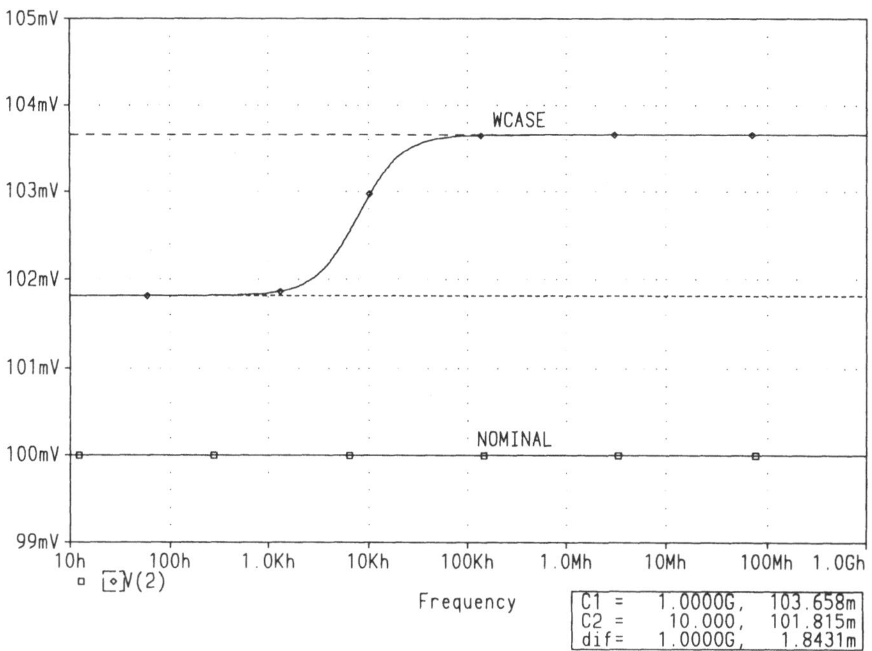

Bild 5.21: Ausgangsspannung des kompensierten Spannungsteilers; V_2: □ — Nennwert der Bauelemente, ◇ — ungünstigster Einfluß der Abweichung der Bauelemente vom Nennwert

5.3 Meßleitung

5.3.1 Verlustfreie Leitung

Mit der Verwendung der in der Regel abgeschirmten und häufig koaxial ausgeführten Meßleitungen sind gleich eine Reihe von neuen Fragestellungen verbunden. Dies soll am Beispiel der Koaxialleitung betrachtet werden. Selbst bei kurzen Leitungen kann in der Regel die Laufzeit auf der Leitung und die damit auftretende Verzögerungszeit nicht vernachlässigt werden. Darüber hinaus können am Ende aber auch später wieder am Anfang der Leitung Reflexionen auftreten, sofern die Leitung nicht mit dem Wellenwiderstand abgeschlossen ist. Hinzu kommt die Dämpfung auf der Leitung hervorgerufen durch die Leitungsverluste [14].

Die wesentlichen Eigenschaften einer Leitung können anhand der in Bild 5.22 dargestellten Kettenleiterersatzschaltung mit n Elementen beschrieben werden. Dabei werden der Leitungsverlustwiderstand R' sowie der Induktivitätsbelag L' zweckmäßigerweise zur Längsimpedanz Z_l und der dielektrische Verlustleitwert G' sowie der Kapazitätsbelag C' zur Queradmittanz Y_q zusammengefaßt:

$$Z_l = (R' + j\omega L')\, l \qquad Y_q = (G' + j\omega C')\, l \qquad (5.23)$$

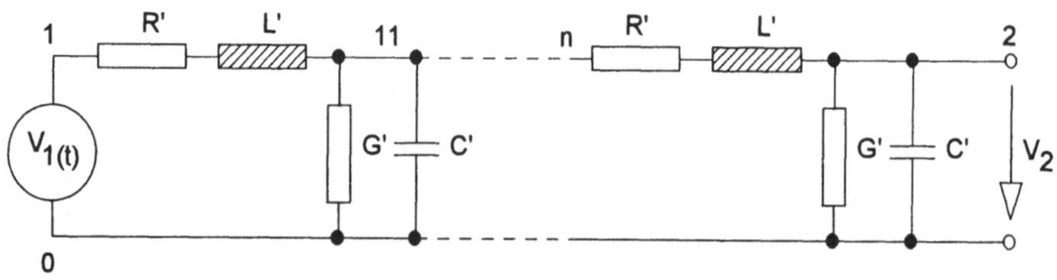

Bild 5.22: Kettenleiterersatzschaltung einer verlustbehafteten Leitung

Daraus ergeben sich dann der Wellenwiderstand Z_W und die Ausbreitungskonstante γ wie folgt:

$$Z_W = \sqrt{\frac{Z_l}{Y_q}} = \sqrt{\frac{(R' + j\omega L')}{(G' + j\omega C')}} \approx \sqrt{\frac{L'}{C'}} \qquad (5.24)$$

$$\gamma = \alpha + j\beta = \sqrt{Z_l Y_q} = \sqrt{(R' + j\omega L')(G' + j\omega C')} \approx j\omega\sqrt{L'C'} \qquad (5.25)$$

Die angegebenen Näherungen gelten jeweils genau für die verlustfreie Leitung. Sieht man einmal von Reflexionen ab, wozu am Ende der Leitung ein Abschluß mit dem Wellenwiderstand erforderlich ist, dann beträgt die Spannung am Ende der Leitung:

$$U_{2(j\omega)} = U_{1(j\omega)}\, e^{-\gamma l} \approx U_{1(j\omega)}\, e^{-j\omega\sqrt{L'C'}\, l} \qquad (5.26)$$

Bei der verlustfreien Leitung ergibt sich für die Spannung am Ende der Leitung im Frequenzbereich also nur eine Phasendrehung um den Winkel β. Im Zeitbereich entspricht dies einer Verzögerung um die Laufzeit T_d auf der Leitung:

5.3 Meßleitung   131

$$T_d = \sqrt{L'C'}\, l = \frac{l}{v} \qquad v = \frac{1}{\sqrt{L'C'}} = \frac{c}{\sqrt{\varepsilon_r}} \qquad (5.27)$$

Die Ausbreitungsgeschwindigkeit v ist um die Wurzel aus der relativen Dielektrizitätskonstanten ε_r des Dielektrikums kleiner als die Lichtgeschwindigkeit c.

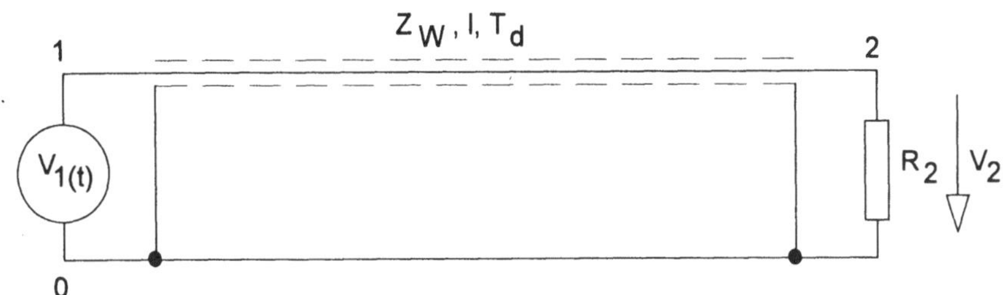

Bild 5.23: Verlustfreie Leitung mit Abschlußwiderstand R_2

Der Fall der verlustfreien Leitung soll zunächst berechnet werden. Das den Berechnungen zugrunde liegende Schaltbild ist in Bild 5.23 dargestellt.
Die Eingabedaten für die Berechnung sind in Liste 5.9 angegeben. Es wurde eine Leitungslänge von l = 2 m und ein Wellenwiderstand von Z_W = 50 Ω angenommen. Entsprechend der Ausbreitungsgeschwindigkeit v von in der Regel 2/3 der Lichtgeschwindigkeit (ε_r = 2,25) beträgt die Laufzeit T_d = 10 ns. Der Abschlußwiderstand R_2 wurde als Parameter (RTERM) definiert und vom Wellenwiderstand ausgehend zum Leerlauf hin erhöht.

```
VERLUSTFREIE LEITUNG - l=2m
.OPTIONS ACCT LIST NODE OPTS TNOM=20
.TRAN 5ps 20ns 0ns 5ps
.PARAM RTERM=50OHM
.STEP PARAM RTERM LIST 50OHM .5kOHM 5kOHM
V1 1 0 PULSE(0V 1V 0ns 1ps 1ps 5ns 1s)
TIDEAL 1 0 2 0 Zo=50OHM Td=10ns
R2 2 0 {RTERM}
.PROBE
.END
```

Liste 5.9: Eingabedaten für die Berechnung der Impulsausbreitung auf einer verlustfreien Leitung in Abhängigkeit vom Abschlußwiderstand am Ende der Leitung ($Z_0 \triangleq Z_W$)

In Bild 5.24 sind die Eingangs- und die Ausgangsspannung der verlustfreien Leitung im Zeitbereich dargestellt. Beim wellenwiderstandsmäßigen Abschluß der Leitung mit R_2 = 50 Ω tritt erwartungsgemäß nur eine Verzögerung des Eingangsimpulses um T_d = 10 ns auf. Bei Vergrößerung des Abschlußwiderstandes kommt es zu einer immer stärkeren Spannungsüberhö-

hung am Ende der Leitung bis maximal auf das Doppelte für den ausgangsseitigen Leerlauf. Dies wird durch den Brechungsfaktor b bestimmt ($Z_2 = R_2$):

$$b = \frac{2Z_2}{Z_W + Z_2} \tag{5.28}$$

Für $R_2 = 5$ kΩ tritt bereits nahezu eine Verdoppelung der Ausgangsspannung
auf. Gleichzeitig wird ein Teil der Ausgangsspannung zum Eingang hin re-
flektiert, was durch den Reflexionsfaktor r beschrieben wird ($Z_2 = R_2$):

$$r = b - 1 = \frac{Z_2 - Z_W}{Z_W + Z_2} \tag{5.29}$$

Da am Eingang durch die Spannungsquelle V_1 mit dem Innenwiderstand
Null ebenfalls kein Abschluß vorhanden ist, treten auf der Leitung Mehrfachreflexionen auf, die allerdings im vorliegenden Berechnungsbeispiel
nicht mehr dargestellt werden können.

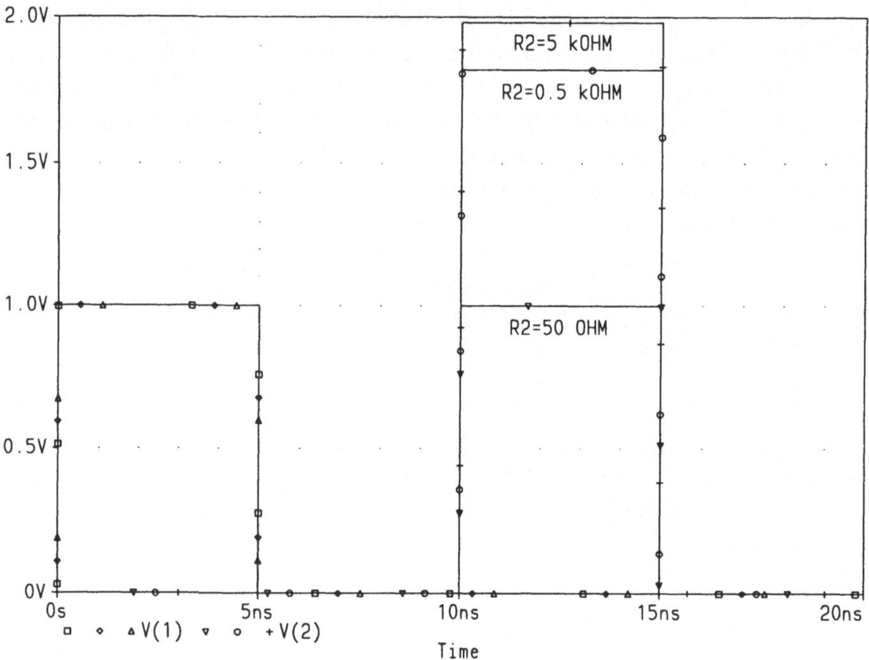

Bild 5.24: Eingangs- und Ausgangsspannung der verlustfreien Leitung; V_1: $\square$ — $R_2 = 50\,\Omega$,
$\diamond$ — $R_2 = 0{,}5$ kΩ, $\triangle$ — $R_2 = 5$ kΩ; V_2: ∇ — $R_2 = 50\,\Omega$, O — $R_2 = 0{,}5$ kΩ, + — $R_2 = 5$ kΩ

Zur Erfassung der Mehrfachreflexionen müssen die Eingabedaten für die Berechnung geändert werden. Einerseits muß der betrachtete Zeitbereich vergrößert werden und andererseits soll der Übersichtlichkeit halber ein we-

sentlich länger andauernder Impuls angelegt werden. Dadurch wird vermieden, daß es zu einer Überlappung der auf die ansteigende beziehungsweise der auf die abfallende Flanke des Impulses folgenden Reflexionen kommt. Die gegenüber Liste 5.9 vorgenommenen Änderungen der Eingabedaten sind in Liste 5.10 enthalten.

```
.TRAN 125ps 500ns 0ns 125ps
V1 1 0 PULSE(0V 1V 0ns 1ps 1ps 500ns 1s)
```

Liste 5.10: Eingabedaten für die Erfassung der Mehrfachreflexionen bei der Impulsausbreitung auf einer verlustfreien Leitung

In Bild 5.25 sind die Eingangs- und die Ausgangsspannung der verlustfreien Leitung im wesentlich längeren betrachteten Zeitraum dargestellt. Die erwarteten Mehrfachreflexionen treten auf und klingen insbesondere bei $R_2 = 5$ kΩ nur sehr langsam ab. In der Praxis ist daher zumindest bei Impulsen kurzer Anstiegszeit ein wellenwiderstandsmäßiger Abschluß der Leitung dringend notwendig. Darüber hinaus machen sich in der Stirn des Impulses offensichtlich Berechnungsfehler bemerkbar. Die Amplituden der dadurch hervorgerufenen Spannungsspitzen nehmen mit wachsender Anzahl der Reflexionen erheblich zu.

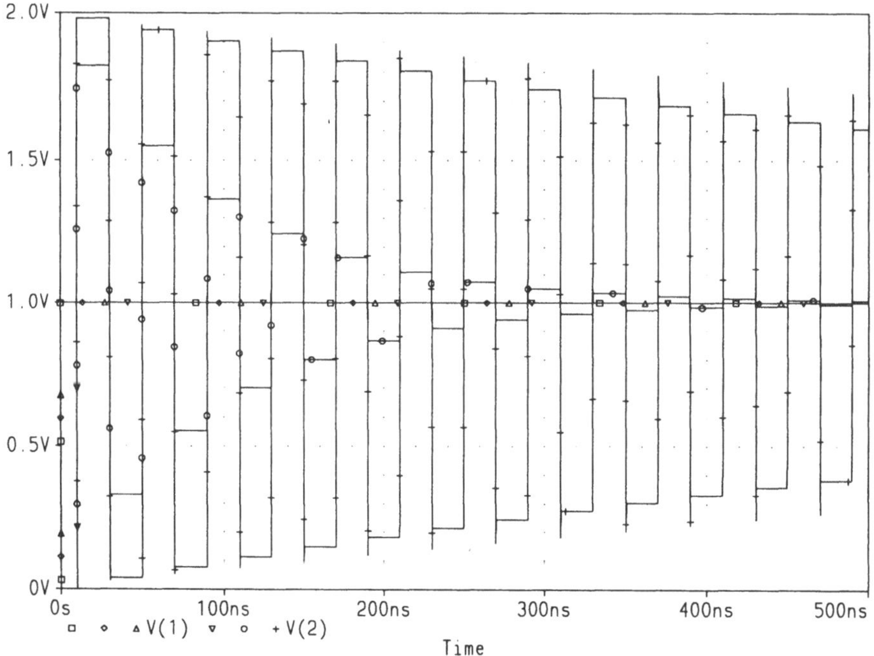

Bild 5.25: Eingangs- und Ausgangsspannung der verlustfreien Leitung; V_1: □ — $R_2 = 50\ \Omega$, ◇ — $R_2 = 0{,}5$ kΩ, △ — $R_2 = 5$ kΩ; V_2: ▽ — $R_2 = 50\ \Omega$, O — $R_2 = 0{,}5$ kΩ, + — $R_2 = 5$ kΩ

Das bisher betrachtete Beispiel sollte zunächst den theoretischen Zusammenhang verdeutlichen. In der Praxis liegen die Verhältnisse aus mehreren Gründen deutlich anders, wodurch der Verlauf der Mehrfachreflexionen ganz wesentlich beeinflußt wird. Einerseits ist in der Regel am Ende der Leitung auch eine kapazitive Belastung C_2 vorhanden und dann ist sicher auch nicht der Innenwiderstand der Spannungsquelle am Eingang genau Null. Zusätzlich kommt es noch zu einer Dämpfung der Reflexionen verursacht durch die Leitungsverluste.

Zunächst sollen die beiden erstgenannten Gesichtspunkte untersucht werden. Dazu wird die Spannungsquelle mit einem veränderlichen Innenwiderstand R_1 versehen und am Ausgang der Leitung eine Belastung Z_2 angebracht, die etwa der Eingangsimpedanz eines Oszilloskops entspricht. Die entsprechende Schaltung ist in Bild 5.26 wiedergegeben.

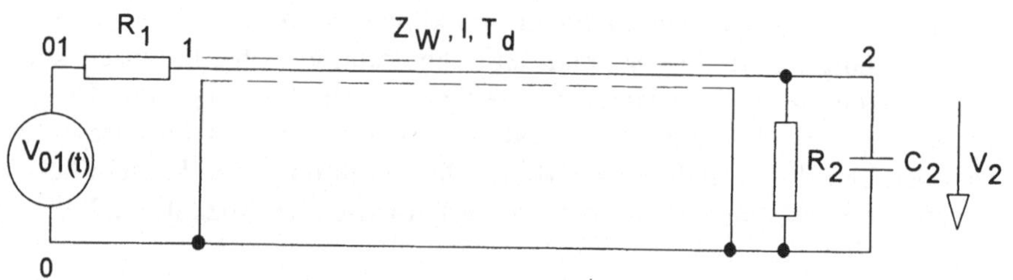

Bild 5.26: Verlustfreie Leitung mit Abschlußimpedanz Z_2

Die zugehörigen Eingabedaten sind in Liste 5.11 enthalten. Der Innenwiderstand der Spannungsquelle wird von einem vernachlässigbar kleinen Wert ausgehend bis zum Wellenwiderstand Z_W der Leitung erhöht.

```
VERLUSTFREIE LEITUNG - l=2m
.OPTIONS ACCT LIST NODE OPTS TNOM=20
.TRAN 50ps 200ns 0ns 50ps
.PARAM RSOURCE=50OHM
.STEP PARAM RSOURCE LIST .1OHM 1OHM 10OHM 50OHM
V01 01 0 PULSE(0V 1V 0ns 1ps 1ps 200ns 1s)
R1 01 1 {RSOURCE}
TIDEAL 1 0 2 0 Zo=50OHM Td=10ns
R2 2 0 1MEGOHM
C2 2 0 20pF
.PROBE
.END
```

Liste 5.11: Eingabedaten für die Berechnung der Impulsausbreitung auf einer verlustfreien Leitung mit Abschlußimpedanz Z_2 und Innenwiderstand R_1 der Quelle ($Z_o \hat{=} Z_W$)

In Bild 5.27 ist die Ausgangsspannung der verlustfreien Leitung im Zeitbereich dargestellt. Bei niedrigem Innenwiderstand der Spannungsquelle liegen, verursacht durch die kapazitive Belastung am Ausgang, sogar noch ungünstigere Verhältnisse als in Bild 5.25 vor. Mit wachsendem Innenwiderstand werden die Mehrfachreflexionen aber immer mehr abgeschwächt. Entspricht der Innenwiderstand der Spannungsquelle dem Wellenwiderstand der Leitung, dann liegt ein eingangsseitiger Abschluß der Leitung vor und es ergeben sich keine Reflexionen mehr.

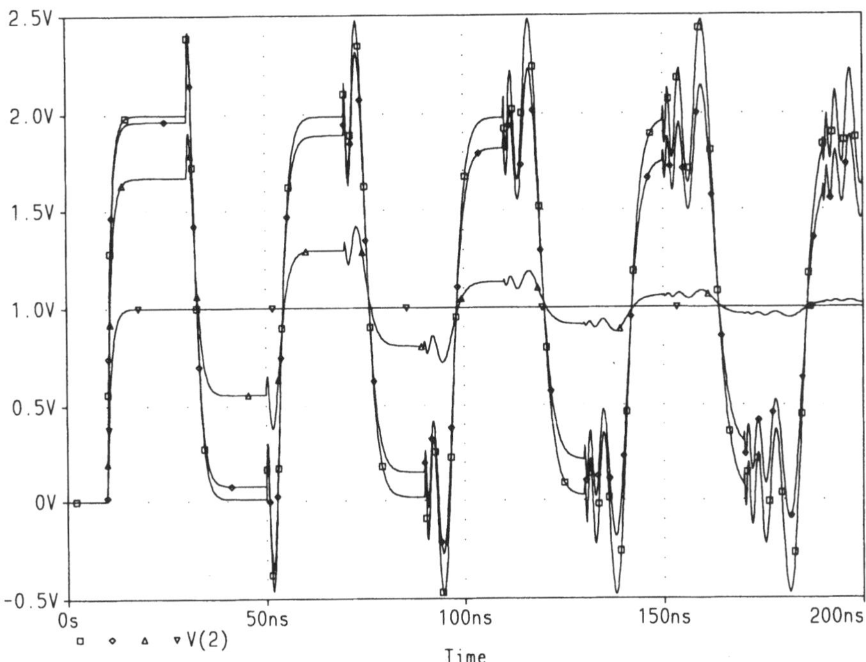

Bild 5.27: Ausgangsspannung V_2 der verlustfreien Leitung mit Abschlußimpedanz Z_2 und Innenwiderstand R_1 der Spannungsquelle; $\Box - R_1 = 0,1\,\Omega$, $\diamond - R_1 = 1\,\Omega$, $\triangle - R_1 = 10\,\Omega$, $\nabla - R_1 = 50\,\Omega$

Dieser Fall des eingangsseitigen Abschlusses ist in Bild 5.28 nochmals im Detail dargestellt. Die Spannung V_1 am Anfang der Leitung wächst zunächst nur auf den halben Wert der Spannung V_{01} an und strebt erst nach der doppelten Laufzeit auf der Leitung dem vollen Wert exponentiell zu. Dazwischen findet allerdings noch ein kurzer Spannungseinbruch verursacht durch den kurzzeitigen ausgangsseitigen Kurzschluß durch C_2 statt. Die Ausgangsspannung V_2 hat weitgehend idealen Verlauf. Nach der Laufzeit von 10 ns wächst diese exponentiell auf den Wert von V_{01} an. Die Anstiegszeit wird mit Hilfe der Marken zu $T_a = 2{,}21$ ns ermittelt. Dies entspricht fast genau dem entsprechend der maßgebenden Zeitkonstanten:

$$T_a = 2{,}197\,\tau = 2{,}197\,Z_W C_2 \tag{5.30}$$

zu erwartenden Wert.

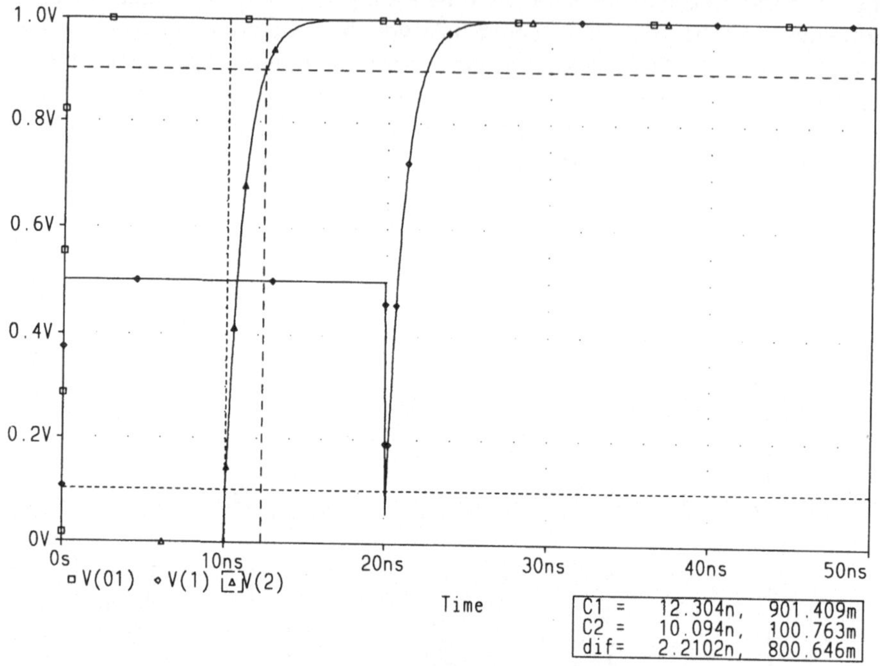

Bild 5.28: Spannungen auf der verlustfreien Leitung bei eingangsseitigem Abschluß; □ − V_{01}, ◇ − V_1, △ − V_2

5.3.2 Verlustbehaftete Leitung

Weitere Abweichungen sind in der Praxis durch die Wirkung der Leitungs-dämpfung zu erwarten. Dabei ist die Dämpfungskonstante α der Realteil der Ausbreitungskonstanten γ:

$$\gamma = \alpha + j\beta \tag{5.31}$$

In der Regel stehen Meßwerte der Dämpfungskonstanten α bei verschiedenen Frequenzen zur Verfügung. Die Ermittlung von R' und G' muß aus diesen Meßwerten von α bei zwei für die Berechnung maßgeblichen Frequenzen entsprechend Gl. 5.25 erfolgen. Für die Auflösung von Gl. 5.25 wird zunächst folgende Umrechnung vorgenommen:

$$\gamma = j\omega\sqrt{L'C'}\sqrt{1 - \frac{jR'}{\omega L'} - \frac{jG'}{\omega C'} - \frac{R'G'}{\omega^2 L'C'}} \tag{5.32}$$

und dann das mit ω^2 abnehmende Glied unter der Wurzel vernachlässigt. Durch Reihenentwicklung der Wurzel und Abbruch der Reihe nach dem linearen Glied erhält man:

$$\gamma \approx j\omega\sqrt{L'C'}\left(1 - \frac{jR'}{2\omega L'} - \frac{jG'}{2\omega C'}\right) \tag{5.33}$$

$$\alpha \approx \frac{R'}{2Z_W} + \frac{G'}{2}Z_W \qquad \beta \approx \omega\sqrt{L'C'} \tag{5.34}$$

Dabei wächst R' verursacht durch den *Skineffekt* mit der Wurzel aus der Frequenz an und bewirkt meist den größten Anteil der Dämpfung. G' wächst zwar linear mit der Frequenz an, spielt jedoch wegen der heute verwendeten hochwertigen Dielektrika trotzdem nur eine geringe Rolle. Die entsprechenden Eingabedaten für die häufig verwendete Koaxialleitung RG58/U lauten wie folgt (gerundete Werte des Leitungsmodells RG58/U der Vollversion von PSPICE):

$$L' = 0,27 \left[\frac{\mu H}{m}\right] \qquad C' = 94,5 \left[\frac{pF}{m}\right] \tag{5.35}$$

$$R' = \frac{67,2}{10^6}\sqrt{\omega} \left[\frac{\Omega\,s^{1/2}}{m}\right] \qquad G' = \frac{0,097}{10^{12}}\omega \left[\frac{s}{\Omega\,m}\right] \tag{5.36}$$

Mit diesen Daten wird zunächst unter Vernachlässigung von Reflexionen die Leitungsdämpfung berechnet. Dazu wird Gl. 5.26 durch eine frequenzabhängige Spannungsquelle ($s = j\omega$):

$$U_{2(s)} = U_{1(s)}\,e^{-\gamma\,l} = U_{1(s)}\,e^{-\sqrt{(R'+sL')(G'+sC')}\,l} \tag{5.37}$$

mit ANALOG BEHAVIORAL MODELING und der Eingabe E LAPLACE nachgebildet. Die dadurch nachgebildete Schaltung ist in Bild 5.11 angegeben.

```
KOAXIALLEITUNG - RG58/U l=2m
 .OPTIONS ACCT LIST NODE OPTS TNOM=20
.AC DEC 100 .1MEGHz 100GHz
.TRAN 5ps 20ns 0ns 5ps
V1 1 0 AC 1 PULSE(0V 1V 0ns 1ps 1ps 5ns 1s)
E 2 0 LAPLACE
+{V(1)}={EXP(-SQRT((67.2u*SQRT(s)+.27u*s)*(.097p*s+94.5p*s))*2)}
*F(s)=EXP(-SQRT((R+L*s)*l*(G+C*s)*l))
*R={67.2u*SQRT(s)}OHM/m;L=.27uH/m;G={.097p*s}S/m;C=94.5pF/m
R1 1 0 1MEGOHM
R2 2 0 1MEGOHM
.PROBE
.END
```

Liste 5.12: Eingabedaten für die Berechnung der Dämpfung auf einer Koaxialleitung vom Typ RG58/U mit 2 m Länge

Die Eingabedaten für die Berechnung sind in Liste 5.12 enthalten. Die beiden auf die Definition der Spannungsquelle folgenden Textzeilen dienen der Erläuterung der doch recht komplexen Eingabe.

Das Ergebnis der Berechnung im Frequenzbereich ist in Bild 5.29 wiedergegeben. Die Frequenzabhängigkeit der Ausgangsspannung V_2 der Leitung weicht gravierend von allen bisher erhaltenen Frequenzgängen ab. Es tritt schon bei verhältnismäßig niedrigen Frequenzen eine Dämpfung auf, die Grenzfrequenz wird, wie die Auswertung mit den Marken zeigt, jedoch erst bei 24,19 GHz erreicht. Dieses Ergebnis ist allerdings nur als ein theoretischer Wert anzusehen, da weder die Meßwerte von α für so hohe Frequenzen ermittelt wurden, noch das Kabel überhaupt zur Übertragung so hoher Frequenzen geeignet ist.

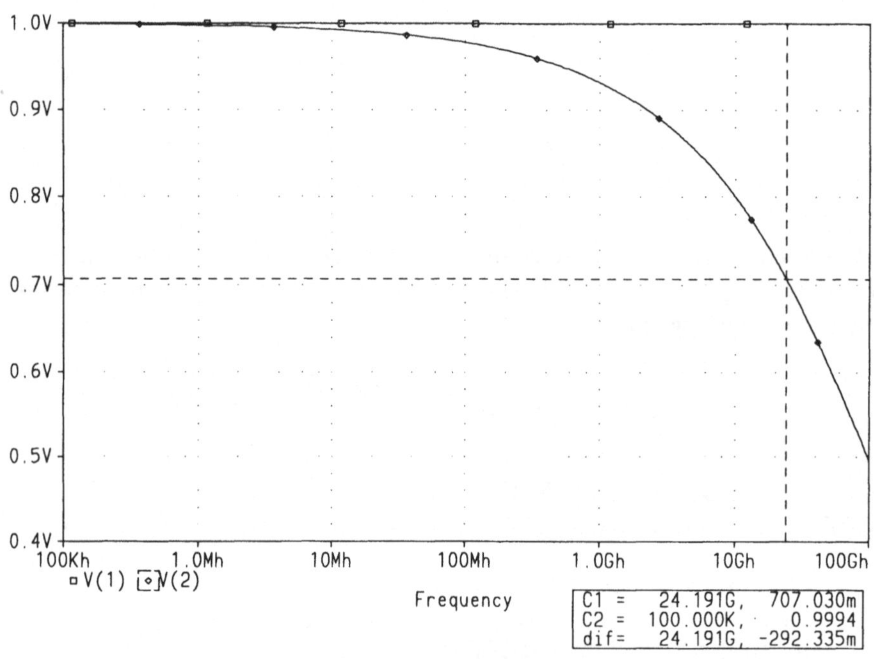

Bild 5.29: Eingangs- und Ausgangsspannung einer 2 m langen Koaxialleitung vom Typ RG58/U im Frequenzbereich; □ — V_1, ◇ — V_2

Das Ergebnis der Berechnungen im Zeitbereich zeigt Bild 5.30. Auch die Verformung des Ausgangsimpulses durch eine verlustbehaftete Leitung hat einen ganz unverkennbaren Verlauf. Nach einem zunächst sehr steilen Anstieg der Ausgangsspannung auf etwa 95% des Endwertes, erfolgt eine extreme Verflachung des Kurvenverlaufs. Dadurch ergibt sich eine verhältnismäßig geringe Anstiegszeit von nur 58,62 ps (Marken C1, C2). Der Spannungsendwert wird jedoch selbst nach 5 ns noch nicht ganz erreicht. Im übrigen ist auch zu erkennen, daß die Laufzeit T_d der Leitung geringfügig über 10 ns angestiegen ist ($v = 0{,}66{\cdot}c$).

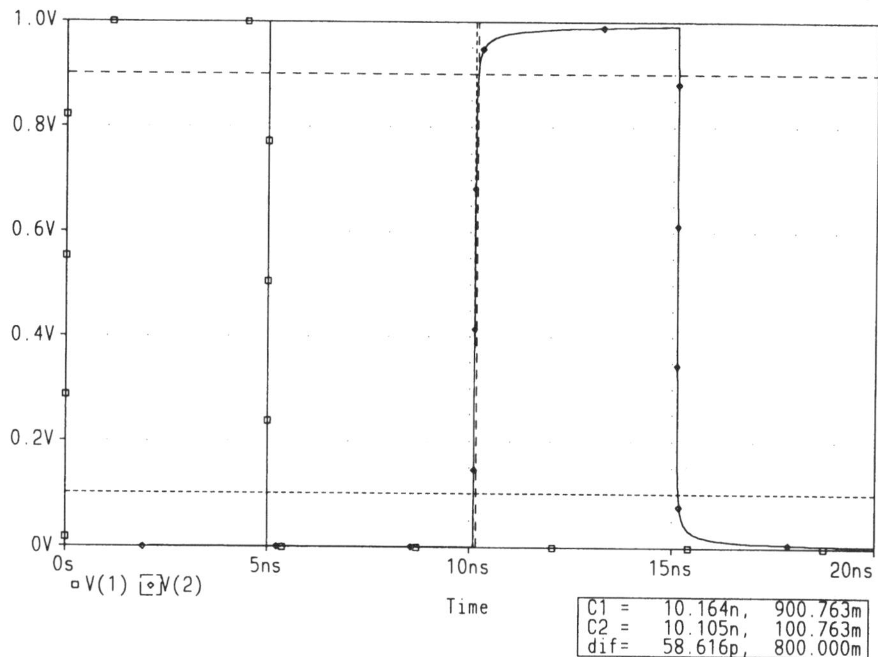

Bild 5.30: Eingangs- und Ausgangsspannung einer 2 m langen Koaxialleitung vom Typ RG58/U im Zeitbereich; □ − V_1, ◇ − V_2

Der in Gl. 5.5 angegebene Zusammenhang zwischen Grenzfrequenz und Anstiegszeit, der sich bisher immer als mit geringem Fehler gültig erwiesen hatte, darf auf die verlustbehaftete Leitung auf keinen Fall angewandt werden. Man würde dann nämlich aus der zuvor ermittelten Grenzfrequenz von 24,19 GHz eine Anstiegszeit von nur 14,47 ps erwarten, was offensichtlich grob unzutreffend ist.

l/m	f_c/GHz	T_a/ps	$f_c{\cdot}T_a$
1,0	97,1	17,7	1,719
1,5	43,2	34,8	1,503
2,0	24,2	58,6	1,418
3,0	10,8	105	1,134
4,0	6,02	199	1,198
6,0	2,68	428	1,147
8,0	1,52	748	1,137

Tabelle 5.1: Grenzfrequenz beziehungsweise Anstiegszeit der Koaxialleitung RG58/U in Abhängigkeit von der Leitungslänge l

Darüber hinaus ist zu beachten, daß zwischen der Leitungslänge und der Grenzfrequenz beziehungsweise der Anstiegszeit kein einfacher Zusammenhang besteht. *In erster Näherung kann man davon ausgehen, daß bei einer Verdoppelung der Leitungslänge eine Vervierfachung der Anstiegszeit auftritt.* Genauere Daten enthält die Tabelle 5.1, die unter Variation der Leitungslänge aus Berechnungen mit den Eingabedaten nach Liste 5.12 erhalten wurde. Gegenüber den Angaben in Liste 5.12 wurde allerdings die Impulsdauer auf 100 ns vergrößert, da mit der ursprünglichen Impulsdauer von 5 ns einige nicht plausible Ergebnisse erhalten wurden. In der Tabelle ist außerdem das Produkt aus Grenzfrequenz und Anstiegszeit angegeben, das weder Gl. 5.5 entspricht noch konstant ist.

Im folgenden sollen die Reflexionen mit berücksichtigt werden. Dazu wird die in Bild 5.23 angegebene Schaltung unter Berücksichtigung der Leitungsdämpfung erneut berechnet. Das in Liste 5.9 verwendete Leitungsmodell muß hierzu mit frequenzabhängigen Parametern versehen werden. Die Eingabedaten für die Berechnung sind in Liste 5.13 angegeben. Es wurden wieder die Leitungsdaten für die 2 m lange Koaxialleitung von Typ RG58/U eingesetzt. Es mußte allerdings mit einer verminderten Zeitauflösung gearbeitet werden, damit die Berechnung mit der Versuchsversion von PSPICE überhaupt durchgeführt werden konnte. Damit die Berechnungen konvergieren, mußte die Genauigkeit (RELTOL) unter den Vorgabewert von 10^{-3} herabgesetzt werden. Dies kann aber hier nur als Notlösung angesehen werden.

```
KOAXIALLEITUNG RG58/U - l=2m
.OPTIONS ACCT LIST NODE OPTS RELTOL=.0025 TNOM=20
.AC DEC 100 .1MEGHz 100GHz
.TRAN 25ps 20ns 0ns 25ps
V1 1 0 AC 1 PULSE(0V 1V 0ns 1ps 1ps 5ns 1s)
T1 1 0 2 0
+LEN=2 L=.27u C=94.5p R={67.2u*SQRT(s)} G={.097p*s}
R2 2 0 50OHM
.PROBE
.END
```

Liste 5.13: Eingabedaten für die Erfassung der Reflexionen bei der Impulsausbreitung auf einer Koaxialleitung vom Typ RG58/U

Das Ergebnis der Berechnung im Frequenzbereich ist in Bild 5.31 wiedergegeben. Die Frequenzabhängigkeit der Ausgangsspannung V_2 der Leitung weicht deutlich von dem in Bild 5.29 erhaltenen Ergebnis ab. Die Grenzfrequenz liegt mit etwa 20,33 GHz merklich niedriger, hinzu kommen die oszillatorischen Amplitudenschwankungen. Diese erklären sich daraus, daß auch der Wellenwiderstand der verlustfreien Leitung:

$$Z_W = \sqrt{\frac{L'}{C'}} = \sqrt{\frac{0{,}27}{10^6} \frac{10^{12}}{94{,}5}} \ [\Omega] = 53{,}45 \ [\Omega] \tag{5.38}$$

nicht genau gleich dem Wert des Abschlußwiderstands R_2 von 50 Ω ist. Die Oszillationen von V_2 erfolgen entsprechend der gewählten Leitungslänge von 2 m mit einer Frequenz von:

$$f = \frac{1}{2T_d} = 50 \ [\text{MHz}] \tag{5.39}$$

Entsprechend der bei der Berechnung im Frequenzbereich gewählten Auflösung von 100 Punkten je Dekade können diese Oszillationen im GHz-Bereich allerdings nicht mehr aufgelöst werden. Daraus erklärt sich der unstetige Verlauf von V_2 bei Frequenzen ab etwa 500 MHz.

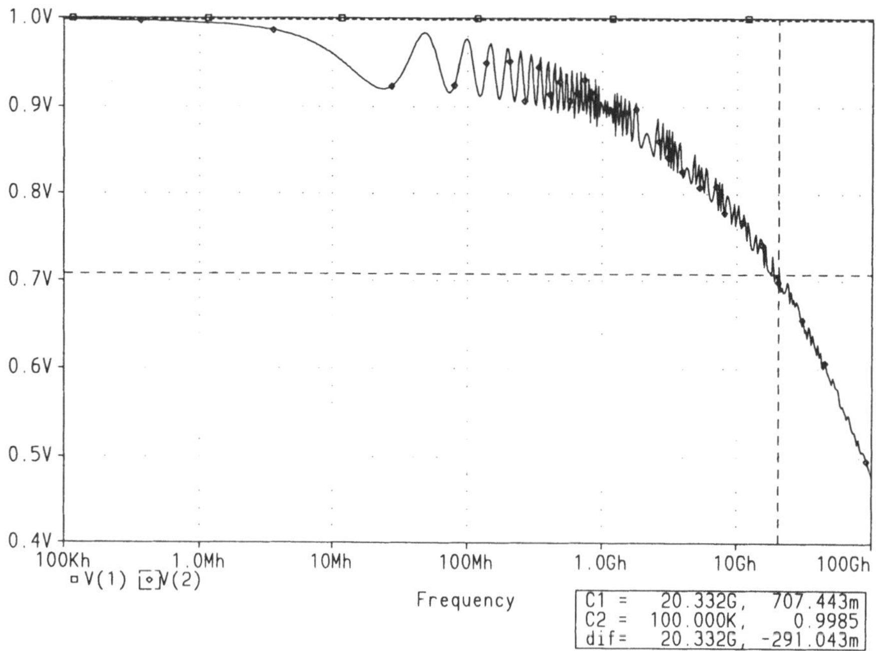

Bild 5.31: Eingangs- und Ausgangsspannung einer 2 m langen Koaxialleitung vom Typ RG58/U im Frequenzbereich; □ − V_1, ◇ − V_2

Der Leitungsabschluß kann wesentlich verbessert werden, wenn R_2 auf den Wellenwiderstand der verlustfreien Leitung von Z_W = 53,45 Ω erhöht wird. Das entsprechende Rechenergebnis ist in Bild 5.32 dargestellt. Hier ergibt sich auch die gemäß der vorherigen Berechnungen erwartete Grenzfrequenz von 24,19 GHz. Im Frequenzbereich zwischen etwa 20 und 200 MHz weist der Verlauf von V_2 allerdings immer noch eine gewisse Welligkeit auf. Die Ursache hierfür liegt darin, daß der Wellenwiderstand der verlustbehafteten Leitung nicht ganz mit dem der verlustfreien Leitung, für den der Abschlußwiderstand bemessen wurde, übereinstimmt.

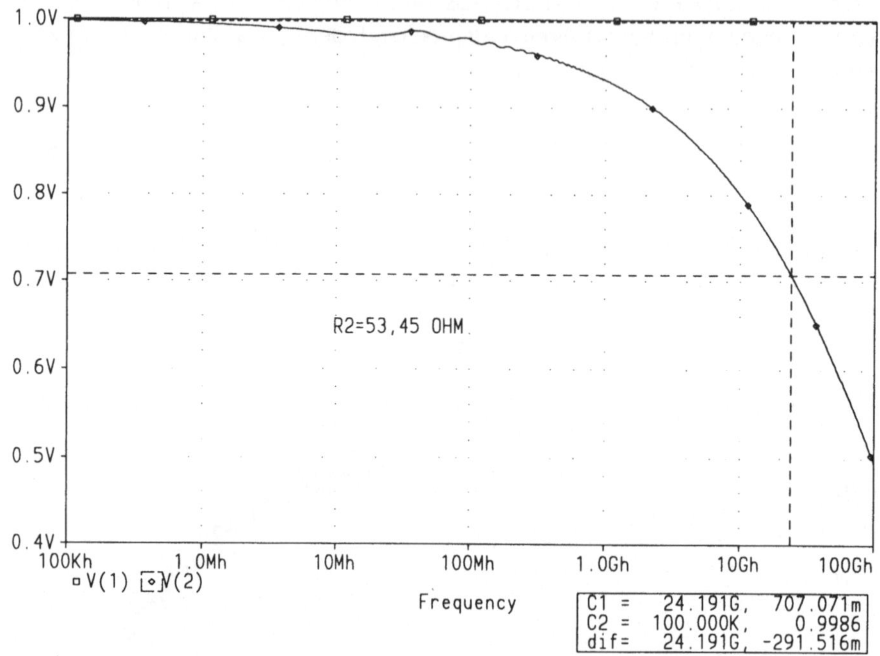

Bild 5.32: Eingangs- und Ausgangsspannung einer 2 m langen Koaxialleitung vom Typ RG58/U im Frequenzbereich bei Abschluß der Leitung mit $R_2 = 53{,}45\ \Omega$; □ $-\ V_1$, ◇ $-\ V_2$

Das Ergebnis der Berechnungen im Zeitbereich wieder für den ursprünglich gewählten Abschlußwiderstand von $R_2 = 50\ \Omega$ zeigt Bild 5.33. Da der Abschlußwiderstand, wie zuvor ausgeführt wurde, vom Wellenwiderstand der verlustfreien Leitung etwas abweicht, kommt es zu Reflexionen [15]. Die entsprechend dem in Gl. 5.28 angegebenen Brechungsfaktor zu erwartende Ausgangsspannung:

$$V_2 = bV_1 = \frac{2R_2}{Z_W + R_2}V_1 = 0{,}9667\,V_1 \tag{5.40}$$

wird am Ende des verhältnismäßig kurzen Impulses fast erreicht. Setzt man den in Bild 5.33 tatsächlich am Impulsende erreichten Spannungswert als den Spannungsendwert an, was eine optimistische Annahme ist, dann ergibt die Auswertung mit Hilfe der Marken trotzdem eine unerwartet große Anstiegszeit von $T_a = 101{,}32$ ps. Das ist fast das Doppelte des zuvor ohne Berücksichtigung der Reflexionen errechneten Wertes. Da die Anstiegszeit jedoch auf den unter Berücksichtigung der Reflexionen zu erwartenden Spannungsendwert entsprechend Gl. 5.40 bezogen wurde, dürfte sich bei den beiden Berechnungen eigentlich kein Unterschied ergeben. Auch aufgrund anderer inkonsistenter Ergebnisse, bestand die Vermutung, daß für diese offensichtlichen Berechnungsfehler die bei der Eingabe gemäß Liste 5.13 notgedrungen verminderte Genauigkeit (RELTOL=0,0025) verantwortlich ist. Dies konnte durch entsprechende Kontrollrechnungen mit der Vollversion von PSPICE unter Verwendung des Vorgabewertes (RELTOL=0,001) bestätigt werden. Auf die Wiedergabe dieser Ergebnisse soll hier jedoch verzichtet werden. Als richtige Werte der Impulsanstiegszeit sind daher die zuvor ohne Berücksichtigung der Reflexionen erzielten Ergebnisse, die in Tabelle 5.1 zusammengefaßt sind, anzusehen.

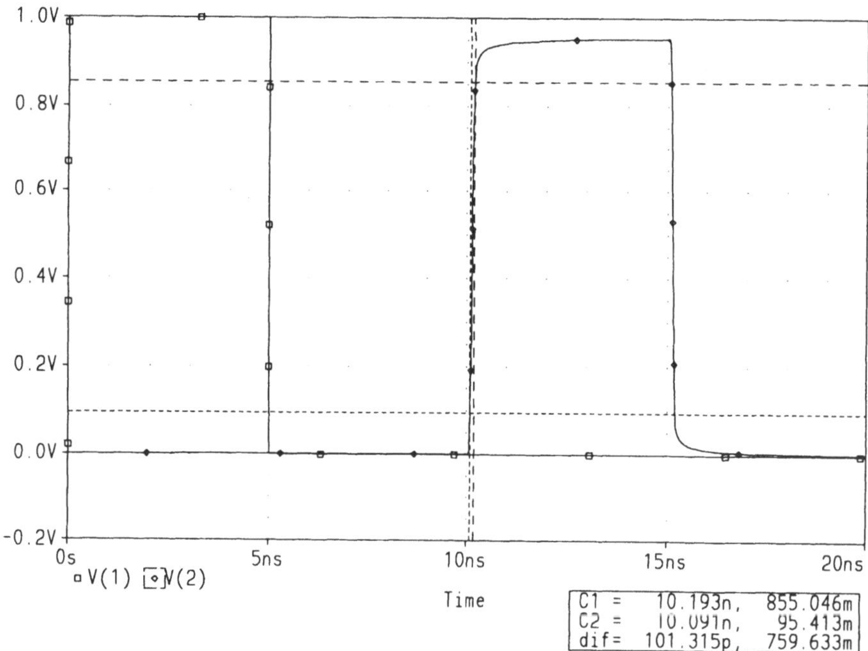

Bild 5.33: Eingangs- und Ausgangsspannung einer 2 m langen Koaxialleitung vom Typ RG58/U im Zeitbereich; $\square - V_1$, $\diamond - V_2$

Sieht man einmal von den Ungenauigkeiten der Berechnungen im Zeitbereich im Verlauf der Impulsstirn ab, dann lassen sich aus den Ergebnissen doch nützliche Informationen über den zeitlichen Verlauf des Eingangswiderstandes der verlustbehafteten Leitung gewinnen. Innerhalb der vorliegenden Impulsdauer von 5 ns erhält man daraus direkt den Wellenwiderstand der verlustbehafteten Leitung. Das entsprechende Ergebnis ist in Bild 5.34 dargestellt. Der Eingangswiderstand der Leitung nimmt dabei mit zunehmender Impulsdauer ausgehend vom Anfangswert (Marke C1), der dem Wellenwiderstand der verlustfreien Leitung von $Z_W = 53{,}45\ \Omega$ entspricht, kontinuierlich zu. Die größte Abweichung von Z_W ist mit 0,5 Ω (Marke C2) allerdings verhältnismäßig gering. In der Anwendungspraxis ist zur Vermeidung von Reflexionen daher ein Abschluß der verlustbehafteten Leitung mit dem Wellenwiderstand Z_W der verlustfreien Leitung in der Regel ausreichend.

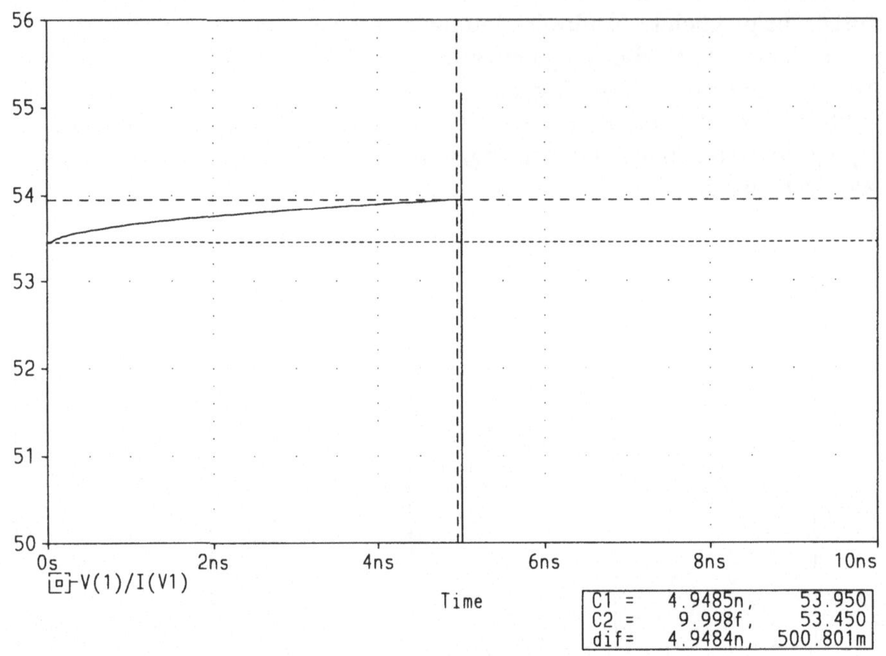

Bild 5.34: Eingangswiderstand einer 2 m langen Koaxialleitung vom Typ RG58/U im Zeitbereich; □ — V_1/I_{V1}

5.4 Wechselstrombrücken

5.4.1 Frequenzunabhängige Brücken

Mit Hilfe einer Wechselstrombrücke kann beispielsweise die Impedanz eines unbekannten Bauelementes sehr genau bestimmt werden, sofern die anderen Bauelemente der Wechselstrombrücke hinreichend genau bekannt sind [12]. Dabei kann es durchaus auch in Frage kommen, daß ein ohmscher Widerstand in einer Wechselstrombrücke ausgemessen wird, sofern dieser zum Beispiel infolge der Stromverdrängung frequenzabhängig ist. Meistens kommen die Brücken aber zur Messung verlustbehafteter Kapazitäten und Induktivitäten zum Einsatz. Bei letzteren ist vor allem die Erfassung der frequenzabhängigen Eisenverluste von Interesse.
Dabei wird in der Regel ein Nullabgleich der Brückenausgangsspannung vorgenommen und die unbekannte Impedanz ergibt sich dann aus der Abgleichbedingung der Brücke.
Die grundsätzliche Schaltung einer aus einer Spannungsquelle gespeisten Wechselstrombrücke ist in Bild 5.35 wiedergegeben.

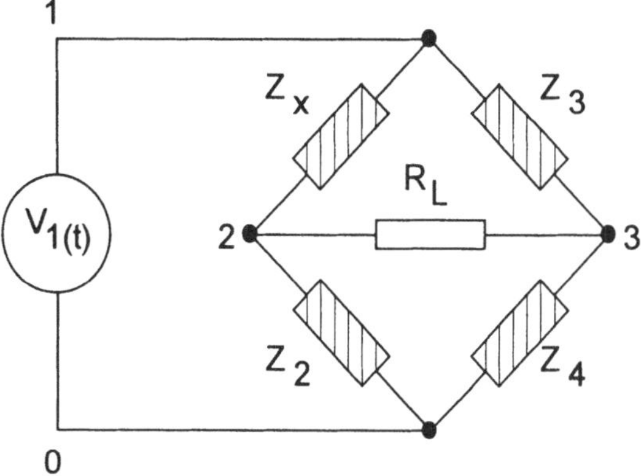

Bild 5.35: Wechselstrombrücke mit Spannungsspeisung

Die Ausgangsspannung der leerlaufenden Brücke beträgt:

$$V_{32} = V_1 \frac{Z_x Z_4 - Z_2 Z_3}{(Z_x + Z_2)(Z_3 + Z_4)} \tag{5.41}$$

Da die Brücke ohnehin auf $V_{32} = 0$ abgeglichen wird, braucht hier die Auswirkung einer eventuellen Belastung durch den Widerstand R_L nicht weiter betrachtet zu werden. Als Abgleichbedingung ergibt sich:

$$Z_x Z_4 = Z_2 Z_3 \tag{5.42}$$

Besonders einfache Verhältnisse liegen dann vor, wenn der Abgleich einer Wechselstrombrücke nicht von der Frequenz abhängig ist. Ein Schaltungsbeispiel hierzu ist in Bild 5.36 angegeben.

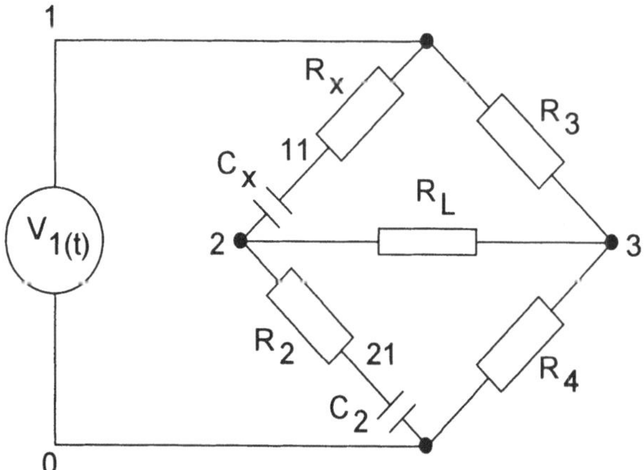

Bild 5.36: Frequenzunabhängige Wechselstrombrücke mit Spannungsspeisung

Aus der Abgleichbedingung für diese Brücke erhält man folgendes Ergebnis
für Z_x:

$$R_x = \frac{R_2 R_3}{R_4} \qquad C_x = \frac{C_2 R_4}{R_3} \tag{5.43}$$

Eine Frequenzabhängigkeit der abgeglichenen Brücke besteht offensichtlich
nicht. *Damit braucht die Frequenz der Brückenspeisespannung V_1 nicht besonders stabil zu sein und auch in der Brückenspeisespannung enthaltene Oberschwingungen beeinflussen den Brückenabgleich nicht.* Man könnte die
Brücke zum Beispiel auch mit einer rechteckförmigen Spannung speisen.
Der Verlauf der Brückenausgangsspannung in der Nähe des Abgleichpunktes, hängt jedoch durchaus von der Frequenz ab. Dieser wird durch die folgende Gleichung beschrieben:

$$V_{32} = V_1 \frac{R_x R_4 - R_2 R_3 - j\left(\dfrac{R_4}{\omega C_x} - \dfrac{R_3}{\omega C_2}\right)}{\left(R_x - \dfrac{j}{\omega C_x} + R_2 - \dfrac{j}{\omega C_2}\right)\left(R_3 + R_4\right)} \tag{5.44}$$

Das soll durch die folgende Berechnung verdeutlicht werden. Die Eingabedaten sind in Liste 5.14 enthalten. Während die Brücke für den Nennwert
von $R_x = 2$ kΩ gerade abgeglichen ist, wird dieser in Stufen von 2,5% um
$\pm 10\%$ vom Nennwert verändert. Der Lastwiderstand R_L ist so hochohmig angenommen, daß der in den zuvorigen Berechnungen vorausgesetzte ausgangsseitige Leerlauf der Brücke näherungsweise erfüllt ist.

```
FREQUENZUNABHAENGIGE WECHSELSTROMBRUECKE
.OPTIONS ACCT LIST NODE OPTS TNOM=20
.AC DEC 100 1Hz 1MEGHz
.STEP RES RMOD(R) .9 1.1 .025
V1 1 0 AC 1V
Rx 1 11 RMOD 2kOHM
Cx 11 2 0.05uF
R2 2 21 1kOHM
C2 21 0 0.1uF
R3 1 3 2kOHM
R4 3 0 1kOHM
RL 2 3 1MEGOHM
.MODEL RMOD RES (R=1 DEV=0% TC1=0)
.PROBE
.END
```

Liste 5.14: Eingabedaten für die Berechnung der frequenzunabhängigen Wechselstrombrücke mit Spannungsspeisung und ausgangsseitigem Leerlauf

In Bild 5.37 ist das Ergebnis dargestellt. Die Brückenausgangsspannung V_{32} ist nur beim Abgleich unabhängig von der Frequenz Null. Bei der nicht abgeglichenen Brücke wächst sie mit der Frequenz stark an und strebt bei etwa 10 kHz einem Grenzwert zu. Im Hinblick auf die Brückenempfindlichkeit S:

$$S = \frac{dV_{32}}{dR_x} \tag{5.45}$$

darf die Brücke daher auf keinen Fall bei Frequenzen unterhalb von etwa 100 Hz betrieben werden. Als optimale Betriebsfrequenz sind etwa 10 kHz anzusehen.

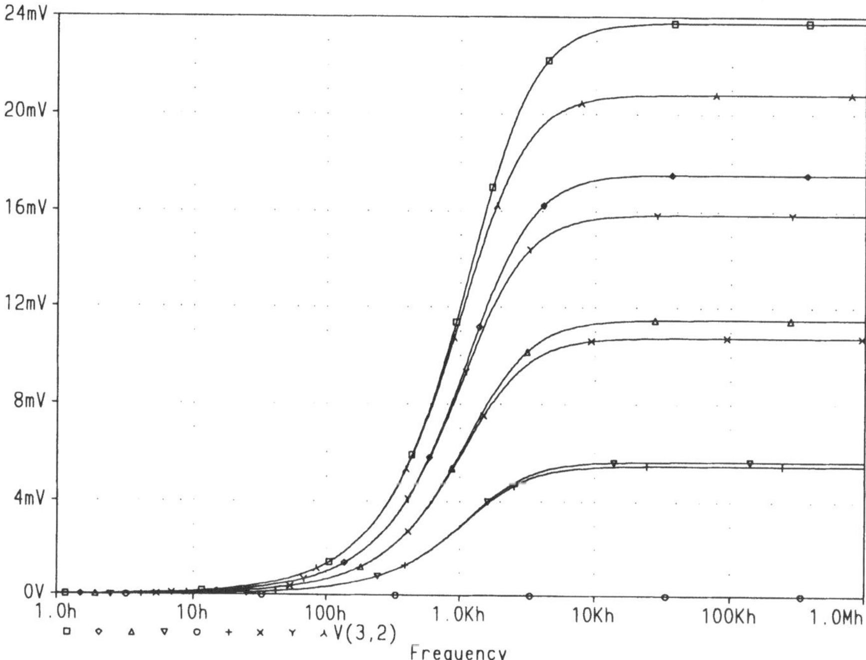

Bild 5.37: Ausgangsspannung V_{32} der frequenzunabhängigen Wechselstrombrücke, Veränderung von R_x um ±10% vom abgeglichenen Zustand; □ − 0,9·R_x, ◇ − 0,925·R_x, △ − 0,95·R_x, ▽ − 0,975·R_x, O − R_x, + − 1,025·R_x, × − 1,05·R_x, Y − 1,075·R_x, ⋏ − 1,1·R_x

Auf die Phasenlage der Brückenausgangsspannung hat vor allem der Zähler von Gl. 5.44 wesentlichen Einfluß. Beim Durchlaufen des Abgleichpunktes wechselt hier ja das Vorzeichen, was einem Phasensprung von 180° entspricht. Hinzu kommt eine durch den restlichen Ausdruck bestimmte veränderliche Phasenverschiebung. Das entsprechende Berechnungsergebnis ist in Bild 5.38 wiedergegeben. Dabei wurde zunächst der abgeglichene Zustand ausgeklammert, auf die hier zu beachtenden Besonderheiten wird nachfolgend eingegangen. Bei einer bestimmten Frequenz ist die Phasenverschiebung der Brückenausgangsspannung nur insofern von R_x abhängig, als je

nach Abgleichzustand eine *relative* Phasenverschiebung entweder von 0°
oder von 180° auftreten kann. Bei hohen Frequenzen entspricht dies auch genau dem Absolutwert der auftretenden Phasenverschiebung.

Es stellt sich hierbei auch die Frage, mit welchem Meßgerät dieser Phasensprung erkannt werden kann. Ein Meßgerät mit Gleichrichtern entsprechend
Kap. 2 ist hierzu nicht in der Lage, es wird vielmehr ein *phasenempfindlicher
Gleichrichter* benötigt. Ein Schaltungsbeispiel hierzu wird noch behandelt
werden.

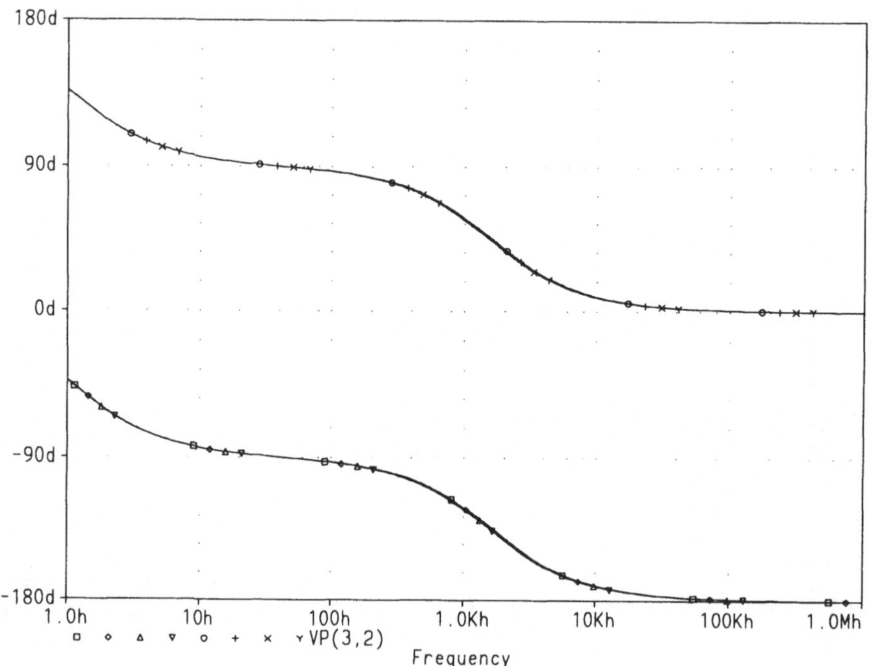

Bild 5.38: Phasenlage φ_{32} der Ausgangsspannung der frequenzunabhängigen Wechselstrombrücke, Veränderung von R_x um ±10% vom abgeglichenen Zustand; □ — $0{,}9 \cdot R_x$, ◇ —
$0{,}925 \cdot R_x$, △ — $0{,}95 \cdot R_x$, ▽ — $0{,}975 \cdot R_x$, O — $1{,}025 \cdot R_x$, + — $1{,}05 \cdot R_x$, × — $1{,}075 \cdot R_x$, Y — $1{,}1 \cdot R_x$

Eine numerische Berechnung der Phasenlage der Brückenausgangsspannung
für den abgeglichenen Zustand liefert aus leicht verständlichen Gründen ein
wenig sinnvolles Ergebnis. Wie aus Bild 5.39 ersichtlich ist, treten bei der
vorliegenden numerischen Berechnung auch im "abgeglichenen" Zustand der
Brücke noch Brückenausgangsspannungen auf, deren Betrag sich auf bis zu
etwa 40 fV (Femto (f) $\triangleq 10^{-15}$) beläuft. Der dadurch entstehende Rechenfehler
ist zwar unbedeutend, dieser geringen Restspannung wird jedoch auch ein
Phasenwinkel zugewiesen. Je nach Konvergenz der numerischen Berechnung
springt dabei der Phasenwinkel um 180°. Dadurch kommt der regellos
oszillierende Verlauf der Phasenlage der Brückenausgangsspannung in Bild
5.39 zustande. Auf dessen Wiedergabe wurde bewußt nicht verzichtet, da
ähnliche Phänomene auch bei anderen Berechnungen zu erwarten sind.

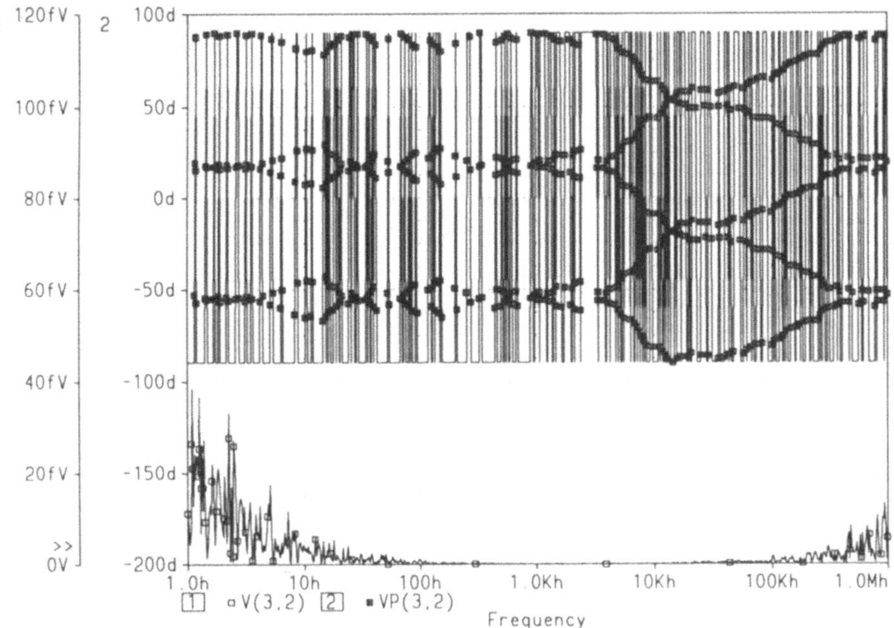

Bild 5.39: Ausgangsspannung V_{32} und deren Phasenlage φ_{32} bei der abgeglichenen frequenzunabhängigen Wechselstrombrücke; □ − V_{32}, ■ − φ_{32}

5.4.2 Frequenzabhängige Brücken

Eine frequenzabhängige Brückenschaltung erhält man bereits durch eine geringfügige Änderung der in Bild 5.36 wiedergegebenen Schaltung. Hier soll eines der RC-Glieder in Reihenschaltung durch eine Parallelschaltung ersetzt werden. Dabei entsteht die in Bild 5.40 wiedergegebene Brückenschaltung, die als **Wien-Robinson-Brücke** bezeichnet wird.
Aus der Abgleichbedingung für diese Brücke:

$$\frac{R_x}{R_2} + \frac{1}{j\omega C_x R_2} + j\omega C_2 R_x + \frac{C_2}{C_x} = \frac{R_3}{R_4} \tag{5.46}$$

erhält man für die Bemessung mit $R_x = R_2$ und $C_x = C_2$ folgendes vereinfachtes Ergebnis:

$$\frac{1}{j\omega C_x R_x} + j\omega C_x R_x + 2 = \frac{R_3}{R_4} \tag{5.47}$$

Dieses läßt sich dadurch weiter vereinfachen, daß man den Realteil der Gleichung grundsätzlich erfüllt. Hierzu wird die Bemessung $R_3 = 2 \cdot R_4$ gewählt und man erhält nunmehr:

$$(\omega C_x R_x)^2 = 1 \tag{5.48}$$

Daraus kann bei Abgleich der Brücke zum Beispiel die Frequenz der Brückenspeisespannung ermittelt werden.

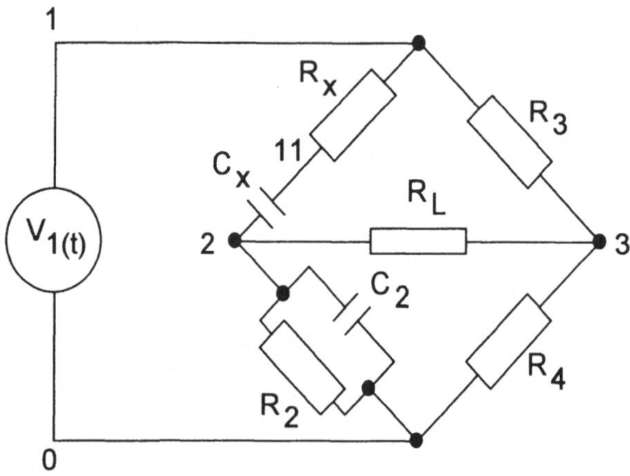

Bild 5.40: Frequenzabhängige Wechselstrombrücke mit Spannungsspeisung

Die Eingabedaten für die Berechnung der frequenzabhängigen Brücke sind in Liste 5.15 enthalten. Für die gewählten Bauelemente ist die Brücke bei einer Frequenz von 5 kHz abgeglichen. Der Lastwiderstand R_L ist wieder so hochohmig angenommen, daß näherungsweise der ausgangsseitige Leerlauf der Brücke erfüllt ist.

```
FREQUENZABHAENGIGE WECHSELSTROMBRUECKE
.OPTIONS ACCT LIST NODE OPTS TNOM=20
.AC DEC 500 1Hz 1MEGHz
V1 1 0 AC 1V
Rx 1 11 2kOHM
Cx 11 2 15.92nF
R2 2 0 2kOHM
C2 2 0 15.92nF
R3 1 3 2kOHM
R4 3 0 1kOHM
RL 2 3 1MEGOHM
.PROBE
.END
```

Liste 5.15: Eingabedaten für die Berechnung der frequenzabhängigen Wechselstrombrücke bei Speisung mit Sinusspannung und ausgangsseitigem Leerlauf

In Bild 5.41 ist das Ergebnis der Berechnungen dargestellt. Die Auswertung mit der Marke C1 ergibt, daß die Brückenausgangsspannung V_{32} bei einer Frequenz von 4,99 kHz auf einen sehr kleinen Wert von 0,435 mV abgefallen ist. Während die Übereinstimmung der berechneten Abgleichfrequenz mit dem theoretischen Wert von 5 kHz sehr gut ist, überrascht zunächst der relativ hohe Wert der beim Abgleich verbleibenden Brückenausgangsspannung. Die Erklärung liegt in dem außerordentlich scharf ausgeprägten Minimum der Brückenausgangsspannung in der Nähe des Abgleichpunktes. Dies wurde durch die logarithmische Skalierung der zugehörigen Vertikalachse verdeutlicht. In Verbindung mit der begrenzten Frequenzauflösung bei der Berechnung von hier immerhin 500 Punkten je Frequenzdekade kann der Abgleichpunkt trotzdem nicht hinreichend genau getroffen werden. Bei einer weiteren Erhöhung der schon wesentlich höher als normal angesetzten Frequenzauflösung erhält man zwar deutlich kleinere Werte für die beim Abgleich verbleibende Brückenausgangsspannung, dafür muß man aber im Hinblick auf die begrenzte Speicherkapazität den insgesamt betrachteten Frequenzbereich einschränken. Der Übersichtlichkeit halber wurde die hier angegebene Darstellung über einen größeren Frequenzbereich gewählt und dieser kleine Nachteil in Kauf genommen. Auch aus dem Phasenverlauf ergibt sich im übrigen, wie die Auswertung mit Hilfe der Marke C2 zeigt, hinreichend genau die Abgleichfrequenz von 5 kHz.

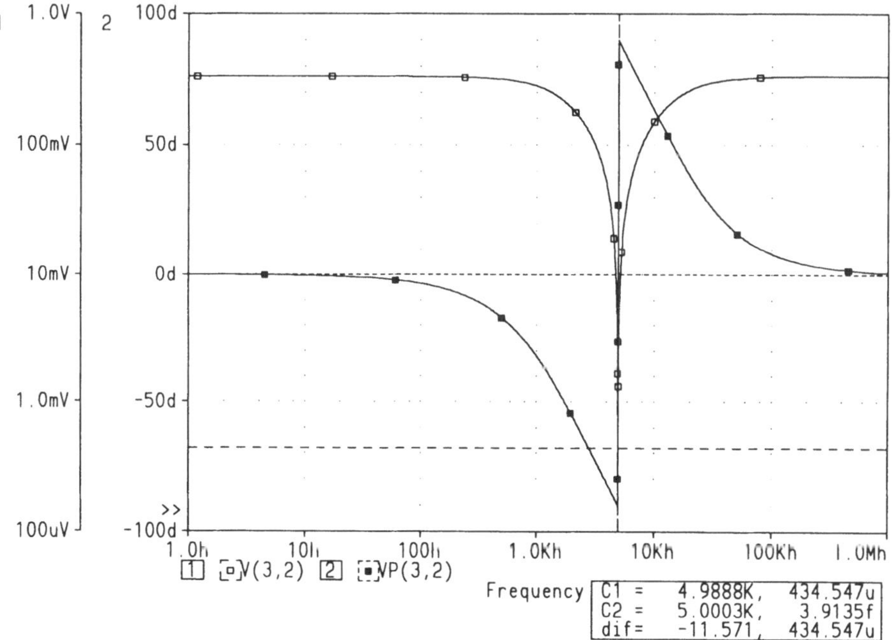

Bild 5.41: Ausgangsspannung V_{32} und deren Phasenlage φ_{32} bei der frequenzabhängigen Wechselstrombrücke; $\square$ — V_{32}, $\blacksquare$ — φ_{32}

Eine Brücke mit einer derartig ausgeprägten Frequenzabhängigkeit kann natürlich nur dann auf Null abgeglichen werden, wenn die Brückenspeisespannung streng sinusförmig ist. Dies soll an folgendem Extremfall demonstriert werden, wo die Brückenspeisespannung eine rechteckförmige Impulsspannung ist. Die Folgefrequenz der Rechteckimpulse ist so gewählt, daß diese mit der Abgleichfrequenz der Brücke übereinstimmt. Die erforderliche Änderung der Eingabedaten im Vergleich zu Liste 5.15 ist in Liste 5.16 angegeben.

```
.TRAN .1us 200us 0s .1us
V1 1 0 PULSE(0 1V 0 .1us .1us 100us 200us)
```

Liste 5.16: Eingabedaten für die Berechnung der frequenzabhängigen Wechselstrombrücke bei Speisung mit Rechteckspannung und ausgangsseitigem Leerlauf

Das Ergebnis ist in Bild 5.42 wiedergegeben. Da die Brücke für die Grundschwingung des Rechteckimpulses abgeglichen ist, wird die Ausgangsspannung stark deformiert. Insgesamt ist das Ergebnis allerdings wenig anschaulich.

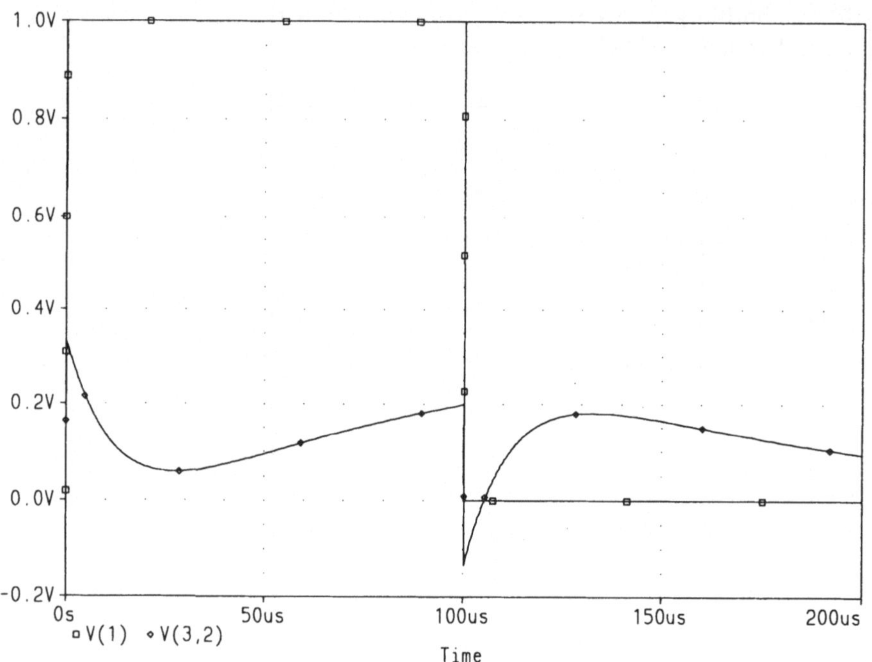

Bild 5.42: Eingangsspannung V_1 und Ausgangsspannung V_{32} bei der frequenzabhängigen Wechselstrombrücke; □ — V_1, ◇ — V_{32}

Ein besser auswertbares Ergebnis erhält man durch eine Transformation in den Frequenzbereich mit Hilfe der Fast-Fourier-Transformation (FFT). Entsprechend den zu Beginn dieses Kapitels angestellten Überlegungen muß allerdings der betrachtete Zeitbereich vergrößert werden, da sich sonst keine ausreichende Frequenzauflösung ergeben würde. Die notwendige Änderung der Eingabedaten im Vergleich zu Liste 5.16 ist in Liste 5.17 angegeben.

.TRAN 1us 2ms 0s 1us

Liste 5.17: Eingabedaten für die Berechnung der frequenzabhängigen Wechselstrombrücke bei Speisung mit Rechteckspannung und ausgangsseitigem Leerlauf; Erhöhung der Frequenzauflösung für die FFT

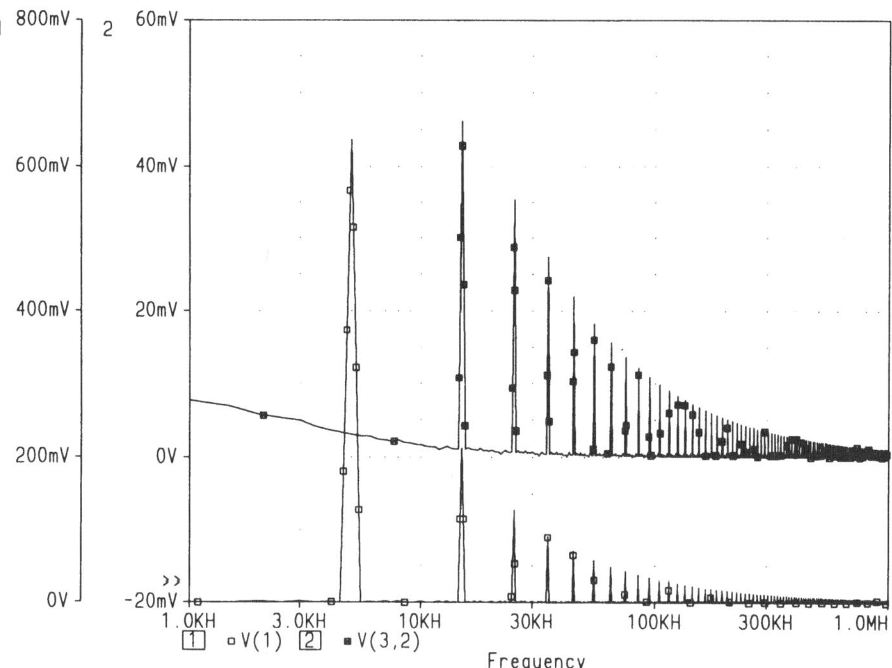

Bild 5.43: Spektrum der Eingangsspannung V_1 und der Ausgangsspannung V_{32} bei der frequenzabhängigen Wechselstrombrücke; □ — V_1, ◇ — V_{32}

Das Ergebnis der Berechnung ist in Bild 5.43 enthalten. Entsprechend der periodischen Eingangsspannung ergibt sich für V_1 ein Linienspektrum mit der Grundschwingung von 5 kHz und unendlich vielen ungeradzahligen Oberschwingungen, deren Amplitude mit dem Kehrwert der Ordnungszahl abnimmt. Dies entspricht der Fourier-Reihenentwicklung für die periodische Rechteckspannung:

$$f_{(t)} = \frac{1}{2} - \frac{2}{\pi} \sum_{n=0}^{n=\infty} \frac{\sin((2n+1)\omega t)}{2n+1} \tag{5.49}$$

Im Spektrum der Ausgangsspannung fehlt erwartungsgemäß die Grundschwingung, für die die Brücke abgeglichen ist. Die Oberschwingungen erscheinen dagegen entsprechend dem in Bild 5.41 dargestellten Frequenzgang der Brücke am Brückenausgang.

5.4.3 Ausschlagbrücken

Bisher stand die Verwendung der Wechselstrombrücke als Abgleichbrücke im Vordergrund der Betrachtungen. Es kann jedoch auch eine Verwendung der Wechselstrombrücke als Ausschlagbrücke in Frage kommen. Dann stellt sich wieder die in Kap. 4.2 bei der Gleichstrombrücke betrachtete Frage der Linearität zwischen dem Wert des in der Brücke veränderten Bauelementes und der erhaltenen Brückenausgangsspannung. Durch den Einfluß der Frequenz beziehungsweise der Phasenverschiebung wird diese Betrachtung bei der Wechselstrombrücke noch weiter kompliziert. Es gibt jedoch Brückenschaltungen, die sich in dieser Beziehung besonders einfach verhalten. Bei diesen müssen zwei Bauelemente gleichzeitig verändert werden. Liegen diese beide von der Einspeisung aus gesehen in einem Zweig der Brücke, dann muß deren Veränderung gegensinnig erfolgen. Ändern sich beide Bauelemente gleichsinnig, dann müssen diese diagonal eingebaut werden. Ein Beispiel für den ersten Fall ist der induktive Weggeber, dessen Schaltung in Bild 5.44 angegeben ist. Hier werden die beiden Induktivitäten L_1 und L_2 dadurch gegensinnig verändert, daß ein gemeinsamer Eisenkern durch die zu messende Wegänderung mehr in die eine Spule hinein und aus der anderen heraus bewegt wird (oder umgekehrt).

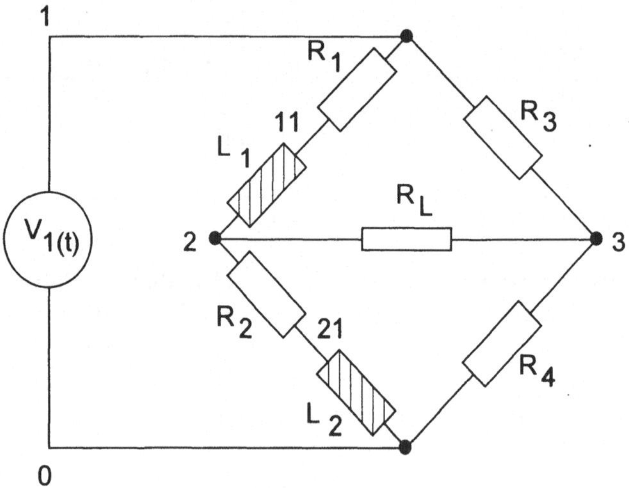

Bild 5.44: Induktiver Weggeber mit Spannungsspeisung

Die Widerstände R_1 und R_2 sind als die Verlustwiderstände der Spulen anzusehen, die näherungsweise weder von der Wegänderung noch von der

Frequenz (*Eisenverluste*) abhängen sollen. Das wird sich sicher nur in einem eingeschränkten Frequenzbereich verwirklichen lassen.

Die Brücke soll näherungsweise am Ausgang im Leerlauf betrieben werden. Aus Gl. 5.41 erhält man dann die folgende Beziehung für die Brückenausgangsspannung:

$$V_{32} = V_1 \frac{R_1 R_4 - R_2 R_3 + j\omega(R_4 L_1 - R_3 L_2)}{(R_1 + R_2 + j\omega(L_1 + L_2))(R_3 + R_4)} \qquad (5.50)$$

Durch die Wegänderung sollen die Induktivitäten L_1 und L_2 genau gegensinnig verändert werden:

$$L_1 = L_{10} \pm \Delta L \qquad L_2 = L_{20} \mp \Delta L \qquad (5.51)$$

Dadurch ändert sich Gl. 5.50 wie folgt:

$$V_{32} = V_1 \frac{R_1 R_4 - R_2 R_3 + j\omega(R_4(L_{10} \pm \Delta L) - R_3(L_{20} \mp \Delta L))}{(R_1 + R_2 + j\omega(L_{10} + L_{20}))(R_3 + R_4)} \qquad (5.52)$$

Die Induktivitätsänderung ΔL erscheint wunschgemäß nur im Zähler von Gl. 5.52, womit die Voraussetzungen für die Linearität der Ausschlagbrücke erfüllt sind. Damit die Brücke im Ruhezustand (L_{10}, L_{20}) abgeglichen ist, wird folgende Bemessung gewählt:

$$R_1 = R_2 \qquad R_3 = R_4 \qquad L_{10} = L_{20} \qquad (5.53)$$

Damit ergibt sich ein wesentlich vereinfachter Ausdruck für die Brückenausgangsspannung:

$$V_{32} = V_1 \frac{\pm j\omega\Delta L}{2(R_1 + j\omega L_{10})} \approx V_1 \frac{\pm \Delta L}{2 L_{10}} \qquad (5.54)$$

Dabei gilt die angegebene Näherung für ausreichend hohe Frequenzen, sobald die ohmsche Komponente im Nenner vernachlässigt werden kann. Die Brückenausgangsspannung verhält sich dann näherungsweise wie bei einer Gleichstrombrücke und ist der auftretenden Induktivitätsänderung genau proportional.

Dieses Verhalten soll durch die folgende Berechnung verdeutlicht werden. Die Eingabedaten sind in Liste 5.18 enthalten. Während die Brücke für den Nennwert L_{10} beziehungsweise L_{20} abgeglichen ist, werden L_1 beziehungsweise L_2 um $\pm 10\%$ vom Nennwert gegensinnig verändert. Dies geschieht mit Hilfe der Parameterdarstellung von L_1 und L_2. Der Lastwiderstand R_L ist so hochohmig angenommen worden, daß der in den vorigen Berechnungen vorausgesetzte ausgangsseitige Leerlauf der Brücke wenigstens näherungsweise erfüllt ist.

```
INDUKTIVER WEGGEBER
.OPTIONS ACCT LIST NODE OPTS TNOM=20
.AC DEC 100 1Hz 1MEGHz
.PARAM LVAR=.1H
.STEP PARAM LVAR .09H .11H .0025H
V1 1 0 AC 1V
R1 1 11 100OHM
L1 11 2 {LVAR}
R2 2 21 100OHM
L2 21 0 {.1-(LVAR-.1)}
R3 1 3 1kOHM
R4 3 0 1kOHM
RL 2 3 1MEGOHM
.MODEL L1MOD IND (L=1)
.MODEL L2MOD IND (L=1)
.PROBE
.END
```

Liste 5.18: Eingabedaten für die Berechnung des induktiven Weggebers bei Spannungsspeisung und ausgangsseitigem Leerlauf

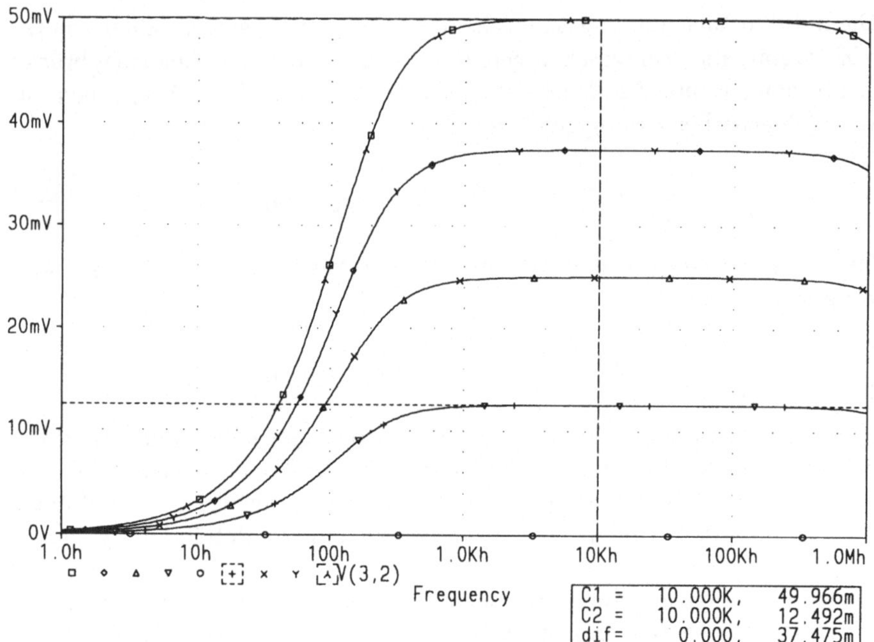

Bild 5.45: Ausgangsspannung V_{32} des induktiven Weggebers, gegensinnige Veränderung von L_1 und L_2 um ±10% vom abgeglichenen Zustand; □ − $0{,}9 \cdot L_{10}$, ◇ − $0{,}925 \cdot L_{10}$, △ − $0{,}95 \cdot L_{10}$, ▽ − $0{,}975 \cdot L_{10}$, O − L_{10}, + − $1{,}025 \cdot L_{10}$, × − $1{,}05 \cdot L_{10}$, Y − $1{,}075 \cdot L_{10}$, ⋏ − $1{,}1 \cdot L_{10}$

In Bild 5.45 ist das Ergebnis dargestellt. Die Brückenausgangsspannung V_{32} ist offensichtlich der Induktivitätsänderung ΔL proportional. Darüber hinaus ist diese bei Frequenzen von mindestens 2 kHz praktisch auch von der Frequenz unabhängig, so daß hier die in Gl. 5.54 enthaltene Näherung angewandt werden darf. Die Auswertung mit Hilfe der Marken für $\Delta L = 2,5\%$ und $\Delta L = 10\%$ ergibt, daß bei einer Frequenz von 10 kHz die Anwendung der Näherung einen maximalen Fehler von -0,068% verursacht. Bei der gleichen Frequenz ist die Nichtlinearität der Brücke mit nur 0,004% vernachlässigbar klein.

Die bei Frequenzen oberhalb von 200 kHz deutlich erkennbaren Abweichungen von der Linearität liegen daran, daß der Ausgangswiderstand der Brückenschaltung hier so groß geworden ist, daß durch R_L doch eine Belastung stattfindet. Für so hohe Frequenzen sind die angenommenen Bemessungswerte jedoch ohnehin nicht realistisch und auch die vorausgesetzte Frequenzunabhängigkeit der Spulenverluste ist voraussichtlich nicht mehr erfüllt.

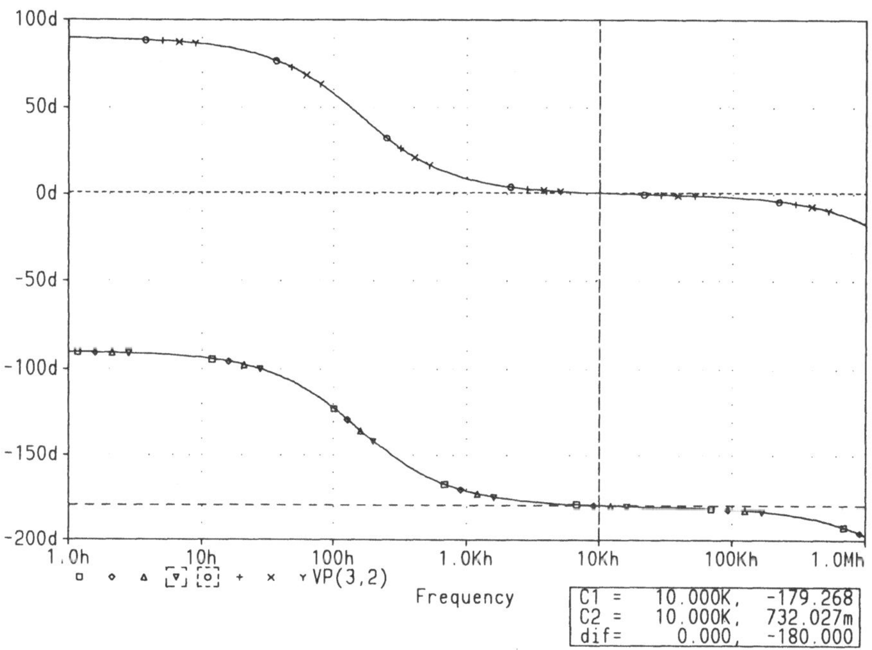

Bild 5.46: Phasenlage φ_{32} der Ausgangsspannung des induktiven Weggebers, gegensinnige Veränderung von l_1 und l_2 um +10% vom abgeglichenen Zustand; $\square - 0,9{\cdot}L_{10}$, $\diamond - 0,925{\cdot}L_{10}$, $\triangle - 0,95{\cdot}L_{10}$, $\nabla - 0,975{\cdot}L_{10}$, O $- 1,025{\cdot}L_{10}$, $+ - 1,05{\cdot}L_{10}$, $\times - 1,075{\cdot}L_{10}$, Y $- 1,1{\cdot}L_{10}$

Die Phasenlage der Brückenausgangsspannung ist in Bild 5.45 dargestellt. Dabei wurde aus hinreichend erläuterten Gründen der abgeglichene Zustand wieder ausgeklammert. Beim Durchlaufen des Abgleichpunktes ergibt sich wie bei allen Wechselstrombrücken ein Phasensprung von 180°. Während die

Brückenausgangsspannung bei niedrigen Frequenzen eine erhebliche Phasenverschiebung aufweist, verschwindet diese im Frequenzbereich von einigen kHz fast vollständig. Die Auswertung mit Hilfe der Marken zeigt dies am Beispiel der Frequenz von 10 kHz. Mit 0,732° ist die Phasenverschiebung hier praktisch vernachlässigbar. Auch bezüglich des Phasenwinkels ist also die in Gl. 5.54 enthaltene Näherung mit geringem Fehler anwendbar.

Bei Frequenzen oberhalb von etwa 100 kHz kommt es allerdings wieder zu einer erheblichen Phasenverschiebung. Dies wird, wie bereits zuvor erwähnt wurde, durch die nicht mehr vernachlässigbare Belastung der bei hohen Frequenzen zu hochohmigen Brücke hervorgerufen.

5.5 Phasenempfindlicher Gleichrichter

Bei der Behandlung der Wechselstrombrücken hat sich ergeben, daß die Brückenausgangsspannung phasenrichtig angezeigt werden muß. Die minimale Anforderung ist, daß der beim Durchlaufen des Abgleichpunktes erfolgende Phasensprung von 180° vom Meßgerät erkannt werden muß. Die in Kap. 2 beschriebenen Meßgeräte mit Gleichrichtern können diese Anforderung nicht erfüllen, es müssen vielmehr gesteuerte Gleichrichter zum Einsatz kommen. Die Realisierung eines gesteuerten Gleichrichters mit normalen Dioden soll am Beispiel des Ringdemodulators gezeigt werden. Dessen Schaltung ist in Bild 5.47 angegeben.

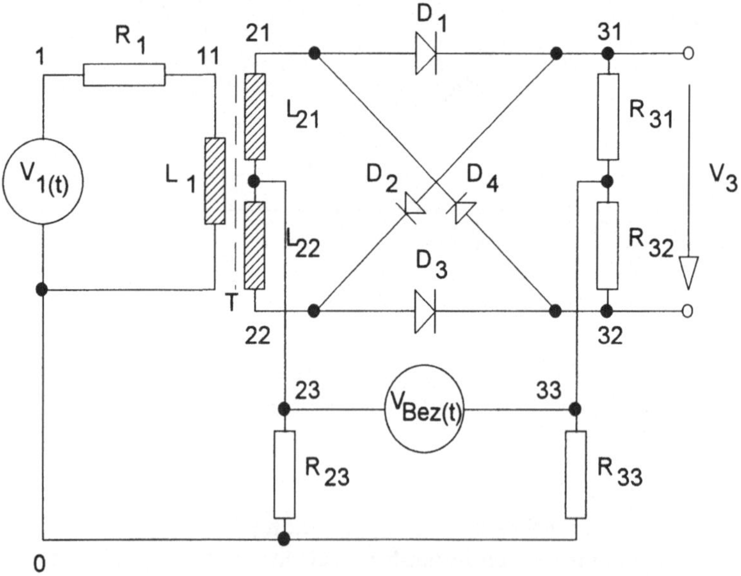

Bild 5.47: Ringdemodulator

Das Grundprinzip der Schaltung ist, daß die Dioden durch eine entsprechend große Steuerspannung V_{Bez} hinreichend weit in den Durchlaßbereich beziehungsweise in den Sperrbereich geschaltet werden. Die vergleichsweise geringe Meßgröße wird dann überlagert. Entsprechend der *Phasenlage der Steuerspannung* wird dann nicht nur die Schaltung phasenempfindlich, sondern durch einen hohen Vorstrom in Durchlaßrichtung arbeiten die Gleichrichter auch weitestgehend im linearen Bereich. Die Meßspannung V_1 muß stets vernachlässigbar klein gegenüber der Steuerspannung V_{Bez} sein. Abhängig von der Polarität der Steuerspannung befinden sich entweder die Dioden D_1 und D_3 oder die Dioden D_2 und D_2 in Durchlaßrichtung. Damit wird die Meßspannung entweder direkt als Ausgangsspannung V_3 erscheinen oder umgepolt werden. Die von der Steuerspannung beziehungsweise dem entsprechenden Strom an R_{31} und R_{32} hervorgerufenen Spannungsabfälle sind im übrigen bei symmetrischer Bemessung der Schaltung genau gleich groß und entgegengesetzt gepolt. In der Ausgangsspannung V_3 tritt die Steuerspannung damit nicht auf.

```
RINGDEMODULATOR
.OPTIONS ACCT LIST NODE OPTS LIBRARY TNOM=20
.TRAN 5us 20ms 0us 5us
V1 1 0 SIN(0 0V 50Hz 0s 0 0d)
VBEZ 23 33 SIN(0 100V 50Hz 0s 0 0d)
KT L1 L21 L22 .999
L1 11 0 10H
L21 21 23 2.5H
L22 23 22 2.5H
D1 21 31 D1N4148
D2 31 22 D1N4148
D3 22 32 D1N4148
D4 32 21 D1N4148
R1 1 11 10OHM
R31 31 33 10kOHM
R32 32 33 10kOHM
R23 23 0 1MEGOHM
R33 33 0 1MEGOHM
.LIB
.PROBE
.END
```

Liste 5.19: Eingabedaten für die Berechnung des Ringdemodulators ohne Meßspannung

Der in der Schaltung enthaltene Widerstand R_1 ist für die Konvergenz der Berechnungen unbedingt notwendig, die Widerstände R_{23} und R_{33} stellen lediglich einen geschlossenen Gleichstrompfad her. Der Transformator T überträgt die Meßspannung mit dem Übersetzungsverhältnis $\ddot{u}$ von 1. Seine Eigenschaften sind praktisch ideal, lediglich der *Kopplungsfaktor k* ist mit

0,999 geringfügig kleiner als der ideale Wert von 1. Auf das Verhalten realer Transformatoren wird im folgenden Kapitel im Detail eingegangen werden, dort folgt auch eine genauere Erläuterung der Zusammenhänge. Die sekundäre Mittelanzapfung 23 erlaubt den symmetrischen Anschluß der Steuerspannung. Der Ausgang besteht aus einen Spannungsteiler aus zwei gleichen Widerständen, was wiederum einen symmetrischen Anschluß 33 der Steuerspannung sicherstellt.

Zunächst soll die grundsätzliche Wirkungsweise der Schaltung durch eine vereinfachte Berechnung überprüft werden. Dazu wird nur die Steuerspannung an die Schaltung gelegt beziehungsweise die Meßspannung zu Null gesetzt. Die entsprechenden Eingabedaten sind in Liste 5.19 enthalten.

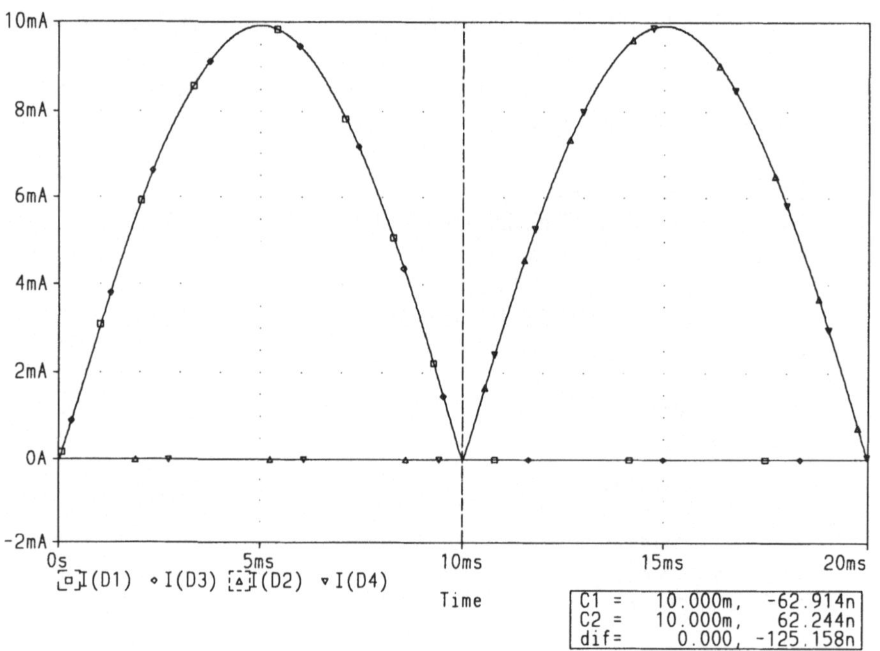

Bild 5.48: Steuerströme des Ringdemodulators; $\square - I_{D1}$, $\diamond - I_{D3}$, $\triangle - I_{D2}$, $\triangledown - I_{D4}$

Das Ergebnis der Berechnungen ist in Bild 5.48 dargestellt. Der Verlauf der Ströme in den Dioden bestätigt die zuvor angestellte Überlegung, daß entweder die Dioden D_1 und D_3 oder die Dioden D_2 und D_2 sich in Durchlaßrichtung befinden. Von V_1 aus gesehen wirkt die Schaltung damit erwartungsgemäß entweder als direkte Durchschaltung zum Ausgang oder als Umpoler. Der erreichte Stromscheitelwert liegt nur unwesentlich unter dem Wert von 10 mA, der bei idealen Schaltungseigenschaften zu erwarten wäre. Wie die Auswertung mit Hilfe der Marken ergibt, tritt auch ein Lücken der Ströme I_{D1} und I_{D2} bei der Umpolung nicht auf. Die Ursache für dieses weitgehend ideale Verhalten der Gleichrichterschaltung ist der sehr hohe Wert der Steuerspannung.

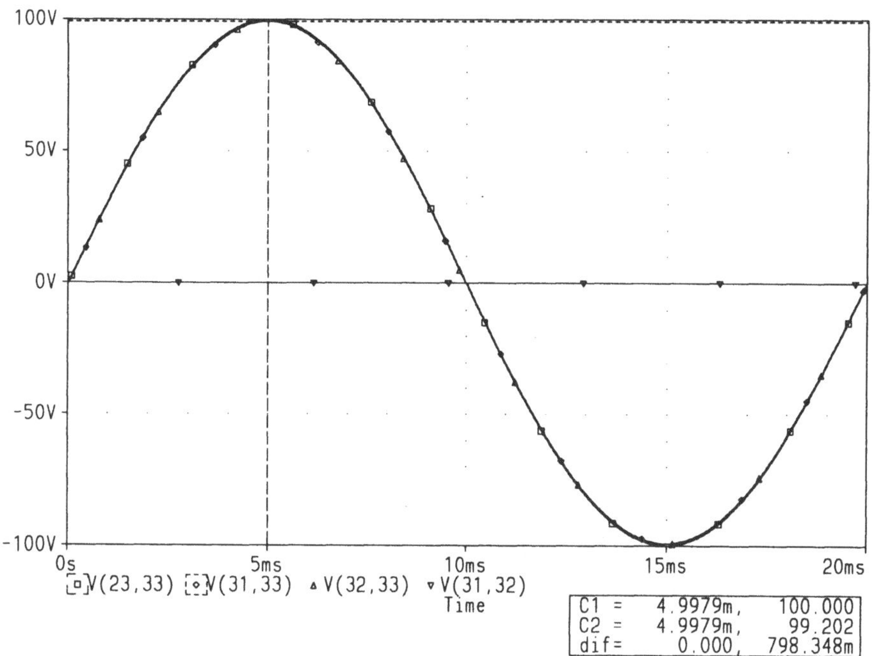

Bild 5.49: Steuerspannung und Ausgangsspannung des Ringdemodulators; □ − V_{Bez}, ◇ − V_{R31}, △ − V_{R32}, ▽ − V_3

Wie das in Bild 5.49 dargestellte Ergebnis zeigt, verhält sich die Schaltung auch am Ausgang den Erwartungen entsprechend. Die Spannungsabfälle, die durch den Steuerstrom an R_{31} und an R_{33} hervorgerufen werden, sind gleich groß und entgegengesetzt gepolt. In der Ausgangsspannung V_3 macht sich damit die Steuerspannung nicht bemerkbar. Da, wie die Auswertung mit Hilfe der Marken zeigt, die Durchlaßspannung jeweils einer Diode in Höhe von etwa 0,8 V in das Ergebnis eingeht, müssen die Dioden allerdings genau die gleichen Eigenschaften haben.

Sofern die Meßspannung V_1 und der von dieser innerhalb der Schaltung hervorgerufene Strom klein im Vergleich zum Steuerstrom bleibt, sollte sich durch die Meßspannung am Verhalten der Schaltung nichts ändern. Das wird durch die folgende Berechnung zunächst für Phasengleichheit von Meßspannung und Steuerspannung überprüft. Die entsprechenden Änderungen der Eingabedaten im Vergleich zu Liste 5.19 sind in Liste 5.20 wiedergegeben.

```
RINGDEMODULATOR PHI=0 GRD
V1 1 0 SIN(0 .1V 50Hz 0s 0 0d)
```

Liste 5.20: Eingabedaten für die Berechnung des Ringdemodulators bei Phasengleichheit von Meßspannung und Steuerspannung

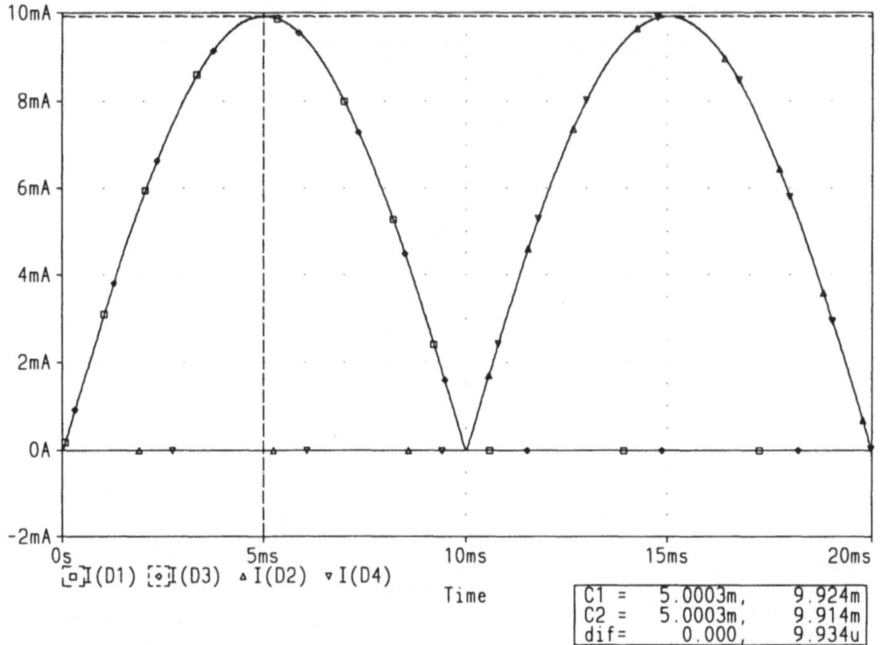

Bild 5.50: Ströme des Ringdemodulators; $V_1 = 0{,}1$ V; $\square - I_{D1}$, $\diamond - I_{D3}$, $\triangle - I_{D2}$, $\nabla - I_{D4}$

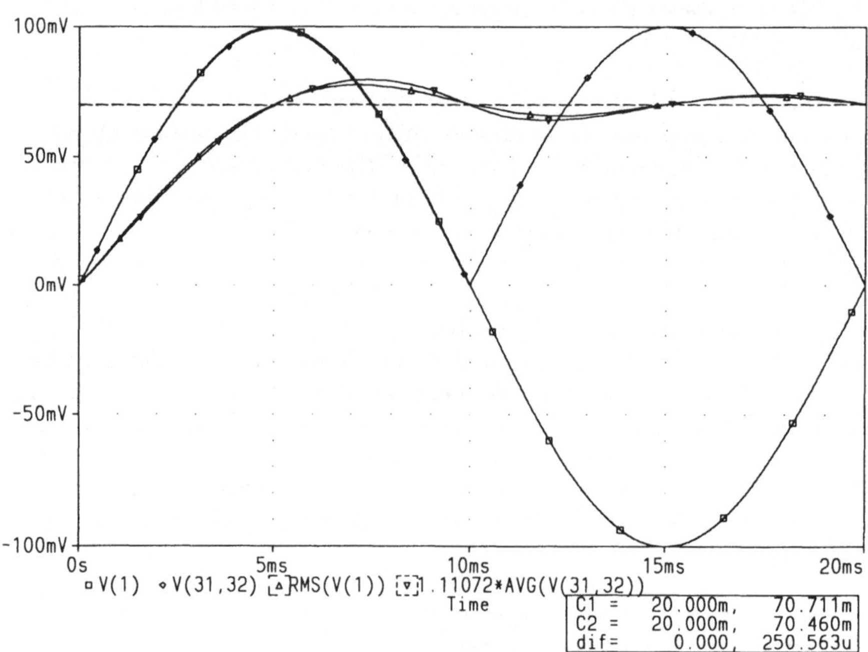

Bild 5.51: Eingangs- und Ausgangsspannung des Ringdemodulators; $\square - V_1$, $\diamond - V_3$, $\triangle -$ Effektivwert von V_1, $\nabla -$ Mittelwert von V_3 mal Formfaktor

Das Ergebnis der Berechnungen ist in Bild 5.50 dargestellt. Der Verlauf der Ströme in den Dioden ist gegenüber dem in Bild 5.48 dargestellten Ergebnis praktisch unverändert. Theoretisch müßte durch den infolge der Meßspannung V_1 fließenden Strom eine geringfügige Zunahme von I_{D1} und eine entsprechend kleine Abnahme von I_{D3} auftreten. Mit Hilfe der Marken läßt sich dies tatsächlich nachweisen, die Differenz von 9,934 µA erklärt sich etwa aus der Höhe der Meßspannung und der Größe des Widerstandes R_{31}. Entsprechendes gilt für die Ströme I_{D2} und I_{D4}.

Wie das in Bild 5.51 dargestellte Ergebnis zeigt, verhält sich die Schaltung am Ausgang praktisch wie ein idealer Doppelweggleichrichter. In der positiven Halbwelle kann man an der Zunahme der Strichstärke jedoch eine kleine Abweichung zwischen Meßspannung und Ausgangsspannung erkennen. Der Vergleich von Effektivwert der Meßspannung und dem mit dem Formfaktor für Sinusform von 1,11072 multiplizierten Mittelwert der Ausgangsspannung bestätigt dies. Die Auswertung mit Hilfe der Marken am Ende der Periode ergibt einen geringen Kurvenformfehler von -0,354%. Dieser Meßfehler setzt sich im wesentlichen aus dem Kopplungsfaktor des Transformators von 0,999 (anstatt des idealen Wertes von 1) und dem verbleibenden Einfluß der Durchlaßspannung und des Durchlaßwiderstands der Dioden in der Nähe des Stromnulldurchgangs zusammen.

Nun wird eine Phasenverschiebung zwischen Meßspannung und Steuerspannung eingeführt. Dabei muß sich bei einem phasenempfindlichen Doppelweggleichrichter der folgende Zusammenhang zwischen dem Mittelwert der Ausgangsspannung $\overline{V}_3$ und dem Scheitelwert der Meßspannung $\hat{V}_1$ ergeben:

$$\overline{V}_3 = \frac{2}{\pi}\hat{V}_1 \cos\varphi_{V_1,V_{Bezug}} \tag{5.55}$$

Eine Berechnung soll hier nur für den leicht überschaubaren Fall einer Phasenverschiebung von 90° durchgeführt werden. Die entsprechenden Änderungen der Eingabedaten im Vergleich zu Liste 5.19 sind in Liste 5.21 wiedergegeben. Daraus ergibt sich eine Nacheilung der Meßspannung gegenüber der Steuerspannung um 90°.

```
RINGDEMODULATOR PHI=90 GRD
V1 1 0 SIN(0 .1V 50Hz 0s 0 0d)
VBEZ 23 33 SIN(0 100V 50Hz 0s 0 90d)
```

Liste 5.21: Eingabedaten für die Berechnung des Ringdemodulators bei 90° Phasenverschiebung zwischen Meßspannung und Steuerspannung

Das Ergebnis der Berechnungen ist in Bild 5.52 dargestellt. Der Verlauf der Diodenströme I_{D1} und I_{D3} ist gegenüber dem in Bild 5.50 dargestellten Ergebnis um 90° voreilend phasenverschoben. Das entspricht genau der geänderten Phasenlage der Steuerspannung.

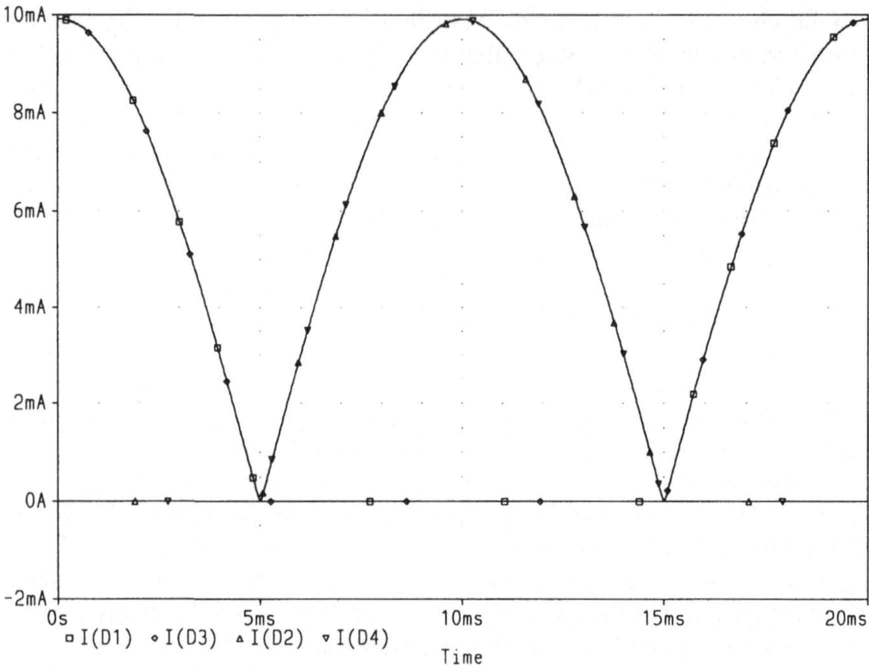

Bild 5.52: Ströme des Ringdemodulators; $V_1 = 0{,}1$ V; $\square - I_{D1}$, $\diamond - I_{D3}$, $\triangle - I_{D2}$, $\nabla - I_{D4}$

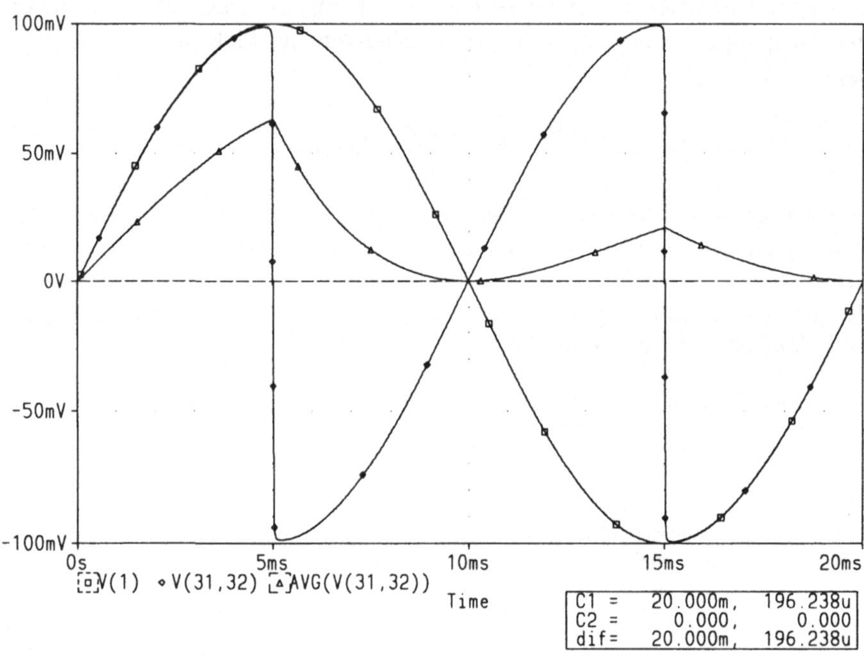

Bild 5.53: Eingangs- und Ausgangsspannung des Ringdemodulators; $\square - V_1$, $\diamond - V_3$, $\triangle -$ Mittelwert von V_3 mal Formfaktor

Wie das in Bild 5.53 dargestellte Ergebnis zeigt, verhält sich die Schaltung zumindest näherungsweise wie ein idealer phasenempfindlicher Doppelweggleichrichter. In der Nähe des Umkehrpunktes von V_3 ist allerdings eine gewisse Verrundung der Kurvenform zu erkennen. Das ist insofern nicht überraschend als hier im Nulldurchgang der Steuerspannung auch der durch die Dioden fließende Steuerstrom am kleinsten ist. Dadurch machen sich die nicht idealen Eigenschaften der Dioden doch wieder bemerkbar. Das äußert sich auch darin, daß der Mittelwert der Ausgangsspannung mit 196,2 µV (Marke C1) meßbar vom theoretischen Wert Null abweicht. Wegen den bei dieser Berechnung vorausgesetzten Näherungen, ist in der Praxis mit deutlich größeren Fehlern zu rechnen. Damit ist die Anwendung dieser Schaltung für Meßzwecke nur bei verhältnismäßig geringen Genauigkeitsanforderungen möglich.

6 Meßwandler

6.1 Magnetischer Kreis

Der Aufbau hochwertiger Transformatoren, und zwar insbesondere der von Spannungs- und Stromwandlern, ist nur unter Verwendung eines entsprechenden Eisenkernes möglich. Aufgrund der hohen relativen Permeabilität μ_r des ferromagnetischen Materials kann mit einer kleinen magnetischen Feldstärke H eine große magnetische Flußdichte B erzeugt werden:

$$B = \mu_r \mu_0 H \tag{6.1}$$

Entsprechend klein ist der Magnetisierungsstrom I_μ, der zur Erzeugung der magnetischen Feldstärke H benötigt wird:

$$H = \frac{I_\mu w_1}{l_{fe}} \tag{6.2}$$

Dabei ist w_1 die Windungszahl der Primärwicklung des Transformators und l_{fe} der mittlere Weg der magnetischen Feldlinien im Eisenkern. Bei sehr hoher relativer Permeabilität μ_r nimmt der Magnetisierungsstrom I_μ daher vernachlässigbar kleine Werte an. Das setzt voraus, daß der Transformator keinen Luftspalt enthält und der Weg der magnetischen Feldlinien, wie in Gl. 6.2 vorausgesetzt wurde, ausschließlich im Eisenkern verläuft.

In der Praxis muß allerdings berücksichtigt werden, daß die relative Permeabilität μ_r zwar hoch aber keineswegs unabhängig von weiteren Einflußgrößen ist. Besonders störend ist die Abhängigkeit der relativen Permeabilität von der magnetische Flußdichte B. Damit kann Gl. 6.1 in der Praxis nicht angewandt werden, statt dessen muß die Magnetisierungskennlinie $B = f(H)$ angegeben werden. Diese enthält neben dem nichtlinearen Zusammenhang zwischen B und H auch eine Hysterese, da die Vorgeschichte in das Verhalten des Eisenkernes mit eingeht.

Da durch diese nicht idealen Eigenschaften ferromagnetischer Werkstoffe das Verständnis der Wirkungsweise von Spannungs- und Stromwandlern stark erschwert wird, empfiehlt sich zunächst jeweils eine näherungsweise Betrachtung unter Vernachlässigung dieser Effekte. Der Spannungswandler wird im folgenden ausschließlich unter Vernachlässigung der nicht idealen Eigenschaften des Eisenkerns berechnet. Beim Stromwandler werden diese zunächst zwar auch vernachlässigt, später jedoch mit berücksichtigt. Dies ist beim Stromwandler auch unbedingt ratsam, da hier die nicht idealen Eigenschaften des Eisenkernes eine wesentlich größere Rolle spielen und unter gewissen Bedingungen sogar die Sättigung des Eisenkernes auftreten kann.

6.2 Spannungswandler

Die Aufgabe des Spannungswandlers liegt in der Herabsetzung der primärseitigen Hochspannung V_1 auf die sekundärseitige Niederspannung V_2 von in der Regel 100 V. Gleichzeitig wird eine galvanische Trennung der Niederspannungsseite von der Hochspannungsseite erreicht. Während die Primärseite häufig erdfrei betrieben wird, ist auf der Sekundärseite in der Regel ein Pol geerdet. Unter Berücksichtigung der sekundären Belastung durch Z_2 ergibt sich damit die in Bild 6.1 dargestellte Schaltung.

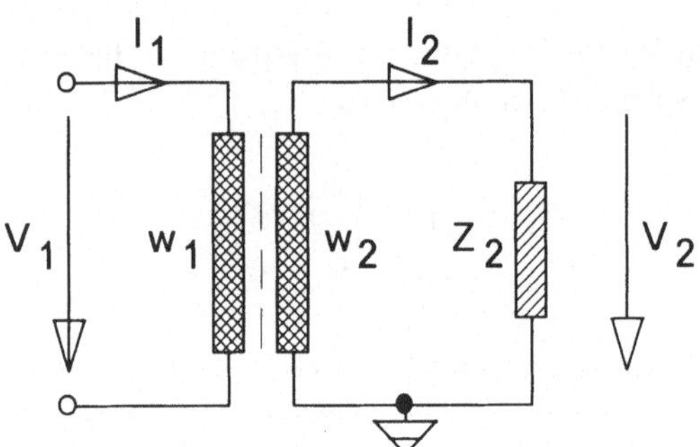

Bild 6.1: Schaltbild des sekundär belasteten Spannungswandlers

Die primär und sekundär induzierten Spannungen errechnen sich entsprechend den jeweiligen Windungszahlen und der Änderung des magnetischen Flusses Φ wie folgt:

$$V_1 = -w_1 \frac{\mathrm{d}\Phi_1}{\mathrm{d}t} \qquad V_2 = -w_2 \frac{\mathrm{d}\Phi_2}{\mathrm{d}t} \tag{6.3}$$

Im Idealfall ist der magnetische Fluß auf der Primärseite Φ_1 gleich dem auf der Sekundärseite Φ_2. Das Übersetzungsverhältnis $\ddot{u}$ des Spannungswandlers hängt dann direkt vom Verhältnis der primären Windungszahl w_1 zur sekundären Windungszahl w_2 ab:

$$\ddot{u} = \frac{V_1}{V_2} = \frac{w_1}{w_2} \tag{6.4}$$

In der Praxis stimmt dies nur näherungsweise, da ein gewisser Streufluß Φ_σ die Sekundärseite nicht erreicht. Dies hat eine Verringerung der Sekundärspannung V_2 gegenüber dem theoretischen Wert zur Folge. Dieser Effekt wird durch die ohmschen Widerstände der Primär- und der Sekundärwicklung, die in der Praxis nicht vernachlässigt werden können, verstärkt. Dadurch ist auch eine gewisse Phasenverschiebung zwischen Primär- und Sekundärspannung nicht zu vermeiden. Hinzu kommen noch Übersetzungsfehler hervorgerufen durch die nicht idealen Eigenschaften des Eisenkernes, die gegenwärtig jedoch noch nicht berücksichtigt werden sollen.
Sowohl die Abweichung des Übersetzungsverhältnisses vom theoretischen Wert als auch die Phasenverschiebung zwischen Primär- und Sekundärspannung müssen beim Spannungswandler genau berücksichtigt werden, da beide in die Ermittlung der umgesetzten Wirkleistung eingehen. Besonders störend aber sind Schwankungen dieser Größen, wie sie zum Beispiel bei Änderung der sekundären Belastung oder der Betriebstemperatur (Wicklungswiderstand) möglich sind. Dies soll mit Hilfe der numerischen Berechnung näher untersucht werden.
Als Grundlage der Berechnung können zwei verschiedene Ersatzschaltbilder dienen. Das erste ist in Bild 6.2 angegeben und dieses ist besonders auf die numerischen Berechnungen zugeschnitten.

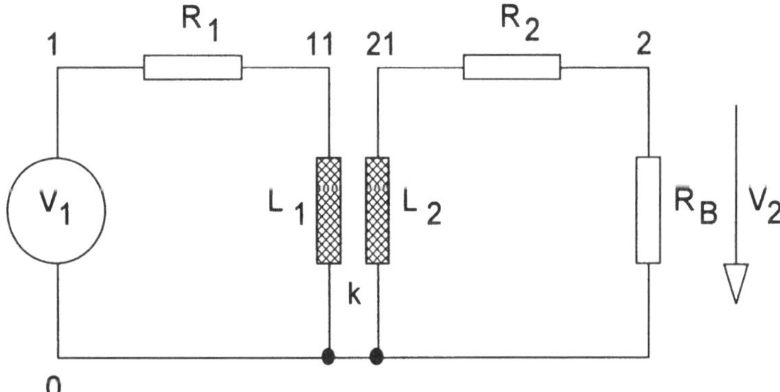

Bild 6.2: Ersatzschaltbild des sekundär belasteten Spannungswandlers; Übertrager mit Kopplungsfaktor k

Die Primär- und Sekundärwicklung sind jeweils durch die Induktivitäten L_1 und L_2 sowie durch die Verlustwiderstände R_1 und R_2 dargestellt. Die Streuung wird durch den Kopplungsfaktor k, der stets kleiner als 1 ist, berücksichtigt. Die sekundäre Belastung kann beim Spannungswandler in der Regel als ohmscher Widerstand R_B angenommen werden.

Bei der Eingabe von Bemessungswerten ist beim Transformator grundsätzlich zu beachten, daß *alle* Größen der Primär- und der Sekundärseite über das Übersetzungsverhältnis zusammenhängen. Während für die Spannungen Gl. 6.4 gilt, besteht für die Ströme der umgekehrte Zusammenhang:

$$V_1\, I_1 = V_2\, I_2 \qquad \ddot{u} = \frac{I_2}{I_1} \tag{6.5}$$

Damit hängen Widerstände beziehungsweise Impedanzen mit dem Quadrat des Übersetzungsverhältnisses zusammen:

$$Z_1 = \frac{V_1}{I_1} = \frac{V_2\,\ddot{u}}{I_2/\ddot{u}} = \ddot{u}^2\, Z_2 \tag{6.6}$$

Unter Beachtung dieser Zusammenhänge werden nun die Eingabedaten für die Berechnung eines Spannungswandlers mit dem Übersetzungsverhältnis von $\ddot{u} = 10$ zusammengestellt. Diese sind in Liste 6.1 enthalten.

```
SPANNUNGSWANDLER, U1/U2=10, OHNE EISENVERLUSTE
.OPTIONS ACCT LIST NODE OPTS TNOM=20
.PARAM RB=1kOHM
.STEP PARAM RB LIST 100OHM 1kOHM 10kOHM
.AC DEC 100 1Hz 1kHz
V1 1 0 AC 1E3V
KSPANNUNGSWANDLER L1 L2 0.995
R1 1 11 50OHM
L1 11 0 10H
L2 21 0 .1H
R2 21 2 .5OHM
RB 2 0 {RB}
.PROBE
.END
```

Liste 6.1: Eingabedaten für die Berechnung eines Spannungswandlers mit dem Übersetzungsverhältnis von $\ddot{u} = 10$

Der Kopplungsfaktor k wird mit 0,995 angenommen, was einer Streuung σ:

$$\sigma = 1 - k \tag{6.7}$$

von nur 0,5% entspricht. Bei einer angenommenen Primärinduktivität L_1 von 10 H und dem Übersetzungsverhältnis $\ddot{u}$ von 10 ergibt sich die Sekundärinduktivität L_2 zu 0,1 H. Für den primären Verlustwiderstand R_1 wird ein

Wert von 50 Ω angenommen. Für den sekundären Verlustwiderstand R_2 ist
damit die Annahme eines Wertes von 0,5 Ω sinnvoll. Zur Berechnung des
Einflusses der Belastung auf die Sekundärspannung wird der Lastwiderstand R_B als Parameter definiert. Der Spannungswandler wird primär mit
einer Wechselspannung von 1 kV gespeist, deren Frequenz zwischen 1 Hz
und 1 kHz verändert wird. In der Praxis liegt in der Regel allerdings eine
konstante Frequenz von zumeist 50 Hz vor.
Das Ergebnis der Berechnungen ist in den Bildern 6.3 und 6.4 dargestellt. In
Bild 6.3 wird zunächst der Einfluß der Belastung auf den Betrag der Sekundärspannung dargestellt. Bei einer relativ hochohmigen Belastung des Spannungswandlers mit R_B = 10 kΩ liegt die Sekundärspannung bei einer Frequenz von 50 Hz mit 99,478 V (Marke C1) fast genau auf dem entsprechend
des Übersetzungsverhältnisses und des Kopplungsfaktors zu erwartenden
Wert von 99,5 V. Bei einer Verminderung des sekundären Belastungswiderstands auf R_B = 1 kΩ ändert sich daran nur wenig. Eine weitere Verminderung des Belastungswiderstands auf R_B = 100 Ω hat dann allerdings eine
deutliche Verringerung der Sekundärspannung auf 98,507 V (Marke C2) zur
Folge. Der durch die Verlustwiderstände verursachte Übersetzungsfehler ist
jetzt etwa doppelt so hoch wie derjenige, der durch die Streuung hervorgerufen wird. Eine so niederohmige Belastung ist in der Praxis jedoch in der Regel nicht zu erwarten.

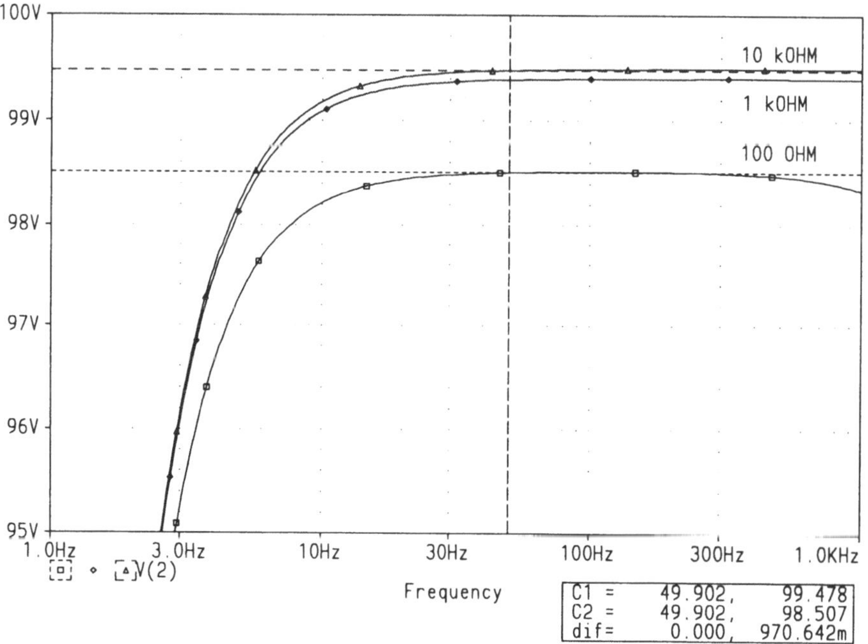

Bild 6.3: Sekundärspannung V_2 des mit R_B belasteten Spannungswandlers; $\square$ — R_B = 100 Ω,
$\diamond$ R_B = 1 kΩ, $\triangle$ R_B = 10 kΩ

Bezüglich der Frequenzabhängigkeit der Sekundärspannung scheint zunächst nur der Bereich niedriger Frequenzen relevant zu sein. Das liegt an dem mit sinkender Frequenz zunehmenden Einfluß der Verlustwiderstände. Darüber hinaus muß jedoch bei höheren Frequenzen durch den bisher nicht berücksichtigten Einfluß der nicht idealen Eigenschaften des Eisenkerns und insbesondere der Eisenverluste mit erheblichen Übersetzungsfehlern gerechnet werden.

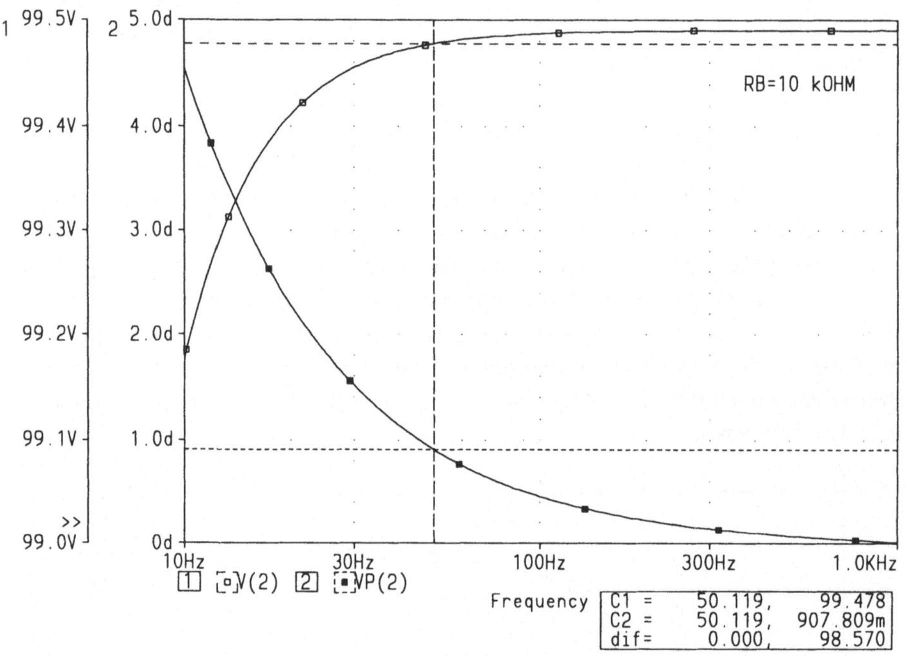

Bild 6.4: Sekundärspannung V_2 und deren Phasenverschiebung φ_2 des mit R_B = 10 kΩ belasteten Spannungswandlers; □ — V_2, ■ — φ_2

Eine genauere Auswertung der Sekundärspannung des Spannungswandlers bei der vermutlich in der Praxis nicht unterschrittenen sekundären Belastung von 10 kΩ ist in Bild 6.4 dargestellt. Hier ist auch die Phasenverschiebung der Sekundärspannung mit angegeben. Bei einer Frequenz von 50 Hz beträgt diese nur 0,91° (Marke C2). Allerdings steigt auch der Phasenfehler des Spannungswandlers mit sinkender Frequenz stark an. Bei hohen Frequenzen würde sich durch die bisher vernachlässigten Eisenverluste sicherlich auch wieder ein Anstieg ergeben. Der Bereich hoher Frequenzen erfordert jedoch ohnehin eine andere Bemessung von Wandlern und insbesondere die Verwendung spezieller ferromagnetischer Werkstoffe (Ferrit). Im Extremfall muß man auf den Eisenkern ganz verzichten.
Das bisher verwendete Ersatzschaltbild entsprechend Bild 6.2 ist für das physikalische Verständnis der Wirkungsweise von Transformatoren allerdings weniger gut geeignet. Anschaulicher ist in dieser Beziehung das in Bild

6.5 dargestellte T-Ersatzschaltbild des Spannungswandlers. Darüber hinaus erlaubt es auch einfache geschlossen Berechnungen mit Hilfe der Netzwerkanalyse, da die Primär- und die Sekundärseite nicht galvanisch getrennt sind. Dafür müssen allerdings im Ersatzschaltbild alle Größen der Sekundärseite entsprechend dem Übersetzungsverhältnis auf die Primärseite umgerechnet werden (oder umgekehrt). Die umgerechneten Größen sind durch einen senkrechten Strich markiert.

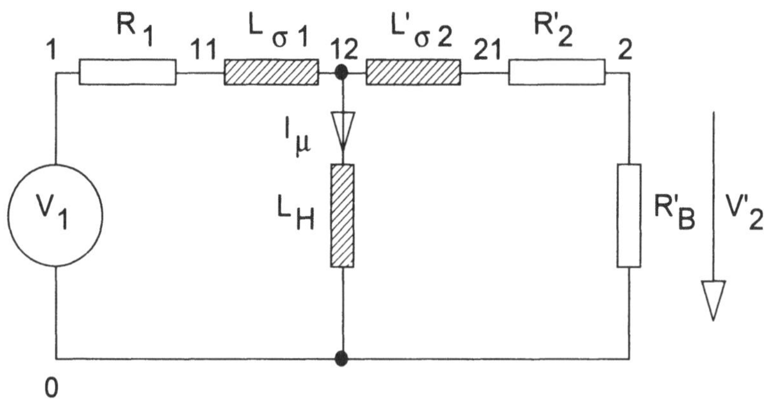

Bild 6.5: T-Ersatzschaltbild des sekundär belasteten Spannungswandlers

Aus dieser Ersatzschaltung ist sofort zu erkennen, daß die Sekundärspannung durch die ohmschen Spannungsabfälle an den Verlustwiderständen und durch die induktiven Spannungsabfälle an den Streuinduktivitäten L_σ nach Betrag und Phase verfälscht wird. Darüber hinaus kann der über die Hauptinduktivität L_H fließende Magnetisierungsstrom I_μ einen zusätzlichen Spannungsabfall auf der Primärseite verursachen. Das ist jedoch beim Spannungswandler in der Regel von untergeordneter Bedeutung.
Natürlich kann auch dieses Ersatzschaltbild der numerischen Berechnung zugrunde gelegt werden. Das Berechnungsergebnis muß im Rahmen der Rechengenauigkeit mit dem zuvor erhaltenen übereinstimmen, wenn den Eingabedaten die gleiche Bemessung zugrunde gelegt wird. Das soll durch die folgende Berechnung unter Beweis gestellt werden.
Bei der Ableitung der Eingabedaten müssen die nicht unwesentlichen Unterschiede der beiden Ersatzschaltbilder entsprechend berücksichtigt werden. An die Stelle der Primärinduktivität L_1 und der Sekundärinduktivität L_2 treten bei der T-Ersatzschaltung die Hauptinduktivität L_H und die primäre Streuinduktivität $L_{\sigma 1}$ sowie die sekundäre Streuinduktivität $L_{\sigma 2}'$. Zwischen diesen Größen und dem Kopplungsfaktor k besteht der folgende Zusammenhang:

$$L_H = k L_1 \tag{6.8}$$

$$L_{\sigma 1} = (1-k)L_1 \qquad L_{\sigma 2}' = (1-k)L_1 \tag{6.9}$$

Alle Eingabedaten sind an die in Liste 6.1 enthaltenen entsprechend angeglichen. Dazu mußten auch die Größen der Sekundärseite entsprechend dem Übersetzungsverhältnis nach Gl. 6.4-6.6 auf die Primärseite umgerechnet werden. Damit ergeben sich dann die Daten in Liste 6.2.

```
SPANNUNGSWANDLER, U1/U2=10, OHNE EISENVERLUSTE
.OPTIONS ACCT LIST NODE OPTS TNOM=20
.PARAM RB'=100kOHM
.STEP PARAM RB LIST 10kOHM 100kOHM 1MEGOHM
.AC DEC 100 1Hz 1kHz
V1 1 0 AC 1E3V
R1 1 11 50OHM
LS1 11 12 50mH; Lσ1
LH 12 0 9.95H
LS2' 12 21 50mH; Lσ2'
R2' 21 2 50OHM
RB 2 0 {RB}
.PROBE
.END
```

Liste 6.2: Eingabedaten für die Berechnung eines Spannungswandlers mit dem Übersetzungsverhältnis von $\ddot{u}$ = 10

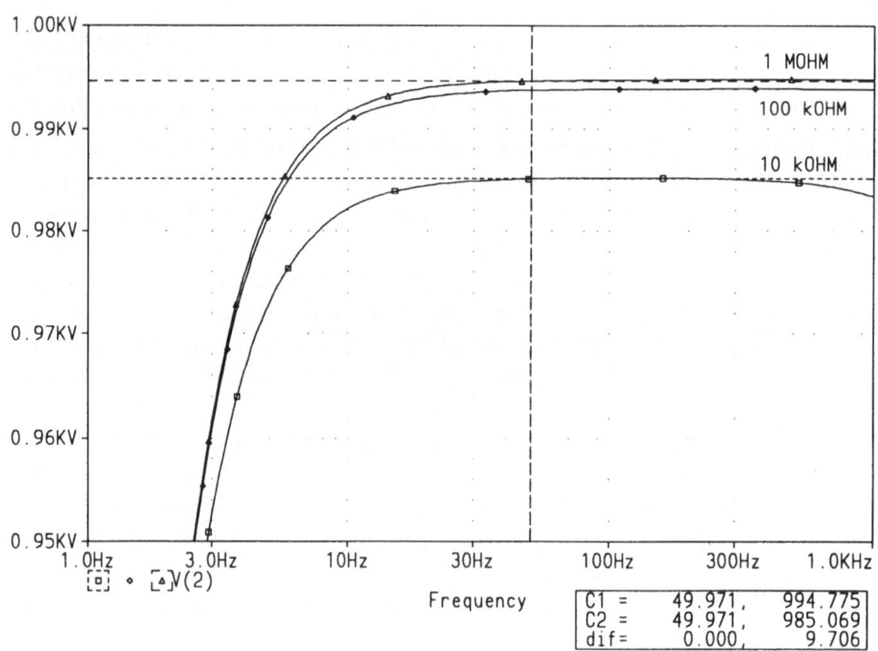

Bild 6.6: Sekundärspannung V_2' des mit R_B' belasteten Spannungswandlers; □ — R_B' = 10 kΩ, ◇ R_B' = 100 kΩ, △ R_B' = 1 MΩ

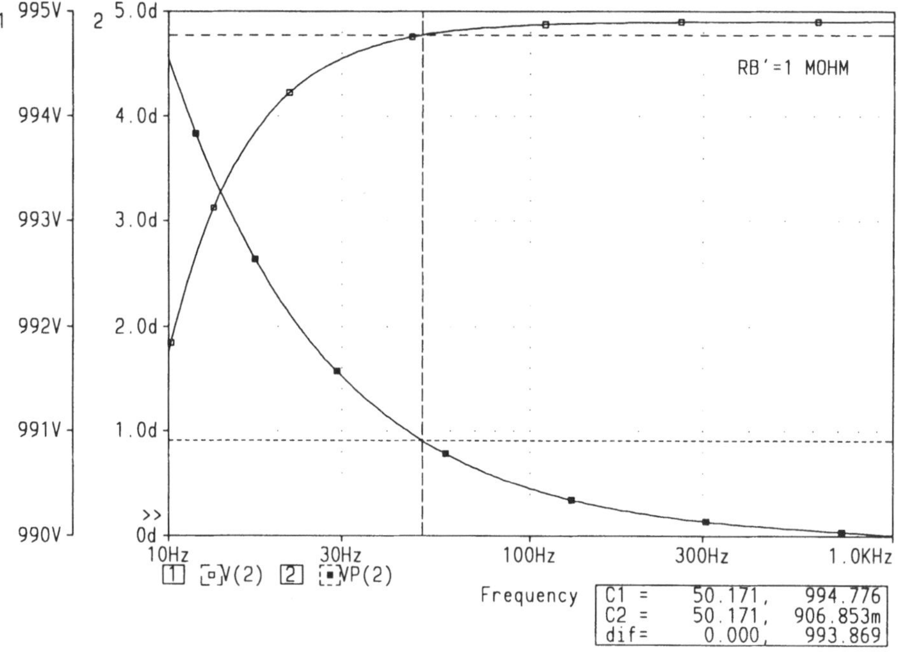

Bild 6.7: Sekundärspannung $V_2{}'$ und deren Phasenverschiebung φ_2 des mit $R_B{}' = 1\ \text{M}\Omega$ belasteten Spannungswandlers; $\square - V_2{}'$, $\blacksquare - \varphi_2$

Die erhaltenen Ergebnisse sind in den Bildern 6.6 und 6.7 dargestellt. Beim Vergleich der Ergebnisse mit den Bildern 6.3 und 6.4 ist allerdings zu beachten, daß diese hier auf die Primärseite bezogen sind. Daher wird beispielsweise die Spannung $V_2{}'$ berechnet, die um das Übersetzungsverhältnis $\ddot{u}$ vom zuvor erhaltenen Ergebnis abweicht.

Davon abgesehen stimmen die Ergebnisse, wie die Auswertung mit Hilfe der Marken ergibt, genau überein. Lediglich der in Bild 6.7 mit Hilfe der Marke C2 ausgewertete Phasenwinkel weicht überhaupt erkennbar vom zuvor erhaltenen Ergebnis ab. Dies ist jedoch allenfalls von theoretischem Interesse und läßt sich im übrigen auch durch die nicht exakt übereinstimmende Frequenz erklären.

6.3 Stromwandler

6.3.1 Stromwandler ohne Eisenverluste

Die Aufgabe des Stromwandlers liegt in der Herabsetzung des hohen primärseitigen Wechselstromes I_1 auf den sekundärseitigen Strom I_2 von in der

Regel 5 A oder 1 A. Gleichzeitig wird eine galvanische Trennung der Niederspannungsseite von der Hochspannungsseite erreicht. Während die Primärseite in der Regel erdfrei betrieben wird, ist die Sekundärseite einpolig geerdet. Unter Berücksichtigung der sekundären Belastung durch Z_2 ergibt sich
damit die in Bild 6.8 dargestellte Schaltung. Dabei ist zu beachten, daß der
Primärstrom I_1 hier durch den äußeren Stromkreis vorgegeben wird und
damit praktisch eingeprägt ist.

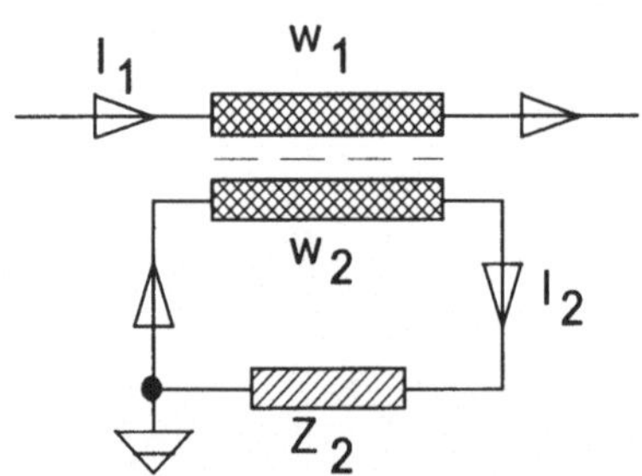

Bild 6.8: Schaltbild des sekundär belasteten Stromwandlers

Es muß daher unbedingt ein Sekundärstrom I_2 fließen können, damit sich
das Durchflutungsgleichgewicht einstellen kann:

$$\oint_{l_{fe}} \vec{H} d\vec{s} = I_1 w_1 - I_2 w_2 \tag{6.10}$$

Sollte der Sekundärstrom zu klein oder im Extremfall sogar Null werden,
dann würde der gesamte Primärstrom als Magnetisierungsstrom wirken.
Entsprechend Gl. 6.2 würden sich damit sehr hohe magnetische Feldstärken
H ergeben und der Wandler würde in die Sättigung gehen. Auf die mit der
Eisensättigung verbundenen Probleme soll später bei der Berücksichtigung
der nicht idealen Eigenschaften des Eisenkerns eingegangen werden.
Rein formal ist noch zu beachten, daß beim Stromwandler das Übersetzungsverhältnis entsprechend dem Verhältnis der Ströme definiert ist:

$$\ddot{u} = \frac{I_1}{I_2} = \frac{w_2}{w_1} \tag{6.11}$$

und damit dem Kehrwert des Übersetzungsverhältnisses des Spannungswandlers entspricht.
In der Praxis treten auch hier Abweichungen vom Übersetzungsverhältnis
auf. Dafür ist beim Stromwandler allerdings vor allem der Magnetisierungsstrom verantwortlich, durch den der Sekundärstrom nach Betrag und Phase
verfälscht wird. Auch beim Stromwandler müssen die Abweichung des
Übersetzungsverhältnisses vom theoretischen Wert und die Phasenverschiebung zwischen Primär- und Sekundärstrom genau berücksichtigt werden, da

beide in die Ermittlung der umgesetzten Wirkleistung eingehen. Besonders
störend sind die Schwankungen dieser Größen, wie sie zum Beispiel bei Änderung der sekundären Belastung oder der Betriebstemperatur (Wicklungswiderstand) möglich sind. Dies soll mit Hilfe der numerischen Berechnung
näher untersucht werden. Dabei werden zunächst wieder die nicht idealen
Eigenschaften des Eisenkerns vernachlässigt.

Den Berechnungen können auch hier die beiden zuvor beschriebenen Ersatzschaltbilder zugrunde gelegt werden. Zunächst soll die Berechnung nach
Bild 6.9 erfolgen. Als sekundäre Belastung wird wieder ein ohmscher Widerstand angenommen, wobei beim Stromwandler allerdings auch eine induktive Belastung in Frage kommt.

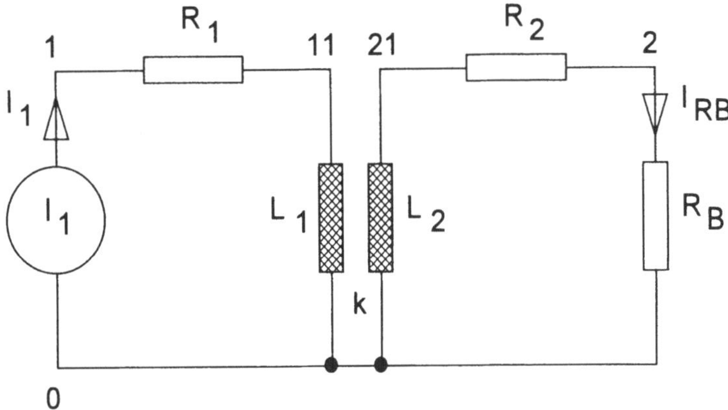

Bild 6.9: Ersatzschaltbild des sekundär belasteten Stromwandlers; Übertrager mit Kopplungsfaktor k

Unter Beachtung der zuvor beim Spannungswandler beschriebenen Zusammenhänge werden nun die Eingabedaten für die Berechnung eines Stromwandlers mit dem Übersetzungsverhältnis von $\ddot{u}$ = 10 zusammengestellt.
Diese sind in Liste 6.3 enthalten.

Der Kopplungsfaktor k wird mit 0,99 angenommen was einer Streuung σ von
1% entspricht. Bei einer angenommenen Primärinduktivität L_1 von 100 µH
und dem Übersetzungsverhältnis $\ddot{u}$ von 10 ergibt sich die Sekundärinduktivität L_2 zu 10 mH. Für den primären Verlustwiderstand R_1 wird ein Wert
von 1 mΩ angenommen. Für den sekundären Verlustwiderstand R_2 ist damit
die Annahme eines Wertes von 0,1 Ω sinnvoll. In diesem Fall wird die Temperaturabhängigkeit der Verlustwiderstände und deren Einfluß auf den Sekundärstrom in die Berechnung einbezogen. Dazu wird für die Verlustwiderstände das Modell RMOD definiert, das die Temperaturabhängigkeit des
Kupferdrahtes beinhaltet.

Der Stromwandler wird mit einem primären Wechselstrom von 50 A betrieben, dessen Frequenz zwischen 1 Hz und 1 kHz verändert wird. In der Praxis liegt in der Regel allerdings auch hier eine konstante Frequenz von zum
Beispiel 50 Hz vor.

```
STROMWANDLER, I1/I2=10, OHNE EISENVERLUSTE
.OPTIONS ACCT LIST NODE OPTS TNOM=20
.TEMP -20 20 80
.AC DEC 100 1Hz 1kHz
I1 0 1 AC 50A
KSTROMWANDLER L1 L2 0.99
R1 1 11 RMOD 1mOHM
L1 11 0 100uH
L2 21 0 10mH
R2 21 2 RMOD .1OHM
RB 2 0 .1OHM
.MODEL RMOD RES (R=1 DEV=.0% TC1=.004); KUPFER
.PROBE
.END
```

Liste 6.3: Eingabedaten für die Berechnung eines Stromwandlers mit dem Übersetzungsverhältnis von $ü = 10$

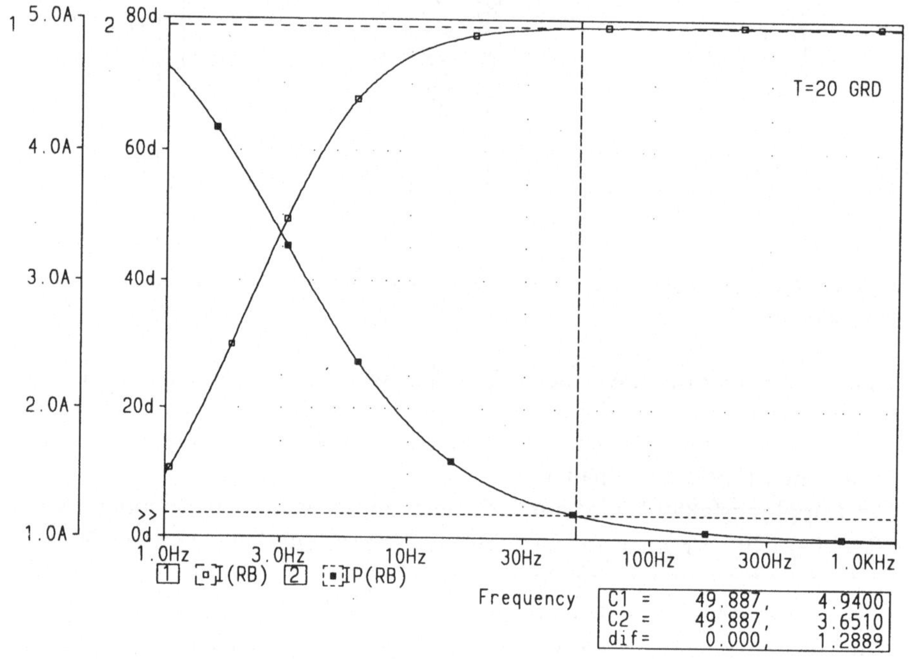

Bild 6.10: Sekundärstrom I_{RB} und dessen Phasenverschiebung φ_{RB} des Stromwandlers bei
Nenntemperatur; $\square - I_{RB}$, $\blacksquare - \varphi_{RB}$

Das Ergebnis der Berechnungen ist in den Bildern 6.10 und 6.11 dargestellt.
In Bild 6.10 wird zunächst bei der Nenntemperatur von 20°C der Sekundärstrom nach Betrag und Phase dargestellt. Bei einer Frequenz von 50 Hz liegt
der Betrag mit 4,94 A (Marke C1) nur geringfügig unter dem angesichts des
Übersetzungsverhältnisses und des Kopplungsfaktors zu erwartenden Wert

von 4,95 A. Die Phasenverschiebung des Sekundärstromes ist mit 3,65° (Marke C2) allerdings nicht ganz zu vernachlässigen. Sowohl der Betragsfehler als auch der Winkelfehler steigen mit sinkender Frequenz stark an. Bezüglich der hohen Frequenzen gelten die zuvor beim Spannungswandler angestellten Überlegungen.

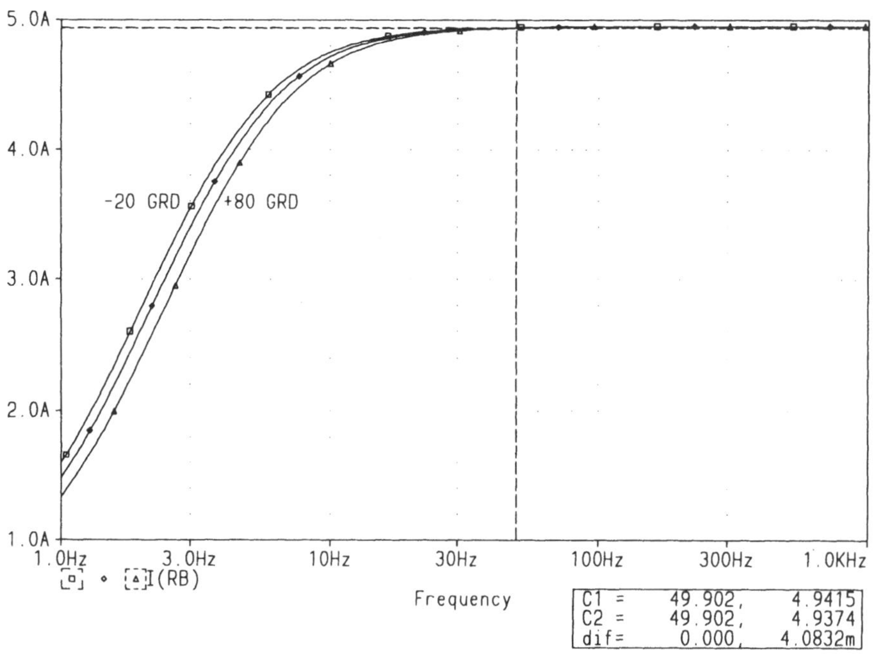

Bild 6.11: Temperaturabhängigkeit des Sekundärstroms I_{RB} infolge der temperaturabhängigen Kupferverlustwiderstände; □ — -20°C, ◇ — +20°C, △ — +80°C

Die in Bild 6.11 dargestellte Berechnung der Temperaturabhängigkeit des Sekundärstroms verursacht durch die temperaturabhängigen Kupferverlustwiderstände der Wicklungen zeigt, daß es sich um eine Einflußgröße von untergeordneter Bedeutung handelt. Bei einer Frequenz von 50 Hz ergibt die Auswertung mit Hilfe der Marken im gesamten Temperaturbereich nur einen vernachlässigbar kleinen Einfluß. Erst bei tiefen Frequenzen, wo die Kupferverlustwiderstände eine erhebliche Rolle spielen, macht sich auch der entsprechende Temperatureinfluß bemerkbar.

Wie bereits ausgeführt wurde, können die Berechnungen auch nach dem T-Ersatzschaltbild durchgeführt werden. Für den Stromwandler ist dieses in Bild 6.12 dargestellt.

Da beim Stromwandler der Primärstrom praktisch eingeprägt ist, interessieren die Spannungsabfälle an den Elementen der Ersatzschaltung in der Regel nicht. Aus dieser Ersatzschaltung daher ist sofort zu erkennen, daß der Sekundärstrom durch die Stromaufteilung zwischen der Hauptinduktivität L_H (Magnetisierungsstrom I_μ) und dem Sekundärkreis (Laststrom $I_{RB'}$) verfälscht wird. Damit der Übersetzungsfehler gering bleibt, muß einerseits die Hauptinduktivität groß und andererseits die Belastung möglichst nieder-ohmig sein. Der geringste Fehler wird für $R_B' = 0$ erreicht. Bei einer eventuellen Abnahme der Hauptinduktivität L_H hervorgerufen durch die Eisensättigung ist ein Anstieg des Übersetzungsfehlers zu erwarten. Beim Stromwandler muß daher vor allem der Magnetisierungsstrom I_μ klein gehalten werden, womit den Eigenschaften des Eisenkernes die entscheidende Bedeutung zukommt.

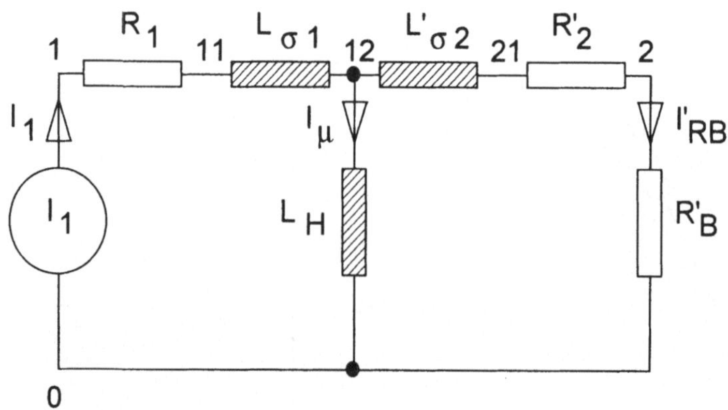

Bild 6.12: T-Ersatzschaltbild des sekundär belasteten Stromwandlers

Alle Eingabedaten sind an die in Liste 6.3 enthaltenen entsprechend angeglichen. Dazu mußten auch die Größen der Sekundärseite entsprechend dem Übersetzungsverhältnis nach Gl. 6.4-6.6 auf die Primärseite umgerechnet werden. Damit ergeben sich dann die Daten in Liste 6.4.

```
STROMWANDLER, I1/I2=10, OHNE EISENVERLUSTE
.OPTIONS ACCT LIST NODE OPTS TNOM=20
.TEMP -20 20 80
.AC DEC 100 1Hz 1kHz
I1 0 1 AC 50A
R1 1 11 RMOD 1mOHM
Lσ1 11 12 1uH
LH 12 0 99uH
Lσ2' 12 21 1uH
R2' 21 2 RMOD 1mOHM
RB' 2 0 1mOHM
.MODEL RMOD RES (R=1 DEV=.0% TC1=.004); KUPFER
.PROBE
.END
```

Liste 6.4: Eingabedaten für die Berechnung eines Stromwandlers mit dem Übersetzungsverhältnis von $\ddot{u} = 10$

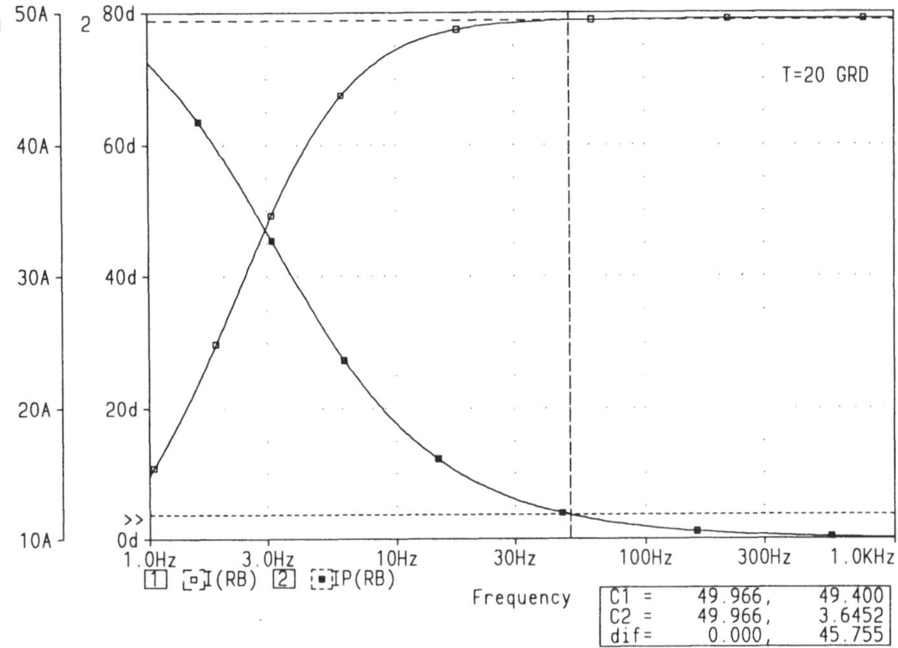

Bild 6.13: Sekundärstrom I_{RB}' und dessen Phasenverschiebung φ_{RB} des Stromwandlers bei Nenntemperatur; $\square$ — I_{RB}', $\blacksquare$ — φ_{RB}

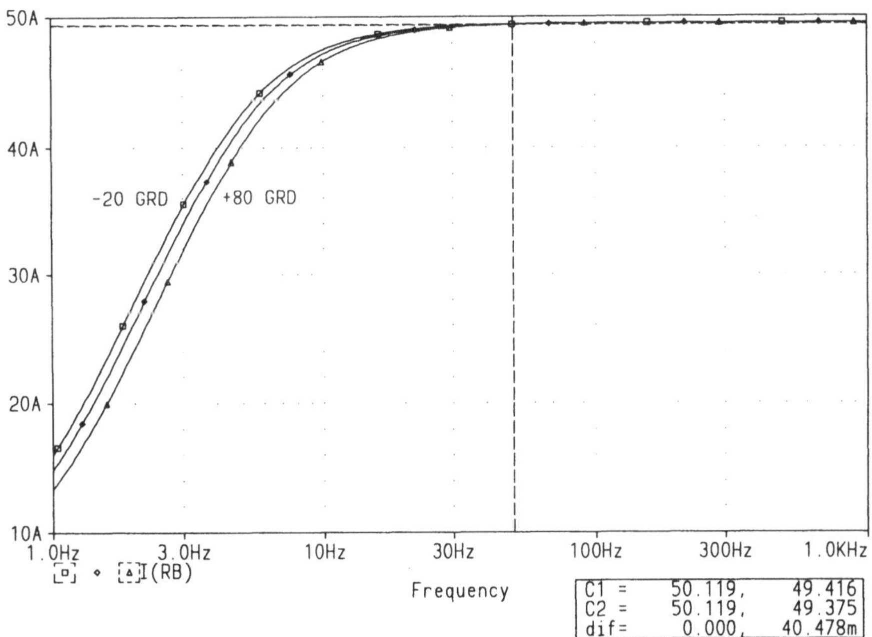

Bild 6.14: Temperaturabhängigkeit des Sekundärstroms I_{RB}' infolge der temperaturabhängigen Kupferverlustwiderstände; $\square$ — -20°C, $\diamond$ — +20°C, $\triangle$ — +80°C

Die erhaltenen Ergebnisse sind in den Bildern 6.13 und 6.14 dargestellt. Beim Vergleich der Ergebnisse mit den Bildern 6.10 und 6.11 ist allerdings zu beachten, daß diese hier auf die Primärseite bezogen sind. Daher wird hier beispielsweise der Strom I_{RB}' berechnet, der um das Übersetzungsverhältnis $ü$ vom zuvor erhaltenen Ergebnis abweicht.

Davon abgesehen stimmen die Ergebnisse, wie die Auswertung mit Hilfe der Marken ergibt, genau überein. Lediglich der in Bild 6.14 mit Hilfe der Marke C2 ausgewertete Phasenwinkel weicht überhaupt erkennbar vom zuvor erhaltenen Ergebnis ab. Dies ist jedoch allenfalls von theoretischem Interesse und läßt sich im übrigen auch durch die nicht exakt übereinstimmenden Frequenzen, bei der die Marken jeweils liegen, erklären. Es bleibt daher dem Anwender freigestellt, welches der Ersatzschaltbilder dieser vorzugsweise verwenden möchte.

6.3.2 Eigenschaften des Eisenkerns

Im folgenden sollen die Eigenschaften des Eisenkernes mit in die Berechnungen einbezogen werden [16]. Dazu muß ein geeignetes Modell für den nichtlinearen Zusammenhang zwischen B und H gefunden werden. Leider ist die Auswahlmöglichkeit entsprechender Modelle selbst in der Vollversion von PSPICE gering. Es sind dort lediglich *Ferritkerne* enthalten, in der Versuchsversion von PSPICE stehen hiervon nur einige wenige Ausführungen zur Verfügung. Für die Berechnung kommt am ehesten der größte der Ferritringkerne in Frage (K528T500_3C8). Im interessierenden Frequenzbereich treten bei Ferrit lediglich die *Hystereseverluste* in Erscheinung, während bei anderen ferromagnetischen Werkstoffen auch die Wirbelstromverluste zu berücksichtigen wären.

Zunächst wird das Verhalten dieses Kernmodells untersucht. Hierzu wird die Magnetisierungskennlinie $B = f(H)$ bei verschiedenen Erregerströmen I_G dargestellt. Dies wird an einer Spule L_1 mit dem gewählten Eisenkern durchgeführt. Die entsprechende Schaltung ist in Bild 6.15 angegeben.

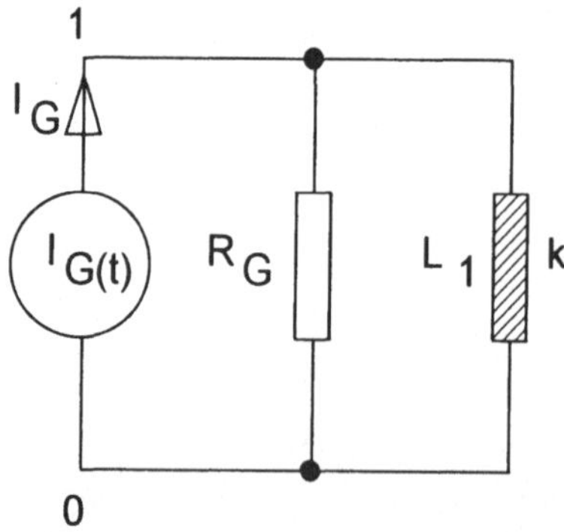

Bild 6.15: Schaltbild zur Darstellung der Magnetisierungskennlinie von L_1

Statt dem Induktivitätswert von L_1 muß nunmehr allerdings die Windungszahl w_1 eingegeben werden. Das ist insofern unpraktisch, als aus Gründen der Vergleichbarkeit mit den zuvor ohne Berücksichtigung der Eisenverluste berechneten Bemessungsbeispiel hier mit dem gleichen Induktivitätswert gearbeitet werden soll. Aus den späteren Berechnungen hat sich ergeben, daß die Vergleichbarkeit in etwa bei einer primären Windungszahl des Stromwandlers w_1 von 5 gegeben ist. Diese Windungszahl wird daher auch bei der Darstellung der Magnetisierungskennlinie gewählt. Der Kopplungsfaktor k wird nahezu mit 1 angenommen, womit die Streuung praktisch nicht berücksichtigt wird. Bei der Verwendung des Kernmodells ist außerdem noch unbedingt zu beachten, daß H und B in den **cgs-Einheiten** Örsted und Gauß berechnet werden. Die Ergebnisse müssen daher noch in **mksA-Einheiten** umgerechnet werden:

$$1\,\text{Örsted} = \frac{10^3}{4\pi}\frac{\text{A}}{\text{m}} \qquad 1\,\text{Gauß} = 10^{-4}\frac{\text{Vs}}{\text{m}^2} = 10^{-4}\,\text{Tesla} \qquad (6.12)$$

Die Erregung der Spule erfolgt durch die Stromquelle I_G mit dem Innenwiderstand R_G. Diese wird in geeigneten Stufen hochgefahren, damit sowohl der annähernd lineare als auch der stark nichtlineare Bereich der Magnetisierungskennlinie gezeigt werden kann. Die Eingabedaten für die Berechnung sowie das vollständige Kernmodell sind in Liste 6.5 enthalten.

```
MAGNETISIERUNGSKENNLINIE; FERRITRINGKERN
*H(K1) EINHEIT OERSTED, B(K1) EINHEIT GAUSS
.OPTIONS ACCT LIST NODE OPTS TNOM=20
.TRAN 50us 100ms 0s 50us
IG0 0 1 SIN(0 .1A 50Hz 0ms); GENERATOR: BEGINN MIT 0,1A
IG1 0 1 SIN(0 .1A 50Hz 20ms); ERHOEHUNG UM 0,1A NACH 20ms
IG2 0 1 SIN(0 .3A 50Hz 40ms); ERHOEHUNG UM 0,3A NACH 40ms
IG3 0 1 SIN(0 .5A 50Hz 60ms); ERHOEHUNG UM 0,5A NACH 60mS
IG4 0 1 SIN(0 1A 50Hz 80ms); ERHOEHUNG UM 1A NACH 80mS
RG 1 0 1OHM; INNENWIDERSTAND DES GENERATORS
L1 1 0 5; SPULE MIT 5 WINDUNGEN
K1 L1 .9999 K528T500_3C8; FERRITRINGKERN
.MODEL K528T500_3C8 CORE(LEVEL=2 ALPHA=0 MS=415.2K
+A=44.82 C=.4112 K=25.74 AREA=1.17 PATH=8.49)
.PROBE
.END
```

Liste 6.5: Eingabedaten für die Darstellung der Magnetisierungskennlinie von L_1

Die erhaltene Magnetisierungskennlinie ist in Bild 6.16 dargestellt. Man erkennt, daß bereits beim kleinsten Erregerstrom von 0,1 A eine gewisse Hysterese auftritt. Bei einem Erregerstrom von 0,5 A macht sich auch die Eisensättigung deutlich bemerkbar. In diesem Bereich wird der Stromwandler bei

der angenommen Streuung σ von 1% (Kopplungsfaktor k = 0,99) voraussichtlich betrieben werden. Es liegt damit eine Bemessung vor, die in der Praxis
bei Stromwandlern eigentlich vermieden werden sollte. Man könnte zwar eine Linearisierung durch Einführung eines Luftspaltes in Erwägung ziehen,
wozu das Kernmodell auch eine entsprechende Option GAP enthält. Entsprechende Versuchsrechnungen endeten jedoch wegen unlösbarer Konvergenz-
probleme erfolglos. Es wird sich später auch zeigen, daß sich die Probleme
einfacher durch eine Erhöhung der Windungszahlen lösen lassen.

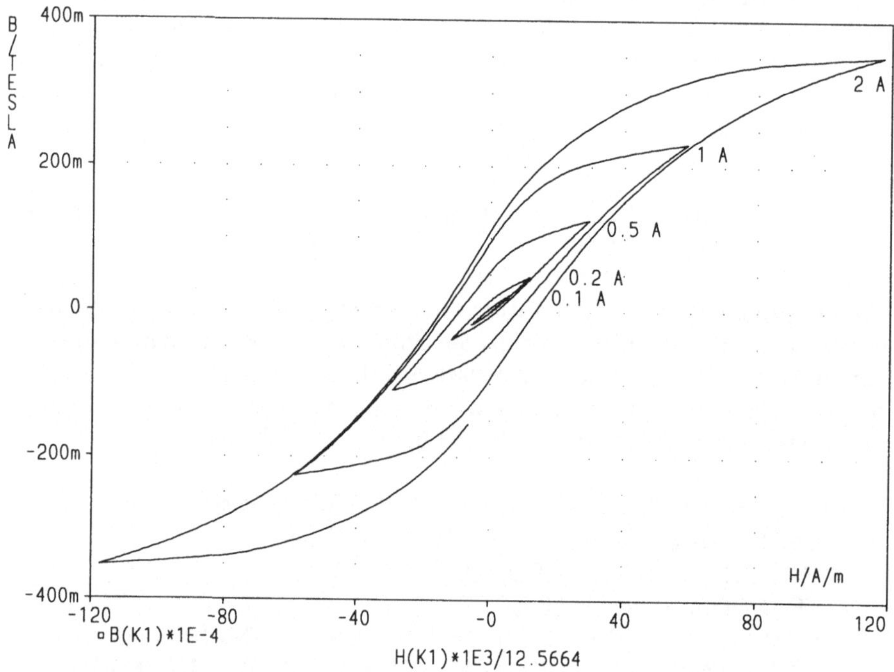

Bild 6.16: Magnetisierungskennlinie B = f(H) von L_1 bei verschiedenen Erregerströmen I_G

6.3.3 Stromwandler mit Eisenverlusten

Unter Verwendung dieses Ferritkerns wird nun ein Stromwandler aufgebaut,
der bezüglich der Induktivitätswerte möglichst genau mit dem bisher verwendeten Bemessungsbeispiel nach Liste 6.3 übereinstimmen soll. Da wie
bereits erwähnt anstelle der Induktivitätswerte nunmehr aber Windungszahlen eingegeben werden müssen, läßt sich dieses Problem nur iterativ durch
Vergleich der erhaltenen Berechnungsergebnisse lösen. Die beste Übereinstimmung wurde wie bereits vorweggenommen für eine primäre Windungszahl w_1 von 5 erzielt. Entsprechend dem bereits in Bild 6.9 dargestellten Ersatzschaltbild ergeben sich damit die folgenden bezüglich der anderen Bauelemente unveränderten Eingabedaten. Das zuvor vollständig eingegebene
Kernmodell wird nunmehr aus der Bibliothek von PSPICE entnommen.

```
STROMWANDLER, I1/I2=10, MIT EISENVERLUSTEN
.OPTIONS ACCT LIST NODE OPTS TNOM=20 LIBRARY
.AC DEC 100 1Hz 1kHz
.TRAN 25us 100ms 0 25us
I1 0 10 AC 50A SIN(0 50A 50Hz)
KSTROMWANDLER L1 L2 0.99 K528T500_3C8; FERRITRINGKERN
R1 10 11 1mOHM
L1 11 0 5; PRIMAERSPULE MIT 5 WINDUNGEN
L2 21 0 50; SEKUNDAERSPULE MIT 50 WINDUNGEN
R2 21 20 .1OHM
RB 20 0 .1OHM
.LIB
.PROBE
.END
```

Liste 6.6: Eingabedaten für die Berechnung eines Stromwandlers mit Ferritkern und dem Übersetzungsverhältnis von $\ddot{u} = 10$

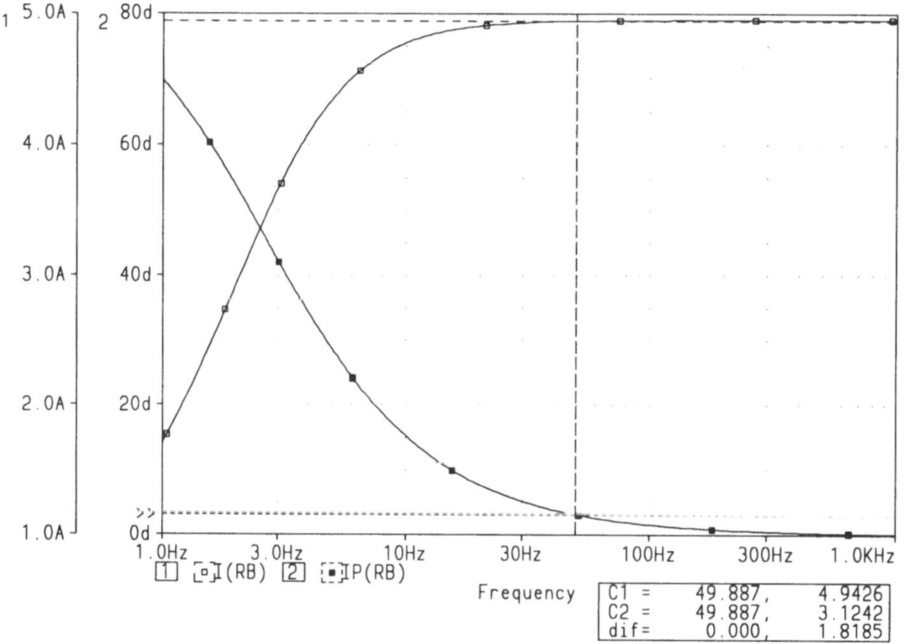

Bild 6.17: Sekundärstrom I_{RB} und dessen Phasenverschiebung φ_{RB} des Stromwandlers mit Eisenverlusten; $\square - I_{RB}$, $\blacksquare - \varphi_{RB}$

Das Ergebnis der Berechnung im Frequenzbereich ist in Bild 6.17 dargestellt. Im Vergleich zu Bild 6.10 ist der Betrag des Sekundärstromes I_{RB} mit 4,943 A (Marke C1) nur geringfügig höher. Die Phasenverschiebung φ_{RB} des Sekundärstromes ist mit 3,12° (Marke C2) dagegen deutlich niedriger. Die gewählten Windungszahlen ergeben offensichtlich auf diesem Eisenkern bereits etwas höhere Induktivitätswerte, als in Liste 6.3 angenommen wurde. Eine bessere Annäherung der beiden Berechnungsbeispiele aneinander war jedoch nicht möglich.

Es muß hier allerdings wieder in Erinnerung gerufen werden, daß bei den Berechnung in Frequenzbereich stets mit um den Arbeitspunkt linearisierten Gleichungen gearbeitet wird, womit in das Ergebnis in Bild 6.17 die wesentlichen Eigenschaften (*Hysterese, Eisensättigung*) überhaupt noch nicht eingehen. Es wird daher nun das Ergebnis der Berechnung im Zeitbereich, die über 5 Perioden des Eingangsstromes durchgeführt wurde, ausgewertet.

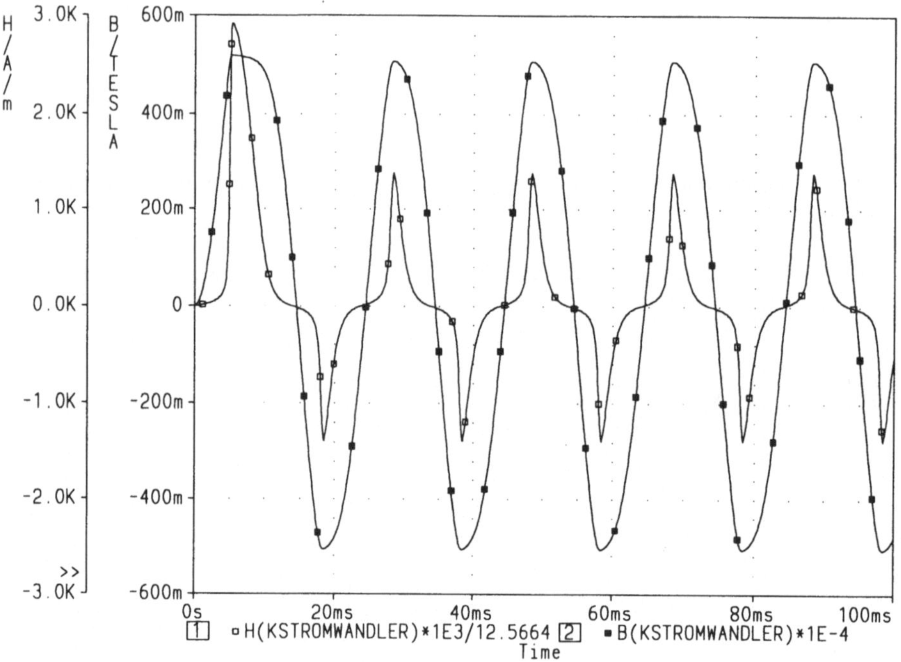

Bild 6.18: Magnetische Feldstärke H und Flußdichte B im Ferritringkern des Stromwandlers; □ − H, ■ − B

Zunächst werden in Bild 6.18 die magnetischen Größen im Ferritringkern ausgewertet. Zuvor werden diese in mksA-Einheiten umgerechnet. Nach einem kurzen Einschwingvorgang ergibt sich ein etwa sinusförmiger Verlauf der Flußdichte B und ein stark verzerrter Verlauf der magnetischen Feldstärke H mit einem steilen Anstieg jeweils im Bereich des Maximums der Flußdichte. Die Begründung erhält man am besten aus dem in Bild 6.12 dargestellten T-Ersatzschaltbild des Stromwandlers. Der eingeprägte Primärstrom erzeugt an den Elementen des Sekundärkreises ($L_{\sigma 2}'$, R_2' und R_B') einen zunächst sinusförmigen Spannungsabfall, der auch an der Hauptinduktivität L_H anliegt. Daraus ergibt sich entsprechend Gl. 6.3 auch ein sinus- beziehungsweise kosinusförmiger Verlauf des Flusses Φ beziehungsweise der Flußdichte B. Erst im Bereich des Flußmaximums, wo der benötigte Magnetisierungsstrom I_μ im Vergleich zum Primärstrom I_1 nicht mehr vernachlässigt werden kann, machen sich Abweichungen bemerkbar, die im übrigen in Bild 6.18 auch im Bereich der Maxima der Flußdichte zu erkennen sind. Beim anfänglichen Einschwingvorgang gerät der Eisenkern weit in den Bereich der Sättigung hinein. Das liegt daran, daß das *Durchflutungsgleichgewicht* entsprechend Gl. 6.10 noch nicht erreicht worden ist.

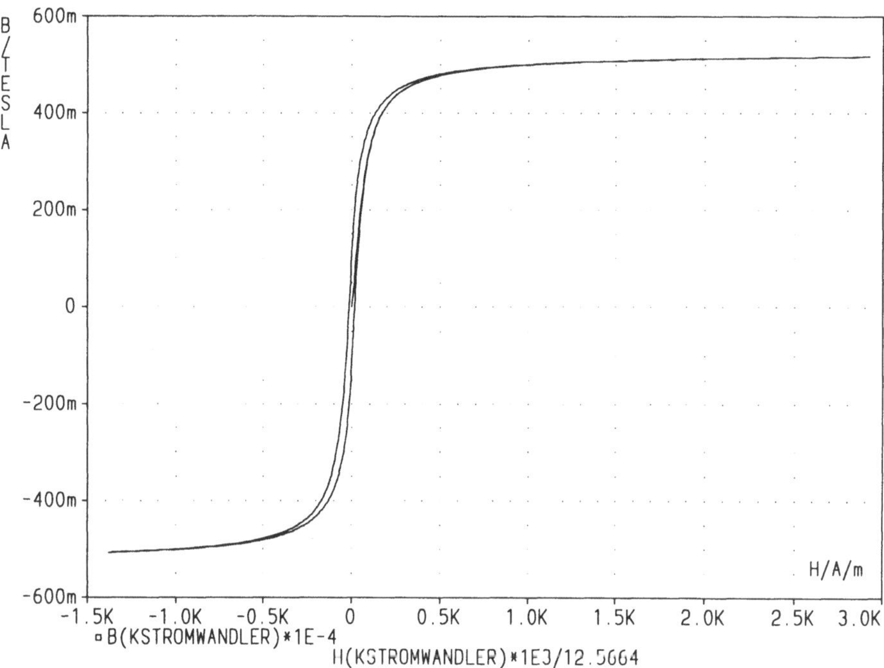

Bild 6.19: Magnetisierungskennlinie $B = f(H)$ des Stromwandlers

Aus Bild 6.19 läßt sich direkt entnehmen, welche Bereiche der Magnetisierungskennlinie beim Betrieb des Stromwandlers durchfahren werden. Nach dem Einschalten läuft der Ferritringkern auf der *Neukurve* bis weit in die Sättigung hinein. Aber auch nach Abklingen des Einschaltvorgangs ist die Eisensättigung noch zu hoch, um einen einwandfreien Betrieb des Stromwandlers zu ermöglichen.

Das wird durch die in Bild 6.20 aufgetragenen Stromverläufe verdeutlicht. Zum direkten Vergleich ist dabei der Sekundärstrom I_{RB} entsprechend dem Übersetzungsverhältnis auf die Primärseite bezogen. Auch nach dem Einschaltvorgang weist der Sekundärstrom starke Abweichungen von der Sinusform auf. Diese liegen in der Nähe des Stromnulldurchgangs, wo das Maximum der Flußdichte auftritt. Der dort benötigt hohe Magnetisierungsstrom kann offensichtlich keineswegs vernachlässigt werden.

Die Bemessung des Stromwandlers muß daher unbedingt dahingehend geändert werden, daß keine starke Eisensättigung mehr auftritt. Da kein Ferritkern mit größeren Abmessungen zur Verfügung steht, läßt sich dies am einfachsten durch eine Erhöhung der Windungszahlen erreichen.

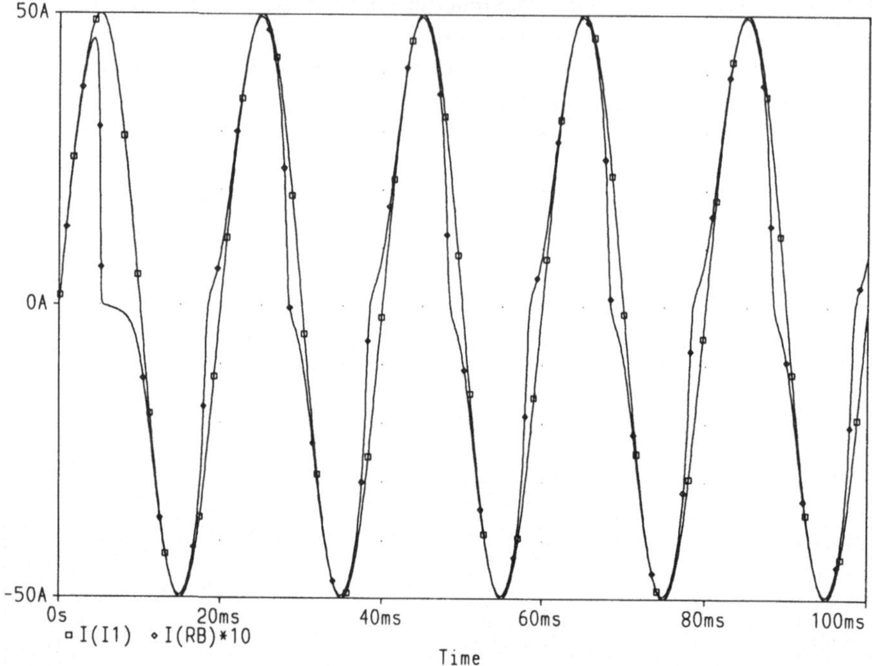

Bild 6.20: Zeitlicher Verlauf von Primärstrom I_1 und auf die Primärseite bezogenem Sekundärstrom I_{RB}' des Stromwandlers mit Eisenverlusten; $\square - I_1$, $\diamond - I_{RB}'$

Um eine geeignete Bemessung zu finden wird bei der folgenden Berechnung die Windungszahl als Parameter definiert. Ausgehend von einer geringfügig auf $w_1 = 7$ erhöhten Windungszahl, werden weitere Rechengänge für 10 und 15 Primärwindungen durchgeführt. Im übrigen wird die Bemessung nicht verändert, was bezüglich der Wicklungswiderstände in der Realität nur schwer zu erreichen sein wird. Das liegt daran, daß angesichts des verfügbaren Wickelraumes der Drahtdurchmesser kaum erhöht werden kann, wie dies im Hinblick auf einen konstanten Wicklungswiderstand notwendig wäre. Die erforderlichen Ergänzungen beziehungsweise Änderungen der Eingabedaten im Vergleich zu Liste 6.6 sind in Liste 6.7 aufgeführt.

```
.PARAM WDG=10
.STEP PARAM WDG LIST 7 10 15
.TRAN 50us 100ms 0ms 50us
L1 11 0 {WDG}; PRIMAERSPULE MIT WDG WINDUNGEN
L2 21 0 {10*WDG}; SEKUNDAERSPULE MIT 10*WDG WINDUNGEN
```

Liste 6.7: Eingabedaten für die Berechnung eines Stromwandlers mit Ferritkern und dem Übersetzungsverhältnis von $\ddot{u} = 10$, Variation der Windungszahl

Das Ergebnis der Berechnungen im Frequenzbereich ist in Bild 6.21 aufgetragen. Bei einer Erhöhung der primären Windungszahl w_1 auf 10 erreicht der Sekundärstrom des Stromwandlers mit knapp 4,95 A (Marke C1) nahezu den durch das Übersetzungsverhältnis und den Kopplungsfaktor von 0,99 vorgegebenen theoretischen Wert. Die Phasenverschiebung des Sekundärstroms ist dabei mit 0,78° (Marke C2) sehr gering. Diese Verbesserung des Ergebnis wird durch die mit dem Quadrat des Windungszahlverhältnisses gegenüber der bisherigen Bemessung mit w_1 = 5 vervierfachten Induktivitätswerte erreicht.

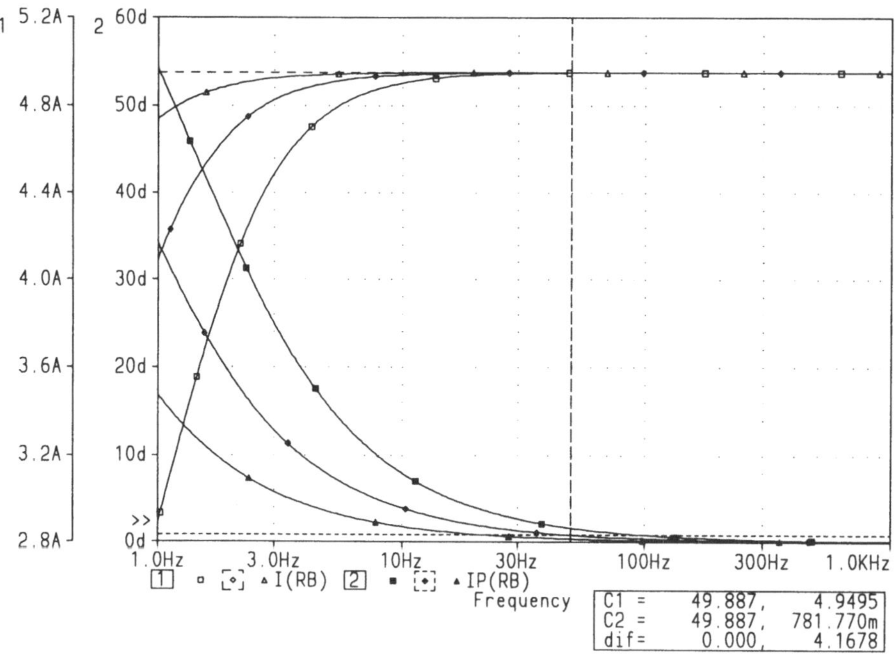

Bild 6.21: Sekundärstrom I_{RB} und dessen Phasenverschiebung φ_{RB} des Stromwandlers mit Eisenverlusten; I_{RB}: □ — w_1 = 7, ◇ — w_1 = 10, △ — w_1 = 15; φ_{RB}: ■ — w_1 = 7, ◆ — w_1 = 10, ▲ — w_1 = 15

Zur Überprüfung, ob die Eisensättigung wunschgemäß zurückgegangen ist, wird das Ergebnis der Berechnungen im Zeitbereich ausgewertet. In Bild 6.22 ist zunächst der Verlauf der magnetischen Feldstärke H für die verschiedenen Windungszahlen aufgetragen. Mit der Erhöhung der Windungszahl wird die magnetische Feldstärke besonders drastisch während des Einschaltvorgangs herabgesetzt. Bei einer primären Windungszahl von 15 ist der Einschaltvorgang praktisch gar nicht mehr zu erkennen. Abgesehen vom Einschaltvorgang zeigen die magnetischen Feldstärken bei 7 und 10 Primärwindungen im übrigen einen sehr ähnlichen Verlauf. Auffallend ist dabei der erhebliche positive *Gleichanteil*, der durch die Hysterese beziehungsweise die Remanenz des Eisenkerns verursacht wird.

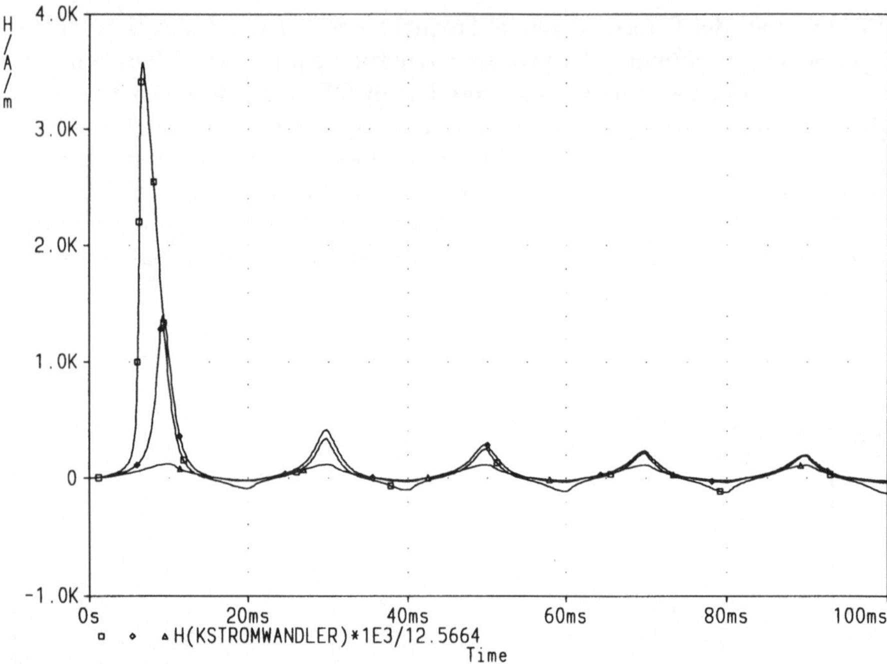

Bild 6.22: Magnetische Feldstärke H im Ferritringkern des Stromwandlers; $\square - w_1 = 7$, $\diamond -$ $w_1 = 10$, $\triangle - w_1 = 15$

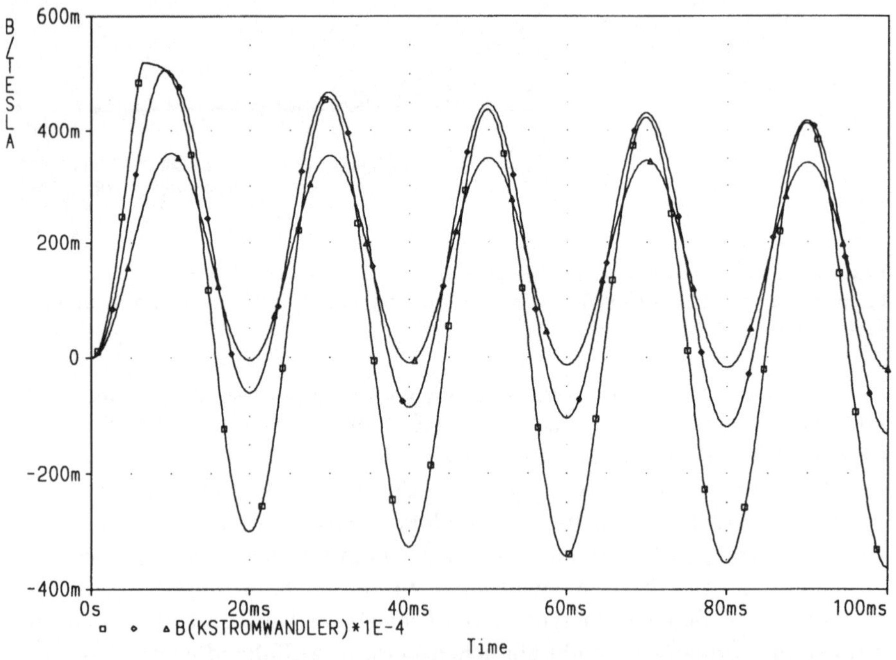

Bild 6.23: Magnetische Flußdichte B im Ferritringkern des Stromwandlers; $\square - w_1 = 7$, $\diamond -$ $w_1 = 10$, $\triangle - w_1 = 15$

Das Phänomen des Gleichanteils wird durch die in Bild 6.23 erfolgte Auswertung der Flußdichte B verdeutlicht. Bei einer primären Windungszahl von w_1 = 15 verläuft die Flußdichte fast ganz im positiven Bereich und schwingt nur langsam symmetrisch zur Nullinie ein. Das ist eine Folge der Hysterese und der Tatsache, daß die Magnetisierung zuerst in positiver Richtung erfolgt. Bei großer Windungszahl wird der Magnetisierungsstrom so klein, daß es sehr lange dauert, bis die durch den Einschaltvorgang verursachte *Remanenz* überwunden ist. Bei w_1 = 10 reduziert sich dieser Effekt bereits erheblich, was jedoch mit einem Anstieg der Flußdichte verbunden ist. Bei w_1 = 7 ist bereits am Ende des Berechnungszeitraums der eingeschwungene Zustand nahezu erreicht. Das ist mit einem weiteren Anstieg der Flußdichte verbunden, wobei nach dem Einschalten Eisensättigung auftritt.

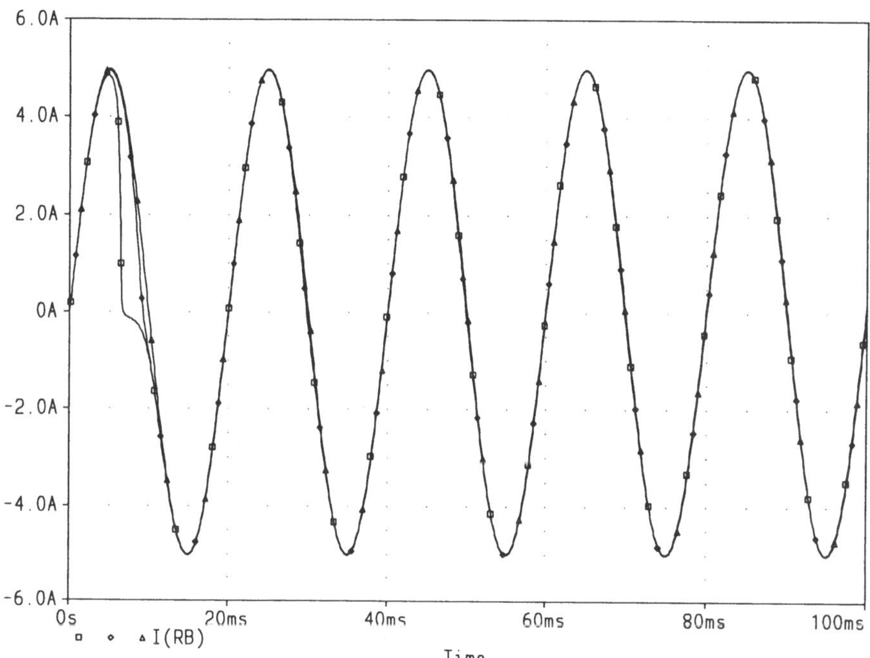

Bild 6.24: Zeitlicher Verlauf des Sekundärstroms I_{RB} des Stromwandlers mit Eisenverlusten; □ − w_1 = 7, ◇ − w_1 = 10, △ − w_1 = 15

Das wird durch die in Bild 6.24 aufgetragenen Stromverläufe verdeutlicht. Während des Einschaltvorgangs weicht der Sekundärstrom mit abnehmender primärer Windungszahl zunehmend von der Sinusform ab. Dies erfolgt in der Nähe des Stromnulldurchgangs, wo das Maximum der Flußdichte und das Maximum des Magnetisierungsstromes auftritt. Im weiteren Verlauf werden für alle Bemessungen die Abweichungen von der Sinusform sehr klein, so daß alle annehmbar erscheinen. Man muß jedoch davon ausgehen, daß man sich bei w_1 = 7 dicht an der Grenze befindet, wo verursacht durch andere Einflußgrößen starke Eisensättigung wirksam werden kann.

Eine solche Einflußgröße kann in der Praxis die Änderung der sekundären Belastung des Stromwandlers sein. Bei einer Erhöhung von R_B ist eine Änderung der Aufteilung von Primärstrom in Magnetisierungsstrom und Sekundärstrom entsprechend Bild 6.12 zu erwarten. Durch den vergrößerten Magnetisierungsstrom kann dann eine zu starke Eisensättigung auftreten.

In der folgenden Berechnung wird der Belastungswiderstand R_B daher als Parameter definiert. Ausgehend vom bisherigen Bemessungswert von 0,1 Ω wird dieser schrittweise bis auf 0,5 Ω erhöht. Die primäre Windungszahl wurde mit 7 Windungen bewußt an der unteren Grenze festgelegt. Die notwendigen Ergänzungen beziehungsweise Änderungen der Eingabedaten im Vergleich zu Liste 6.6 sind in Liste 6.8 aufgeführt.

```
.PARAM RLAST=.1OHM
.STEP PARAM RLAST LIST .1 .2 .5
.TRAN 50us 100ms 0ms 50us
L1 11 0 7; PRIMAERSPULE MIT 7 WINDUNGEN
L2 21 0 70; SEKUNDAERSPULE MIT 70 WINDUNGEN
RB 2 0 {RLAST}
```

Liste 6.8: Eingabedaten für die Berechnung eines Stromwandlers mit Ferritkern und dem Übersetzungsverhältnis von $\ddot{u} = 10$, Veränderung des Belastungswiderstands

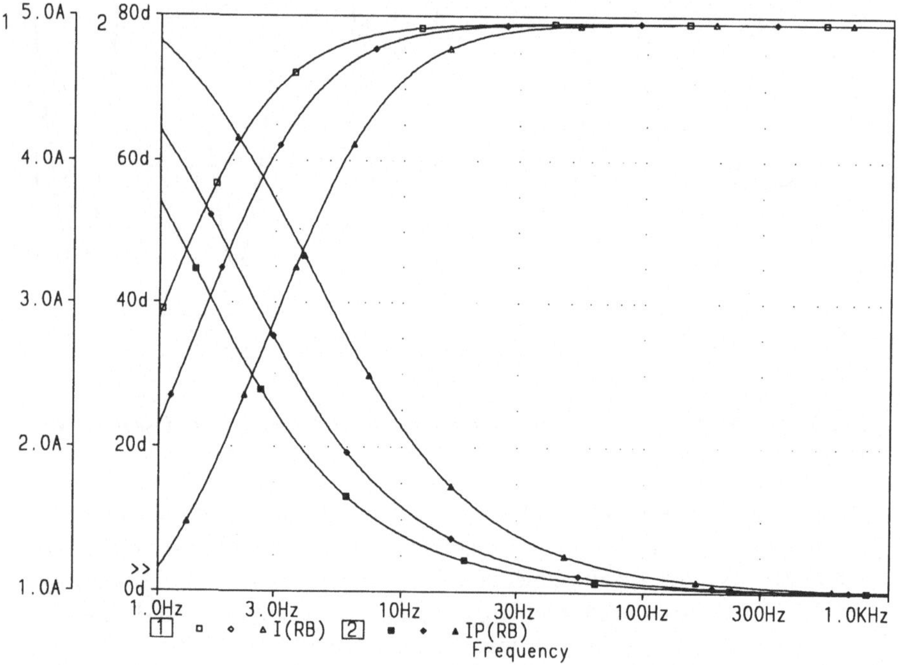

Bild 6.25: I_{RB} und φ_{RB} des Stromwandlers mit Eisenverlusten; I_{RB}: $\square$ — $R_B = 0{,}1\ \Omega$, $\diamond$ — $R_B = 0{,}2\ \Omega$, $\triangle$ — $R_B = 0{,}5\ \Omega$, φ_{RB}: $\blacksquare$ — $R_B = 0{,}1\ \Omega$, $\blacklozenge$ — $R_B = 0{,}2\ \Omega$, $\blacktriangle$ — $R_B = 0{,}5\ \Omega$

Das Ergebnis der Berechnungen im Frequenzbereich ist in Bild 6.25 aufgetragen. Bei einer Erhöhung des Belastungswiderstands R_B verschiebt sich beim Betrag des Sekundärstroms die untere Grenzfrequenz zu immer höheren Werten. Gleichzeitig nimmt die Phasenverschiebung des Sekundärstroms erheblich zu. Man nähert sich damit wieder dem in Bild 6.17 dargestellten wenig günstigen Ergebnis an.

Zur Überprüfung, ob nun wieder verstärkt Eisensättigung auftritt, wird das Ergebnis der Berechnungen im Zeitbereich ausgewertet. In Bild 6.26 ist der Verlauf der magnetischen Feldstärke H für die verschiedenen Belastungswiderstände aufgetragen. Es zeigt sich, daß bereits bei einer Verdopplung des Belastungswiderstands auf 0,2 Ω eine nicht annehmbare Erhöhung der magnetischen Feldstärke auftritt. Bei einer weiteren Erhöhung des Belastungswiderstands auf 0,5 Ω verstärkt sich dieser Effekt vor allem bezüglich der zeitlichen Dauer dieser hohen magnetischen Feldstärke noch wesentlich.

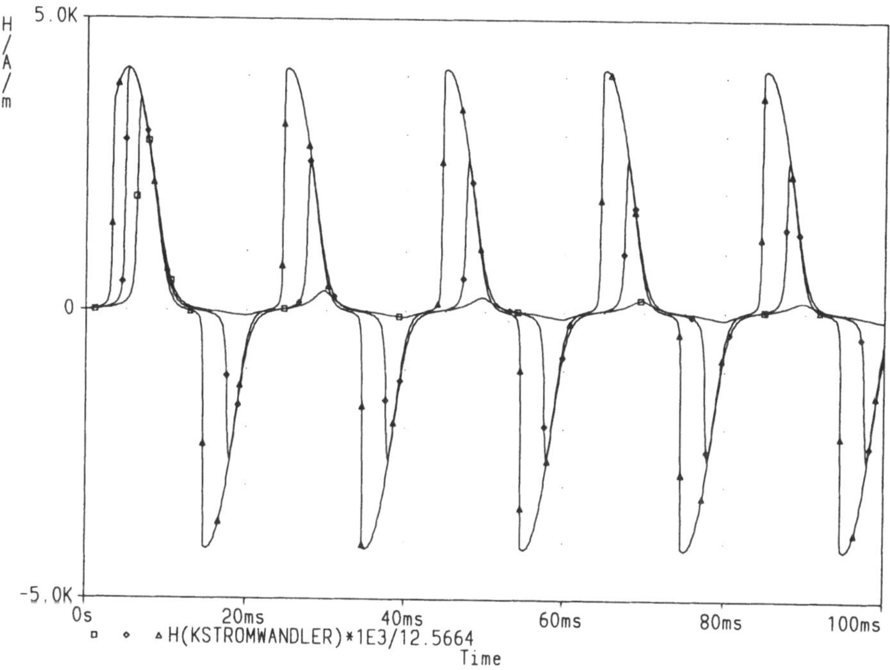

Bild 6.26: Magnetische Feldstärke H im Ferritringkern des Stromwandlers; $\square$ — R_B = 0,1 Ω, $\diamond$ — R_B = 0,2 Ω, $\triangle$ — R_B = 0,5 Ω

Das Ergebnis wird durch die in Bild 6.27 vorgenommene Auswertung der Flußdichte B noch weiter verdeutlicht. Bereits beim auf 0,2 Ω erhöhten Belastungswiderstand weicht der Verlauf der Flußdichte deutlich von der Sinusform ab. Dabei wird der Maximalwert von 0,4 Tesla, der als Grenzwert der Flußdichte für die Verwendung dieses Kerns in Wandlern anzusehen ist, deutlich überschritten. Daß gleichzeitig der Einfluß des Gleichanteils in den Hintergrund tritt, entspricht den zuvor angestellten Überlegungen.

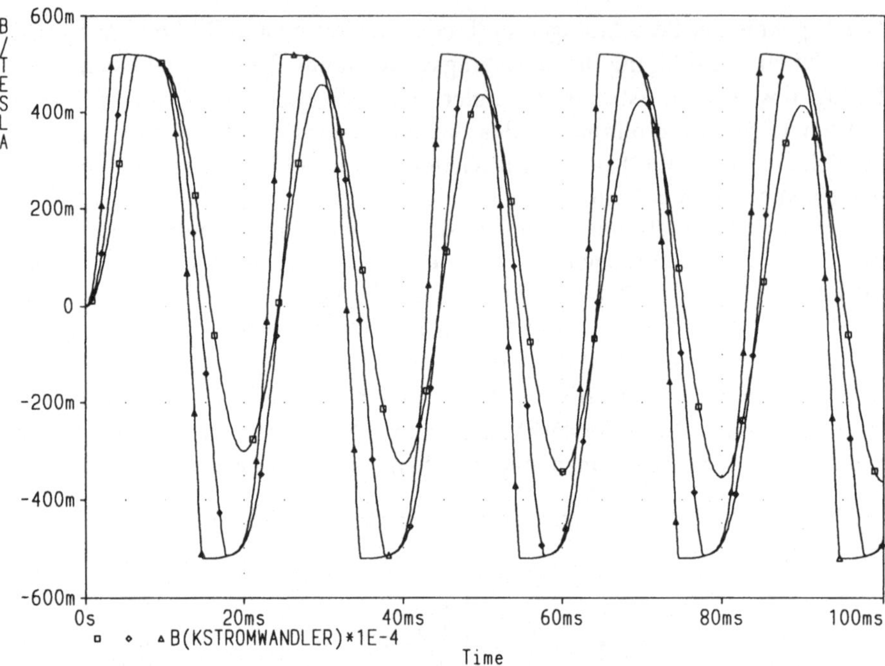

Bild 6.27: Magnetische Flußdichte B im Ferritringkern des Stromwandlers; $\square$ — $R_B = 0{,}1\,\Omega$, $\diamond$ — $R_B = 0{,}2\,\Omega$, $\triangle$ — $R_B = 0{,}5\,\Omega$

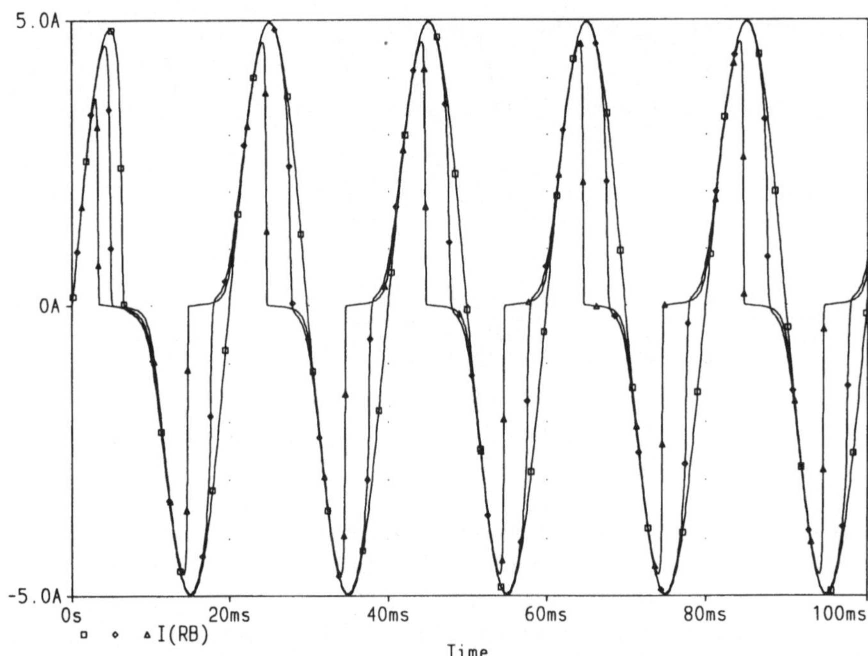

Bild 6.28: Zeitlicher Verlauf des Sekundärstroms I_{RB} des Stromwandlers mit Eisenverlusten; $\square$ — $R_B = 0{,}1\,\Omega$, $\diamond$ — $R_B = 0{,}2\,\Omega$, $\triangle$ — $R_B = 0{,}5\,\Omega$

Das wird durch die in Bild 6.28 aufgetragenen Stromverläufe bestätigt. Der Sekundärstrom weist mit zunehmendem Belastungswiderstand völlig unannehmbare Abweichungen von der Sinusform auf. Diese liegen in der Nähe des Stromnulldurchgangs, wo das Maximum der Flußdichte auftritt. Es bestätigt sich damit, daß sich die vorliegende Bemessung zu dicht an der Grenze befindet, wo starke Eisensättigung wirksam werden kann.

7 Impulsmeßtechnik

7.1 Schalter zur Impulserzeugung

7.1.1 Bipolare Schaltdioden

Für Meßzwecke werden häufig Impulsgeneratoren [17, 18] benötigt, die den *Einheitssprung* hinreichend genau nachbilden können. Dazu ist ein Schalter erforderlich, der mit vernachlässigbarer Einschaltzeit vom gesperrten Zustand in den hoch leitenden Zustand übergeht. Diese Eigenschaften können zwar mechanische Schalter recht gut verwirklichen, deren Verwendung verbietet sich jedoch in der Regel wegen mangelnder *Triggerbarkeit*, ungenügender *Folgefrequenz* und geringer *Anzahl der Schaltspiele*.
Beim Einsatz von elektronischen Schalten wie zum Beispiel von Schaltdioden liegt das Problem vor allem im Widerstand der Diode im eingeschalteten Zustand. Darüber hinaus treten Umschaltverzögerungen auf, die zumindest im Nanosekundenbereich nicht zu vernachlässigen sind. Das soll im folgenden am Beispiel einer bipolaren Schaltdiode verdeutlicht werden.

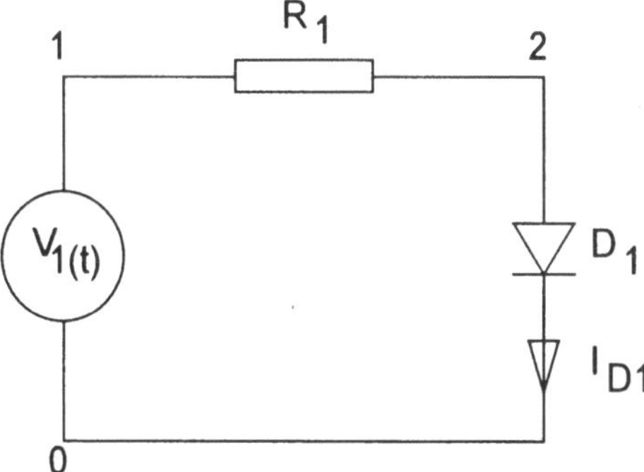

Bild 7.1: Schaltbild zur Darstellung des Schaltverhaltens von Dioden

Aus der Bibliothek der Versuchsversion von PSPICE kommt für schnelle Schaltanwendungen nur die Diode 1N4148 in Frage, die bereits in Kap. 2.2

als Gleichrichter verwandt worden war. Auch die Schaltung aus diesem
Kapitel wird wieder eingesetzt, am Eingang liegt jetzt allerdings, wie in Bild
7.1 angegeben ist, eine Impulsspannung an.

```
SCHALTVERHALTEN - 1N4148
.OPTIONS ACCT LIST NODE OPTS LIBRARY TNOM=20
.TRAN 2.5ps 10ns 0s 2.5ps
.TEMP -20 20 80
V1 1 0 PULSE(2V -10V 2ns 1ps 1ps 6ns 10ns)
R1 1 2 .1mOHM
D1 2 0 D1N4148
.LIB
.PROBE
.END
```

Liste 7.1: Eingabedaten zur Berechnung des Schaltverhaltens der Diode 1N4148

Die zur Berechnung des Schaltverhaltens notwendigen Eingabedaten sind in
Liste 7.1 angegeben. Die Diode ist mit 2 V in Durchlaßrichtung vorgespannt
und wird nach 2 ns mit vernachlässigbar kleiner Umschaltzeit auf 10 V in
Sperrichtung umgepolt. Nach weiteren 6 ns erfolgt dann mit vernachlässigbar kleiner Umschaltzeit die Umpolung in Durchlaßrichtung. Außerdem
wird der Einfluß der Temperatur auf das Schaltverhalten untersucht.

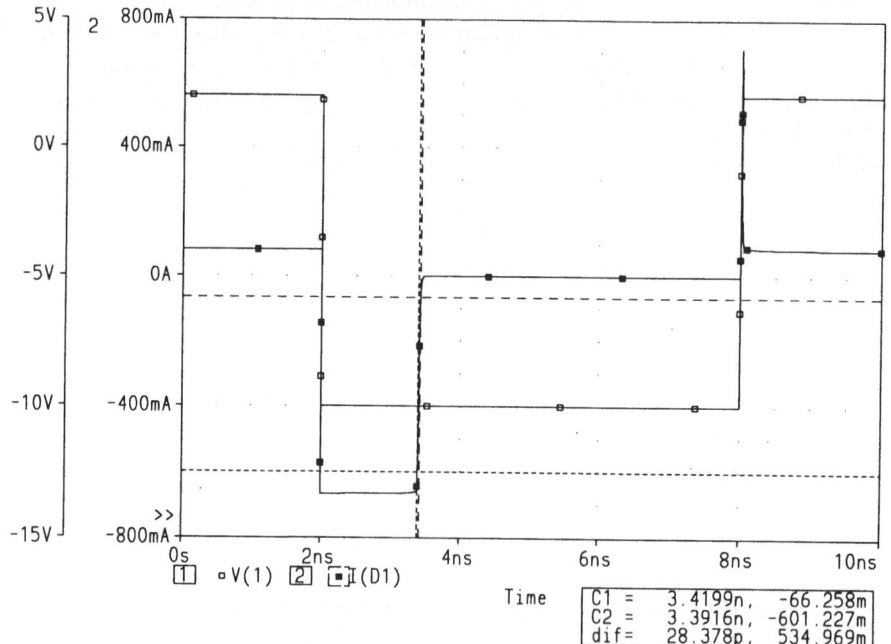

Bild 7.2: Eingangsspannung V_1 sowie Strom I_{D1} der Schaltdiode 1N4148; $\square - V_1$, $\blacksquare - I_{D1}$

Das bei Nenntemperatur von 20°C erhaltene Ergebnis ist in Bild 7.2 dargestellt. Zunächst fließt ein Durchlaßstrom von etwa 80 mA (siehe hierzu auch
Bild 2.19). Unmittelbar nach der Umschaltung in Sperrichtung fließt ein sehr
hoher Sperrstrom von etwa 660 mA. Dieser bleibt etwa 1,4 ns lang nahezu
konstant, um dann schlagartig abzureißen. Bei dieser Zeitspanne handelt es
sich um die sogenannte *Speicherzeit* T_S, die bei bipolaren Halbleitern nicht
zu vermeiden ist. Auf Einzelheiten kann hier jedoch nicht eingegangen werden [18]. Erst nach Ablauf der Speicherzeit kommt es innerhalb der *Übergangszeit* T_t zur Umschaltung der Diode in den gesperrten Zustand. Die gesamte *Sperrverzugszeit* T_{rr} der Diode beträgt damit:

$$T_{rr} = T_s + T_t \tag{7.1}$$

Bei dem vorliegenden Diodenmodell ergibt sich eine außerordentlich kleine
Übergangszeit T_t von nur 28,4 ps (Marken C1 und C2). Normalerweise wird
ein solcher Wert nur von sogenannten *Speicherschaltdioden* erreicht. Bei er-
neuter Umschaltung der Diode in die Durchlaßrichtung bei $t = 8$ ns tritt eine
hohe Spitze im Durchlaßstrom auf, beide Effekte sollen nachfolgend genauer
untersucht werden.

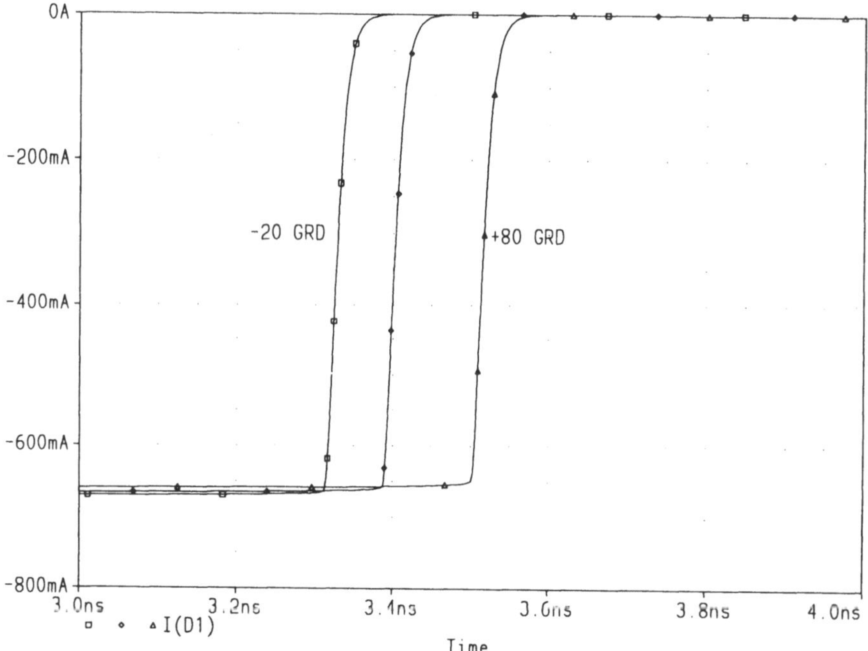

Bild 7.3: Strom I_{D1} der Schaltdiode 1N4148 am Ende der Speicherzeit; □ — -20°C, ◇ —
+20°C, △ — +80°C

In Bild 7.3 ist das Ende des Bereichs der Speicherzeit mit der anschließenden
Umschaltung in den gesperrten Zustand gedehnt dargestellt. Die Ergebnisse

sind für alle in die Berechnung einbezogenen Temperaturen wiedergegeben. Offensichtlich nimmt die Speicherzeit mit steigender Temperatur zu, während die Übergangszeit von der Temperatur unabhängig zu sein scheint.

Durch die Temperaturabhängigkeit der Speicherzeit wird allerdings die Anwendung dieses Effekts für Schaltanwendungen (Speicherschaltdioden) erschwert, da ein Jitter des Schaltzeitpunkts damit kaum zu vermeiden ist. Trotzdem ist dies ein interessanter Anwendungsfall, wenn sehr kurze Schaltzeiten erzielt werden müssen.

Bei der nach 8 ns erfolgenden erneuten Umschaltung in den Durchlaßbereich tritt wie bereits gesagt eine hohe Stromspitze auf, die in Bild 7.4 vergrößert dargestellt ist. Diese ist mit etwa 700 mA zwar fast zehnmal so hoch wie der statische Durchlaßstrom, sie klingt jedoch innerhalb von etwa von 50 ps ausserordentlich rasch ab. Eine Temperaturabhängigkeit dieser Durchlaßstromspitze ist nicht zu erkennen. In der Praxis ist mit einem solchen Effekt jedoch kaum zu rechnen, vielmehr ist verursacht durch die Wirkung der *parasitären Induktivitäten* eher der umgekehrte Effekt eines *verzögerten Stromanstiegs* und einer *induktiven Durchlaßspannungsspitze* an der Diode zu erwarten.

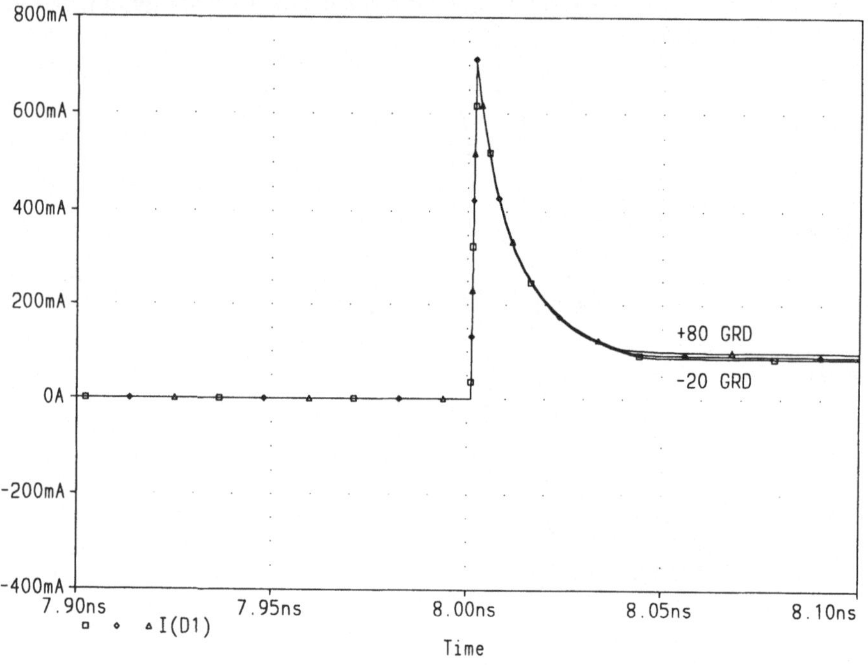

Bild 7.4: Strom I_{D1} der Schaltdiode 1N4148 bei Umschaltung in Durchlaßrichtung; □ − -20°C, ◇ − +20°C, △ − +80°C

Insgesamt gesehen bietet sich für schnelle Schaltanwendungen bei bipolaren Schaltdioden vor allem die Ausnutzung des abrupten Stromabrisses am Ende der Speicherzeit an. Auf jeden Fall müssen für praxisnahe Ergebnisse auch noch die parasitären Elemente wie *Gehäusekapazität* und *Leitungsinduktivität* in die Berechnungen mit einbezogen werden.

7.1.2 Tunneldioden

Es gibt jedoch Sonderbauformen von Schaltdioden wie zum Beispiel die Schottky- oder die Tunneldiode, die interessante Schalteigenschaften auch im Durchlaßbereich bieten. Auf die Schalteigenschaften von Tunneldioden und die sich daraus ergebenden Anwendungsmöglichkeiten soll im folgenden eingegangen werden.

Bei der Tunneldiode tritt in Durchlaßrichtung *und in Sperrichtung* bereits bei sehr kleinen Spannungen ein verhältnismäßig hoher Strom auf. Insofern kommt diese für Gleichrichteranwendungen grundsätzlich nicht in Frage. In Durchlaßrichtung tritt jedoch bei der sogenannten *Höckerspannung* V_p ein Strommaximum (*Höckerstrom* I_p) auf. Danach geht der Durchlaßstrom bei steigender Durchlaßspannung wieder zurück. In diesem Bereich stellt die Tunneldiode also einen *negativen Widerstand* dar, womit diese auch als Oszillator Anwendung finden kann. Bei der *Talspannung* V_v erreicht der Durchlaßstrom sein Minimum (*Talstrom* I_v). Wird die Durchlaßspannung über die Talspannung hinaus erhöht, verhält sich die Tunneldiode in Durchlaßrichtung praktisch wie eine normale Diode.

Für die Arbeitsweise der Tunneldiode spielt, wie später noch explizit gezeigt wird, die Schaltkreisinduktivität L_S eine ganz wesentliche Rolle. Darüber hinaus muß unbedingt die Sperrschichtkapazität C_S der Tunneldiode richtig nachgebildet werden, da diese eine der wesentlichen Einflußgrößen auf die Schaltzeit ist. Die Strom-Spannungs-Kennlinie der Tunneldiode kann in Form eines spannungsabhängigen Leitwerts G_{TD} nachgebildet werden. Ein entsprechendes Polynom wurde aus dem Handbuch von PSPICE entnommen [20]. Unter Berücksichtigung des Arbeitswiderstands R_S ergibt sich damit die Bild 7.5 angegebene Schaltung.

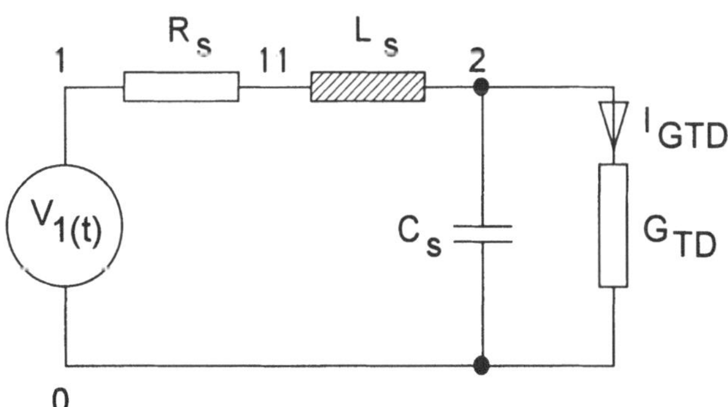

Bild 7.5: Schaltbild zur Darstellung des Schaltverhaltens der Tunneldiode

Die für die Simulationsrechnung notwendigen Eingabedaten sind in Liste 7.2 enthalten. Dabei wird zunächst die Gleichstromkennlinie der Tunneldiode in Schritten von 1 mV durchfahren. Darüber hinaus wird die Tunneldiode als freischwingender Impulsgenerator (*astabile Kippstufe*) betrieben. Hierzu muß der gleichstrommäßige Arbeitspunkt in den Bereich der negativen Steigung der Kennlinie gelegt werden, so daß sich nur ein *instabiler Schnittpunkt* zwischen der Kennlinie der Tunneldiode und der gleichstrommäßigen *Arbeitsgeraden*:

$$I_{GTD} = \frac{V_{10} - V_1}{R_s} \tag{7.2}$$

ergibt. Dabei ist V_{10} die jeweilige Vorspannung der Tunneldiode, die im vorliegenden Beispiel zu 0,1 V gewählt wurde.

```
TUNNELDIODE - ASTABILE KIPPSTUFE
.OPTIONS ACCT LIST NODE OPTS TNOM=20
.DC V1 -0.05V +0.55V 1mV
.TRAN 25ps 100ns 0s 25ps
V1 1 0 0.1V
RS 1 11 .5OHM
LS 11 2 1uH
CS 2 0 2pF
GTD 2 0 POLY(1) 2 0
+ -3.95510115972884E-17 +1.80727308405845E-01
+ -2.93646217292003E+00 +4.12669748472374E+01
+ -6.09649516869413E+02 +6.08207899870511E+03
+ -3.73459336478768E+04 +1.44146702315112E+05
+ -3.53021176453665E+05 +5.34093436084762E+05
+ -4.56234076434067E+05 +1.68527934888894E+05
.PROBE
.END
```

Liste 7.2: Eingabedaten zur Berechnung des Schaltverhaltens der Tunneldiode als astabile Kippstufe

In Bild 7.6 ist die Durchlaßkennlinie der Tunneldiode zusammen mit der für den astabilen Betrieb erforderlichen Arbeitsgeraden dargestellt. Infolge der Vorspannung V_{10} von 0,1 V und des niedrigen Arbeitswiderstands R_s von 0,5 Ω ergibt sich wie beabsichtigt nur der eine instabile Arbeitspunkt (ASTABIL). Darüber hinaus sind in das Diagramm auch bereits die Arbeitsgeraden für den bistabilen (BISTABIL) und für den monostabilen Betrieb (MONOSTABIL) eingetragen. Auf die letztgenannten Betriebsfälle wird im folgenden noch eingegangen.
Nach dem Einschalten der Diode wird der Diodenstrom I_{GTD} zunächst entlang der Durchlaßkennlinie bis zum Höckerstrom hin zunehmen. Danach

müßte I_{GTD} entsprechend der Durchlaßkennlinie wieder abnehmen, was entsprechend des positiven Spannungsabfalls an L_S:

$$V_{Ls} \approx V_1 - V_2 \approx L_S \frac{\mathrm{d}I_{GTD}}{\mathrm{d}t} \tag{7.3}$$

aber nicht möglich ist. Die Diode wird daher bei näherungsweise konstantem Strom auf den rechten ansteigenden Ast der Kennlinie umschalten. Daraus folgt dann ein negativer Spannungsabfall an L_S und der Diodenstrom kann nun entlang der Durchlaßkennlinie wieder abnehmen. Im Bereich des Stromminimums wiederholt sich dieser Vorgang in umgedrehter Richtung. Damit ergibt sich erwartungsgemäß ein astabiler Betrieb, bei dem die Diode periodisch zwischen den beiden ansteigenden Ästen der Durchlaßkennlinie umschaltet.

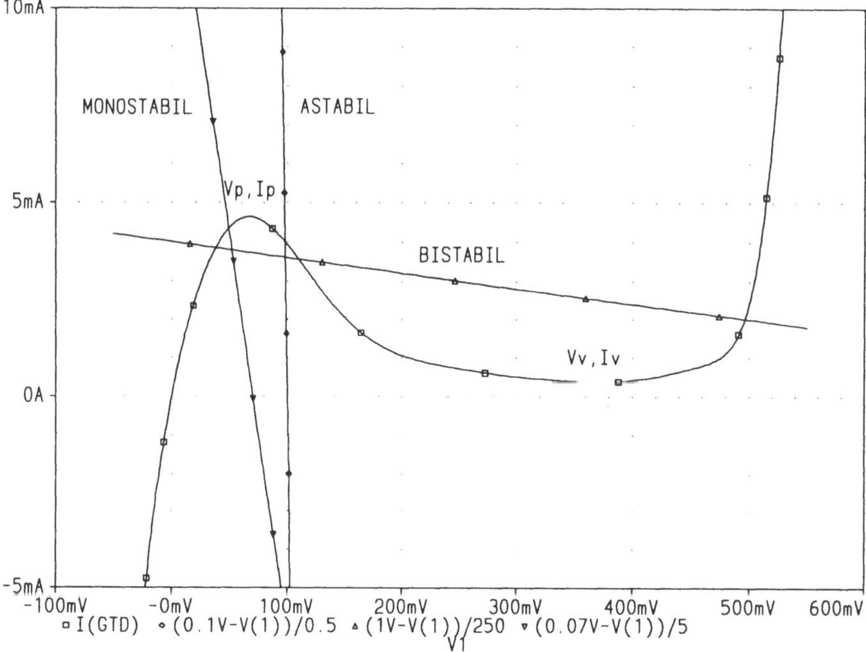

Bild 7.6: Durchlaßstrom I_{GTD} der Tunneldiode und mögliche Arbeitsgeraden $(V_{10}-V_1)/R_s$; $\square$ – I_{GTD}, $\diamond$ – $(0{,}1\ V-V_1)/0{,}5\ \Omega$ (ASTABIL), $\triangle$ – $(1\ V-V_1)/250\ \Omega$ (BISTABIL), ∇ – $(0{,}07\ V-V_1)/5\ \Omega$ (MONOSTABIL)

Bei der Umschaltung muß jeweils die Sperrschichtkapazität C_S der Tunneldiode umgeladen werden. Dafür steht im günstigsten Fall der Höckerstrom I_p der Diode von knapp 5 mA zur Verfügung. Die sich ergebende Umschaltzeit ΔT kann wie folgt abgeschätzt werden:.

$$I_{Cs} = C_s \frac{dV_2}{dt} \qquad \Delta T \approx \frac{C_s \Delta V_2}{I_{Cs}} \qquad (7.4)$$

Unter der Annahme, daß der gesamte Strom kurzzeitig durch C_s fließt und daß die Spannungsänderung ΔV_2 etwa 0,5 V beträgt, läßt sich bei der angenommenen Sperrschichtkapazität C_s von 2 pF mit dieser Tunneldiode keine kürzere Umschaltzeit ΔT als 200 ps erwarten. Bei der Umschaltung im Bereich der Talspannung V_v, wo zur Umladung von C_s nur der wesentlich kleinere Talstrom I_v zur Verfügung steht, sind erheblich längere Umschaltzeiten zu erwarten.

Der Verlauf der Ausgangsspannung V_2 dieser astabilen Kippstufe ist in Bild 7.7 aufgetragen. Diese verläuft periodisch mit einer Periodendauer T von knapp 75 ns, welche sich vor allem aus dem gewählten Wert von L_s ergibt. Es ist deutlich zu erkennen, daß die Umschaltung im Bereich des Höckers (ansteigende Flanke) wesentlich schneller als im Bereich des Tales (abfallende Flanke) der Durchlaßkennlinie erfolgt. Für den erstgenannten Fall ergibt die Auswertung mit Hilfe der Marken C1 und C2 eine Anstiegszeit T_a von 213 ps. Das stimmt sehr gut mit der in Gl. 7.4 vorgenommenen Abschätzung überein.

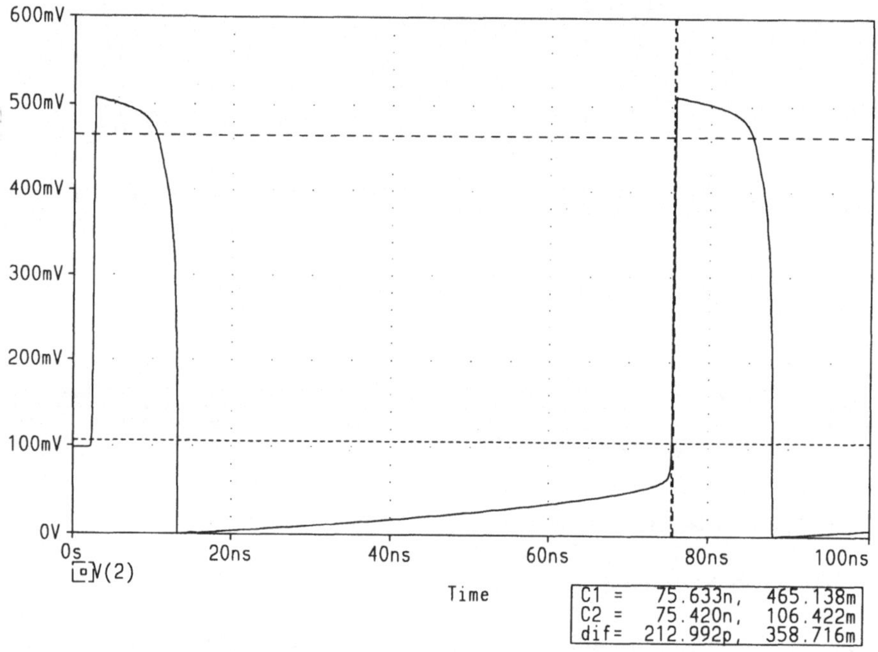

Bild 7.7: Ausgangsspannung V_2 der astabilen Kippstufe mit einer Tunneldiode

Vor allem wegen der auftretenden Dachschräge ist die Form des mit der astabilen Kippstufe erzielten Ausgangsimpulses wenig befriedigend. Darüber hinaus ist häufig die Triggerbarkeit des Impulsgenerators erwünscht. Diese Forderung kann mit der nachfolgend beschriebenen *bistabilen Kippstufe* erfüllt werden.

Die Arbeitsgerade für die bistabile Kippstufe, die bereits in Bild 7.6 mit eingetragen ist, erhält man durch Vergrößerung der Diodenvorspannung V_{10} auf 1 V sowie durch Erhöhung des Arbeitswiderstands R_S auf 250 Ω. Nach dem Einschalten würde diese Schaltung auf dem linken stabilen Schnittpunkt der Durchlaßkennlinie mit der Arbeitsgeraden (BISTABIL) verharren. Durch einen positiven Triggerimpuls kann die Schaltung zum Umschalten auf den rechten stabilen Schnittpunkt veranlaßt werden. Dort verharrt diese wieder, bis durch einen negativen Triggerimpuls die Rückschaltung in den stabilen Ausgangszustand erfolgt.

Die für die Berechnung der bistabilen Kippstufe erforderlichen Eingabedaten sind in Liste 7.3 enthalten. Die Triggerung der Schaltung erfolgt durch einen stückweise linearen Verlauf von V_1. Ausgehend von der Vorspannung V_{10} von 1 V wird V_1 nach 5 ns innerhalb von 5 ns auf 2 V erhöht und in der gleichen Zeitspanne wieder auf 1 V abgesenkt. Die negative Triggerung wird nach 45 ns analog bewirkt. Die Schaltkreisinduktivität L_S ist für die Funktion der bistabilen Kippstufe eher störend und diese wird daher wesentlich kleiner gewählt. Zur Untersuchung des verbleibenden Einflusses von L_S wird die Schaltkreisinduktivität als Parameter definiert.

```
TUNNELDIODE - BISTABILE KIPPSTUFE
.OPTIONS ACCT LIST NODE OPTS TNOM=20
.TRAN 25ps 100ns 0s 25ps
.PARAM LS=50nH
.STEP PARAM LS LIST 10nH 50nH 250nH
V1 1 0 PWL(0ns 1V 5ns 1V 10ns 2V 15ns 1V 45ns 1V 50ns 0V
+55ns 1V 85ns 1V 90ns 2V 95ns 1V 100ns 1V)
RS 1 11 250OHM
LS 11 2 {LS}
CS 2 0 2pF
GTD 2 0 POLY(1) 2 0
+ -3.95510115972884E-17 +1.80727308405845E-01
+ -2.93646217292003E+00 +4.12669748472374E+01
+ -6.09649516869413E+02 +6.08207899870511E+03
+ -3.73459336478768E+04 +1.44146702315112E+05
+ -3.53021176453665E+05 +5.34093436084762E+05
+ -4.56234076434067E+05 +1.68527934888894E+05
.PROBE
.END
```

Liste 7.3: Eingabedaten zur Berechnung des Schaltverhaltens der Tunneldiode als bistabile Kippstufe

Der Verlauf der Ausgangsspannung V_2 der bistabilen Kippstufe ist in Bild 7.8 für einen mittleren Wert von L_s = 50 nH aufgetragen. Dieser läßt sich auch bei Verwendung konzentrierter Bauelemente problemlos erreichen. Entsprechend der gewählten Triggerung verläuft V_2 periodisch mit einer Periodendauer T von 80 ns. Die Impulsform ist nahezu rechteckförmig, wobei sich allerdings an den Umschaltzeiten wenig geändert hat. Die Umschaltung im Bereich des Höckers (ansteigende Flanke) erfolgt wiederum wesentlich schneller als im Bereich des Tales (abfallende Flanke) der Kennlinie. Für den erstgenannten Fall ergibt die Auswertung mit Hilfe der Marken C1 und C2 eine Anstiegszeit T_a von 261,5 ps. Das ist nur unwesentlich mehr, als für die astabile Kippstufe errechnet worden war, wobei nunmehr der Impulsverlauf dem idealen Rechteckimpuls wesentlich näher kommt.

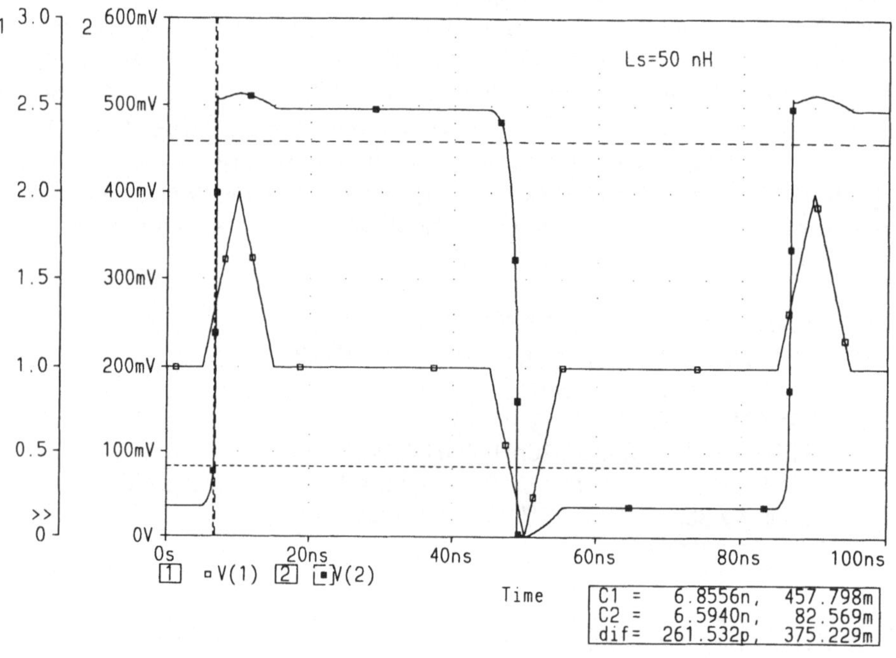

Bild 7.8: Eingangsspannung V_1 und Ausgangsspannung V_2 der bistabilen Kippstufe mit einer Tunneldiode für L_s = 50 nH ; ☐ — V_1, ▪ — V_2

Die Ausgangsspannung V_2 der bistabilen Kippstufe für die verschiedenen untersuchten Schaltkreisinduktivitäten ist in Bild 7.9 aufgetragen. Es zeigt sich, daß diese im untersuchten Bereich nur einen geringen Einfluß auf die erzeugte Impulsform hat. Im wesentlichen wird lediglich der Zeitpunkt der Umschaltung verzögert. Die Auswertung der Anstiegszeit bei L_s = 10 nH mit Hilfe der Marken C1 und C2 ergibt sogar eine geringfügig auf 282,1 ps erhöhte Anstiegszeit, was vermutlich mit dem verringerten Überschwingen zusammenhängt. Es besteht damit kein Anlaß, die Schaltkreisinduktivität weiter herabzusetzen.

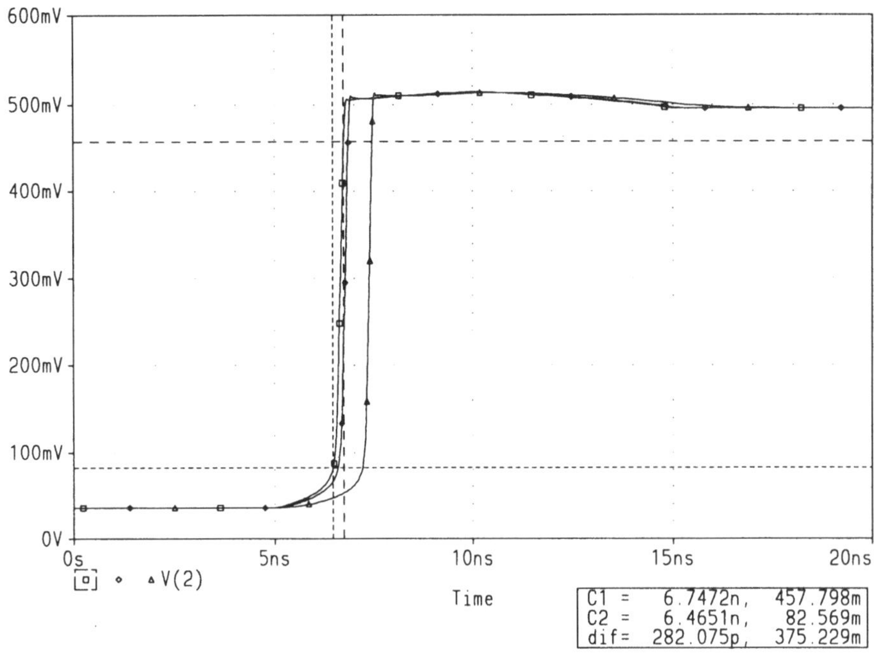

Bild 7.9: Ausgangsspannung V_2 der bistabilen Kippstufe mit einer Tunneldiode; $\square$ $-$ L_S = 10 nH, $\diamond$ $-$ L_S = 50 nH, $\triangle$ $-$ L_S = 250 nH

Abschließend soll das Schaltverhalten der *monostabilen Kippstufe* mit Tunneldiode berechnet werden. Eine Arbeitsgerade für den monostabilen Betrieb, die bereits in Bild 7.6 mit eingetragen ist, erhält man durch Verringerung der Diodenvorspannung V_{10} auf 70 mV und die Wahl eines mittleren Arbeitswiderstands R_S von 5 Ω. Nach dem Einschalten verharrt diese Schaltung auf dem linken stabilen Schnittpunkt der Durchlaßkennlinie mit der Arbeitsgeraden (MONOSTABIL). Durch einen positiven Triggerimpuls kann die Schaltung zur Umschaltung auf den rechten ansteigenden Ast der Durchlaßkennlinie veranlaßt werden. Von dort erfolgt nach einer gewissen Verzugszeit die Rückschaltung auf den stabilen Arbeitspunkt.

Die für die Berechnung der monostabilen Kippstufe erforderlichen Eingabedaten sind in Liste 7.4 enthalten. Die Triggerung der Schaltung erfolgt wieder durch einen stückweise linearen Verlauf von V_1. Ausgehend von der Vorspannung V_{10} von 70 mV wird V_1 nach 5 ns innerhalb von 2,5 ns auf 0,5 V erhöht und in der gleichen Zeitspanne wieder auf 70 mV abgesenkt. Nach 80 ns erfolgt eine erneute Triggerung. Die Schaltkreisinduktivität L_S ist für die Funktion der monostabilen Kippstufe ebenso wie bei der astabilen Kippstufe von wesentlichen Einfluß und darf nicht zu klein gewählt werden. Zur Untersuchung des Einflusses von L_S auf den Verlauf der erzeugten Impulse wird die Schaltkreisinduktivität als Parameter definiert und entsprechend verändert.

```
TUNNELDIODE - MONOSTABILE KIPPSTUFE
.OPTIONS ACCT LIST NODE OPTS TNOM=20
.TRAN 25ps 100ns 0s 25ps
.PARAM LS=200nH
.STEP PARAM LS LIST 50nH 200nH 500nH
V1 1 0 PWL(0ns .07V 5ns .07V 7.5ns .5V 10ns .07V 85ns .07V
+87.5ns .5V 90ns .07V 100ns .07V)
RS 1 11 5OHM
LS 11 2 {LS}
CS 2 0 2pF
GTD 2 0 POLY(1) 2 0
+ -3.95510115972884E-17 +1.80727308405845E-01
+ -2.93646217292003E+00 +4.12669748472374E+01
+ -6.09649516869413E+02 +6.08207899870511E+03
+ -3.73459336478768E+04 +1.44146702315112E+05
+ -3.53021176453665E+05 +5.34093436084762E+05
+ -4.56234076434067E+05 +1.68527934888894E+05
.PROBE
.END
```

Liste 7.4: Eingabedaten zur Berechnung des Schaltverhaltens der Tunneldiode als monostabile Kippstufe

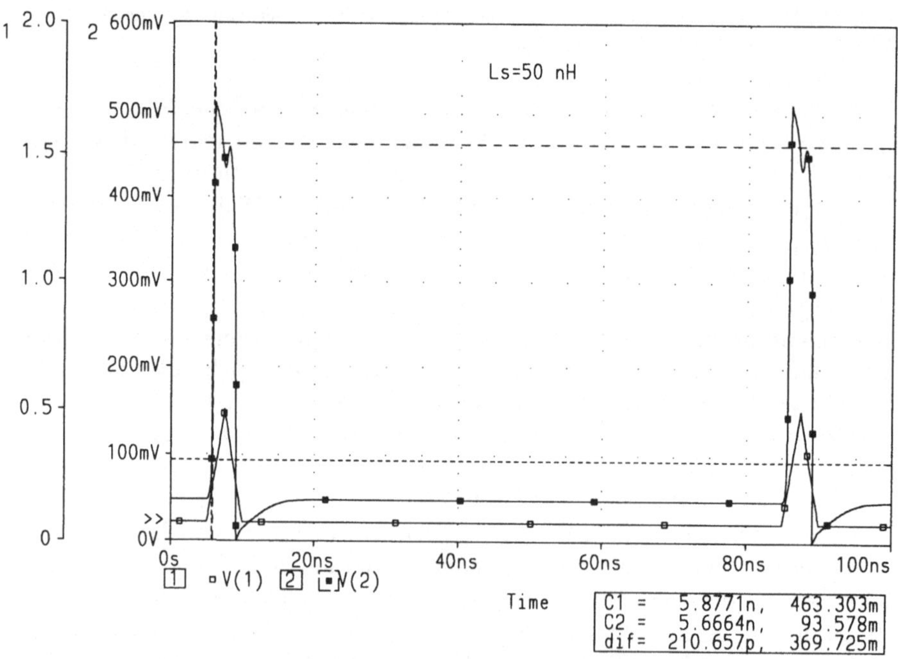

Bild 7.10: Eingangsspannung V_1 und Ausgangsspannung V_2 der monostabilen Kippstufe mit einer Tunneldiode für $L_s = 50$ nH ; □ — V_1, ■ — V_2

Der Verlauf der Ausgangsspannung V_2 der monostabilen Kippstufe ist in
Bild 7.10 zunächst für den kleinsten untersuchten Wert von $L_S = 50$ nH aufgetragen. Entsprechend der gewählten Triggerung verläuft V_2 periodisch mit
einer Periodendauer T von 80 ns. Die Impulsform weicht allerdings noch
deutlich von der Rechteckform ab, was an dem geringen Wert von L_S liegen
dürfte. Die Umschaltung im Bereich des Höckers (ansteigende Flanke) erfolgt
wiederum schneller als im Bereich des Tales (abfallende Flanke), wenn auch
der Unterschied hier sichtbar geringer ist. Für den erstgenannten Fall ergibt
die Auswertung mit Hilfe der Marken C1 und C2 eine Anstiegszeit T_a von
210,7 ps. Das ist der günstigste Wert, der bisher erreicht werden konnte.

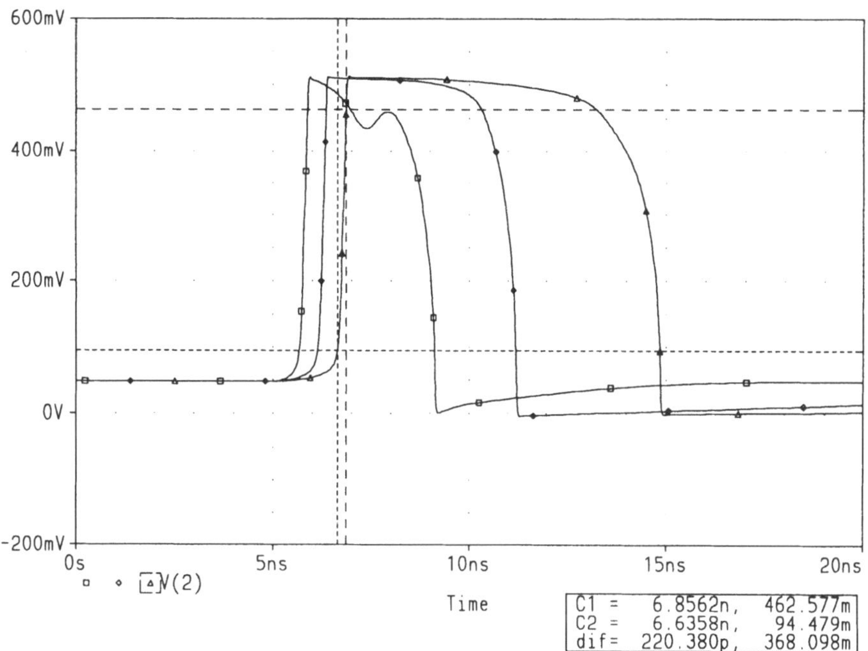

Bild 7.11: Ausgangsspannung V_2 der monostabilen Kippstufe mit einer Tunneldiode; □ —
$L_S = 50$ nH, ○ — $L_S = 200$ nH, △ — $L_S = 500$ nH

Die Ausgangsspannung V_2 der monostabilen Kippstufe für die verschiedenen untersuchten Schaltkreisinduktivitäten ist in Bild 7.11 aufgetragen. Es
zeigt sich, daß diese erwartungsgemäß einen wesentlichen Einfluß auf die
erzeugte Impulsform hat. Mit Vergrößerung von L_S erhöht sich die Impulsdauer und die Impulsform im ansteigenden Teil nähert sich immer mehr
dem Sprungimpuls an. Die Auswertung der Anstiegszeit für $L_S = 500$ nH mit
Hilfe der Marken C1 und C2 ergibt allerdings eine geringfügig auf 220,4 ps
erhöhte Anstiegszeit.
Insgesamt gesehen ist die Tunneldiode sehr gut als Schalter zur Impulserzeugung verwendbar. Dabei lassen sich noch wesentlich kürzere Schaltzeiten

erreichen, wenn entsprechend Gl. 7.4 Dioden mit *größerem Höckerstrom* und *geringerer Sperrschichtkapazität* Verwendung finden.

7.1.3 Bipolare Schalttransistoren

Bipolare Transistoren werden häufig für Schaltanwendungen eingesetzt. Allerdings sind nur wenige Typen als schnelle Schalter geeignet. Darüber hinaus ist für ein schnelles Einschalten in der Regel eine *Übersteuerung* des Transistors an der Basis erforderlich. Dabei treten im Transistor *Sättigungserscheinungen* auf, die den Ausschaltvorgang verlängern.

Dies soll durch die folgende numerische Berechnung näher untersucht werden. Aus der Bibliothek der Versuchsversion von PSPICE erscheint als Schalter am ehesten der NPN-Transistor vom Typ 2N3904 in Frage zu kommen. In der Emittergrundschaltung sind die günstigsten Ergebnisse bei Ansteuerung des Transistors aus einer Stromquelle entsprechend Bild 7.12 zu erwarten.

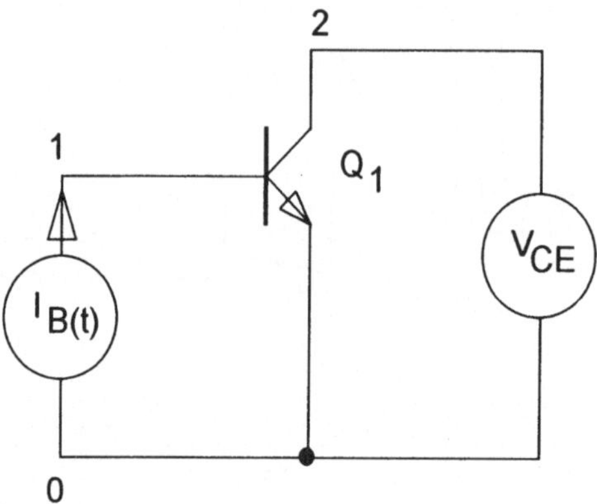

Bild 7.12: Schaltbild zur Darstellung des Schaltverhaltens von bipolaren Transistoren

```
NPN-TRANSISTOR 2N3904 - SCHALTVERHALTEN
.OPTIONS ACCT LIST NODE OPTS LIBRARY TNOM=20
.DC DEC IB 1uA 100mA 100
.TRAN .1ns 400ns 0s .1ns
.PARAM I1=1mA
.STEP PARAM I1 LIST 1mA 5mA 20mA 100mA
VCE 2 0 12V
IB 0 1 PULSE(0 {I1} 0 .1ns .1ns 200ns 400ns)
Q1 2 1 0 Q2N3904
.LIB
.PROBE
.END
```

Liste 7.5: Eingabedaten zur Berechnung des Schaltverhaltens des NPN-Transistors 2N3904

Die für die Berechnung benötigten Eingabedaten sind in Liste 7.5 angegeben. Zur Darstellung der Stromverstärkung β wird zunächst der Basisgleichstrom I_B von 1 µA bis 100 mA durchgewobbelt. Zur Untersuchung des Schaltverhaltens wird der Transistor mit rechteckförmigen Stromimpulsen mit vernachlässigbar kleiner Anstiegs- beziehungsweise Abfallzeit angesteuert. Deren Amplitude wird in Stufen (Parameter I_1) von 1 mA auf 100 mA erhöht, was eine zunehmende Übersteuerung des Transistors verursacht.

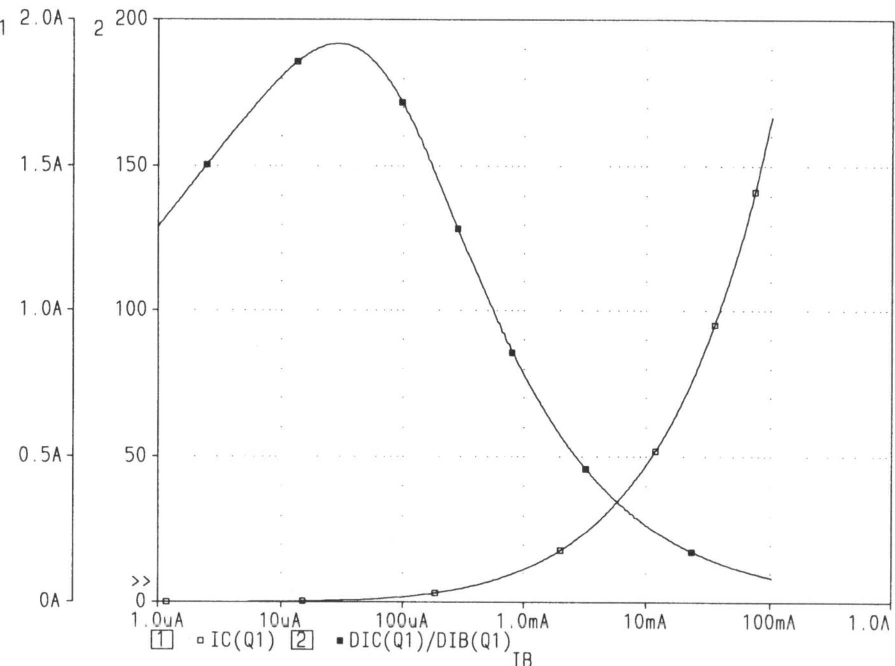

Bild 7.13: Kollektorstrom I_C und Stromverstärkung β des bipolaren Schaltransistors 2N3904; $\Box$ – I_C, $\blacksquare$ – β (dI_C/dI_B)

Das gleichstrommäßige Verhalten des NPN-Transistors 2N3904 ist in Bild 7.13 aufgetragen. Hohe Stromverstärkungen werden nur bei kleinen Basisströmen erreicht, wo aber kein schnelles Schaltverhalten erwartet werden kann. Im Bereich hoher Basisströme, die in Bezug auf schnelle Schaltanwendungen interessieren, fällt die Stromverstärkung β bis auf unter 10 ab. Hier ist auch darauf zu achten, daß die zulässige Verlustleistung des Transistors nicht überschritten wird.

Das sich für die verschiedenen Ansteuerungen ergebende Schaltverhalten ist in Bild 7.14 aufgetragen. Bei kleinen Basisströmen sind die Schaltzeiten wenig zufriedenstellend. Die Auswertung mit Hilfe der Marken C1 und C2 ergibt bei I_B = 1 mA eine relativ große Anstiegszeit des Kollektorstroms von 62,2 ns. Bei Erhöhung des Basisstromes wird die Einschaltzeit offensichtlich wesentlich herabgesetzt. Auf das Ausschaltverhalten hat dies jedoch keinen erkennbaren Einfluß.

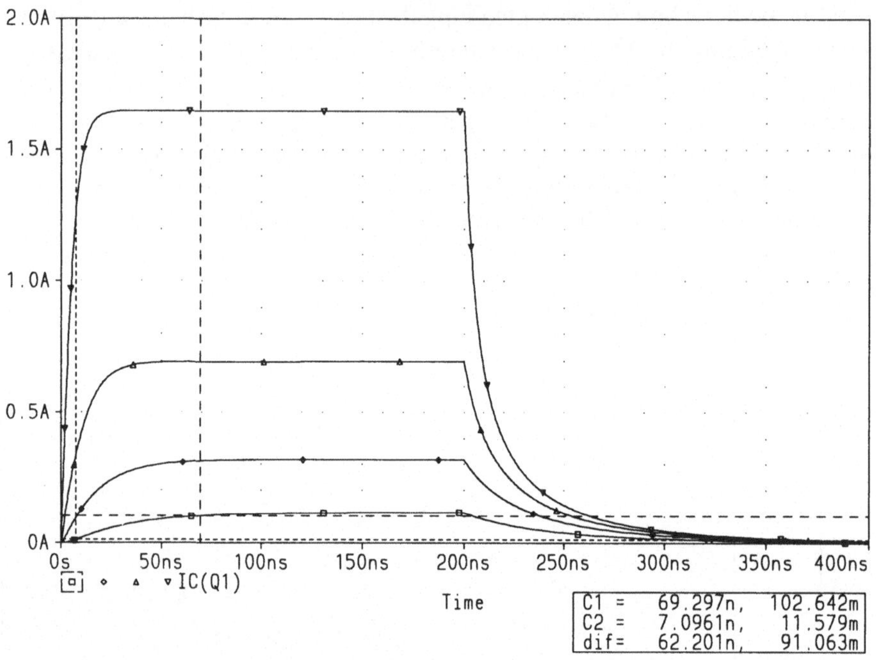

Bild 7.14: Kollektorstrom I_C des bipolaren Schaltransistors 2N3904; □ $-$ I_B = 1 mA, ◇ $-$ I_B = 5 mA, △ $-$ I_B = 20 mA, ▽ $-$ I_B = 100 mA

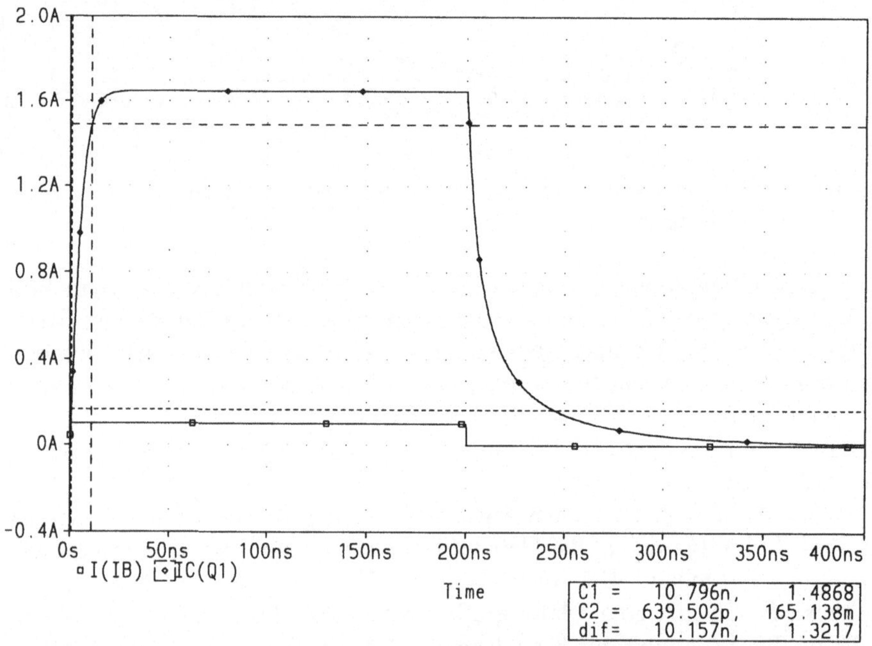

Bild 7.15: Basisstrom I_B und Kollektorstrom I_C des bipolaren Schaltransistors 2N3904; □ $-$ I_B, ■ $-$ I_C

Die Einschaltzeit kann durch hohe Übersteuerung mit einem Basisstrom von 100 mA wesentlich herabgesetzt werden. Wie die in Bild 7.15 dargestellte Auswertung mit Hilfe der Marken C1 und C2 ergibt, beträgt die Anstiegszeit T_a jetzt 10,16 ns. was aber immer noch keinen gerade hervorragenden Wert darstellt. Für schnelle Schaltanwendungen ist der vorliegende Transistor eben nicht gut geeignet.

7.1.4 Sperrschicht-Feldeffekttransistoren

Da keine geeigneteren bipolaren Transistoren in der Bibliothek der Versuchsversion von PSPICE vorhanden sind, soll unter Verwendung eines der beiden verfügbaren *Sperrschicht-Feldeffekttransistoren* eine weitere Berechnung vorgenommen werden. Es wird der N-Kanal-FET vom Typ 2N3819 gewählt. Bei der Auswahl der Schaltung ist zu beachten, daß mit Feldeffekttransistoren im Grunde *spannungsgesteuerte Widerstände* verwirklicht werden. Dies setzt eine Spannungssteuerung am Eingang und einen geeigneten Arbeitswiderstand R_2 am Ausgang voraus. Darüber hinaus sollte die Eingangsspannungsquelle V_1 mit einem Innenwiderstand R_1 versehen werden, damit die nicht unbeträchtliche *Eingangskapazität des FET* bezüglich des Schaltverhaltens überhaupt wirksam werden kann. Aufgrund dieser Überlegungen ergibt sich die in Bild 7.16 dargestellte Schaltung.

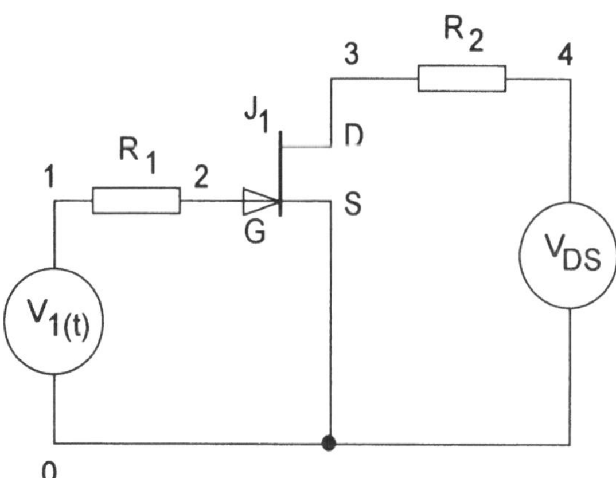

Bild 7.16: Schaltbild zur Darstellung des Schaltverhaltens von Sperrschicht-Feldeffekttransistoren

Die für die Darstellung der Steuerkennlinie und die Berechnung des Schaltverhaltens notwendigen Eingabedaten sind in Liste 7.6 aufgeführt. Der FET wird vom völlig gesperrten Zustand bis in den hoch leitenden Zustand durchgesteuert. Bei der Untersuchung des Schaltverhaltens erfolgt die Ansteuerung durch eine Rechteckspannung vernachlässigbar kleiner Anstiegszeit über den bereits erwähnten Vorwiderstand R_1 von 100 Ω.

```
SPERRSCHICHT-FET 2N3819 - SCHALTVERHALTEN
.OPTIONS ACCT LIST NODE OPTS LIBRARY TNOM=20
.DC VGS -4V 1V .01V
.TRAN 50ps 100ns 0ns 50ps
V1 1 0 PULSE(-3V 0V 10ns 50ps 50ps 50ns 100ns)
VDS 4 0 10V
R1 1 2 100OHM
R2 3 4 1kOHM
* D G S
J1 3 2 0 J2N3819
.LIB
.PROBE
.END
```

Liste 7.6: Eingabedaten zur Berechnung des Schaltverhaltens des Sperrschicht-Feldeffekt-transistors 2N3819

Die Gleichstromkennlinie der Schaltung ist in Bild 7.17 wiedergegeben. Eine Ansteuerung kann im Eingangsspannungsbereich von -3 V bis 0 V erfolgen.

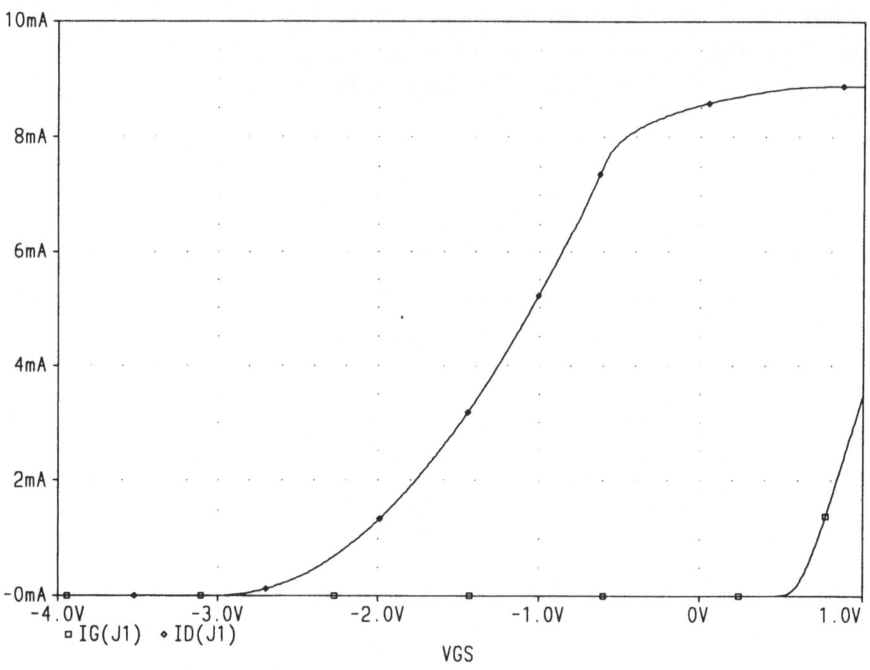

Bild 7.17: Gatestrom I_G und Drainstrom I_D des Sperrschicht-Feldeffekttransistors 2N3819; □ $- I_G$, ◇ $- I_D$

Das Schaltverhalten ist aus Bild 7.18 ersichtlich. Es wird ganz wesentlich vom angenommenen Innenwiderstand R_1 von 100 Ω der Steuerspannungsquelle beeinflußt. Dies ist aus dem entsprechend verzögerten Verlauf von V_2 zu erkennen. Die sich aus dem Schaltverhalten des FET ergebende Anstiegszeit ist mit 1,63 ns (Marken C1 und C2) relativ klein. Bei diesem Vergleich ist allerdings zu berücksichtigen, daß gleichwertige bipolare Transistoren in der Bibliothek der Versuchsversion von PSPICE nicht zur Verfügung standen.

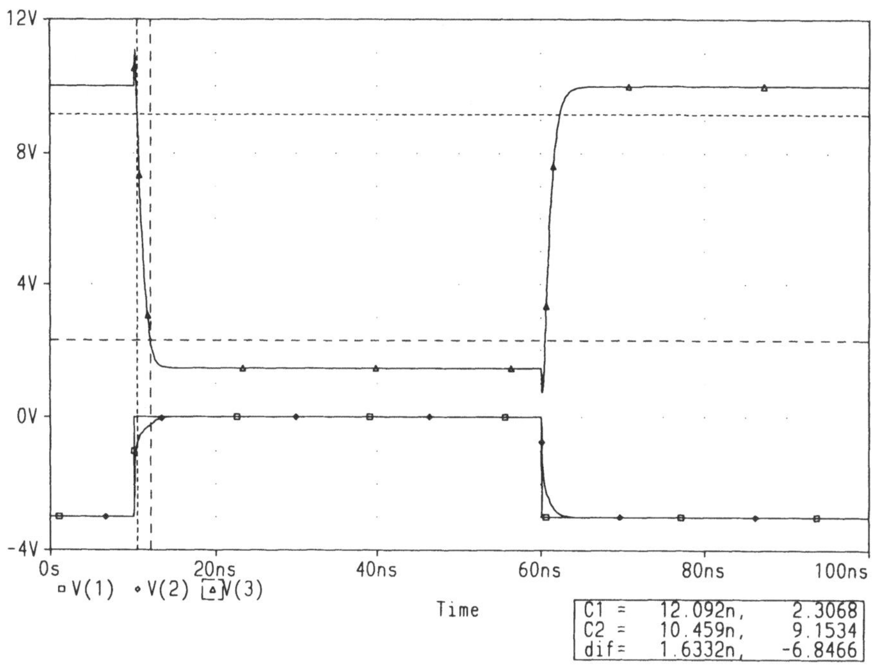

Bild 7.18: Eingangsspannung V_1, Gatespannung V_2 und Drainspannung V_3 des Sperrschicht-Feldeffekttransistors 2N3819; $\square - V_1$, $\diamond - V_2$, $\triangle - V_3$

7.2 Energiespeicher zur Impulserzeugung

7.2.1 Stoßkondensatoren

Die für Impulsgeneratoren benötigte Energie muß aus Energiequellen entnommen werden, die auch im Kurzzeitbereich nur einen kleinen Innenwiderstand aufweisen [19]. Eine solche Quelle kann durch einen Kondensator C mit niedriger Streuinduktivität L_S verwirklicht werden. Für diesen Anwendungsfall können dessen dielektrische Verluste vernachlässigt werden. Damit ergibt sich die in Bild 7.19 dargestellte Ersatzschaltung für die Entladung dieses zuvor auf V_0 aufgeladenen Kondensators über den Serienwiderstand R_S. Der Entladestrom I_{RS}, der in Form einer gedämpften Schwingung verläuft, errechnet sich dabei wie folgt:

$$I_{Rs} = \frac{V_0}{\omega L_s} e^{-\frac{t}{2\tau}} \sin \omega t \qquad \omega = \sqrt{\omega_0{}^2 - \left(\frac{1}{2\tau}\right)^2} \qquad (7.5)$$

mit:

$$\tau = \frac{L_s}{R_s} \qquad \omega_0 = \frac{1}{\sqrt{L_s C}} \qquad (7.6)$$

Bei vernachlässigbar kleiner Dämpfung wird damit ein Stromscheitelwert von:

$$\hat{\imath} = \frac{V_0}{\sqrt{L_s/C}} = \frac{V_0}{Z_0} \qquad (7.7)$$

erreicht, wobei dem *charakteristischen Widerstand* Z_0 des Schwingkreises eine vergleichbare Bedeutung wie dem Wellenwiderstand der verlustfreien Leitung (siehe Gl. 5.24) zukommt. Allerdings treten hier vergleichsweise sehr viel niedrigere Werte von Z_0 auf.

Die maximale Stromanstiegsgeschwindigkeit von:

$$\left(\frac{di}{dt}\right)_{max} = \frac{V_0}{L_s} \qquad (7.8)$$

tritt im Nullpunkt auf. Damit kommt, wie bereits eingangs festgestellt wurde, der Streuinduktivität L_s eine entscheidende Bedeutung zu. Dabei ist allerdings in der Praxis zu berücksichtigen, daß die Streuinduktivität in der Regel mit der Nennspannung des Stoßkondensators zunehmen wird.

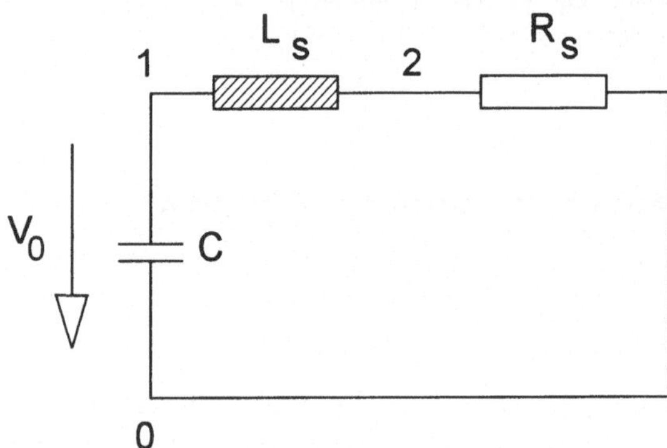

Bild 7.19: Ersatzschaltbild für die Entladung eines Kondensators

Der Einfluß der verschiedenen Parameter auf den Entladestromverlauf soll durch die folgende numerische Berechnung am Beispiel eines niederinduktiven *Hochspannungskondensators* untersucht werden. Die in Liste 7.7 aufgeführten Eingabedaten dienen zur Untersuchung des Einflusses der temperaturbedingten Bauelementeänderungen sowie der Bauelementetoleranzen auf den Verlauf des Entladestroms I_{RS}. Durch eine Berechnung der jeweiligen Abhängigkeiten und deren Aufsummierung (WCASE) wird die maximale Abweichung (YMAX) des Entladestromverlaufs vom Nennwert (NOMINAL) ermittelt.

Die für die Berechnung angenommenen Zahlenwerte lassen sich bei der vorgesehenen Ladespannung V_0 von 50 kV in der Praxis sicher verwirklichen. Die Ladespannung wird in die numerische Berechnung über die Anfangsbedingung (IC, UIC) eingeführt. Die für C und R_S angenommenen Toleranzen beziehungsweise Temperaturkoeffizienten sind zwar relativ groß, für einen Hochspannungskondensator jedoch nicht ungewöhnlich. Auf den Einfluß einer Änderung der Streuinduktivität L_S wird nachfolgend gesondert eingegangen.

```
KAPAZITIVER ENERGIESPEICHER
.OPTIONS ACCT LIST NODE OPTS TNOM=20
.TRAN .5ns 2us 0s .5ns UIC
.TEMP -20 20 80
.WCASE TRAN I(RS) YMAX
C 1 0 CMOD 100nF IC=50kV
LS 1 2 100nH
RS 2 0 RMOD .1OHM
.MODEL CMOD CAP (C=1 DEV=10% TC1=.001)
.MODEL RMOD RES (R=1 DEV=20% TC1=.001)
.PROBE
.END
```

Liste 7.7: Eingabedaten zur Berechnung des Entladestromverlaufs eines niederinduktiven Hochspannungskondensators

Unter Nennbedingungen ergibt sich der Bild 7.20 dargestellte Verlauf des Entladestromes I_{RS} und der Kondensatorspannung V_1. Es handelt sich um schwach gedämpfte Sinus- beziehungsweise Kosinusschwingungen mit einer Frequenz von etwa 1,6 MHz. Der erste Stromscheitelwert beträgt etwa 46 kA, was nahezu dem ungedämpften Scheitelwert entsprechend Gl. 7.7 von 50 kA ($Z_0 = 1\ \Omega$) entspricht.

Der Einfluß der Temperatur auf den Entladestromverlauf ebenfalls noch unter unter Nennbedingungen ist in Bild 7.21 dargestellt. Da der Anfangsbereich des Entladestromverlaufs (Beginn des Stromanstiegs) entsprechend Gl. 7.8 praktisch nur von L_S beeinflußt wird, wofür keine Temperaturabhängigkeit angenommen wurde, decken sich hier die für die verschiedenen Temperaturen erhaltenen Ergebnisse. Umgekehrt werden die Abweichungen im Entladestromverlauf mit zunehmender Zeitdauer immer gravierender. Durch die temperaturbedingte Zunahme von C und R_S sinkt die Schwingfrequenz mit steigender Temperatur ab und die Dämpfung wächst mit steigender Temperatur an.

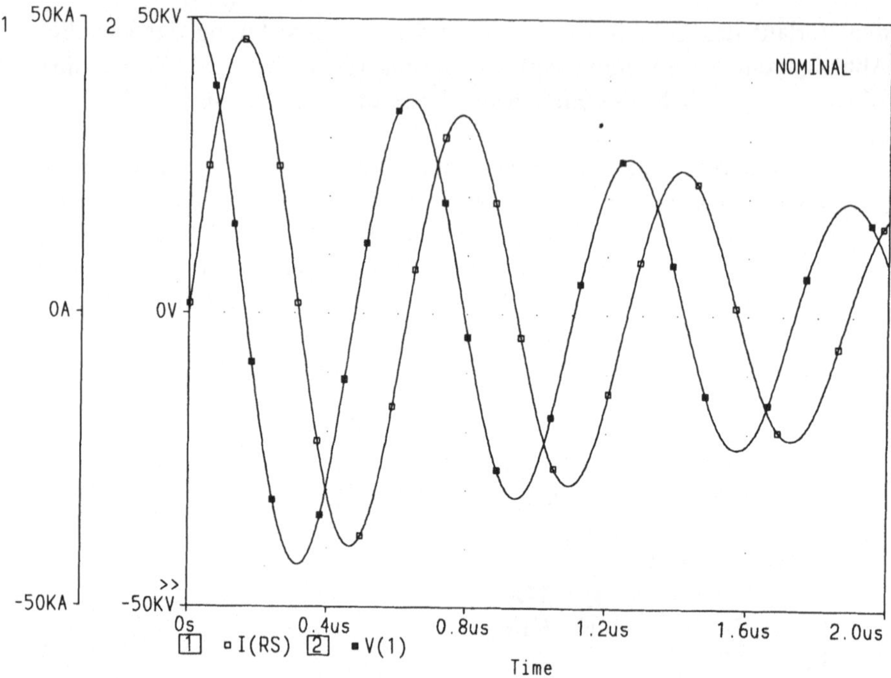

Bild 7.20: Entladestrom I_{Rs} und Spannung V_1 des Hochspannungskondensators bei Nennbedingungen; $\square - I_{Rs}$, $\blacksquare - V_1$

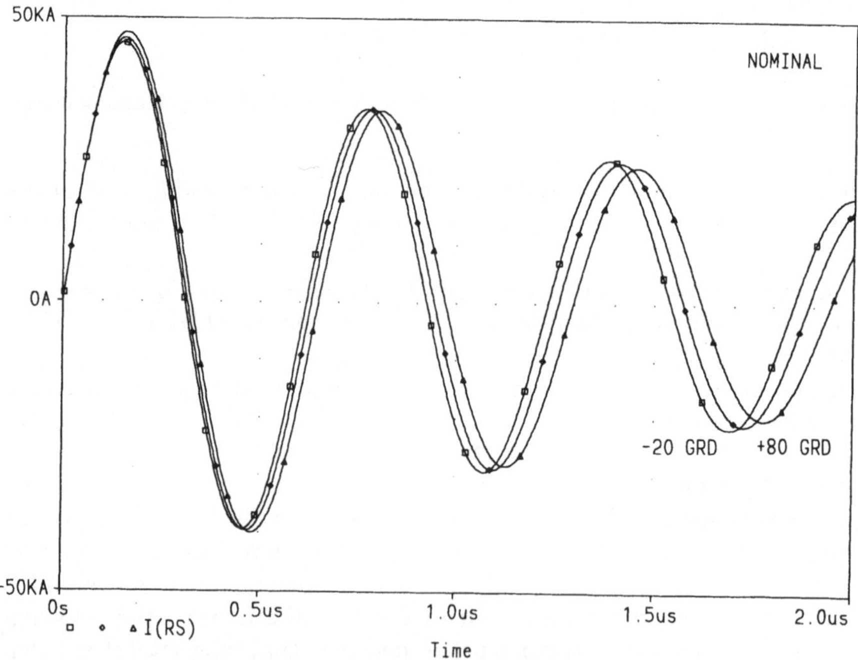

Bild 7.21: Entladestrom I_{Rs} des Hochspannungskondensators, Temperaturabhängigkeit beim Nennwert der Bauelemente; $\square - $ -20°C, $\diamond - $ +20°C, $\triangle - $ +80°C

Der ungünstigste Einfluß der Bauelementeänderungen auf den Entladestromverlauf bei den verschiedenen untersuchten Temperaturen ist in Bild 7.22 dargestellt. Die Kurven geben jeweils die maximal mögliche Abweichung des Entladestromes vom Nennwert wieder. Da der Beginn des Stromanstiegs nach Gl. 7.8 nur von L_S beeinflußt wird, wofür keine Toleranz angenommen wurde, decken sich hier die Ergebnisse. Im weiteren Verlauf treten jedoch für die verschiedenen Temperaturen größere Abweichungen als bei Nennbedingungen auf. Inbesondere wird die Dämpfung stärker beeinflußt.

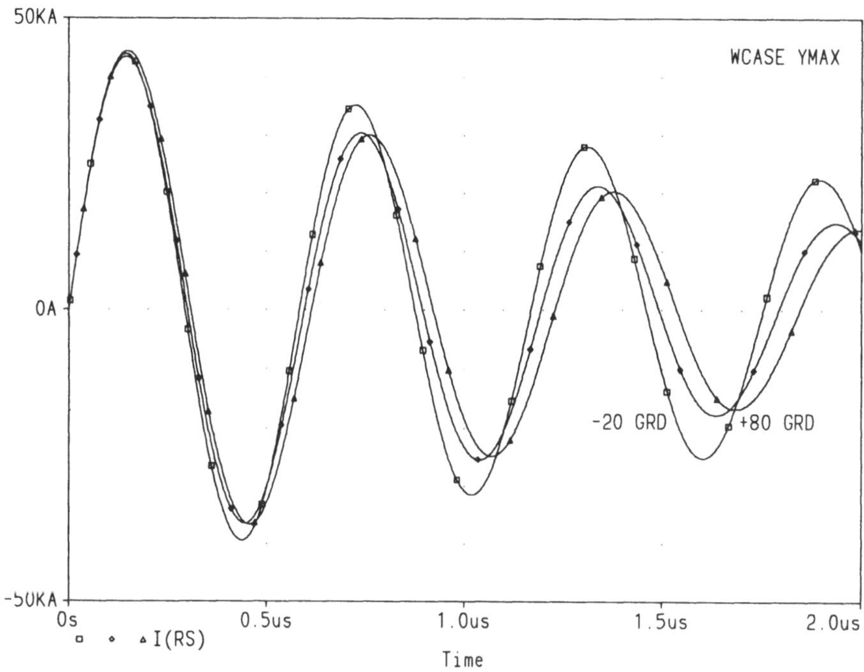

Bild 7.22: Entladestrom I_{RS} des Hochspannungskondensators, maximale Abweichung von den Nennbedingungen; □ − -20°C, ◇ − +20°C, △ − +80°C

```
KAPAZITIVER ENERGIESPEICHER
.OPTIONS ACCT LIST NODE OPTS TNOM=20
.TRAN .1ns .4us 0s .1ns UIC
.PARAM LSTREU=100nH
.STEP PARAM LSTREU LIST 10nH 25nH 50nH 100nH
C 1 0 100nF IC=50kV
LS 1 2 LMOD {LSTREU}
RS 2 0 .1OHM
.MODEL LMOD IND (L=1 DEV=0% TC1=.0)
.PROBE
.END
```

Liste 7.8: Eingabedaten zur Berechnung des Entladestromverlaufs von sehr niederinduktiven Hochspannungskondensatoren.

In besonders hohem Maße lassen sich die Stromanstiegsgeschwindigkeit und der erste Stromscheitelwert durch die Größe der Streuinduktivität L_S beeinflussen. Dies wird durch den nachfolgenden Rechengang, bei dem L_S als Parameter definiert wurde, demonstriert. Dabei wird L_S von einem extrem kleinen Wert von nur 10 nH ausgehend bis zu dem bisher betrachteten Wert von 100 nH erhöht. Die erforderlichen Eingabedaten sind in Liste 7.8 enthalten.

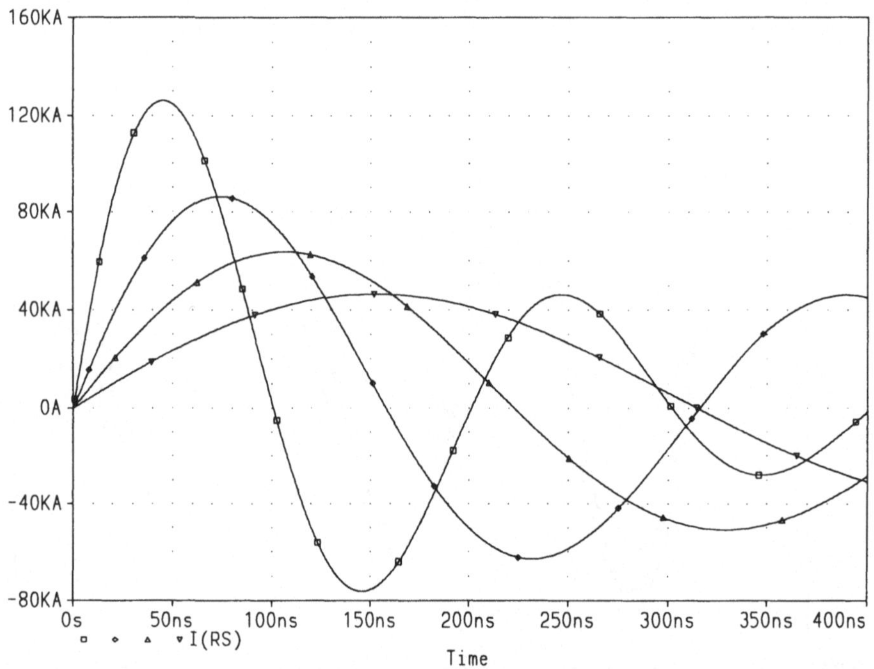

Bild 7.23: Entladestrom I_{RS} des Hochspannungskondensators, Einfluß der Streuinduktivität L_S; □ — L_S = 10 nH, ◇ — L_S = 25 nH, △ — L_S = 50 nH, ▽ — L_S = 100 nH

Das in Bild 7.23 für den Entladestrom dargestellte Ergebnis zeigt neben einer Erhöhung der Schwingfrequenz auf bis zu knapp 5 MHz einen erheblichen Anstieg des ersten Stromscheitelwerts auf bis zu 125 kA. Dies entspricht nicht ganz dem auf bis zu 0,316 Ω verringerten Wert von Z_0, da sich jetzt auch die Dämpfung durch den Serienwiderstand R_S von unverändert 0,1 Ω immer stärker bemerkbar macht Es ist allerdings fraglich, ob der kleinste angenommene Wert der Streuinduktivität von nur 10 nH in der Praxis auch erreicht werden kann.

Ähnlich günstig wirkt sich die angenommene Verringerung der Streuinduktivität auf die maximale Stromanstiegsgeschwindigkeit aus. Das in Bild 7.24 dargestellte Ergebnis deckt sich in der Nähe des Nullpunktes genau mit Gl. 7.8. Im günstigsten Fall wird eine Stromanstiegsgeschwindigkeit von $5 \cdot 10^{12}$ A/s erreicht. Dabei ist allerdings zu beachten, daß gerade in diesem Fall die hohe Stromanstiegsgeschwindigkeit nur sehr kurzzeitig erhalten bleibt, wäh-

bleibt, während in den anderen Fällen eine zwar geringere aber etwa konstante Stromanstiegsgeschwindigkeit gegeben ist.

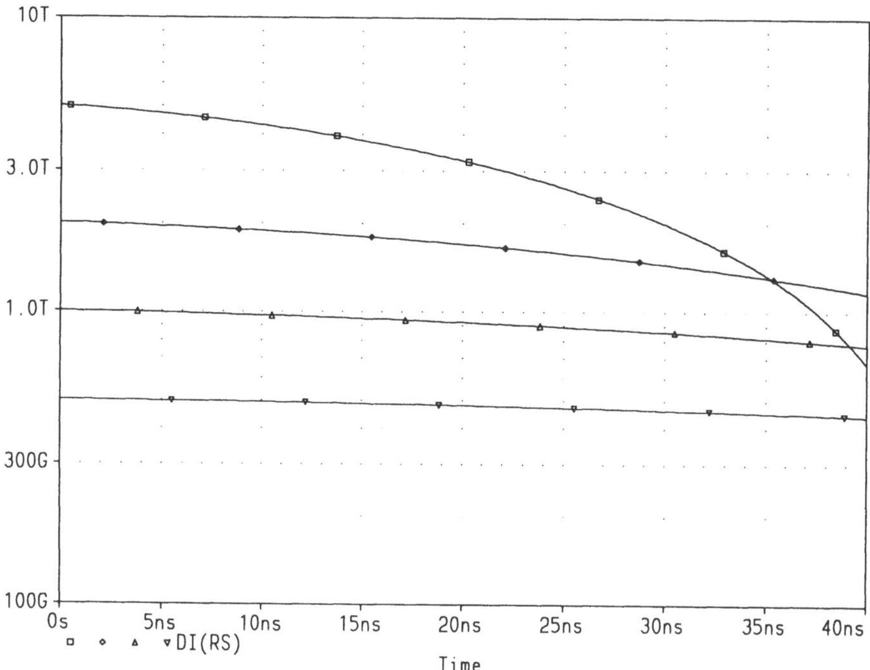

Bild 7.24: Stromanstiegsgeschwindigkeit dI_{RS}/dt des Hochspannungskondensators, Einfluß der Streuinduktivität L_S; $\square$ — L_S = 10 nH, $\diamond$ — L_S = 25 nH, $\triangle$ — L_S = 50 nH, ∇ — L_S = 100 nH

Der Entladestromverlauf kann durch Erhöhung von R_S in seinem grundsätzlichen Verlauf beeinflußt werden, was allerdings auch die Amplituden wesentlich beeinflußt. Dies wird in der folgenden Berechnung untersucht, bei der R_S als Parameter definiert wird. Die erforderlichen Eingabedaten sind in Liste 7.9 angegeben.

```
KAPAZITIVER ENERGIESPEICHER
.OPTIONS ACCT LIST NODE OPTS TNOM=20
.TRAN .1ns .4us 0s .1ns UIC
.PARAM RSERIE=.1OHM
.STEP PARAM RSERIE LIST .01OHM .05OHM .1OHM .5OHM 1OHM
C 1 0 100nF IC=50kV
LS 1 2 10nH
RS 2 0 {RSERIE}
.PROBE
.END
```

Liste 7.9: Eingabedaten zur Berechnung des Entladestromverlaufs eines sehr niederinduktiven Hochspannungskondensators.

Es wird eine sehr niedrige Streuinduktivität von nur 10 nH angenommen. Der Serienwiderstand wird einerseits bis auf einen nahezu vernachlässigbar kleinen Wert von 10 mΩ verringert und andererseits bis auf einen verhältnismäßig hohen Wert von 1 Ω erhöht.

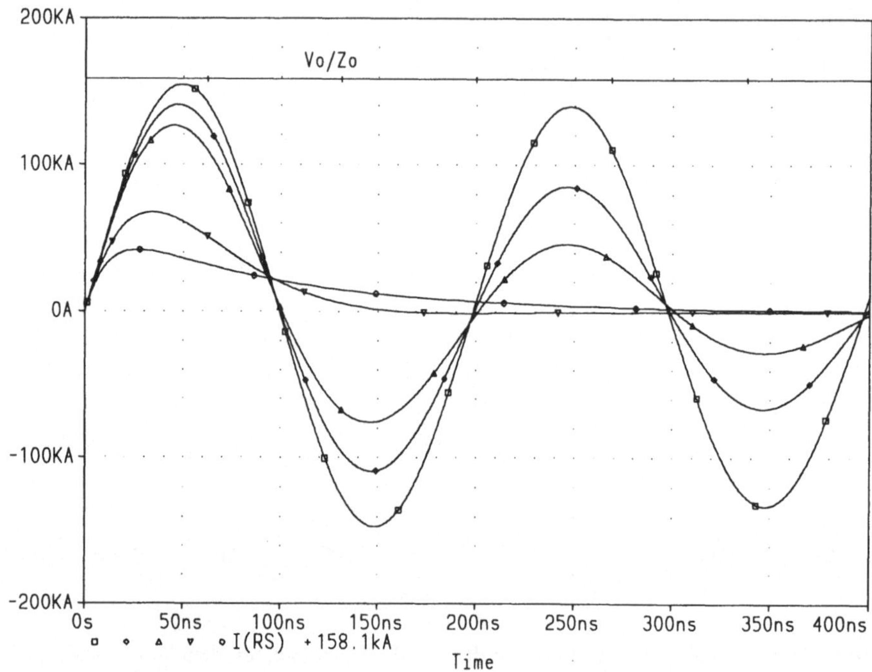

Bild 7.25: Entladestrom I_{RS} des Hochspannungskondensators, Einfluß des Serienwiderstands R_S; □ — R_S = 10 mΩ, ◇ — R_S = 50 mΩ, △ — R_S = 100 mΩ, ▽ — R_S = 0,5 Ω, O — R_S = 1 Ω, + — V_0/Z_0

Das erhaltene Ergebnis ist in Bild 7.25 dargestellt. Mit der Verringerung des Serienwiderstands nähert sich der erste Stromscheitelwert immer mehr dem Wert des ungedämpften Stromscheitelwerts entsprechend Gl. 7.7 an. Dieser ist zum Vergleich in das Diagramm mit eingetragen (V_0/Z_0 = 158,1 kA). Durch eine Erhöhung des Serienwiderstands läßt sich der Stromverlauf auch *aperiodisch* bedämpfen, sofern der hierfür erforderliche Mindestwert des Dämpfungswiderstands von:

$$R_S \geq 2Z_0 = 0{,}6325 \quad [\Omega] \tag{7.9}$$

erreicht wird. Letzteres ist bei einem Serienwiderstand R_S von 0,5 Ω gerade noch nicht der Fall. Trotzdem kann das verbleibende geringe Unterschwingen in der Regel eher in Kauf genommen werden, als die bei einer Erhöhung von R_S auf 1 Ω noch weiter verringerte Stromamplitude.

7.2.2 Laufzeitspeicher

Während mit Stoßkondensatoren entweder oszillierende oder doppelt exponentiell verlaufende Impulse erzeugt werden können, ermöglichen Laufzeitspeicher die Erzeugung rechteckförmiger Impulse mit festgelegter Dauer. Als Laufzeitspeicher mit verteilten Elementen ist die bereits hinreichend behandelte Koaxialleitung anzusehen.

Im folgenden sollen die Eigenschaften eines vergleichbaren Laufzeitspeichers aus *diskreten* Elementen untersucht werden. Dieser wird entsprechend dem Ersatzschaltbild der verlustfreien Leitung als LC-Kettenleiter aufgebaut. Die entsprechende Schaltung zeigt Bild 7.26. Wenn zumindest vergleichbare Eigenschaften wie bei Leitungen erreicht werden sollen, ist eine möglichst feine Unterteilung des Laufzeitspeichers in eine große Zahl von Elementen n notwendig. Damit erreicht man aber bald die in der Versuchsversion von PSPICE *maximal zulässige Anzahl von Bauelementen*. Aus diesen Gesichtspunkten ergab sich die gewählte Stufenzahl von $n = 25$.

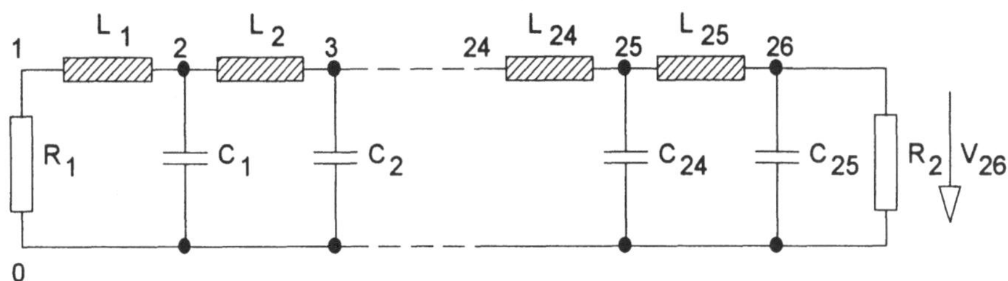

Bild 7.26: Schaltbild eines 25-stufigen Laufzeitspeichers

Es soll nun berechnet werden, welcher Spannungsverlauf sich am Ausgang des mit einem Widerstand R_2 belasteten Laufzeitspeichers ergibt. Dazu wird dieser vorher auf eine Spannung V_0 aufgeladen und bei $t = 0$ in den Widerstand R_2 entladen. Nach diesem Prinzip arbeitet der sogenannte Leitungsimpulsgenerator (Kabelpulser).

Die für diese Berechnung benötigten Eingabedaten sind in Liste 7.10 enthalten. Die Daten der Elemente der Laufzeitkette sind so gewählt, daß sich ein Wellenwiderstand Z_W von 50 Ω ergibt.

$$Z_W = \sqrt{\frac{Z_l}{Y_q}} = \sqrt{\frac{L'}{C'}} \qquad (7.10)$$

Die Ausbreitungsgeschwindigkeit v wird, wie es bei Koaxialleitungen die Regel ist, auf 2/3 der Lichtgeschwindigkeit eingestellt.

$$v = \frac{1}{\sqrt{L'C'}} = \frac{c}{\sqrt{\varepsilon_r}} = \frac{c}{\sqrt{2,25}} = \frac{2}{3}c \qquad (7.11)$$

Für den Induktivitäts- und den Kapazitätsbelag erhält man dann folgende
Werte:

$$L' = \frac{Z_W}{\frac{2}{3}c} = 250 \ \left[\frac{nH}{m}\right] \qquad C' = \frac{1}{\frac{2}{3}c\,Z_W} = 100 \ \left[\frac{pF}{m}\right] \qquad (7.12)$$

Aus der gewählten Länge l von 2 m und der Stufenzahl n von 25 folgt dann
die Bemessung der einzelnen Elemente L_i und C_i ($i = 1 \dots n$):

$$L_i = \frac{L'\,l}{n} = 20 \ [nH] \qquad C_i = \frac{C'\,l}{n} = 8 \ [pF] \qquad (7.13)$$

Diese Elemente der Laufzeitkette werden jeweils zu *Teilschaltungen* X_i
(SUBCKT) zusammengefaßt, wodurch sich die Eingabe der Daten etwas vereinfachen läßt. Der hochohmige Widerstand R_1 ist lediglich zur Herstellung
eines Gleichstrompfades notwendig. Der Widerstand R_2 wird zunächst so
gewählt, daß die Laufzeitkette genau mit dem Wellenwiderstand Z_W abgeschlossen ist. Die Aufladung der Leitung auf $V_0 = 100$ V wird durch eine entsprechende Anfangsbedingung (IC, UIC) für C_i nachgebildet.

```
25-STUFIGER KETTENLEITER - R2=Zw
*Zw=50 OHM, l=2m, v=2c/3, C'=100pF/m, L'=0.25uH/m
.OPT ACCT LIST OPTS NODE TNOM=20
.TRAN 10ps 50ns 0s 10ps UIC
R1 1 0 1MEGOHM
X1 1 2 LTG
X2 2 3 LTG
X3 3 4 LTG
.....
.....
.....
X23 23 24 LTG
X24 24 25 LTG
X25 25 26 LTG
.SUBCKT LTG 1 2
L1 1 2 20nH IC=0A
C1 2 0 8pF IC=100V
.ENDS
R2 26 0 50OHM
.PROBE
.END
```

Liste 7.10: Eingabedaten zur Berechnung des Entladevorgangs eines Laufzeitspeichers

Entsprechend dem Verhalten von verlustfreien Leitungen müßte man nun
erwarten, daß am Ausgang des Laufzeitspeichers an R_2 während der doppel-

ten Laufzeit von $2T = 20$ ns eine Spannung von $V_0/2 = 50$ V abfällt. Der berechnete Verlauf der Spannungen am Anfang V_1 und am Ende der Laufzeitkette V_{26} ist in Bild 7.27 wiedergegeben. Sieht man einmal von den endlichen Impulsanstiegszeiten und den Einschwingvorgängen ab, dann deckt sich das Ergebnis der Berechnungen mit den Erwartungen. Die Spannung am Anfang der Laufzeitkette bleibt während der Laufzeit T konstant und fällt dann auf Null ab. Die Spannung am Ende der Laufzeitkette fällt bei $t = 0$ von 100 V auf 50 V ab und bleibt während der doppelten Laufzeit $2T$ auf diesem Wert. Dann fällt auch diese auf Null ab.

Nicht auf einfache Weise nachvollziehbar ist dagegen die endliche Anstiegszeit der berechneten Impulsverläufe. Da eine Dämpfung nicht vorhanden ist, kommt als Grund hierfür nur die nicht hinreichend *feine Unterteilung* des Kettenleiters in Frage. Dadurch wird auch der Verlauf der überlagerten Schwingungen beeinflußt, die im übrigen bei einem solchen Kettenleiter grundsätzlich auftreten.

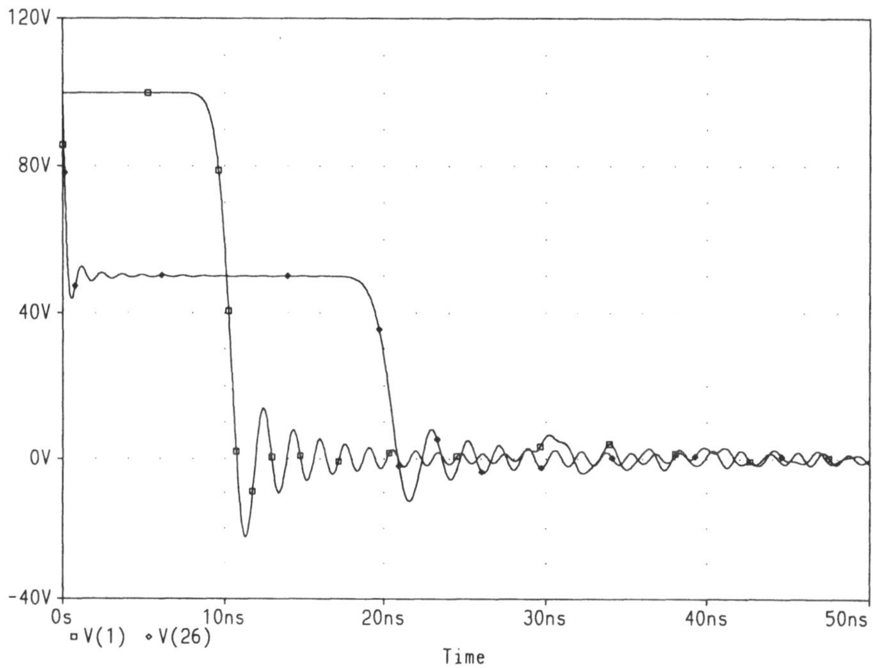

Bild 7.27: Spannungen am Anfang V_1 und am Ende V_{26} der Laufzeitkette bei wellenwiderstandsmäßigem Abschluß; □ $- V_1$, ◇ $- V_{26}$

Analog zum Verhalten der verlustfreien Leitung, treten auch bei der Laufzeitkette Mehrfachreflexionen auf, falls diese am Ende nicht genau mit dem Wellenwiderstand abgeschlossen wird. Trotzdem kann dies im Einzelfall notwendig werden, wenn zum Beispiel eine höhere Ausgangsspannung benötigt wird. Die Änderungen der Eingabedaten im Vergleich zu Liste 7.10 für einen Abschluß der Laufzeitkette mit $R_2 = 2Z_W$ sind in Liste 7.11 angegeben.

```
25-STUFIGER KETTENLEITER - R2=2Zw
R2 26 0 100OHM
```

Liste 7.11: Eingabedaten zur Berechnung des Entladevorgangs eines Laufzeitspeichers

Entsprechend dem Verhalten von verlustfreien Leitungen:

$$V_{26} = \frac{R_2}{Z_W + R_2} V_0 \tag{7.14}$$

müßte man hier erwarten, daß am Ausgang des Laufzeitspeichers während der doppelten Laufzeit auf der Laufzeitkette von $2T = 20$ ns eine Spannung von $2V_0/3 = 66,7$ V abfällt. Diese müßte dann nach jeweils der doppelten Laufzeit auf ein Drittel des bisherigen Wertes abnehmen. Zur genaueren Begründung sei hierzu auf die entsprechende Literatur verwiesen [15].
Der berechnete Verlauf der Spannungen V_1 am Anfang und V_{26} am Ende der Laufzeitkette ist in Bild 7.28 wiedergegeben. Sieht man wieder von den endlichen Impulsanstiegszeiten und den Einschwingvorgängen ab, dann deckt sich das Ergebnis der Berechnungen mit den Erwartungen. Da sich während der Mehrfachreflexionen die überlagerten Schwingungen erheblich verstärken, wird die Auswertung allerdings zunehmend erschwert.

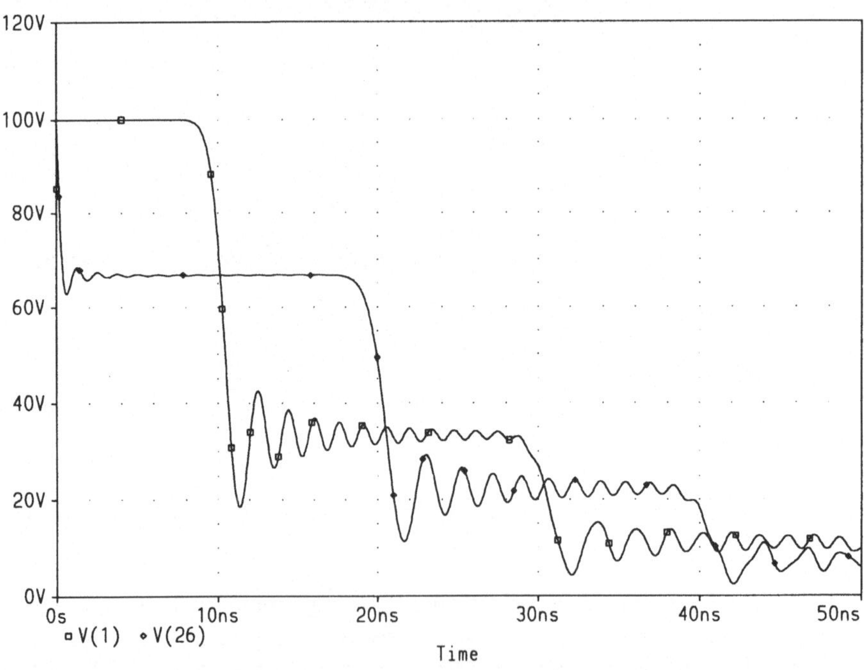

Bild 7.28: Spannungen am Anfang V_1 und am Ende V_{26} der Laufzeitkette bei Abschluß mit $R_2 = 2Z_W$; $\square - V_1$, $\diamond - V_{26}$

Falls ein höherer Ausgangsstrom benötigt wird, muß der Kettenleiter mit einem kleineren Widerstand als dem Wellenwiderstand abgeschlossen werden. Die Änderungen der Eingabedaten im Vergleich zu Liste 7.10 für einen Abschluß der Laufzeitkette mit $R_2 = Z_W/2$ sind in Liste 7.12 angegeben.

    25-STUFIGER KETTENLEITER - R2=Zw/2
    R2 26 0 25OHM

Liste 7.12: Eingabedaten zur Berechnung des Entladevorgangs eines Laufzeitspeichers

Entsprechend dem Verhalten von verlustfreien Leitungen müßte man hier erwarten, daß am Ausgang des Laufzeitspeichers während der doppelten Laufzeit auf der Laufzeitkette von $2T = 20$ ns eine Spannung von $V_0/3 = 33,3$ V abfällt. Diese müßte dann nach jeweils der doppelten Laufzeit auf ein Drittel abnehmen sowie die Polarität wechseln. Zur Begründung sei wieder auf die entsprechende Literatur verwiesen [15].

Der berechnete Verlauf der Spannungen am Anfang V_1 und am Ende der Laufzeitkette V_{26} ist in Bild 7.29 wiedergegeben. Sieht man wieder von den endlichen Impulsanstiegszeiten und den Einschwingvorgängen ab, dann deckt sich das Ergebnis der Berechnungen mit den Erwartungen.

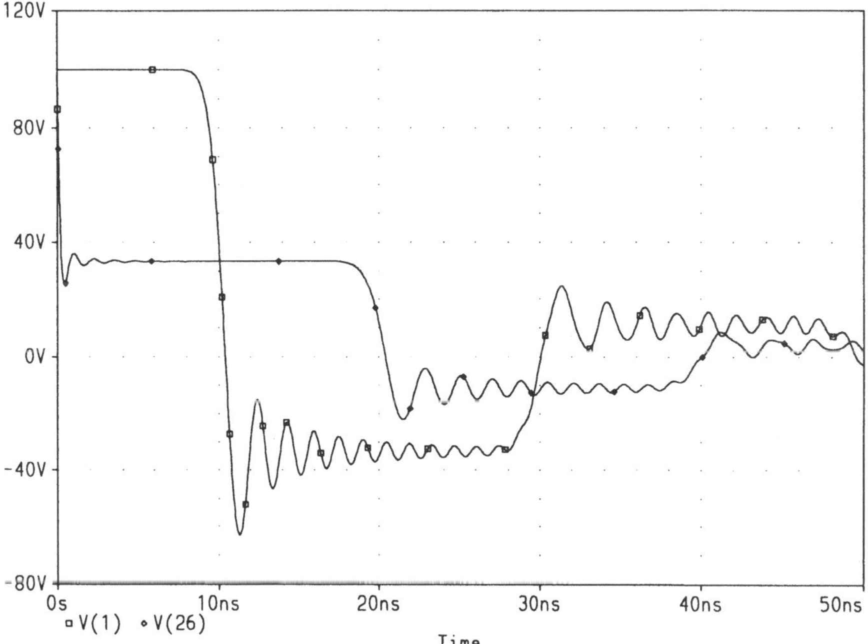

Bild 7.29: Spannungen am Anfang V_1 und am Ende V_{26} der Laufzeitkette bei Abschluß mit $R_2 = Z_W/2$; $\square - V_1$, $\diamond - V_{26}$

Der praktische Einsatz von Laufzeitspeichern ist auf Spezialfälle beschränkt. Das liegt vor allem an den Schwierigkeiten bei der Realisierung der verteilten Induktivitäten L_i mit ausreichend hoher Güte. Ein Anwendungsbeispiel aus der Verstärkertechnik ist der sogenannte *Laufzeitkettenverstärker*.

7.3 Schaltungen zur Impulserzeugung

7.3.1 Astabile Kippstufe

Die klassischen Schaltungen zur Impulserzeugung sind die *rückgekoppelten Kippstufen* unter Verwendung von Transistorschaltern [12]. Wenn die nachfolgenden Schaltungen heute auch in der Digitaltechnik ihre ursprüngliche Bedeutung verloren haben, so ist deren Untersuchung doch von grundsätzlichem Interesse. Insbesondere läßt sich zeigen, wie durch die Rückkopplungswirkung der eigentliche Schaltvorgang wesentlich beschleunigt werden kann. Hierzu stehen die Vergleichswerte aus Kap. 7.1.3 zur Verfügung, wo das Schaltverhalten des einzigen einigermaßen schnellen Schalttransistors 2N3904 aus der Bibliothek der Versuchsversion von PSPICE berechnet wurde. Dieser bipolare NPN-Transistor soll daher auch hier wieder Verwendung finden.

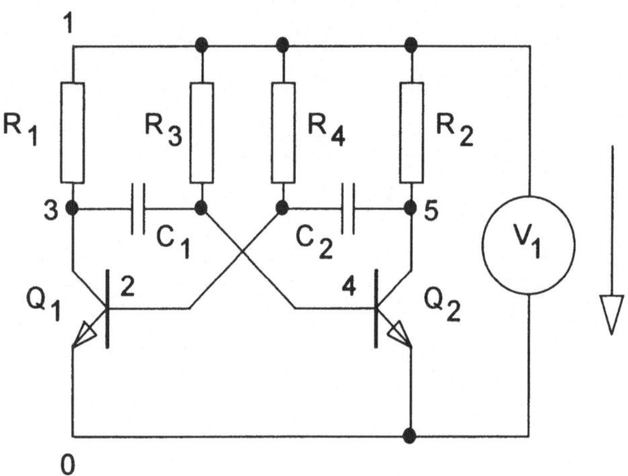

Bild 7.30: Schaltbild einer astabilen Kippstufe mit bipolaren Transistoren

Eine astabile Transistorkippstufe, wie diese in Bild 7.30 dargestellt ist, erhält man dadurch, daß zwei Schalttransistoren jeweils vom Kollektor kapazitiv (C_1, C_2) mit der Basis des anderen Transistors gekoppelt werden. Beim Durchschalten des einen Transistors überträgt sich dann ein negativer Impuls auf die Basis des anderen Transistors und sorgt für dessen Sperrung. Danach wird der Kondensator über einen Widerstand (R_3, R_4) wieder auf eine positive Spannung aufgeladen. Das führt dann wieder zur Durchschaltung des gesperrten Transistors und zu einer Wiederholung des Vorgangs.

Bei der Berechnung der Schaltung ist vor allem zu berücksichtigen, daß sich in Realität der *undefinierte Anfangszustand* der Schaltung durch die stets *vorhandenen Unsymmetrien* bei den Bauelementewerten von selbst löst. Bei der Berechnung muß man hier durch eine entsprechende *Anfangsbedingung* für die Spannung auf einem der Kondensatoren nachhelfen. Dadurch daß C_1 eine Anfangsspannung von 10 V erhält, wird Q_2 bei $t = 0$ ausgeschaltet und Q_1 eingeschaltet. Dieser Anfangswert ist bereits so gewählt, daß er etwa dem eingeschwungenen Spannungswert bei diesem Schaltzustand entspricht.

Die Periodendauer der *Kippschwingung* wird durch den exponentiellen Umladevorgang von C_1 beziehungsweise C_2 über R_3 beziehungsweise R_4 bestimmt. Der exponentielle Verlauf von V_2 beziehungsweise V_4, der von etwa -9 V nach +10 V strebt, wird dabei etwa bei +0,5 V durch den Umschaltvorgang abgebrochen. Es gilt daher ungefähr folgende Beziehung für den zeitlichen Verlauf von V_4 beziehungsweise von V_2:

$$V_4 = V_2 = 10 - 19\, e^{-\frac{t}{\tau}}\ [\text{V}] \qquad \tau = R_3 C_1 \quad \text{bzw.} \quad R_4 C_2 \qquad (7.15)$$

Bei symmetrischer Bemessung errechnet sich daraus folgende Periodendauer der Kippschwingung:

$$T = 2\,\tau \ln 2 = 1{,}386\,\tau \qquad (7.16)$$

Neben der Einstellung der gewünschten Periodendauer müssen R_3 beziehungsweise R_4 so bemessen werden, daß ein hinreichender Basisstrom zum gesättigten Schalten fließen kann. Das bedeutet, daß der Quotient aus Basiswiderstand R_3 beziehungsweise R_4 und Kollektorwiderstand R_2 beziehungsweise R_1 kleiner als der *Kleinstwert der zu erwartenden Stromverstärkung* der Transistoren in Emittergrundschaltung β_{min} gewählt werden muß:

$$\frac{R_3}{R_2} = \frac{R_4}{R_1} < \beta_{min} \qquad (7.17)$$

Dabei kann man davon ausgehen, daß im normalen Betriebsbereich die Stromverstärkung der verwendeten Transistoren nicht unter etwa 50 absinken wird.

Wenn daher zur Veränderung der Periodendauer R_3 beziehungsweise R_4 variiert wird, dann müssen auch R_2 beziehungsweise R_1 entsprechend mit verändert werden. Entsprechendes gilt, wenn R_2 beziehungsweise R_1 zur Beschleunigung des Umladevorgangs der parasitären Kapazitäten und damit zur Verringerung der Umschaltzeit vermindert werden. Letzteres soll bei den Berechnungen mit untersucht werden. Hierzu wird für alle Widerstände ein gemeinsames Modell (RMOD) eingeführt, dessen Faktor (R) entsprechend verändert wird. Die erforderlichen Eingabedaten sind in Liste 7.13 enthalten. Dabei werden die Kollektorwiderstände ausgehend von einem durchschnittlichen Wert von 1 kΩ in zwei Schritten bis auf einen Wert von 100 Ω abgesenkt, was im Hinblick auf die Strombelastbarkeit der verwendeten Transistoren sicherlich als die unterste Grenze anzusehen ist. Die Basiswiderstände werden unter Berücksichtigung von Gl. 7.17 mit verändert.

```
ASTABILE KIPPSTUFE
.OPTIONS ACCT LIST NODE OPTS LIBRARY TNOM=20
.TRAN 10ns 40us 0ns 10ns UIC
.STEP RES RMOD(R) LIST .1 .33 1
V1 1 0 DC 10V
R1 1 3 RMOD 1kOHM
R2 1 5 RMOD 1kOHM
R3 1 4 RMOD 47kOHM
R4 2 1 RMOD 47kOHM
C1 3 4 1nF IC=10V
C2 2 5 1nF
Q1 3 2 0 Q2N3904
Q2 5 4 0 Q2N3904
.MODEL RMOD RES (R=1 DEV=0% TC1=0)
.LIB
.PROBE
.END
```

Liste 7.13: Eingabedaten zur Berechnung der astabilen Kippstufe

Das Ergebnis wird zunächst für den mittleren Wert von R_1 beziehungsweise R_2 von 330 Ω ausgewertet (RMOD(R)=0,33). Die Basiswiderstände R_3 beziehungsweise R_4 betragen dann 15,51 kΩ. Die Spannungsverläufe an Q_2 sind in Bild 7.31 dargestellt. Die Periodendauer von 22 µs stimmt nahezu mit dem nach Gl. 7.16 abgeschätzten Wert von 21,5 µs überein. Von den beiden Flanken des erzeugten Impulses besitzt nur die abfallende Flanke eine kurze Anstiegszeit, wie dies entsprechend der Schaltgeschwindigkeit des Transistors Q_2 zu erwarten ist. Die ansteigende Flanke, während derer Q_2 gesperrt ist, wird dagegen von der Zeitkonstanten aus R_2 und C_2 von 330 ns bestimmt.
Im folgenden soll das Schaltverhalten genauer untersucht werden. Dazu werden ausschließlich die Kollektorspannungen der beiden Transistoren sowohl für den oberen Bemessungswert der Widerstände (RMOD(R)=1) als auch für den unteren Bemessungswert (RMOD(R)=0,1) ausgewertet.
Das erste Ergebnis ist in Bild 7.32 dargestellt. Während die Anstiegszeit der ansteigenden Flanke von V_5, wie bereits dargelegt wurde, kaum brauchbar ist, besitzt die abfallende Flanke eine Anstiegszeit von nur 4,66 ns (Marken C1, C2). Das liegt bereits deutlich ***unter der günstigsten der für den Transistor allein ermittelten Schaltzeiten*** und ist auf die Wirkung der in dieser Schaltung vorhandenen Rückkopplung zurückzuführen.

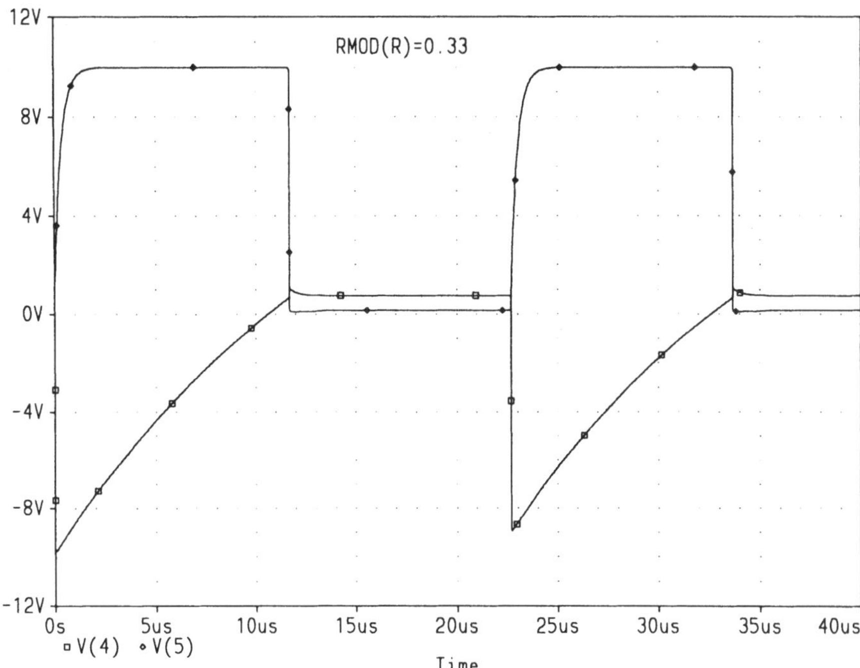

Bild 7.31: Basisspannung V_4 und Kollektorspannung V_5 von Q_2 der astabilen Kippstufe; $R_{1,2} = 330\ \Omega$, $R_{3,4} = 15{,}51\ \text{k}\Omega$; $\square - V_4$, $\diamond - V_5$

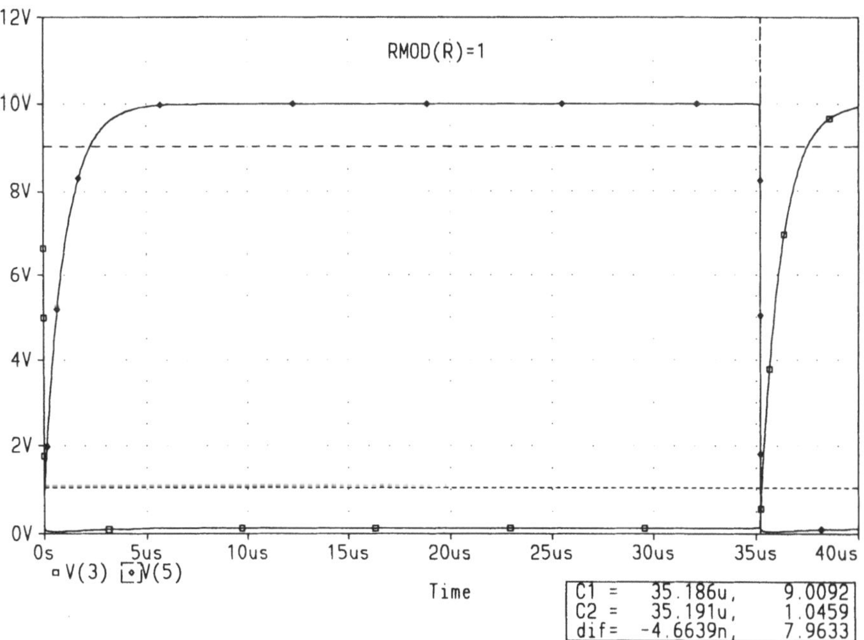

Bild 7.32: Kollektorspannung V_3 von Q_1 bzw. V_5 von Q_2 der astabilen Kippstufe; $R_{1,2} = 1$ kΩ, $R_{3,4} = 47$ kΩ; $\square - V_3$, $\diamond - V_5$

Erwartungsgemäß verbessert sich dieses Ergebnis noch erheblich, wenn der untere Bemessungswert von R_1 beziehungsweise R_2 mit 100 Ω gewählt wird. Das entsprechende Ergebnis ist in Bild 7.33 dargestellt. Die Anstiegszeit der abfallenden Flanke von V_5 beträgt nun nur noch 924 ps, ein Wert dessen praktische Realisierung allerdings noch zu überprüfen wäre, da bei so kurzen Schaltzeiten auch das Schaltungslayout eine zunehmende Rolle spielt.

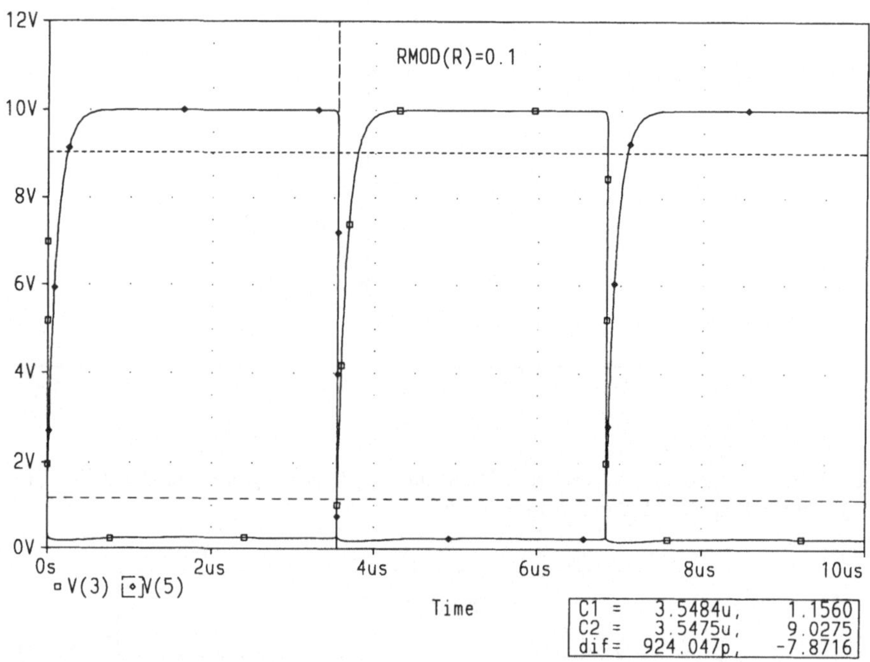

Bild 7.33: Kollektorspannung V_3 von Q_1 bzw. V_5 von Q_2 der astabilen Kippstufe; $R_{1,2} = 100$ Ω, $R_{3,4} = 4{,}7$ kΩ; $\square$ — V_3, $\diamond$ — V_5

7.3.2 Monostabile Kippstufe

Aus der in Bild 7.30 dargestellten Schaltung der astabilen Kippstufe läßt sich eine monostabile Kippstufe dadurch entwickeln, daß nur noch einer der beiden Transistoren gleichstrommäßig direkt mit einem Basisstrom versorgt wird, während der andere diesen vom Kollektor des ersten Transistors erhält. Die entsprechende Schaltung ist in Bild 7.34 wiedergegeben.

Da Q_1 den Basisstrom direkt erhält, ist dieser normalerweise durchgeschaltet. Damit erhält Q_2 praktisch keinen Basisstrom und ist normalerweise gesperrt. Durch Triggerung an der Basis von Q_2 kann die Schaltung jedoch vom monostabilen Zustand aus in den anderen instabilen Zustand umgeschaltet werden. Die Verweilzeit im instabilen Zustand wird durch den Umladevorgang von C_2 über R_4 analog zu den zuvor angestellten Überlegungen bestimmt, womit sich ungefähr der folgende zeitliche Verlauf der Spannung an der Basis von Q_1 ergibt:

$$V_2 = 10 - 19\,e^{-\frac{t}{\tau}}\ [\mathrm{V}] \qquad \tau = R_4 C_2 \qquad (7.18)$$

Daraus errechnet sich dann die folgende Breite des von der monostabilen Kippstufe erzeugten Rechteckimpulses:

$$T = \tau \ln 2 = 0{,}693\,\tau \qquad (7.19)$$

Die Triggerung von Q_2 erfolgt über eine Parallelschaltung aus R_5 und C_3, wobei einerseits R_5 den benötigten Basisstrom dauernd sicherstellt und andererseits C_3 für einen zusätzlichen kurzen Stromimpuls zur effektiven Triggerung sorgt. Die Zeitkonstante τ dieses RC-Gliedes wurde empirisch zu 1 µs bestimmt. Im Zusammenhang mit der ohmsch-kapazitiven Eingangsimpedanz von Q_2 kann dieser Teil der Schaltung auch als frequenz(über)kompensierter Spannungsteiler angesehen werden.

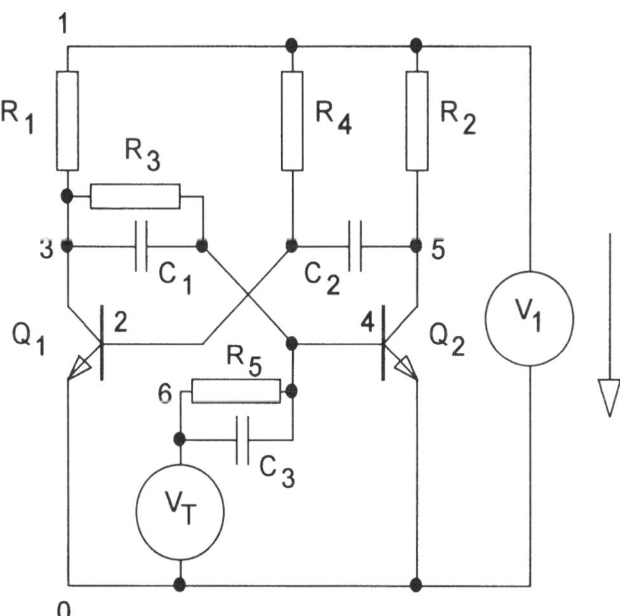

Bild 7.34: Schaltbild einer monostabilen Kippstufe mit bipolaren Transistoren

Die Berechnungen sollen wieder so durchgeführt werden, daß die Kollektorwiderstände R_1 beziehungsweise R_2 ausgehend von einem durchschnittlichen Wert zur Verringerung der Umschaltzeit vermindert werden. Hierzu wird für die Widerstände R_1 ... R_4 ein gemeinsames Modell (RMOD) eingeführt, dessen Faktor (R) entsprechend verändert wird. Die notwendigen Eingabedaten sind in Liste 7.14 enthalten. Dabei werden die Kollektorwiderstände ausgehend von einem Wert von 1 kΩ in zwei Schritten bis auf 100 Ω abgesenkt, was im Hinblick auf die Strombelastbarkeit der verwendeten Transistoren wiederum als unterste Grenze anzusehen ist. Die Basiswiderstände werden unter Berücksichtigung von Gl. 7.17 mit verändert.

Die Triggerung erfolgt um 5 µs verzögert durch einen positiven Spannungsimpuls V_T, der eine kurze Stirnzeit von nur 5 ns besitzt. Die wesentlich längere Rückenzeit von 50 ns ist für die Funktion der Schaltung praktisch ohne Bedeutung. Die Pulsbreite, die mit 100 ns gewählt wurde, ist ebenfalls verhältnismäßig unkritisch. Ein unnötig hoher Wert sollte jedoch aus verschiedenen Gründen nicht gewählt werden.

```
MONOSTABILE KIPPSTUFE
.OPTIONS ACCT LIST NODE OPTS LIBRARY TNOM=20
.TRAN 20ns 50us 0ns 20ns
.STEP RES RMOD(R) LIST .1 .33 1
V1 1 0 DC 10V
VT 6 0 PULSE (0V 10V 5us 5ns 50ns 100ns 1s)
R1 1 3 RMOD 1kOHM
R2 1 5 RMOD 1kOHM
R3 3 4 RMOD 47kOHM
R4 2 1 RMOD 47kOHM
R5 6 4 10kOHM
C1 3 4 1nF
C2 2 5 1nF
C3 6 4 100pF
Q1 3 2 0 Q2N3904
Q2 5 4 0 Q2N3904
.MODEL RMOD RES (R=1 DEV=0% TC1=0)
.LIB
.PROBE
.END
```

Liste 7.14: Eingabedaten zur Berechnung der monostabilen Kippstufe

Das Ergebnis wird zunächst für den mittleren Wert von R_1 beziehungsweise R_2 von 330 Ω ausgewertet (RMOD(R)=0,33). Die Basiswiderstände R_3 beziehungsweise R_4 betragen dann 15,51 kΩ. Die Spannungsverläufe an Q_1 und Q_2 sind in Bild 7.35 dargestellt.

Nach der Triggerung durch V_6 schaltet Q_2 ein und bleibt für die Dauer der Verweilzeit unabhängig von der Dauer des Triggerimpulses im eingeschalteten Zustand. Die aus dem Diagramm ersichtliche Verweilzeit von 11 µs stimmt recht genau mit dem nach Gl. 7.19 abgeschätzten Wert von 10,75 µs überein. Von den beiden Flanken der erzeugten Impulse V_3 beziehungsweise V_5 besitzt jeweils nur die abfallende Flanke eine kurze Anstiegszeit, der Grund ist der gleiche wie bei der astabilen Kippstufe.

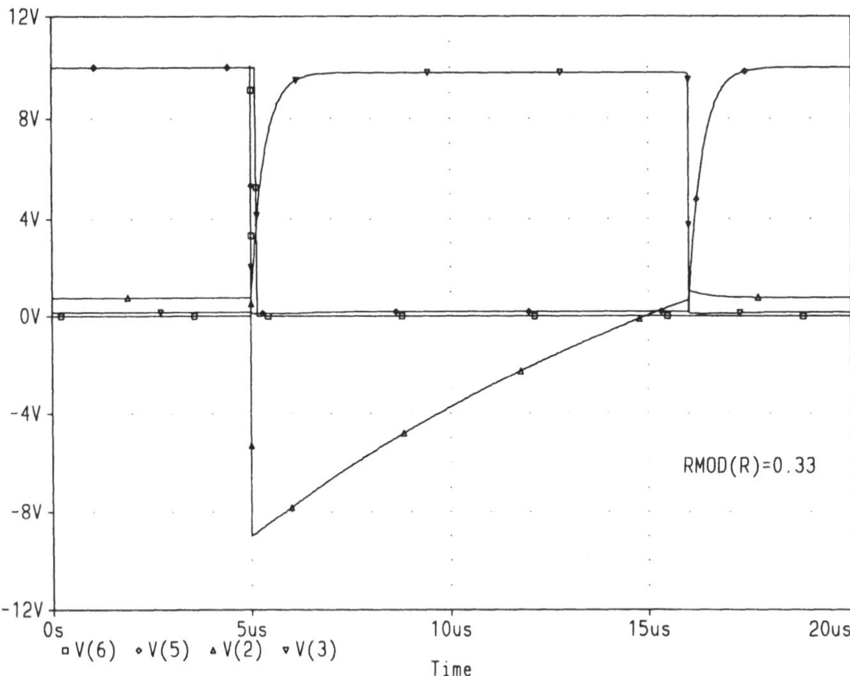

Bild 7.35: Triggerspannung V_6, Kollektorspannung V_3 bzw. V_5 und Basisspannung V_2 der monostabilen Kippstufe; $R_{1,2} = 330\ \Omega$, $R_{3,4} = 15{,}51\ \mathrm{k}\Omega$; $\square - V_6$, $\diamond - V_5$, $\triangle - V_2$, $\triangledown - V_3$

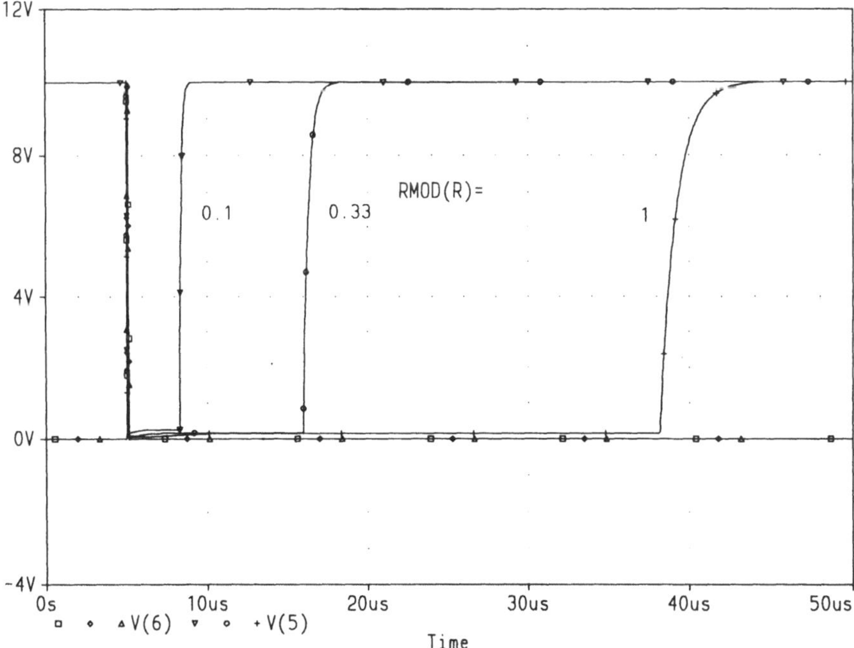

Bild 7.36: Monostabile Kippstufe; $R_{1,2} = 100\ \Omega$, $R_{3,4} = 4{,}7\ \mathrm{k}\Omega$: $\square - V_6$, $\triangledown - V_5$; $R_{1,2} = 330\ \Omega$ $R_{3,4} = 15{,}51\ \mathrm{k}\Omega$: $\diamond - V_6$, $O - V_5$; $R_{1,2} = 1\ \mathrm{k}\Omega$, $R_{3,4} = 47\ \mathrm{k}\Omega$: $\triangle - V_6$, $+ - V_5$

Der Verlauf von V_5 für alle berechneten Widerstandswerte ist aus Bild 7.36 zu ersehen. Mit der Änderung der Widerstände R_1 ... R_4 ändert sich außer der Impulsbreite erwartungsgemäß auch die Anstiegszeit der ansteigenden Impulsflanke proportional. Der Einfluß der Bemessung der Widerstände auf die sehr viel steilere abfallende Flanke wird nachfolgend noch genauer untersucht.

Im folgenden soll das Schaltverhalten für den unteren Bemessungswert der Widerstände (RMOD(R)=0,1) genauer untersucht werden. Da die vorliegende Schaltung aber *keineswegs symmetrisch* aufgebaut ist, ist eine getrennte Auswertung der beiden Kollektorspannungen V_3 beziehungsweise V_5 notwendig. Das Ergebnis ist in den Bildern 7.37 und 7.38 dargestellt.

Dabei ergibt sich aus Bild 7.37 am Kollektor von Q_2 eine sehr kurze Anstiegszeit von V_5 von nur 1,37 ns (Marken C1, C2). Dieser Wert liegt nur geringfügig über dem bei der astabilen Kippstufe für die vergleichbare Bemessung erzielten Ergebnis.

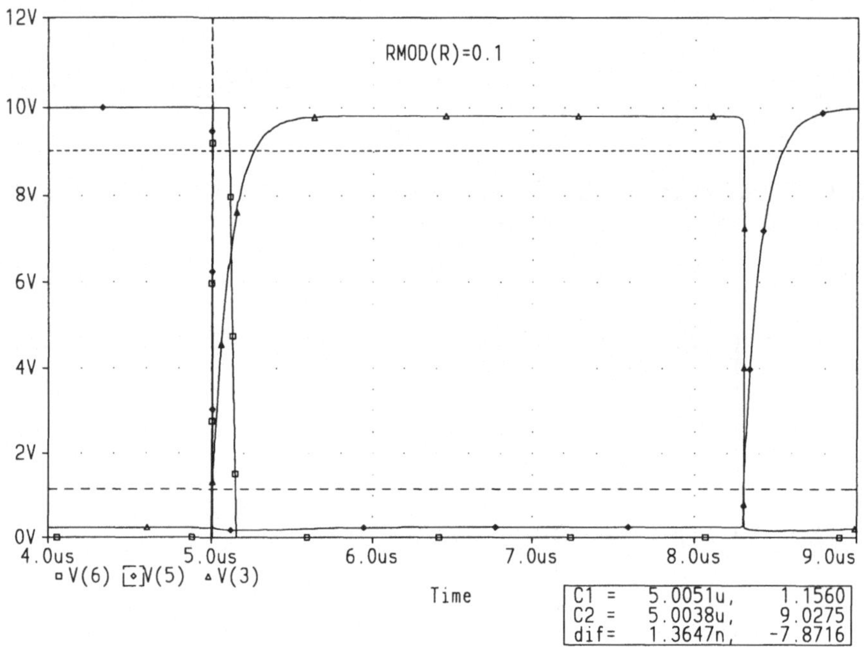

Bild 7.37: Triggerspannung V_6 und Kollektorspannung V_3 bzw. V_5 der monostabilen Kippstufe; $R_{1,2} = 100\,\Omega$, $R_{3,4} = 4{,}7\,k\Omega$; **Auswertung von V_5;** □ — V_6, ◊ — V_5, △ — V_3

Am Kollektor von Q_1 erhält man aus Bild 7.38 mit 3,2 ns eine im Vergleich zur astabilen Kippstufe erhöhte Anstiegszeit von V_3. Wenn auch die Unsymmetrie des Ergebnisses plausibel ist, so sind die Unterschiede im Detail kaum zu erklären. Generell werden jedoch auch bei der monostabilen Kippstufe die für den Transistor allein ermittelten Schaltzeiten unterschritten, jedoch nicht in gleichem Ausmaß wie bei der astabilen Kippstufe.

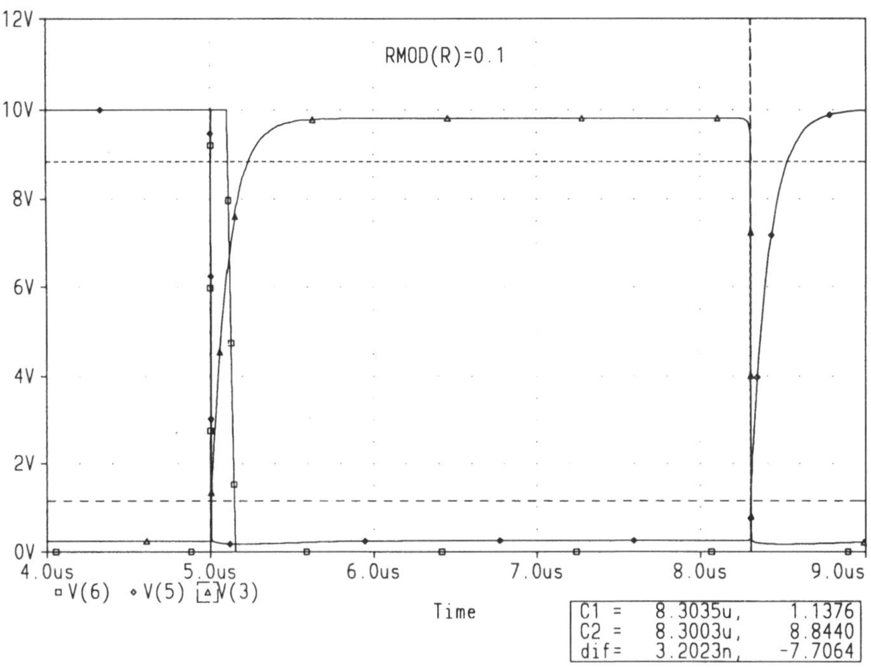

Bild 7.38: Triggerspannung V_6 und Kollektorspannung V_3 bzw. V_5 der monostabilen Kippstufe; $R_{1,2} = 100\,\Omega$, $R_{3,4} = 4.7\,k\Omega$; **Auswertung von V_3;** $\square - V_6$, $\diamond - V_5$, $\triangle - V_3$

7.3.3 Bistabile Kippstufe

Als Beispiel einer bistabilen Kippstufe soll der sogenannte *Schmitt-Trigger* betrachtet werden. Diese Schaltung zeichnet sich neben dem bistabilen Verhalten durch eine in gewissen Grenzen *einstellbare Umschalthysterese* aus. Wesentliches Merkmal der in Bild 7.39 dargestellten Schaltung ist die Kopplung der beiden Transistoren über den gemeinsamen Emitterwiderstand R_5. Ohne Triggerung der Schaltung ($V_T = 0$) ist Q_1 gesperrt und Q_2 infolge der Basisvorspannung über den Spannungsteiler aus R_3 und R_4 leitend, ohne daß jedoch eine nennenswerte Sättigung auftritt. Bei Triggerung von Q_1 durch eine positive Spannung V_T wird Q_1 leitend. Der dabei entstehende negative Spannungssprung am Kollektor von Q_1 wird insbesondere durch den Koppelkondensator C_1 auf die Basis von Q_2 übertragen, wodurch dieser rasch gesperrt wird. Die Umschalthysterese kommt dadurch zustande, daß bei einer Absenkung der Triggerspannung unter den zuvor für die Triggerung ausreichenden Wert Q_1 zunächst immer noch leitend bleibt. Es erfolgt vielmehr zunächst nur ein entsprechender Rückgang der Emitterspannung V_6 verbunden mit einer entsprechenden Abnahme des Kollektorstroms von Q_1. Dadurch wächst dann aber V_3 an, was über den Spannungsteiler aus R_3 und R_4 doch dazu führt, daß Q_2 den Strom übernehmen kann. Es ist damit zu erwarten, daß der Verlauf von V_3 zumindest bei diesem Umschaltvorgang nicht genau rechteckförmig sein wird. Auch im Hinblick auf die fehlende Belastung des Kollektors von Q_2 durch einen Rückkopplungszweig, ist für V_5 zumindest ohne eine äußere Belastung eher ein streng rechteckförmiger Spannungsverlauf zu erwarten.

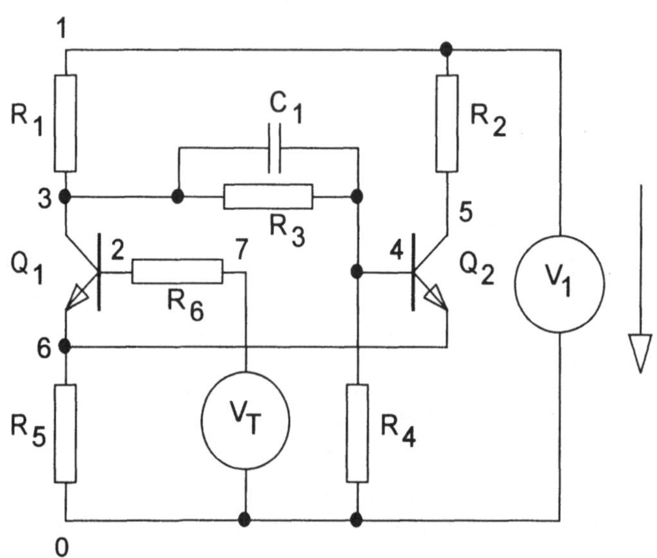

Bild 7.39: Schaltbild eines Schmitt-Triggers mit bipolaren Transistoren

```
SCHMITT-TRIGGER
.OPTIONS ACCT LIST NODE OPTS LIBRARY TNOM=20
.TRAN .5ns 1us 0ns .5ns
.PARAM CK=100pF
.STEP PARAM CK LIST 100pF 330pF 1nF
VT 7 0 PWL(0ns 0V 500ns 3.5V 1us 0V)
V1 1 0 DC 10V
R1 1 3 470OHM
R2 1 5 470OHM
R3 3 4 2.7kOHM
R4 4 0 1.5kOHM
R5 6 0 100OHM
R6 2 7 470OHM
C1 3 4 {CK}
Q1 3 2 6 Q2N3904
Q2 5 4 6 Q2N3904
.LIB
.PROBE
.END
```

Liste 7.15: Eingabedaten zur Berechnung des Schmitt-Triggers

Für die Berechnungen werden die Widerstände der Schaltung im Vergleich zu den vorigen Beispielen für einen mittleren Wert bemessen. Das Schaltverhalten wird jedoch auch durch die Größe des Koppelkondensators C_1 beeinflußt, was hier im Detail untersucht werden soll. Dazu wird der Wert des Koppelkondensators C_1 bei der Berechnung entsprechend verändert, indem dessen Kapazität als Parameter (C_K) definiert wird. Die erforderlichen Eingabedaten sind in Liste 7.15 enthalten.

Zur Ermittlung der *Umschalthysterese* wird eine Triggerung der Schaltung durch eine verhältnismäßig langsam veränderliche dreieckförmige Spannung vorgenommen. Die Triggerung von Q_1 erfolgt dabei allein über den Vorwiderstand R_6, um quasistatische Verhältnisse zu erreichen.

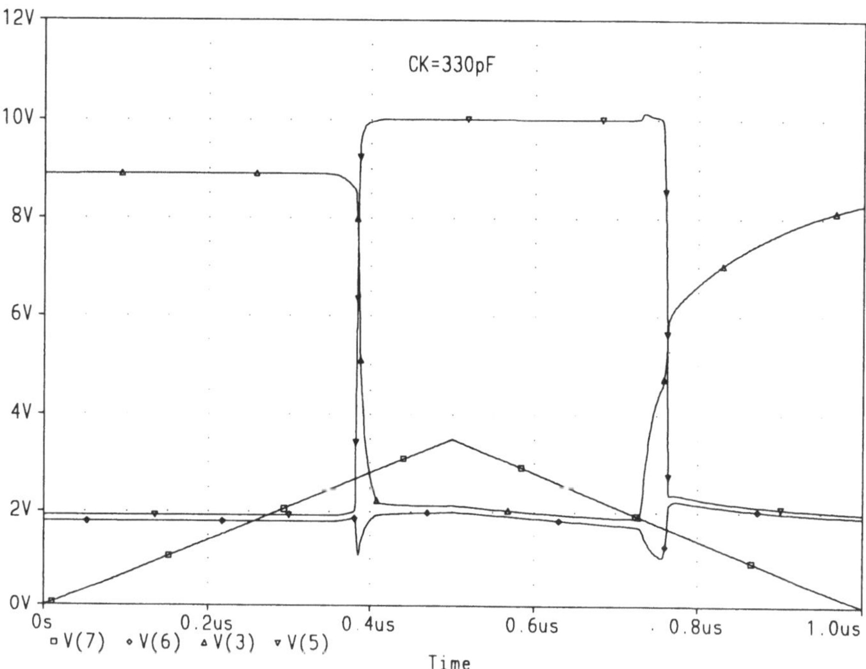

Bild 7.40: Triggerspannung V_7, Emitterspannung V_6 und Kollektorspannung V_3 von Q_1 bzw. V_5 von Q_2 der bistabilen Kippstufe; C_1 = 330 pF; $\square - V_7$, $\diamond - V_6$, $\triangle - V_3$, $\nabla - V_5$

Das Ergebnis wird zunächst für den mittleren Wert von C_1 von 330 pF ausgewertet. Die entsprechenden Spannungsverläufe an Q_1 und Q_2 sind in Bild 7.40 dargestellt. Nach Erreichen der Triggerschwelle von 2,65 V (siehe Bild 7.41) wird Q_1 eingeschaltet und Q_2 ausgeschaltet. Nur der letztere Vorgang verläuft durchgängig mit hoher Steilheit, was auf die fehlende Belastung des Kollektors von Q_2 zurückzuführen ist. Die Triggerspannung muß wenigstens bis auf 2 V abgesenkt werden, bevor man aus dem Diagramm eine Abnahme der Emitterspannung V_6 verbunden mit einer entsprechenden Abnahme des Kollektorstroms von Q_1 feststellen kann. Die eigentliche Umschaltung findet bei der vorliegenden Bemessung bei 1,7 V statt (siehe Bild 7.41). Hier ergibt sich erst recht nur für V_5 ein angenähert rechteckförmiger Verlauf. Die weiteren Auswertungen sind daher auf diese Spannung beschränkt.

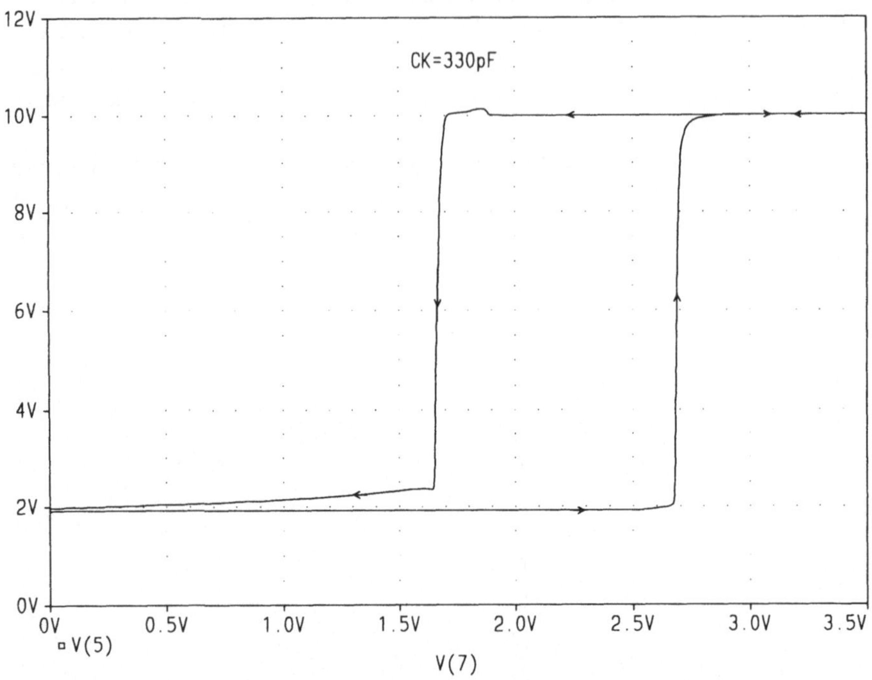

Bild 7.41: Kollektorspannung V_5 von Q_2 der bistabilen Kippstufe in Abhängigkeit von der Triggerspannung V_7; C_1 = 330 pF; □ — V_5

Die Umschalthysterese läßt sich noch deutlicher darstellen, wenn statt der Zeit die dreieckförmige Triggerspannung V_7 als Abszisse gewählt wird. Das ist in Bild 7.41 zur Darstellung von V_5 erfolgt, der zugehörige zeitliche Ablauf wird durch die eingetragenen Pfeile verdeutlicht.

Im folgenden wird der Einfluß des Koppelkondensators C_1 auf den Verlauf der Kollektorspannung V_5 untersucht. Das entsprechende Ergebnis ist in Bild 7.42 aufgetragen. Während beim kleinsten Wert des Koppelkondensators von 100 pF die Einschaltung von Q_1 geringfügig verzögert erfolgt, ergibt sich bei den beiden größeren Werten von C_1 kein signifikanter Einfluß auf den Einschaltzeitpunkt. Bei der Ausschaltung von Q_1 liegen die Verhältnisse genau umgekehrt. Hier ergibt sich für den größten Wert von C_1 eine erhebliche Verzögerung der Ausschaltung, was einer entsprechenden *Erhöhung der Umschalthysterese* entspricht.

Darüber hinaus werden aber durch die Größe von C_1 auch die Anstiegszeiten beider Flanken des erzeugten Rechteckimpulses V_5 nicht unwesentlich beeinflußt. Dies wurde mit Hilfe der Marken für den unteren und den oberen Bemessungswert von C_1 im Detail ausgewertet. Auf die Wiedergabe der entsprechenden Diagramme, die sonst wenig zusätzliche Informationen liefern, sei verzichtet. Das Ergebnis ist vielmehr in Tabelle 7.1 zusammengefaßt.

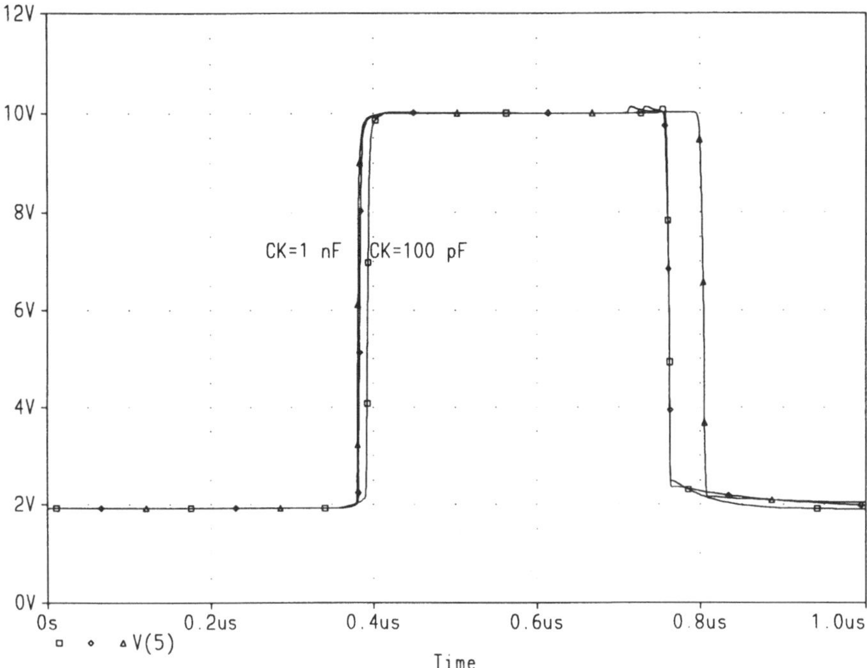

Bild 7.42: Kollektorspannung V_5 von Q_2 der bistabilen Kippstufe; $\square$ – C_1 = 100 pF, $\diamond$ – C_1 = 330 pF, $\triangle$ – C_1 = 1 nF

Infolge des gegenläufigen Einflusses von C_1 auf die Anstiegszeiten beider Flanken von V_5 sollte die Bemessung zwischen den beiden betrachteten Grenzwerten liegen, allerdings eher zum unteren Wert hin verschoben. Insofern wäre die Bemessung mit dem mittleren Wert von 330 pF sicher ein guter Kompromiß.

C_1/pF	Ansteigende Flanke T_a/ns	Abfallende Flanke T_a/ns
100	4,77	3,76
1000	3,81	6,07

Tabelle 7.1: Einfluß des Koppelkondensators C_1 auf die Anstiegszeit der Ausgangsspannung V_5 des Schmitt-Triggers

Beim Vergleich der errechneten Anstiegszeiten mit denen der beiden anderen Kippschaltungen ist im übrigen zu beachten, daß beim Schmitt-Trigger keine sehr niederohmigen Widerstände eingesetzt wurden, was natürlich das Ergebnis etwas beeinträchtigt.

7.4 Impulsverstärker

7.4.1 Differenzverstärker ohne Gegenkopplung

Grundsätzlich sind an Impulsverstärker die gleichen Anforderungen zu stellen, die im Kap. 3.2 für die Meßverstärker genannt wurden. Allerdings ist bei einem Impulsverstärker das Verhalten im Frequenzbereich nur noch von theoretischem Interesse. Da Impulsverstärker bevorzugt im *Großsignalbereich* betrieben werden und damit auch *Nichtlinearitäten* in die Berechnung mit einbezogen werden müssen, sollten die Berechnungen sowieso bevorzugt im *Zeitbereich* durchgeführt werden. Das gilt selbst dann, wenn eigentlich Informationen über das Verhalten bei diskreten Frequenzen benötigt werden, wie das bei der am Ende dieses Kapitels durchgeführten harmonischen Analyse der Fall ist. Dabei muß dann eine Rücktransformation der im Zeitbereich erzielten Ergebnisse in den Frequenzbereich mit Hilfe der Fast-Fourier-Transformation (FFT) erfolgen.

Bei Verstärkern für Impulse kurzer Anstiegszeit muß allerdings auch bedacht werden, daß *parasitäre Elemente* wie *Schaltkapazitäten* und *Leitungsinduktivitäten* das Ergebnis zunehmend beeinträchtigen können. Sofern Verstärker durch sogenannte *Makromodelle* beschrieben werden, ist eine Berücksichtigung dieser parasitären Elemente meist nur am Eingang und Ausgang der Schaltung möglich. Auch sind die Ergebnisse wenig anschaulich. Ein besseres Verständnis der Schaltung ergibt sich , wenn diese aus diskreten Bauteilen zusammengesetzt wird. Aus Gründen der Übersichtlichkeit soll diese Betrachtung jedoch nur auf eine einfache Schaltung beschränkt bleiben. Für diesen Zweck ist das dem Programm PSPICE beigefügte Demonstrationsbeispiel eines einfachen *Differenzverstärkers* sehr gut geeignet [20].

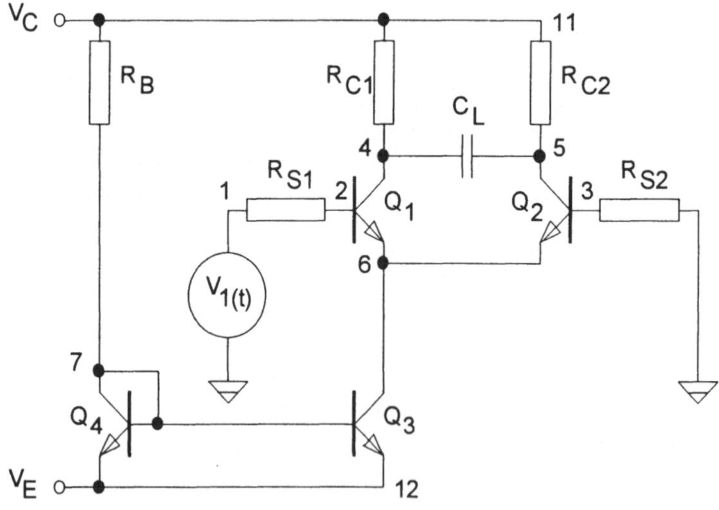

Bild 7.43: Schaltbild des Differenzverstärkers mit bipolaren Transistoren

Die entsprechende Schaltung ist in Bild 7.43 dargestellt. Mit Q_1 und Q_2 ist praktisch nur die Eingangsstufe eines Differenzverstärkers berücksichtigt, wobei durch V_1 nur eine *Eintaktansteuerung* erfolgt. Mit Q_3 und Q_4 wird ein *Stromspiegel* verwirklicht, womit der Emitterstrom des Differenzverstärkers praktisch *eingeprägt* ist. Als parasitäre Größe werden die Kapazitäten C_{40} und C_{50} an den Ausgängen der Schaltung berücksichtigt, die zu der Lastkapazität C_L zusammengefaßt sind.

$$C_{40} = C_{50} \qquad C_L = \frac{C_{40} + C_{50}}{2} \tag{7.20}$$

Die Gleichstromdifferenzverstärkung bei der vorliegenden Eintaktansteuerung der Schaltung läßt sich für den jeweiligen differentiellen Widerstand der Basis-Emitter-Diode r_E (siehe hierzu Gl. 3.23):

$$r_E = \frac{V_T}{I_E} = \frac{kT}{eI_E} \tag{7.21}$$

wie folgt abschätzen:

$$G = \frac{V_{45}}{V_1} \approx -\frac{R_C}{r_E + \frac{(r_B + R_S)}{\beta_N}} \tag{7.22}$$

Dabei ist r_B der Basisbahnwiderstand und β_N die durchschnittliche Stromverstärkung der Transistoren in Emittergrundschaltung. Beide Werte ergeben sich aus dem gewählten Transistormodell, allerdings für eine Temperatur von 27°C, unter Berücksichtigung der etwas unterschiedlichen Bezeichnungen (RB, BF). Bei einer Temperatur von 20°C erhält man r_E aus der folgenden Zahlenwertgleichung:

$$r_E = \frac{25,26}{I_E / \text{mA}} \; [\Omega] \tag{7.23}$$

Bezüglich der Frequenzabhängigkeit der Schaltung ist grundsätzlich festzustellen, daß das Verstärkungs-Bandbreite-Produkt im günstigsten Fall den Wert der *Transitfrequenz* f_T der verwendeten Transistoren erreichen kann.

$$GB = G f_c \leq f_T \tag{7.24}$$

Die Transitfrequenz ergibt sich aus der *Transitzeitkonstanten* τ_T der verwendeten Transistoren:

$$f_T = \frac{\omega_T}{2\pi} = \frac{1}{2\pi\tau_T} \tag{7.25}$$

die im gewählten Transistormodell, allerdings wieder unter einer anderen Bezeichnung (TF), enthalten ist.

Die im Originalzustand für dieses Demonstrationsbeispiel von PSPICE vorgesehenen Berechnungsanweisungen sind allerdings eher dazu geeignet, die mit PSPICE vorhandenen Berechnungsmöglichkeiten prinzipiell aufzuzeigen, als im vorliegenden Beispiel sinnvolle Berechnungsergebnisse zu liefern. Von deren Wiedergabe soll hier daher abgesehen werden. Eine mehr auf die praktischen Bedürfnisse zugeschnittene Berechnungsanweisung ist in Liste 7.16 wiedergegeben.

```
DIFFVERSTÄRKER 1 - KEINE GEGENKOPPLUNG
.OPT ACCT LIST OPTS NODE TNOM=20
.TEMP -20 20 80
.DC V1 -0.125V 0.125V 0.005V
.AC DEC 100 1kHz 1GHz
.TRAN 2ns 4us 0ns 2ns
.WCASE TRAN V(4,5) YMAX
V1 1 0 AC .01V PULSE(0V 0.01V 0ns 1ns 1ns 2us 4us)
VC 11 0 12V
VE 12 0 -12V
Q1 4 2 6 QNL
Q2 5 3 6 QNL
Q3 6 7 12 QNL
Q4 7 7 12 QNL
RS1 1 2 1kOHM
RS2 3 0 1kOHM
RC1 4 11 RMOD 10kOHM
RC2 5 11 RMOD 10kOHM
RB 7 11 22kOHM
CL 4 5 CMOD 5pF
.MODEL RMOD RES (R=1 DEV=5% TC1=.0005 TC2=0)
.MODEL CMOD CAP (C=1 DEV=10% TC1=.001 TC2=0)
.MODEL QNL NPN (BF=80 RB=100 CCS=2pF TF=0.3ns TR=6ns
+CJE=3pF CJC=2pF VA=50)
.PROBE
.END
```

Liste 7.16: Eingabedaten zur Berechnung des Differenzverstärkers

Das Übertragungsverhalten des Verstärkers wird für Gleich-, Wechsel- und Impulsspannung am Eingang 1 berechnet. Alle NPN-Transistoren entsprechen einem speziellen Modell (QNL) mit verhältnismäßig guten Hochfrequenz- und Schalteigenschaften. Die Kollektorwiderstände R_C und die Lastkapazität C_L sind mit Temperaturkoeffizienten (RMOD, CMOD) angenommen worden. Die sich daraus ergebende Temperaturabhängigkeit der Schaltung wird für die Nenntemperatur sowie für die untere und obere Grenztemperatur berechnet. Darüber hinaus wird bei der Berechnung im Großsignalbereich (TRAN) der Einfluß der ebenfalls in diesen Modellen angenommenen Bauelementetoleranzen auf die *Gegentaktausgangsspannung* V_{45} ausgewertet und deren maximal mögliche Abweichung (YMAX) vom Nennwert berechnet. Bei der Bewertung der Ergebnisse ist allerdings zu beachten, daß diese Schaltung mit für einen Impulsverstärker ungewöhnlich hohen Widerstandswerten bemessen ist.

Angesichts des in der Berechnungseingabe eingestellten Emitterstromes von:

$$I_E = \frac{I_{RB}}{2} = \frac{V_C - V_E - V_{BE}}{R_B} = 0,53 \quad [\text{mA}] \tag{7.26}$$

beträgt der differentielle Widerstand der Basis-Emitter-Diode r_E = 47,66 Ω. Entsprechend Gl. 7.22 ist damit bei einer Temperatur von 20°C eine Gleichstromdifferenzverstärkung von G = -162,84 zu erwarten. Für das Verstärkungs-Bandbreite-Produkt kann man nach Gl. 7.24-25 und angesichts der Transitzeitkonstanten τ_T von 0,3 ns höchstens einen Wert von $G \cdot B$ = 530,5 MHz erwarten.

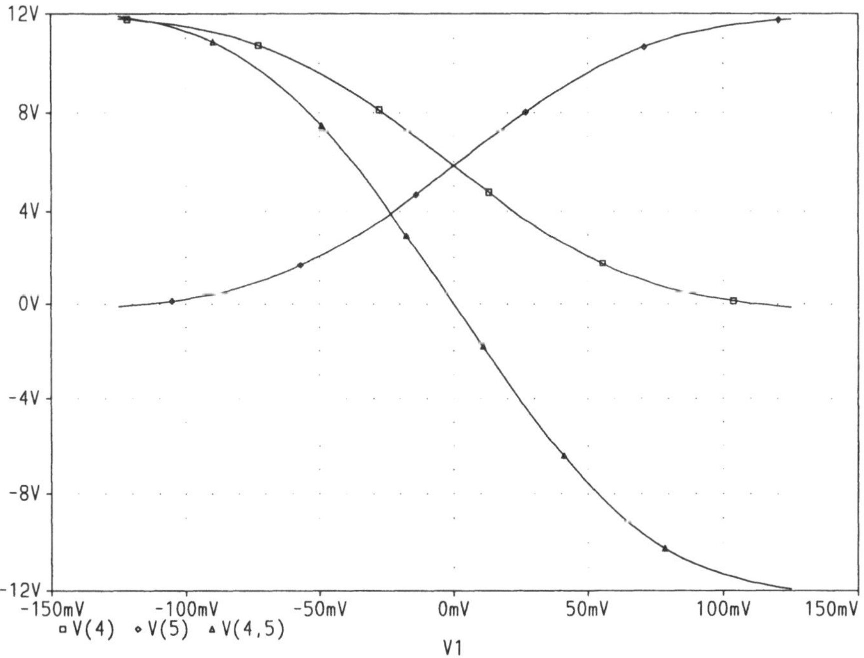

Bild 7.44: Gleichstromverhalten des Differenzverstärkers; T = 20°C; □ − V_4, ◇ − V_5, △ − V_{45}

Das Ergebnis der Berechnung des Übertragungsverhaltens bei Gleichstrom und der Nenntemperatur von 20°C ist in Bild 7.44 wiedergegeben. Bei der gewählten Ansteuerung mit ±125 mV wird der Verstärker offensichtlich bereits bis weit in die Sättigung hinein ausgesteuert. Auf dem Diagramm ist jedoch sofort ersichtlich, daß bereits vorher ein starker Rückgang der Verstärkung zu verzeichnen ist. Mit einer einigermaßen konstanten Verstärkung ist nur in der Nähe des Nullpunktes rechnen, was dem Kleinsignalbetrieb entspricht.

Das läßt sich durch die differentielle Darstellung der Gleichstromdifferenzverstärkung noch genauer auswerten. Das entsprechende Ergebnis ist in Bild 7.45 für die drei untersuchten Temperaturen aufgetragen. Die Verstärkung geht bei Aussteuerung des Verstärkers sehr stark zurück. Dem überlagert sich noch ein temperaturbedingter Abfall der Verstärkung. Im Nullpunkt beträgt die Verstärkung bei Nenntemperatur von 20°C -168,76 (Marke C1), was dem vorigen Schätzwert recht genau entspricht. Bei einem Temperaturanstieg auf 80°C geht die Verstärkung bereits im Nullpunkt auf -150,29 (Marke C2) zurück. Insgesamt ist daher im Gleichstrombetrieb sowohl des Kleinsignalverhalten und erst recht das Großsignalverhalten dieser Schaltung unbrauchbar.

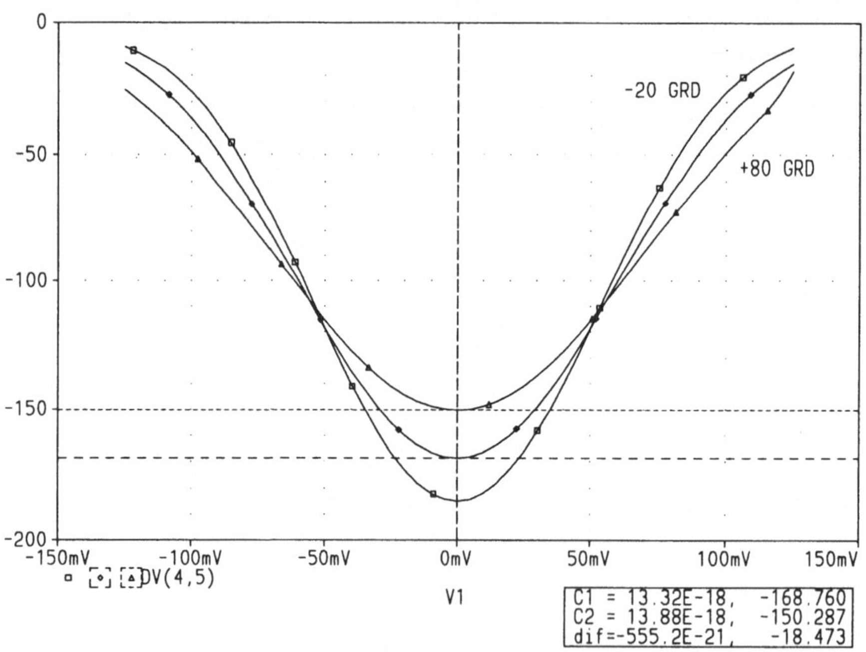

Bild 7.45: Gleichstromverhalten des Differenzverstärkers; differentielle Verstärkung G (dV_{45}/dV_1) bei T: □ − -20°C, ◊ − +20°C, △ − +80°C

Mit den gebotenen Einschränkungen soll nun das Ergebnis der Berechnungen im Frequenzbereich (Kleinsignalbereich) ausgewertet werden. Der Fre-

quenzgang der Verstärkung nach Betrag und Phase ist für die drei untersuchten Temperaturen in Bild 7.46 dargestellt. Die für niedrige Frequenzen
berechnete Kleinsignalverstärkung entspricht dem zuvor bei Gleichspannung
im Nullpunkt erhaltenen Ergebnis. Zum Beispiel bei Nenntemperatur von
20°C beträgt bei einer Frequenz von 1 kHz der Betrag der Kleinsignalverstärkung 168,95 (Marke C2), was fast exakt dem bei Gleichspannung ermittelten Wert von 168,76 entspricht. Die Grenzfrequenz beträgt 522,4 kHz
(Marke C1), was einem Verstärkungs-Bandbreite-Produkt von 88,16 MHz
entspricht. Damit werden aber nur 16,6% des theoretisch möglichen Wertes
erreicht.

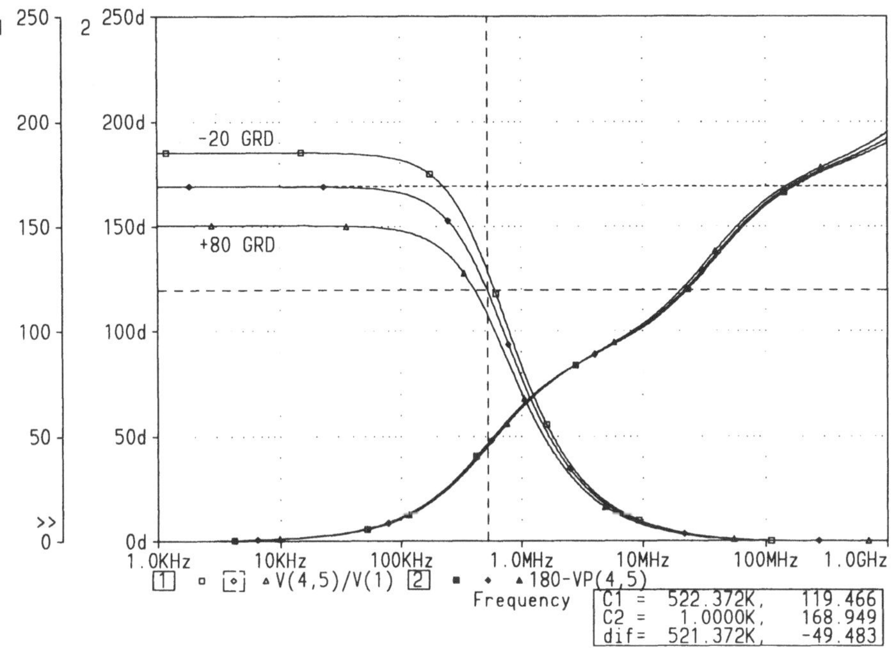

Bild 7.46: Kleinsignalverhalten des Differenzverstärkers; G (V_{45}/V_1): □ — -20°C, ◇ —
+20°C, △ — +80°C; 180°-φ_{45}: ■ — -20°C, ◆ — +20°C, ▲ — +80°C

Einen ersten Eindruck vom Kleinsignalverhalten der Schaltung im Zeitbereich erhält man, wenn die Gruppenlaufzeit t_g:

$$t_g = \frac{d\varphi}{d\omega} \tag{7.27}$$

ausgewertet wird. Das Ergebnis ist in Bild 7.47 aufgetragen. Es zeigt sich,
daß der Verstärker eine Verzögerung von etwa 310 ns bewirkt, was allerdings etwas von der Temperatur abhängt. Da die Gruppenlaufzeit bis zu
Frequenzen von etwa 100 kHz praktisch konstant ist, hat der Verstärker hier
nahezu ideale (Kleinsignal)-Eigenschaften.

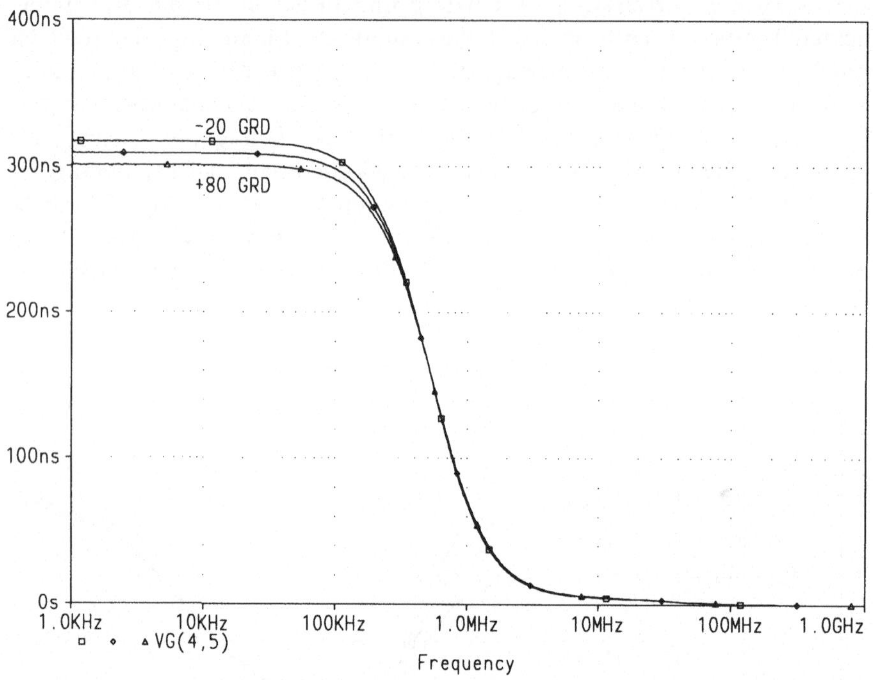

Bild 7.47: Kleinsignalverhalten des Differenzverstärkers; Gruppenlaufzeit t_{g45} (VG_{45}) bei T: ▫ — -20°C, ◇ — +20°C, △ — +80°C

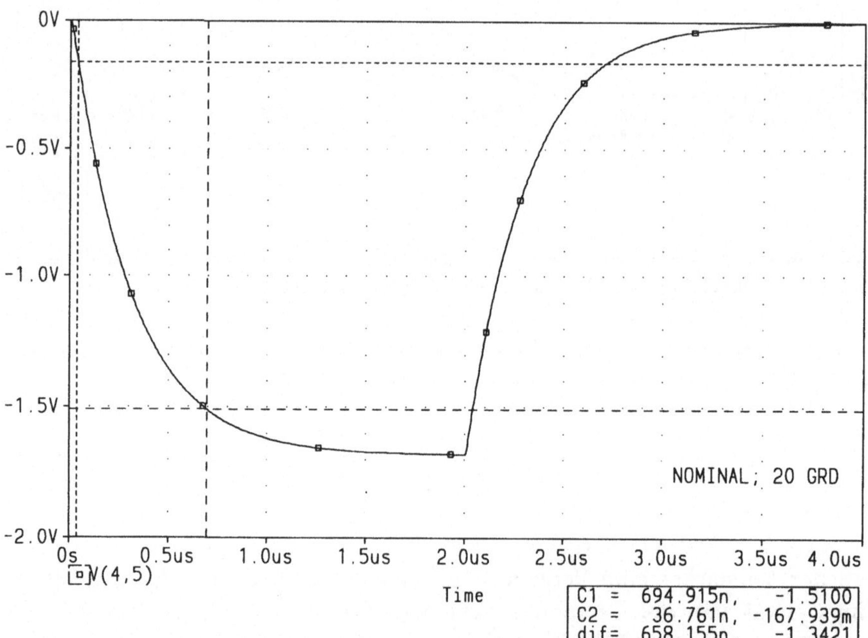

Bild 7.48: Großsignalverhalten des Differenzverstärkers; T = 20°C; ▫ — V_{45}

Die Auswertung der Berechnungen im Zeitbereich (Großsignalbereich) zunächst für Nenntemperatur ist in Bild 7.48 wiedergegeben. Der nahezu ideale Rechteckimpuls am Eingang der Schaltung wird praktisch rein exponentiell verformt. Die Impulsanstiegszeit beträgt 658,2 ns (Marken C1, C2), womit die Ausgangsspannung nach 2 µs erst näherungsweise den Endwert erreicht hat. Für eine genauere Auswertung müßte die Dauer des Eingangsimpulses daher etwas verlängert werden. Das Produkt aus Grenzfrequenz und Anstiegszeit beträgt 0,344 und wird damit durch die bereits mehrfach verwendete Näherung ($f_c \cdot T_a = 0{,}35$, siehe Gl. 5.5) hinreichend genau beschrieben. Dabei ist allerdings zu berücksichtigen, daß die Schaltung wegen der bekannten *nichtlinearen Eigenschaften* nur verhältnismäßig gering ausgesteuert wurde.

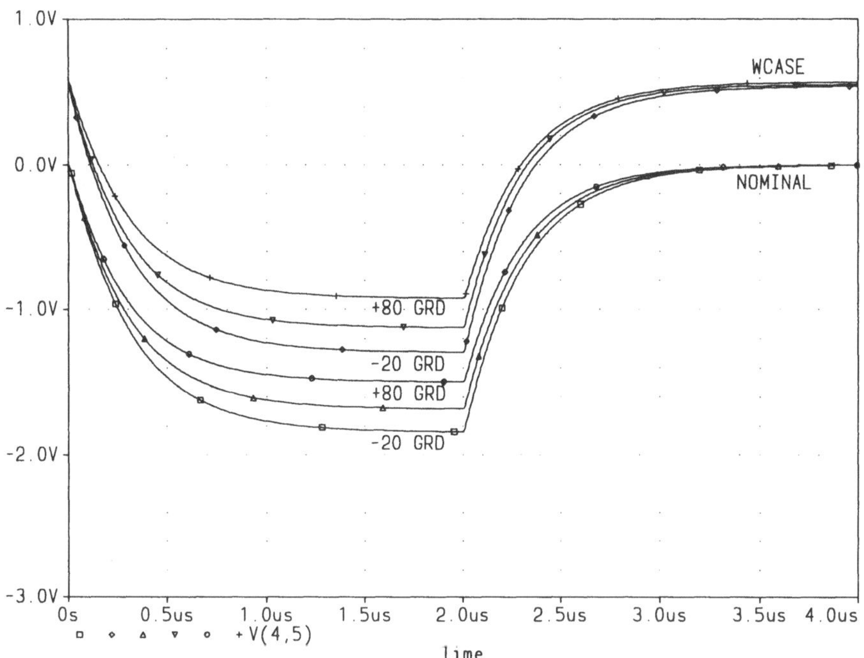

Bild 7.49: Großsignalverhalten des Differenzverstärkers; V_{45}; T = -20°C: ☐ — NOMINAL, ◇ — WCASE; T = +20°C: △ — NOMINAL, ▽ — WCASE; T = +80°C: O — NOMINAL, + — WCASE

Im Großsignalbereich führen die unterschiedlichen Temperaturen zu einer erheblichen Beeinflussung der Ausgangsspannung. Das entsprechende Ergebnis ist in Bild 7.49 dargestellt. Außerdem wird der Einfluß der Bauelementeänderungen auf die Ausgangsspannung entsprechend den angenommen Toleranzen untersucht und deren maximale Abweichung (WCASE) von dem bei Nennwert der Bauelemente erhaltenen Wert (NOMINAL) aufgetragen. Dabei tritt ein weiteres Problem zutage. Durch die Bauelementetoleranzen können im Verstärker *Unsymmetrien* entstehen, die am Ausgang im ungünstigsten Fall eine *Nullpunktverschiebung* um etwa 0,6 V hervorrufen.

Dieser Gleichstromanteil könnte eventuell durch eine Wechselspannungs-kopplung abgeschnitten werden, was häufig jedoch nicht zulässig ist. Vor allem im Hinblick auf die mangelnde Stabilität des Übertragungsverhaltens dieser Schaltung ist daher unbedingt eine *Gegenkopplung* erforderlich.

7.4.2 Differenzverstärker mit Gegenkopplung

Die erforderliche Gegenkopplung des Verstärkers kann am einfachsten durch den Einbau entsprechender Gegenkopplungswiderstände R_K in den Emitter-kreis beider Transistoren erreicht werden. Man erhält damit die in Bild 7.50 dargestellte Schaltung.

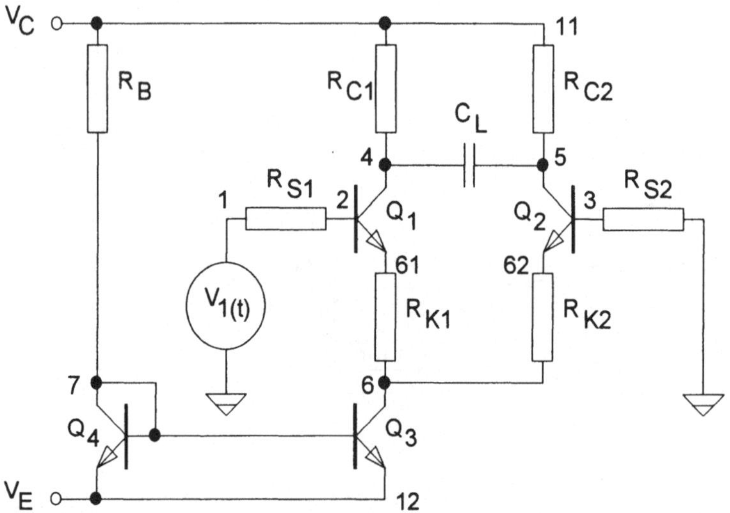

Bild 7.50: Schaltbild des gegengekoppelten Differenzverstärkers mit bipolaren Transistoren

Die Gleichstromdifferenzverstärkung wird, wie die folgende Näherung zeigt, durch die Gegenkopplung zwar von den Transistorparametern weni-ger abhängig, jedoch auch entsprechend vermindert:

$$G = \frac{V_{45}}{V_1} \approx -\frac{R_C}{r_E + R_K + \frac{(r_B + R_S)}{\beta_N}} \tag{7.28}$$

Es wird versuchsweise zunächst einmal eine schwache Gegenkopplung ein-geführt, wobei R_K nur 1% des Kollektorwiderstands R_C beträgt. Die im Ver-gleich zu Liste 7.16 erforderlichen Änderungen beziehungsweise Ergänzun-gen der Berechnungsanweisungen sind in Liste 7.17 angegeben. Neben der Einführung der Gegenkopplungswiderstände resultieren diese aus der verringerten Verstärkung der Schaltung und dem Wunsch diese noch weiter in den Großsignalbetrieb auszusteuern, um die Erhöhung von Stabilität beziehungsweise Linearität auch tatsächlich nachprüfen zu können.

```
DIFFVER2.CIR - GEGENKOPPLUNG 100/1
.DC V1 -0.2V 0.2V 0.005V
V1 1 0 AC .1V PULSE(0V 0.1V 0ns 1ns 1ns 2us 4us)
RK1 61 6 RMOD .1kOHM
RK2 62 6 RMOD .1kOHM
```

Liste 7.17: Eingabedaten zur Berechnung des gegengekoppelten Differenzverstärkers

Angesichts der in den Berechnungsanweisungen eingestellten Transistorpa-rameter (r_E = 47,66 Ω, r_B = 100 Ω, β_N = 80) und den äußeren Widerständen (R_C = 10 kΩ, R_K = 100 Ω, R_S = 1 kΩ) ist nach Gl. 7.28 eine Gleichstromdiffe-renzverstärkung von etwa -61,95 zu erwarten. Der Quotient aus der nicht ge-gengekoppelten Verstärkung zur gegengekoppelten Verstärkung, also die sogenannte Schleifenverstärkung, beträgt damit 2,72. Eine Stabilisierung be-ziehungsweise Linearisierung etwa um diesen Faktor kann erwartet werden.

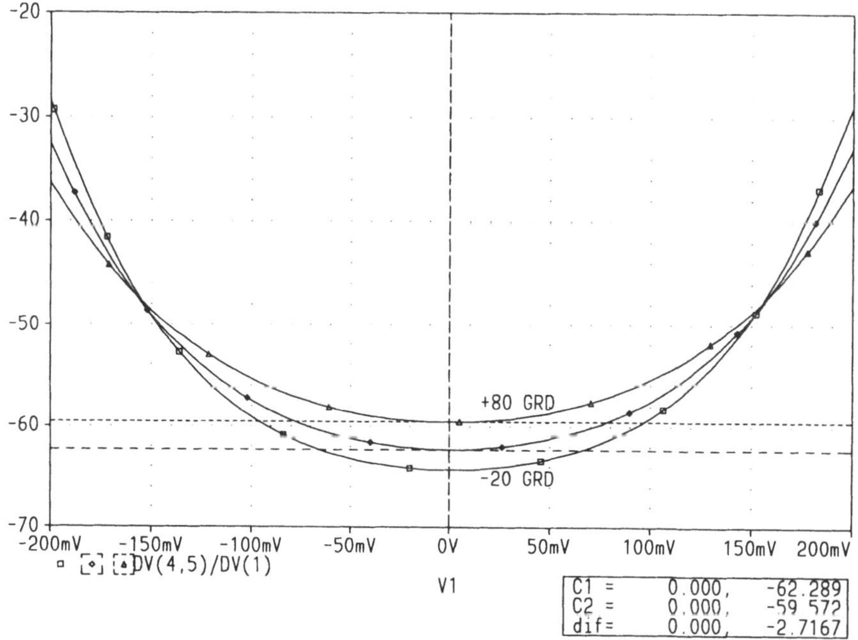

Bild 7.51: Gleichstromverhalten des gegengekoppelten Differenzverstärkers; differentielle Verstärkung G (dV_{45}/dV_1) bei T: □ — -20°C, ◇ — +20°C, △ — +80°C

Das Ergebnis der Berechnung des Übertragungsverhaltens bei Gleichstrom für die drei untersuchten Temperaturen ist in Bild 7.51 wiedergegeben.

Durch die differentielle Darstellung der Gleichstromdifferenzverstärkung ist sofort zu erkennen, daß auch diese Schaltungen nur im Kleinsignalbetrieb hinreichend linear arbeitet. Selbst hier macht sich aber noch der temperaturbedingte Abfall der Verstärkung bemerkbar. Im Nullpunkt beträgt die Verstärkung bei Nenntemperatur von 20°C -62,29 (Marke C1), was dem vorigen Schätzwert fast genau entspricht. Bei einem Temperaturanstieg auf 80°C geht die Verstärkung auf -59,57 (Marke C2) zurück, was immer noch einem Abfall von 4,37% entspricht. Ohne die Gegenkopplung hatte dieser Abfall noch 10,94% betragen, womit die stabilisierende Wirkung der Gegenkopplung tatsächlich in der zuvor abgeschätzten Größenordnung liegt. Für den praktischen Einsatz der Schaltung reicht diese Stabilisierung allerdings in der Regel noch nicht aus.

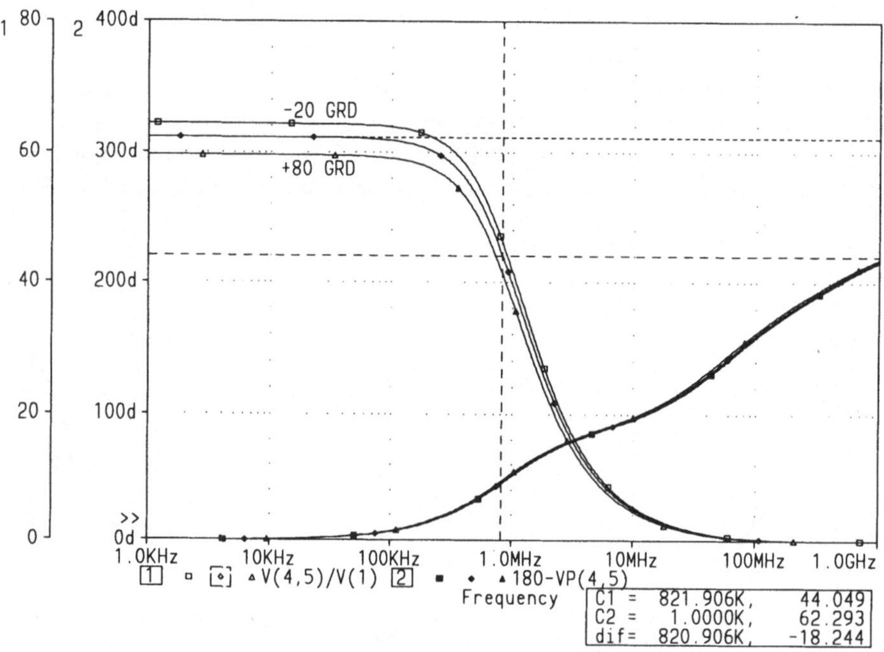

Bild 7.52: Kleinsignalverhalten des gegengekoppelten Differenzverstärkers; G (V_{45}/V_1): □ — -20°C, ◊ — +20°C, △ — +80°C; 180°-φ_{45}: ■ — -20°C, ◆ — +20°C, ▲ — +80°C

Der Frequenzgang der Verstärkung nach Betrag und Phase ist für die drei untersuchten Temperaturen in Bild 7.52 dargestellt. Die für niedrige Frequenzen berechnete Kleinsignalverstärkung entspricht dem zuvor bei Gleichspannung im Nullpunkt erhaltenen Ergebnis. Bei Nenntemperatur beträgt bei einer Frequenz von 1 kHz der Betrag der Kleinsignalverstärkung 62,29 (Marke C2), was exakt dem zuvor bei Gleichspannung ermittelten Wert entspricht. Die Grenzfrequenz wird mit Hilfe der Marke C1 zu 821,9 kHz ermittelt, was einem Verstärkungs-Bandbreite-Produkt von nur 51,2 MHz entspricht. Insofern ist dieses Ergebnis sogar schlechter als ohne Gegenkopplung, da es nur 9,7% des theoretisch möglichen Wertes beträgt.

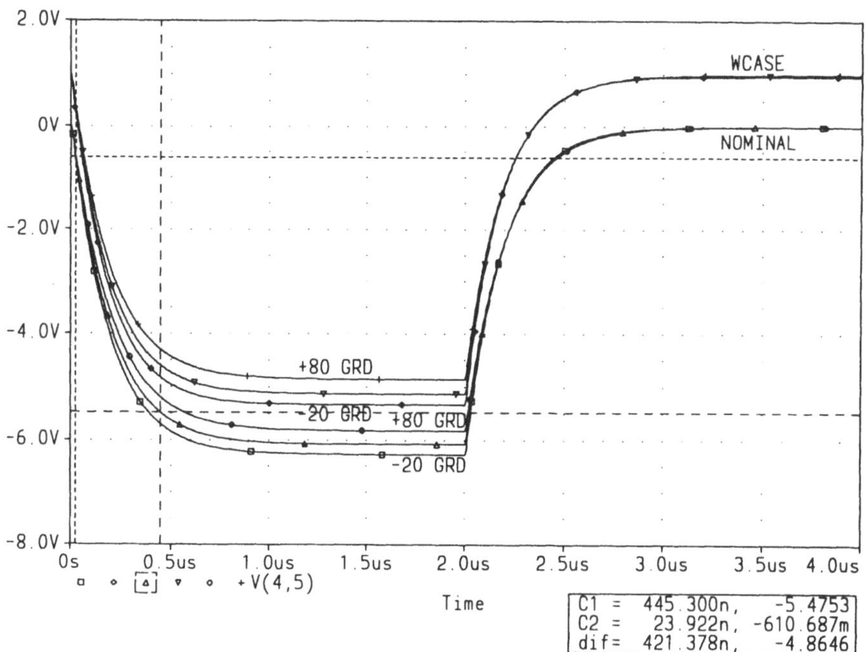

Bild 7.53: Großsignalverhalten des gegengekoppelten Differenzverstärkers; V_{45}; T = -20°C: □ − NOMINAL, ◇ − WCASE; T = +20°C: △ − NOMINAL, ▽ − WCASE; T = +80°C: O − NOMINAL, + − WCASE

Die Auswertung der Berechnungen im Zeitbereich (Großsignalbereich) für die drei untersuchten Temperaturen ist in Bild 7.53 wiedergegeben. Trotz der wesentlich höheren Aussteuerung ergibt sich ein deutlich rechteckförmiger Spannungsverlauf. Auch die stabilisierende Wirkung der Gegenkopplung ist an der geringeren Spreizung der Kurvenscharen deutlich zu erkennen. Bei Nenntemperatur von 20°C und bei Nennwert der Bauelemente beträgt die Impulsanstiegszeit 421,4 ns (Marken C1, C2). Das Produkt aus Grenzfrequenz und Anstiegszeit beträgt 0,346 und entspricht damit etwa Gl. 5.5.
Das zuvor festgestellte Problem der Nullpunktverschiebung tritt auch mit der Gegenkopplung wieder auf. Mit maximal etwa 1 V scheint sich der Nullpunkt jetzt sogar stärker als zuvor zu verlagern. Das darf man jedoch nicht absolut sondern relativ zur jetzt sehr viel höheren Aussteuerung des Verstärkers sehen, so daß auch in dieser Beziehung eine erhebliche Stabilisierung erreicht wurde.
Aus allen genannten Gesichtspunkten heraus muß in der Regel die Gegenkopplung weiter verstärkt werden. Die Gegenkopplungswiderstände R_K werden daher auf 10% des Kollektorwiderstands R_C erhöht. Die im Vergleich zu Liste 7.16 erforderlichen Änderungen beziehungsweise Ergänzungen der

Berechnungsanweisungen sind in Liste 7.18 angegeben. Neben der Erhöhung der Gegenkopplungswiderstände resultieren diese aus der verringerten Verstärkung der Schaltung und der Erzielung einer vergleichbaren Aussteuerung wie in Liste 7.17. Darüber hinaus muß der untersuchte Zeitbereich an die zu erwartende kürzere Impulsanstiegszeit angepaßt werden.

```
DIFFVER3.CIR - GEGENKOPPLUNG 10/1
.DC V1 -1V 1V 0.02V
.TRAN 1ns 2us 0ns 1ns
V1 1 0 AC .5V PULSE(0V 0.5V 0ns .5ns .5ns 1us 2us)
RK1 61 6 RMOD 1kOHM
RK2 62 6 RMOD 1kOHM
```

Liste 7.18: Eingabedaten zur Berechnung des gegengekoppelten Differenzverstärkers

Angesichts der in den Berechnungsanweisungen eingestellten Transistorparameter und der äußeren Widerstände der Schaltung ist nach Gl. 7.28 eine gegengekoppelte Verstärkung von etwa -9,42 zu erwarten. Die eingestellte Schleifenverstärkung beträgt damit jetzt bereits 17,9. Eine Stabilisierung beziehungsweise Linearisierung des Übertragungsverhaltens etwa um diesen Faktor müßte nunmehr erfolgen.

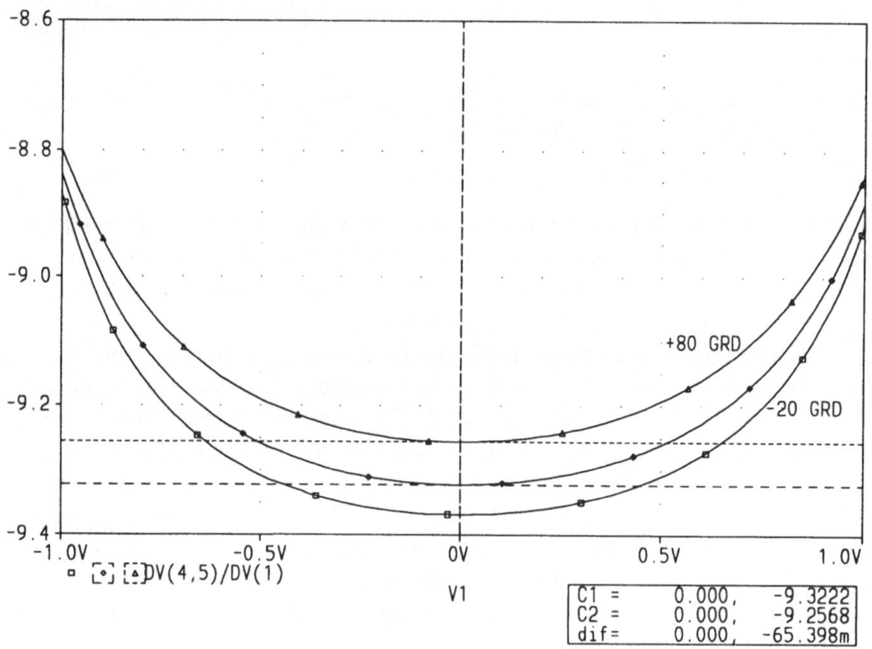

Bild 7.54: Gleichstromverhalten des gegengekoppelten Differenzverstärkers; differentielle Verstärkung G (dV_{45}/dV_1) bei T: □ − -20°C, ◇ − +20°C, △ − +80°C

Das Ergebnis der Berechnung des Übertragungsverhaltens bei Gleichstrom für die drei untersuchten Temperaturen ist in Bild 7.54 wiedergegeben. Aus der differentiellen Darstellung der Gleichstromdifferenzverstärkung ist erst bei starker Dehnung des Vertikalmaßstabes die verbleibende Nichtlinearität deutlich zu erkennen. Diese liegt selbst bei Vollaussteuerung nicht über etwa 5%, was in der Regel akzeptabel ist. Der temperaturbedingte Abfall der Verstärkung ist noch wesentlich geringer. Im Nullpunkt beträgt die Verstärkung bei Nenntemperatur von 20°C -9,32 (Marke C1), was dem vorigen Schätzwert fast genau entspricht. Bei einem Temperaturanstieg auf 80°C geht die Verstärkung auf -9,26 (Marke C2) zurück, was einem Abfall von nur noch 0,7% entspricht. Ohne die Gegenkopplung hatte dieser Abfall noch 10,94% betragen, womit die stabilisierende Wirkung der Gegenkopplung wiederum in der zuvor abgeschätzten Größenordnung liegt. Für den praktischen Einsatz der Schaltung reicht diese Stabilisierung in der Regel aus, so daß dieser Gegenkopplungsgrad für die weiteren Berechnungen beibehalten werden kann.

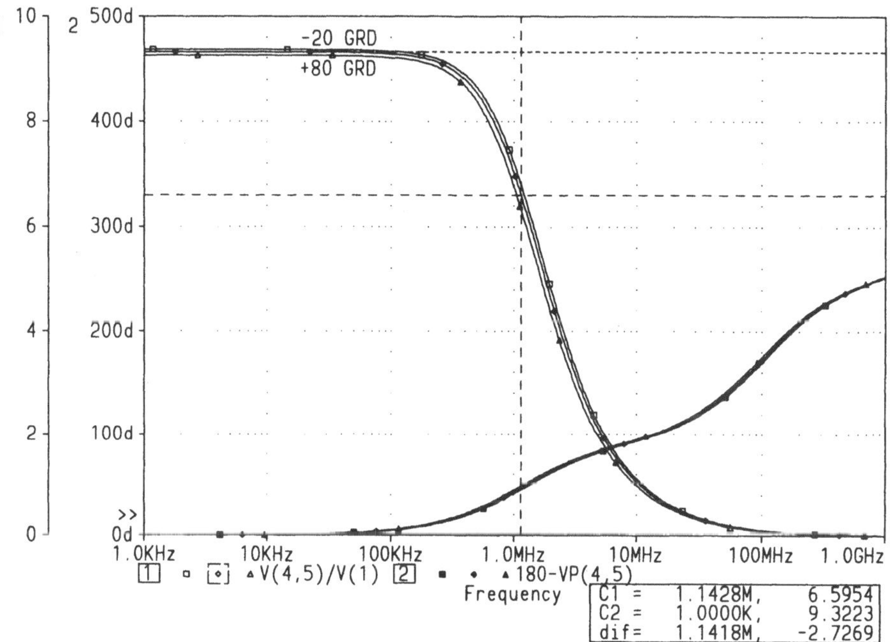

Bild 7.55: Kleinsignalverhalten des gegengekoppelten Differenzverstärkers; G (V_{45}/V_1): ⊓ − -20°C, ◇ − +20°C, △ − +80°C; 180°-φ_{45}: ■ − -20°C, ◆ − +20°C, ▲ − +80°C

Der Frequenzgang der Verstärkung nach Betrag und Phase für die drei untersuchten Temperaturen ist in Bild 7.55 dargestellt. Die für niedrige Frequenzen berechnete Schwankung der Kleinsignalverstärkung mit der Temperatur entspricht dem zuvor bei Gleichspannung im Nullpunkt erhaltenen Ergebnis. Bei Nenntemperatur beträgt bei einer Frequenz von 1 kHz der Betrag der Kleinsignalverstärkung 9,32 (Marke C2), was exakt dem zuvor bei Gleichspannung ermittelten Wert entspricht. Die Grenzfrequenz wird mit Hilfe der Marke C1 zu 1,143 MHz ermittelt, was einem Verstärkungs-Bandbreite-Produkt von sogar nur 10,65 MHz entspricht. Dieses Ergebnis erscheint zunächst völlig unverständlich, da es nunmehr nur etwa 2% des theoretisch möglichen Wertes beträgt. Eine Begründung für dieses überraschende Verhalten folgt später.

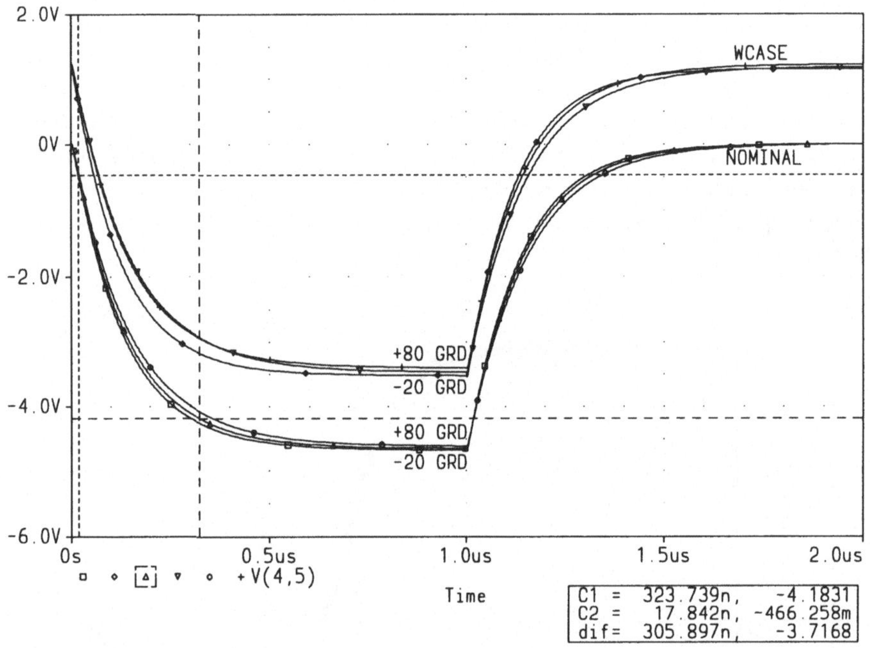

Bild 7.56: Großsignalverhalten des gegengekoppelten Differenzverstärkers; V_{45}; T = -20°C: □ – NOMINAL, ◇ – WCASE; T = +20°C: △ – NOMINAL, ▽ – WCASE; T = +80°C: O – NOMINAL, + – WCASE

Die Auswertung der Berechnungen im Zeitbereich (Großsignalbereich) für die drei untersuchten Temperaturen ist in Bild 7.56 wiedergegeben. Die erhöhte stabilisierende Wirkung der verstärkten Gegenkopplung ist an der geringeren Spreizung der Kurvenscharen für die verschiedenen untersuchten Temperaturen deutlich zu erkennen. Bei Nenntemperatur von 20°C und bei Nennwert der Bauelemente beträgt die Impulsanstiegszeit 305,9 ns (Marken C1, C2). Das Produkt aus Grenzfrequenz und Anstiegszeit beträgt 0,35 und entspricht damit genau Gl. 5.5. Nicht verringert hat sich hingegen die Nullpunktverschiebung der Ausgangsspannung, die trotz der verstärkten Gegenkopplung nach wie vor ungefähr 1 V beträgt.
Gleichstrommäßig gesehen hat die Erhöhung der Gegenkopplung also den gewünschten Erfolg gebracht, während bezüglich des transienten Verhaltens mehr oder weniger ein Fehlschlag zu verzeichnen war. Zur Lösung des Pro-

blems sollte man sich die Randbemerkung am Anfang der Untersuchung in
Erinnerung rufen, daß die Impulsverstärkerschaltung insgesamt sehr hochohmig ausgelegt ist. Dadurch ergeben sich auch nur verhältnismäßig kleine
Kollektorstöme, mit denen es bei hohen Frequenzen kaum noch möglich ist,
die Lastkapazität C_L hinreichend schnell umzuladen. Offensichtlich ist diese
Frequenzgrenze bei knapp oberhalb von 1 MHz erreicht worden, womit alle
weiteren Maßnahmen zur Verbesserung des transienten Verhaltens praktisch
wirkungslos bleiben. Sofern die Lastkapazität nicht verringert werden kann,
wovon zunächst einmal ausgegangen wird, müssen daher sämtliche Widerstände der Schaltung am besten gleich erheblich verringert werden. Die erforderlichen verhältnismäßig umfangreichen Änderungen der Berechnungsanweisungen sind als neue Liste 7.19 angegeben.

```
DIFFVER4.CIR - GEGENKOPPLUNG 10/1; I=10mA
.OPT ACCT LIST OPTS NODE TNOM=20
.TEMP -20 20 80
.DC V1 -1V 1V 0.02V
.AC DEC 100 1kHz 1GHz
.TRAN .1ns 200ns 0ns .1ns
.WCASE TRAN V(4,5) YMAX
V1 1 0 AC .5V PULSE(0V 0.5V 0ns .1ns .1ns 100ns 200ns)
VC 11 0 12V
VE 12 0 -12V
Q1 4 2 61 QNL
Q2 5 3 62 QNL
Q3 6 7 12 QNL
Q4 7 7 12 QNL
RS1 1 2 .1kOHM
RS2 3 0 .1kOHM
RC1 4 11 RMOD 1kOHM
RC2 5 11 RMOD 1kOHM
RK1 61 6 RMOD .1kOHM
RK2 62 6 RMOD .1kOHM
RB 7 11 2.2kOHM
CL 4 5 CMOD 5pF
.MODEL RMOD RES (R=1 DEV=1% TC1=.0001 TC2=0)
.MODEL CMOD CAP (C=1 DEV=10% TC1=.001 TC2=0)
.MODEL QNL NPN (BF=80 RB=100 CCS=2pF TF=0.3ns TR=6ns
+CJE=3pF CJC=2pF VA=50)
.PROBE
.END
```

Liste 7.19: Eingabedaten zur Berechnung des gegengekoppelten Differenzverstärkers

Angesichts der in den Berechnungsanweisungen eingestellten Transistorpa-
rameter (r_E = 4,77 Ω, r_B = 100 Ω, β_N = 80) und den äußeren Widerständen

(R_C = 1 kΩ, R_K = 100 Ω, R_S = 100 Ω) ist nach Gl. 7.28 eine Differenzverstärkung von etwa -9,32 zu erwarten. Die eingestellte Schleifenverstärkung beträgt damit etwa 18,1. Eine Stabilisierung beziehungsweise Linearisierung des Übertragungsverhaltens ungefähr um diesen Faktor müßte nunmehr erfolgen.

Das Ergebnis der Berechnung des Übertragungsverhaltens bei Gleichstrom für die drei untersuchten Temperaturen ist in Bild 7.57 wiedergegeben. Aus der differentiellen Darstellung der Gleichstromdifferenzverstärkung ist erst bei starker Dehnung des Vertikalmaßstabes die verbleibende Nichtlinearität deutlich zu erkennen. Diese liegt selbst bei Vollaussteuerung nicht über etwa 5% was in der Regel akzeptabel ist. Der temperaturbedingte Abfall der Verstärkung ist noch wesentlich geringer. Im Nullpunkt beträgt die Verstärkung bei Nenntemperatur von 20°C -9,224 (Marke C1), was dem vorigen Schätzwert fast genau entspricht. Bei einem Temperaturanstieg auf 80°C geht die Verstärkung auf -9,15 (Marke C2) zurück, was einem Abfall von 0,8% entspricht. Durch die niederohmigere Bemessung der Schaltung hat sich dieses Verhalten also geringfügig verschlechtert. Für den praktischen Einsatz der Schaltung reicht die Stabilisierung in der Regel aus, so daß an der gleichstrommäßigen Bemessung der Gegenkopplung bei den weiteren Berechnungen keine Änderung mehr erfolgen soll.

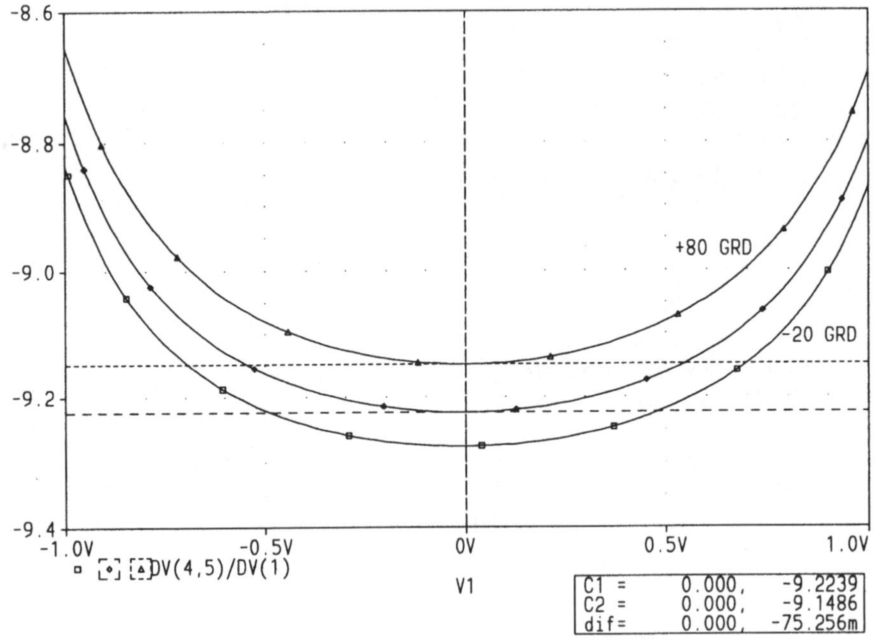

Bild 7.57: Gleichstromverhalten des gegengekoppelten Differenzverstärkers; differentielle Verstärkung G ($\mathrm{d}V_{45}/\mathrm{d}V_1$) bei T: □ − -20°C, ◇ − +20°C, △ − +80°C

Der Frequenzgang der Verstärkung nach Betrag und Phase ist für die drei untersuchten Temperaturen in Bild 7.58 dargestellt. Die für niedrige Frequenzen berechnete Schwankung der Kleinsignalverstärkung mit der Temperatur entspricht dem zuvor bei Gleichspannung im Nullpunkt erhaltenen Ergebnis. Bei Nenntemperatur beträgt bei einer Frequenz von 1 kHz der Betrag der Kleinsignalverstärkung 9,224 (Marke C2), was exakt dem zuvor bei Gleichspannung ermittelten Wert entspricht. Die Grenzfrequenz wird mit Hilfe der Marke C1 zu 10,72 MHz ermittelt, was einem Verstärkungs-Bandbreite-Produkt von 98,84 MHz entspricht. Dieses Ergebnis konnte also nahezu um den Faktor 10 verbessert werden, wenn es auch immer noch erst 18,6% des theoretisch möglichen Wertes beträgt.

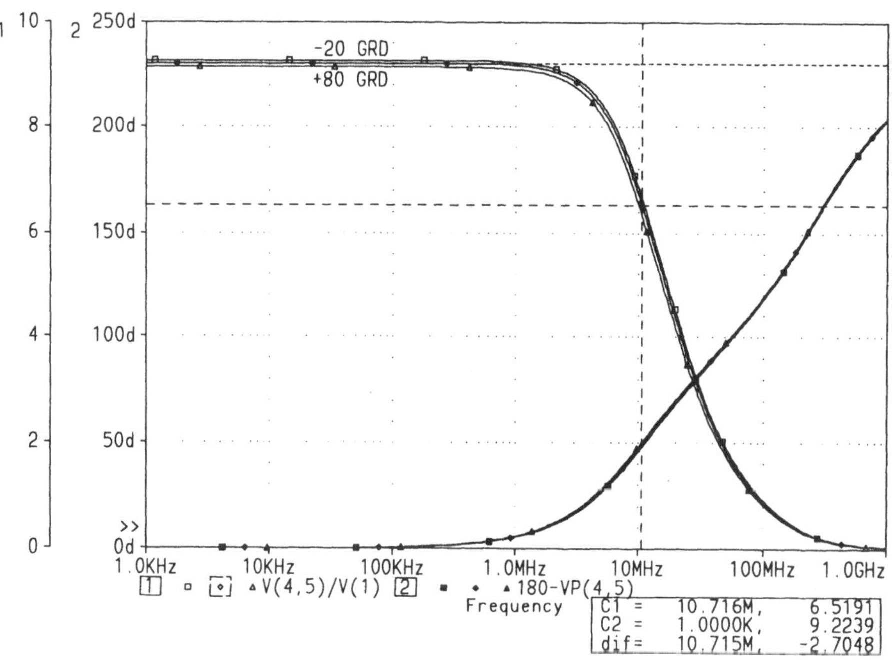

Bild 7.58: Kleinsignalverhalten des gegengekoppelten Differenzverstärkers; G (V_{45}/V_1): □ — -20°C, ◇ — +20°C, △ — +80°C; 180°-φ_{45}: ■ — -20°C, ◆ — +20°C, ▲ — +80°C

Die Auswertung der Berechnungen im Zeitbereich (Großsignalbereich) für die drei untersuchten Temperaturen ist in Bild 7.59 wiedergegeben. Bei Nenntemperatur von 20°C und bei Nennwert der Bauelemente beträgt die Impulsanstiegszeit 32,69 ns (Marken C1, C2). Das Produkt aus Grenzfrequenz und Anstiegszeit beträgt 0,35 und entspricht damit genau Gl. 5.5. Deutlich verringert hat sich auch die durch unsymmetrische Bauelementeänderungen verursachte Nullpunktverschiebung der Verstärkerausgangsspannung. Selbst im ungünstigsten Fall beträgt diese nur noch etwa 0,25 V. Da auch dieses Ergebnis nunmehr akzeptabel erscheint, wird zur Einsparung von Rechenzeit bei den zukünftigen Berechnungen auf diese Berechnungen (WCASE) verzichtet. Aus den gleichen Gründen kann zukünftig auch eine Berechnung der Temperaturabhängigkeit der Schaltung entfallen.

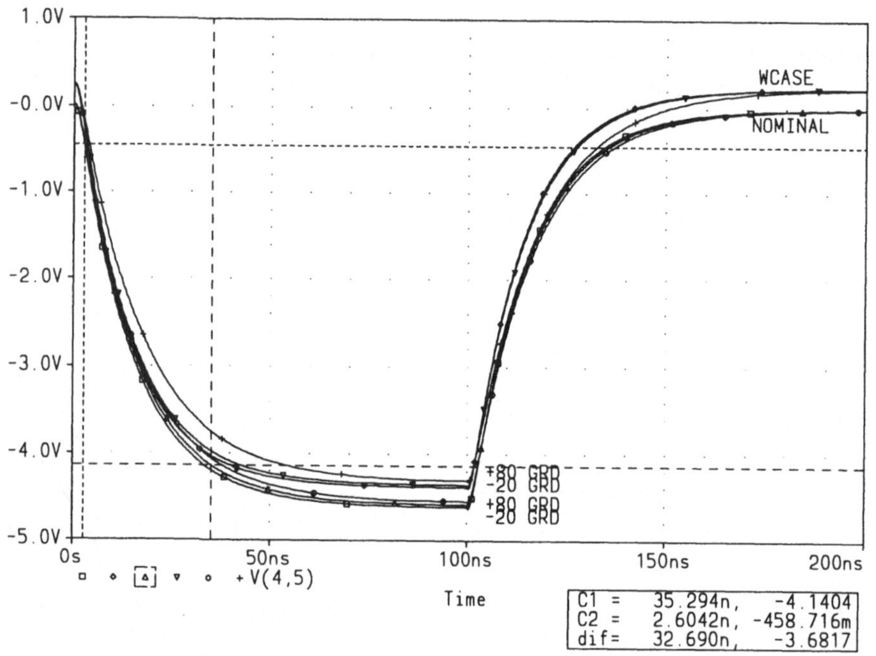

Bild 7.59: Großsignalverhalten des gegengekoppelten Differenzverstärkers; V_{45}; T = -20°C: $\square$ — NOMINAL, $\diamond$ — WCASE; T = +20°C: $\triangle$ — NOMINAL, ∇ — WCASE; T = +80°C: O — NOMINAL, + — WCASE

Zusammengefaßt läßt sich feststellen, daß eine Verringerung der Widerstände der Schaltung um den Faktor 10 und die damit verbundene Erhöhung der Ströme um den gleichen Faktor das transiente Verhalten der Schaltung ebenfalls etwa um diesen Faktor verbessert hat. Weitere Stromerhöhungen würden sicher noch erhebliche zusätzliche Verbesserungen bringen, sind aber wegen der damit verbundenen erhöhten Belastung der Bauelemente allenfalls noch in begrenztem Umfang möglich. Dieses Verhalten der Schaltung wird im wesentlichen durch die verhältnismäßig *große Lastkapazität* C_L bestimmt.

Die folgende Berechnung beruht daher auf der häufig nicht unrealistischen Annahme, daß C_L auf einen Wert von 1 pF verringert werden kann. In Praxis bedeutet dies, daß eine *rein ohmsche Last* vorhanden sein muß, während die Teilkapazitäten C_{40} und C_{50} von je 2 pF, aus denen sich C_L zusammensetzt, als *Streukapazitäten* beziehungsweise Schaltkapazitäten anzusehen sind. Deren Wert muß durch geeigneten räumlichen Aufbau der Schaltung minimiert werden. Die entsprechend den zuvor angestellten Überlegungen verkürzten Berechnungsanweisungen mit den erforderlichen Änderungen und einer zeitlichen Anpassung der Werte sind in Liste 7.20 angegeben.

```
DIFFVER5.CIR - GEGENKOPPLUNG 10/1; I=10mA; CL=1pF
.OPT ACCT LIST OPTS NODE TNOM=20
.AC DEC 100 1kHz 1GHz
.TRAN 50ps 100ns 0ns 50ps
V1 1 0 AC .5V PULSE(0V 0.5V 0ns 50ps 50ps 50ns 100ns)
VC 11 0 12V
VE 12 0 -12V
Q1 4 2 61 QNL
Q2 5 3 62 QNL
Q3 6 7 12 QNL
Q4 7 7 12 QNL
RS1 1 2 .1kOHM
RS2 3 0 .1kOHM
RC1 4 11 1kOHM
RC2 5 11 1kOHM
RK1 61 6 .1kOHM
RK2 62 6 .1kOHM
RB 7 11 2.2kOHM
CL 4 5 1pF
.MODEL QNL NPN (BF=80 RB=100 CCS=2pF TF=0.3ns TR=6ns
+CJE=3pF CJC=2pF VA=50)
.PROBE
.END
```

Liste 7.20: Eingabedaten zur Berechnung des gegengekoppelten Differenzverstärkers

Der Frequenzgang der Verstärkung nach Betrag und Phase ist in Bild 7.60 dargestellt. Bei einer Frequenz von 1 kHz liegt der Betrag der Kleinsignalverstärkung bei 9,224 (Marke C2), was erwartungsgemäß keine Änderung bedeutet. Die Grenzfrequenz wird mit Hilfe der Marke C1 zu 22,34 MHz ermittelt, was einem Verstärkungs-Bandbreite-Produkt von 206 MHz entspricht. Das Ergebnis ist zwar deutlich verbessert, jedoch nicht um den Faktor von 5, um den die Lastkapazität verringert wurde. Das Verstärkungs-Bandbreite-Produkt hat nunmehr bereits 38,8% des theoretisch möglichen Wertes erreicht.

Die Auswertung der Berechnungen im Zeitbereich (Großsignalbereich) ist in Bild 7.61 wiedergegeben. Die Impulsanstiegszeit beträgt 15,74 ns (Marken C1, C2). Das Produkt aus Grenzfrequenz und Anstiegszeit beträgt 0,352 und entspricht damit fast genau Gl. 5.5.

Bei der Bewertung des Ergebnisses ist zu bedenken, daß im jetzt erreichten Frequenz- beziehungsweise Zeitbereich eine Vielzahl von Einflußgrößen auf das transiente Verhalten maßgeblich einwirken können. Das geht von der Zeitkonstanten des Ansteuerkreises über die Transistorzeitkonstanten bis zur Zeitkonstanten des Ausgangskreises hin. Insofern ist das erhaltene Ergebnis bereits als sehr zufriedenstellend anzusehen.

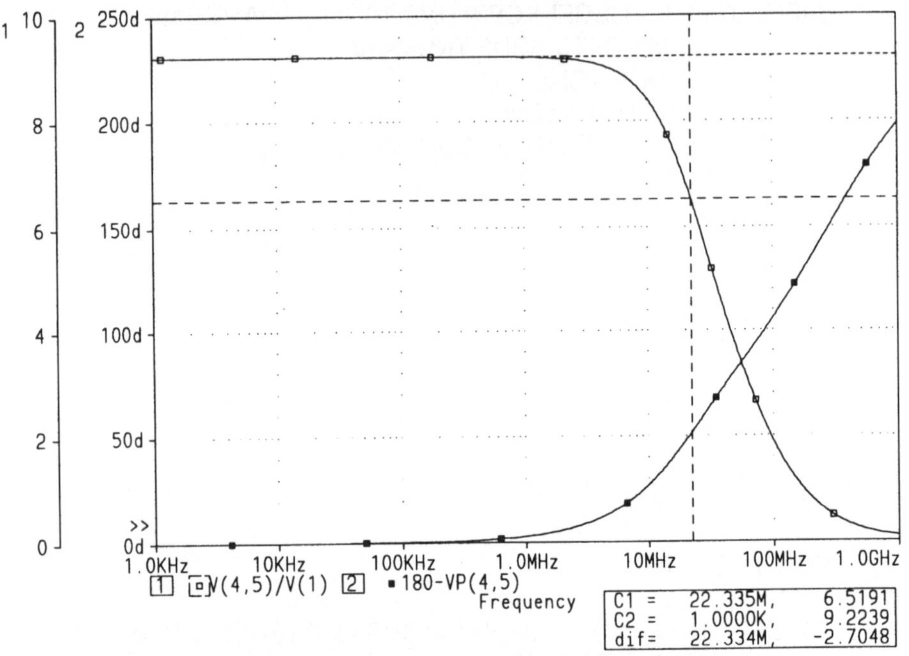

Bild 7.60: Kleinsignalverhalten des gegengekoppelten Differenzverstärkers; $\square$ — G (V_{45}/V_1); $\blacksquare$ — $180°\text{-}\varphi_{45}$

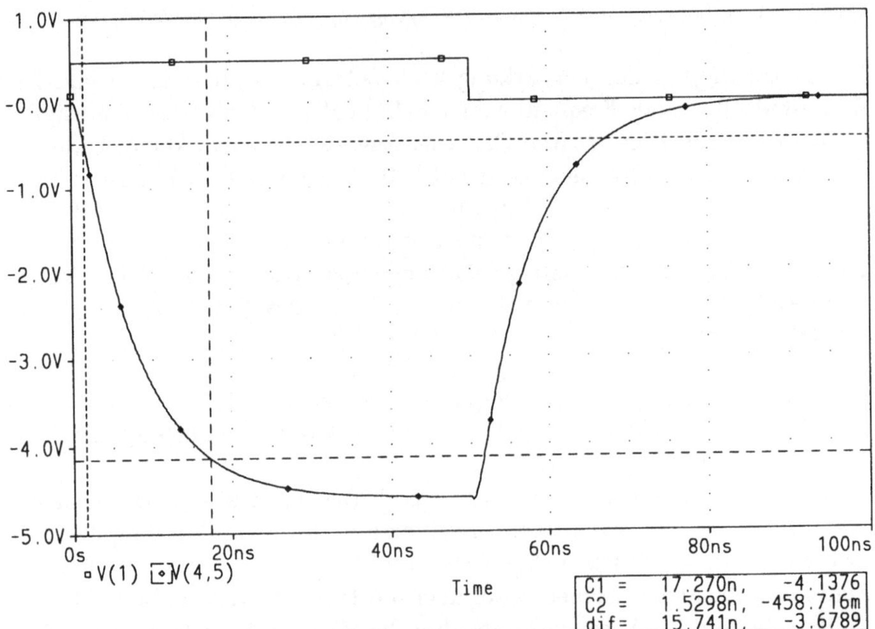

Bild 7.61: Großsignalverhalten des gegengekoppelten Differenzverstärkers; $\square$ — V_1, $\diamond$ — V_{45}

7.4.3 Differenzverstärker mit frequenzabhängiger Gegenkopplung

Eine weitere signifikante Verbesserung des transienten Verhaltens läßt sich
vor allem dadurch erhalten, daß die Gegenkopplung frequenzabhängig ausgeführt wird. Das erfolgt durch kapazitive Überbrückung der Gegenkopplungswiderstände R_K, wodurch bei hohen Frequenzen die Verstärkung wieder angehoben wird. Es ist allerdings im Einzelfall zu prüfen, ob dadurch
unzulässige Rückwirkungen auf die Stabilität beziehungsweise die Linearität
des Verstärkers auftreten. Den Berechnungen liegt nunmehr die in Bild 7.62
angegebene Schaltung zugrunde.

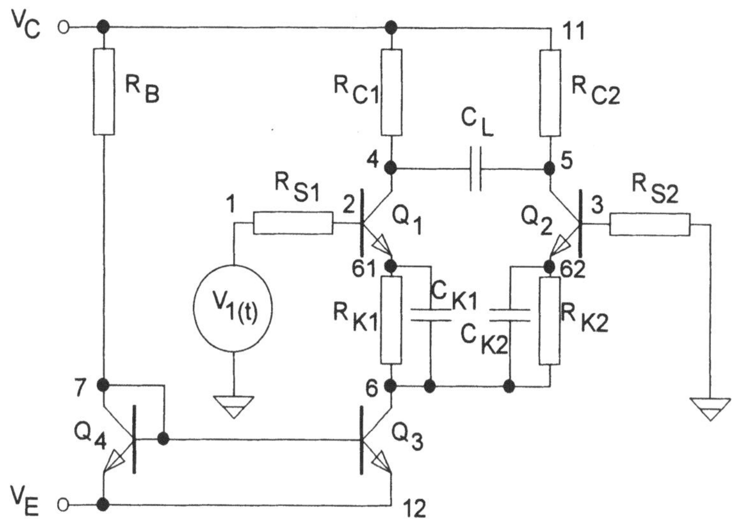

Bild 7.62: Schaltbild des frequenzabhängig gegengekoppelten Differenzverstärkers mit bipolaren Transistoren

Das transiente Verhalten der Schaltung wird ganz wesentlich durch die Zeitkonstante τ_K des Gegenkopplungszweiges bestimmt:

$$\tau_K = R_K C_K \tag{7.29}$$

Dabei muß τ_K etwa so bemessen werden, daß die entsprechende Anstiegszeit
T_{aK}:

$$T_{aK} = 2,197\,\tau_K \tag{7.30}$$

in der Größenordnung der bisherigen Anstiegszeit des Verstärkers liegt.
Damit müßte τ_K etwa auf 7 ns eingestellt werden, was einer Gegenkopp-
lungskapazität C_K von etwa 70 pF entspricht. Da man aus dieser einfachen
Vorüberlegung nur einen orientierenden Wert für die Bemessung von C_K
erwarten kann und da auch die Änderungen des transienten Verhaltens mit
der Größe von C_K von grundsätzlichen Interesse sind, wird die Gegenkopp-

lungskapazität bei den Berechnungen entsprechend verändert. Dies geschieht über den Faktor (C) in dem für den Gegenkopplungskondensator eingeführten Modell (CMOD). Die erforderlichen Berechnungsanweisungen sind in Liste 7.21 angegeben.

```
DIFFVER6.CIR - GEGENKOPPLUNG 10/1; I=10mA; CL=1pF; CK
.OPT ACCT LIST OPTS NODE TNOM=20
.AC DEC 100 1kHz 1GHz
.TRAN 50ps 100ns 0ns 50ps
.STEP CAP CMOD(C) LIST 1 2.5 5 7.5
V1 1 0 AC .5V PULSE(0V 0.5V 0ns 50ps 50ps 50ns 100ns)
VC 11 0 12V
VE 12 0 -12V
Q1 4 2 61 QNL
Q2 5 3 62 QNL
Q3 6 7 12 QNL
Q4 7 7 12 QNL
RS1 1 2 .1kOHM
RS2 3 0 .1kOHM
RC1 4 11 1kOHM
RC2 5 11 1kOHM
RK1 61 6 .1kOHM
RK2 62 6 .1kOHM
RB 7 11 2.2kOHM
CK1 61 6 CMOD 10pF
CK2 62 6 CMOD 10pF
CL 4 5 1pF
.MODEL CMOD CAP (C=1)
.MODEL QNL NPN (BF=80 RB=100 CCS=2pF TF=0.3ns TR=6ns
+CJE=3pF CJC=2pF VA=50)
.PROBE
.END
```

Liste 7.21: Eingabedaten zur Berechnung des frequenzabhängig gegengekoppelten Differenzverstärkers

Der Frequenzgang der Verstärkung nach Betrag und Phase für die verschiedenen Kapazitätswerte des Gegenkopplungskondensators ist in Bild 7.63 dargestellt. Bei einer Frequenz von 1 kHz liegt der Betrag der Kleinsignalverstärkung bei 9,224 (Marke C2), was erwartungsgemäß keine Änderung bedeutet. Sowohl der Frequenz- als auch der Phasengang der Schaltung werden durch C_K sehr stark beeinflußt. Während bei kleinen Werten von C_K die Wirkung des Frequenzkompensation entsprechend gering ist, liegt beim größten untersuchten Wert von C_K offensichtlich bereits eine Überkompensation vor. Der ausgeglichenste Frequenzgang bei möglichst hoher Grenzfrequenz wird bei $C_K = 50$ pF erreicht. Hier wird die Grenzfrequenz mit Hilfe der Marke C1 zu 66,39 MHz ermittelt, was einem Verstärkungs-Bandbreite-

Produkt von 612,3 MHz entspricht. Das entspricht einer Verbesserung des Ergebnisses etwa in der Höhe wie dies eigentlich schon im vorigen Beispiel allein aus der Verringerung der Lastkapazität erwartet worden war. Das Verstärkungs-Bandbreite-Produkt hat nunmehr bereits 115,4% des theoretisch möglichen Wertes erreicht.

Darin ist insofern kein Widerspruch zu sehen, als dieser theoretische Wert entsprechend Gl. 7.24 nicht die Wirkung der frequenzabhängigen Gegenkopplung beinhaltet. Die praktische Erfahrung zeigt im übrigen, daß solche Ergebnisse wesentlich oberhalb des Verstärkungs-Bandbreite-Produkts der verwendeten Transistoren nur bei einer angenähert ohmschen Belastung des Verstärkers realisiert werden können.

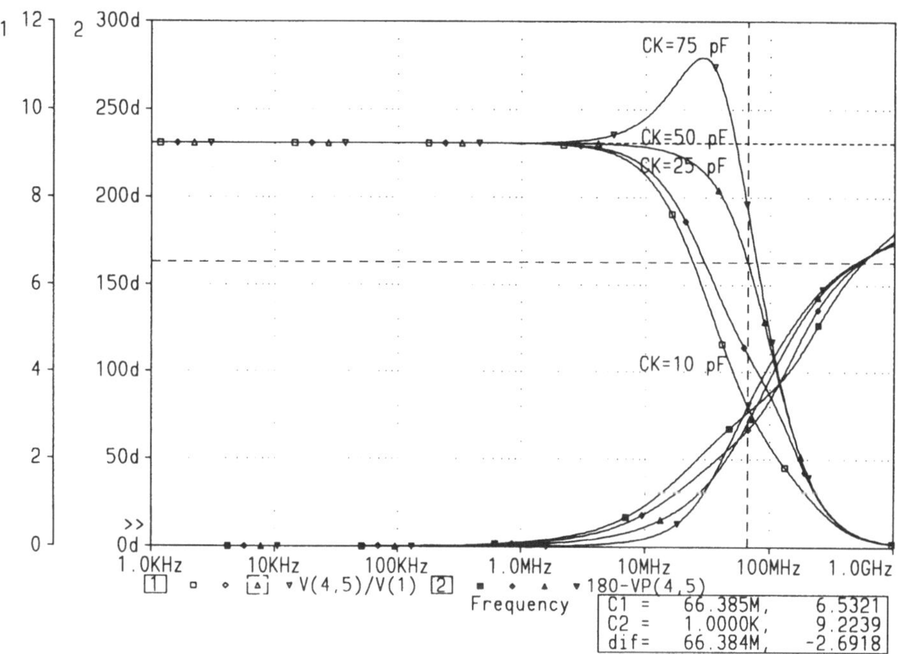

Bild 7.63: Kleinsignalverhalten des gegengekoppelten Differenzverstärkers; (V_{45}/V_1): ⊔ — C_K = 10 pF, ◇ — C_K = 25 pF, △ — C_K = 50 pF, ▽ — C_K = 75 pF; 180°-φ_{45}: ■ — C_K = 10 pF, ◆ — C_K = 25 pF, ▲ — C_K = 50 pF, ▼ — C_K = 75 pF

Die Auswertung der Berechnungen im Zeitbereich (Großsignalbereich) für die verschiedenen Kapazitätswerte des Gegenkopplungskondensators ist in Bild 7.64 wiedergegeben. Auch hier wird die ausgeglichenste Sprungantwort bei möglichst kurzer Anstiegszeit für C_K = 50 pF erreicht. Die Impulsanstiegszeit beträgt 5,39 ns (Marken C1, C2). Das Produkt aus Grenzfrequenz und Anstiegszeit beträgt 0,358 und entspricht damit noch etwa Gl. 5.5.

Man muß davon ausgehen, daß nun nur noch geringe Verbesserungen des transienten Verhaltens der Schaltung möglich sind. Auch dies gilt nur, wenn die Lastkapazität C_L weiter verringert werden kann.

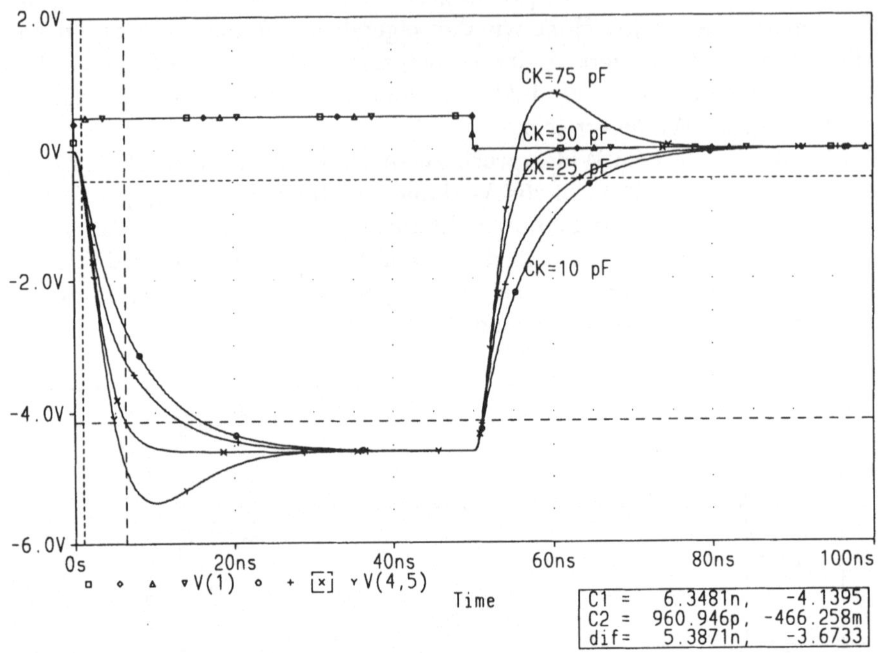

Bild 7.64: Großsignalverhalten des gegengekoppelten Differenzverstärkers; V_1: □ − C_K = 10 pF, ◇ − C_K = 25 pF, △ − C_K = 50 pF, ▽ − C_K = 75 pF; V_{45}: O − C_K = 10 pF, + − C_K = 25 pF, × − C_K = 50 pF, Y − C_K = 75 pF

Die folgende Berechnung basiert daher auf der Annahme, daß C_L nochmals auf 0,25 pF verringert werden kann. In Praxis wird dies sicher nur in Sonderfällen zu erreichen sein, da die Teilkapazitäten C_{40} und C_{50} dann nur noch jeweils 0,5 pF betragen dürfen. Trotzdem soll dieser sicherlich als untere Grenze anzusehende Wert der Lastkapazität C_L der folgenden Berechnung zugrunde gelegt werden. Die erforderlichen Änderungen der Berechnungsanweisungen im Vergleich zu Liste 7.21 sind in Liste 7.22 angegeben.

```
DIFFVER7.CIR - GEGENKOPPLUNG 10/1; I=10mA; CL=.25pF; CK
.AC DEC 100 10kHz 10GHz
.TRAN 25ps 50ns 0ns 25ps
.STEP CAP CMOD(C) LIST 1 2 3 4 5
V1 1 0 AC .5V PULSE(0V 0.5V 0ns 25ps 25ps 25ns 50ns)
CL 4 5 .25pF
```

Liste 7.22: Eingabedaten zur Berechnung des frequenzabhängig gegengekoppelten Differenzverstärkers

Der Frequenzgang der Verstärkung nach Betrag und Phase für die verschiedenen Kapazitätswerte des Gegenkopplungskondensators ist in Bild 7.65 dargestellt. Bei einer Frequenz von 1 kHz liegt der Betrag der Kleinsignalverstärkung bei 9,224 (Marke C2), was erwartungsgemäß keine Änderung bedeutet. Sowohl der Frequenz- als auch der Phasengang der Schaltung werden durch C_K wieder sehr stark beeinflußt. Der ausgeglichenste Frequenzgang bei möglichst hoher Grenzfrequenz wird nunmehr bei C_K = 40 pF erreicht. Hier wird die Grenzfrequenz mit Hilfe der Marke C1 zu 71,42 MHz ermittelt, was einem Verstärkungs-Bandbreite-Produkt von 658,8 MHz entspricht. Die erzielte Verbesserung ist überraschend gering, woraus geschlossen werden muß, daß noch andere Effekte das transiente Verhalten maßgeblich begrenzen. Trotzdem hat das Verstärkungs-Bandbreite-Produkt nunmehr bereits 124,2% des theoretisch möglichen Wertes erreicht.

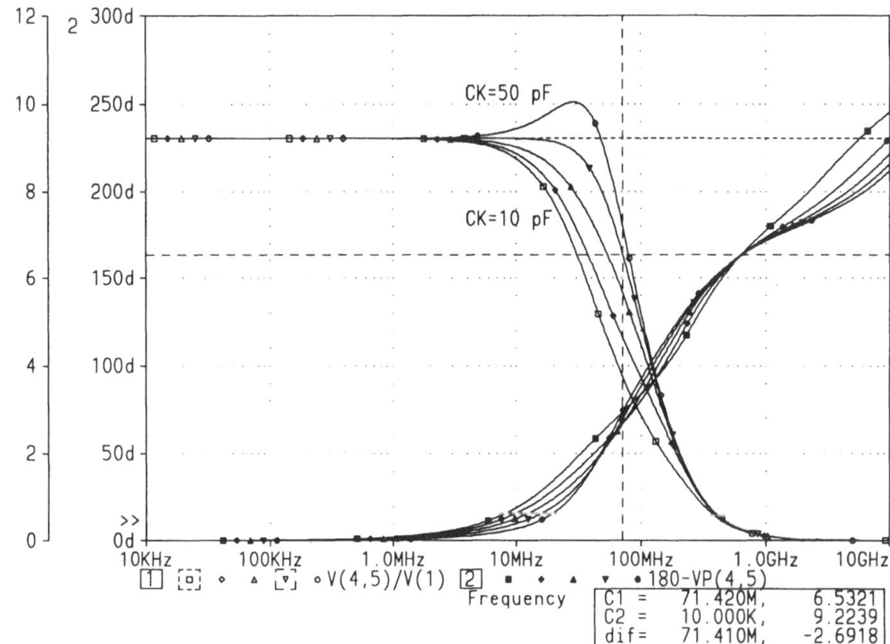

Bild 7.65: Kleinsignalverhalten des gegengekoppelten Differenzverstärkers; (V_{45}/V_1): □ — C_K = 10 pF, ◇ — C_K = 20 pF, △ — C_K = 30 pF, ▽ — C_K = 40 pF, ○ — C_K = 50 pF; $180°$-φ_{45}: ■ — C_K = 10 pF, ◆ — C_K = 20 pF, ▲ — C_K = 30 pF, ▼ — C_K = 40 pF, ● — C_K = 50 pF

Die Auswertung der Berechnungen im Zeitbereich (Großsignalbereich) für die verschiedenen Kapazitätswerte des Gegenkopplungskondensators ist in Bild 7.66 wiedergegeben. Auch hier wird die ausgeglichenste Sprungantwort bei möglichst kurzer Anstiegszeit für C_K = 40 pF erreicht. Dabei ist allerdings schon ein geringes Überschwingen zu erkennen. Die optimale Bemessung wäre daher bei einem geringfügig kleinerem Wert von C_K gegeben. Die Impulsanstiegszeit beträgt nur noch 4,86 ns (Marken C1, C2). Das Produkt aus Grenzfrequenz und Anstiegszeit beträgt damit 0,347 und entspricht wieder fast genau Gl. 5.5.

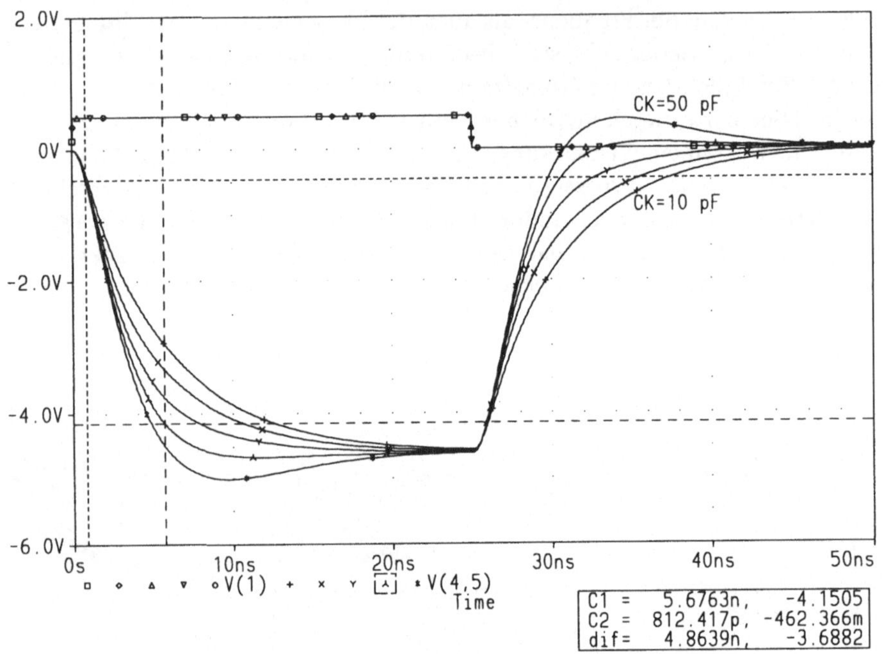

Bild 7.66: Großsignalverhalten des gegengekoppelten Differenzverstärkers; V_1: □ — C_K = 10 pF, ◇ — C_K = 20 pF, △ — C_K = 30 pF, ▽ — C_K = 40 pF, O — C_K = 50 pF; V_{45}: + — C_K = 10 pF, × — C_K = 20 pF, Υ — C_K = 30 pF, — ⋏ C_K = 40 pF, — * C_K = 50 pF

Eine bisher nicht näher untersuchte Begrenzung des transienten Verhaltens der Schaltung liegt vermutlich in der Zeitkonstanten des Eingangskreises. Diese wird durch den Innenwiderstand der Steuerspannungsquelle R_S, der bisher mit 100 Ω verhältnismäßig hoch bemessen ist, wesentlich beeinflußt. Von einer Verringerung von R_S ist voraussichtlich eine Verbesserung des transienten Verhaltens zu erwarten. Da in der Praxis in der Regel Spannungsquellen mit nur 50 Ω Innenwiderstand zur Verfügung stehen, ist eine entsprechende Verringerung von R_S auch leicht möglich. Die erforderlichen Änderungen der Berechnungsanweisungen im Vergleich zu Liste 7.22 sind in Liste 7.23 angegeben.

```
DIFFVER8.CIR - GEGENK. 10/1; I=10mA; CL=.25pF; CK; RS=50OHM
RS1 1 2 50OHM
RS2 3 0 50OHM
```

Liste 7.23: Eingabedaten zur Berechnung des frequenzabhängig gegengekoppelten Differenzverstärkers

Der Frequenzgang der Verstärkung nach Betrag und Phase für die verschiedenen Kapazitätswerte des Gegenkopplungskondensators ist in Bild 7.67

dargestellt. Bei einer Frequenz von 1 kHz liegt der Betrag der Kleinsignal-verstärkung bei 9,277 (Marke C2), was eine geringfügige Zunahme bedeutet. Sowohl der Frequenz- als auch der Phasengang der Schaltung werden durch C_K wieder sehr stark beeinflußt. Der ausgeglichenste Frequenzgang bei möglichst hoher Grenzfrequenz wird bei $C_K = 40$ pF erreicht, wobei allerdings hier bereits eine kleine Überhöhung auftritt. Für diesen Wert von C_K wird die Grenzfrequenz mit Hilfe der Marke C1 zu 93,52 MHz ermittelt, was einem Verstärkungs-Bandbreite-Produkt von 867,6 MHz entspricht. Die erzielte Verbesserung ist also ganz erheblich und das Verstärkungs-Bandbreite-Produkt hat nunmehr sogar 163,5% des theoretisch möglichen Wertes erreicht.

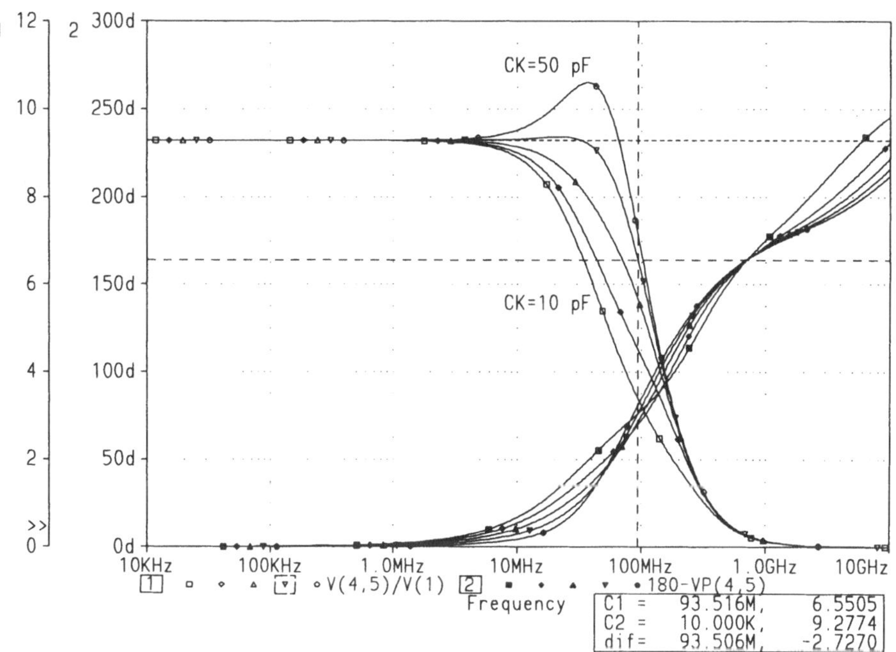

Bild 7.67: Kleinsignalverhalten des gegengekoppelten Differenzverstärkers; (V_{45}/V_1): ⊔ — $C_K = 10$ pF, ◇ — $C_K = 20$ pF, △ — $C_K = 30$ pF, ▽ — $C_K = 40$ pF, O — $C_K = 50$ pF; $180°\text{-}\varphi_{45}$: ■ — $C_K = 10$ pF, ◆ — $C_K = 20$ pF, ▲ — $C_K = 30$ pF, ▼ — $C_K = 40$ pF, ● — $C_K = 50$ pF

Die Auswertung der Berechnungen im Zeitbereich (Großsignalbereich) für die verschiedenen Kapazitätswerte des Gegenkopplungskondensators ist in Bild 7.68 wiedergegeben. Auch hier wird die ausgeglichenste Sprungantwort bei möglichst kurzer Anstiegszeit für $C_K = 40$ pF erreicht, wobei allerdings bereits ein deutliches Überschwingen auftritt. Ein transientes Verhalten ganz ohne Überschwingen wäre also für einen etwas kleineren Wert von C_K zu erwarten. Die Impulsanstiegszeit beträgt 3,68 ns (Marken C1, C2). Das Produkt aus Grenzfrequenz und Anstiegszeit beträgt damit 0,344 und entspricht mit guter Näherung Gl. 5.5.

Die durch die frequenzabhängige Gegenkopplung erzielte Leistungssteige-
rung bezüglich des transienten Verhaltens der Schaltung ist also ganz erheblich. Eine wesentliche Voraussetzung hierfür ist allerdings, daß am Ausgang
des Verstärkers praktisch eine rein ohmsche Belastung vorliegt. Mit C_L = 0,25
pF lag diese Annahme den letzten beiden Beispielen zugrunde. Die Ansteuerung des Verstärkers muß dabei aus einer Spannungsquelle mit möglichst
niedrigem Innenwiderstand R_S erfolgen. Den im letzten Beispiel angenommene Wert von R_S = 50 Ω wird man allerdings in der Regel nicht mehr un-
terschreiten können.

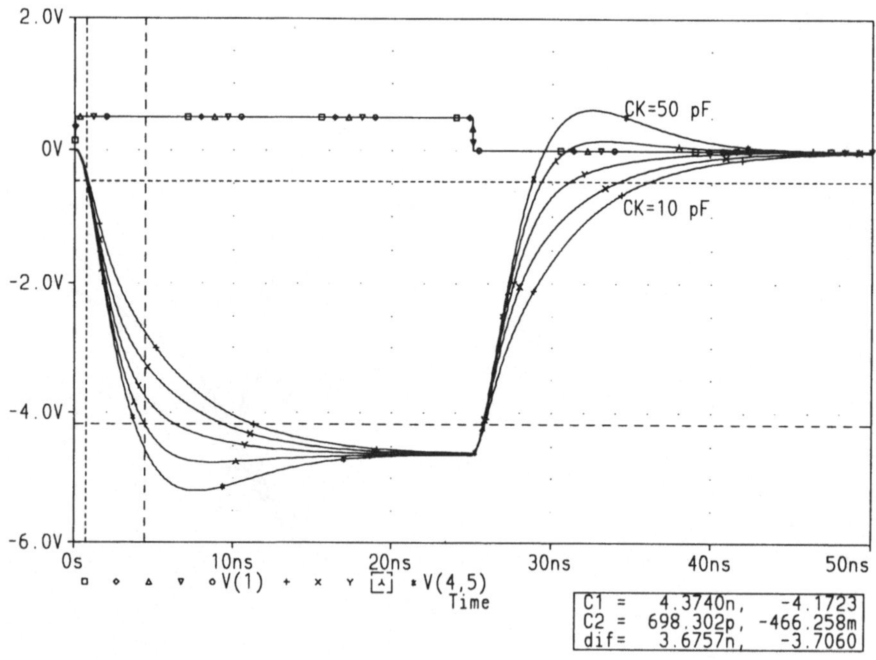

Bild 7.68: Großsignalverhalten des gegengekoppelten Differenzverstärkers; V_1: □ — C_K = 10
pF, ◇ — C_K = 20 pF, △ — C_K = 30 pF, ▽ — C_K = 40 pF, O — C_K = 50 pF; V_{45}: + — C_K = 10
pF, × — C_K = 20 pF, Υ — C_K = 30 pF, — ⋏ C_K = 40 pF, — * C_K = 50 pF

7.4.4 Harmonische Analyse

Im Hinblick auf den Großsignalbetrieb einer solchen mit Hilfe einer frequenzabhängigen Gegenkopplung bezüglich des transienten Verhaltens op-
timierten Schaltung ist allerdings eine gewisse Vorsicht geboten. Dabei empfiehlt sich eine genauere Überprüfung, ob bei den hohen Frequenzen, wo die
frequenzabhängige Gegenkopplung immer weniger wirksam ist, noch eine
hinreichende Linearität des Verstärkers vorhanden ist. Da bekanntlich nur
bei den Berechnungen im Zeitbereich die nichtlinearen Eigenschaften der
Schaltung berücksichtigt werden können, hat nur ein solcher Rechengang

hier überhaupt Sinn. Für die harmonische Analyse muß dann allerdings die Transformation des Ergebnisses in den Frequenzbereich erfolgen. Hierzu dient die Fast-Fourier-Transformation (FFT), deren Anwendung bereits in Kap. 5.1.2 beschrieben wurde.

Die für eine solche Berechnung erforderlichen Anweisungen sind in Liste 7.24 angegeben. Da nunmehr ausschließlich die nichtlinearen Eigenschaften interessieren, erfolgt die Berechnung nur im Zeitbereich (Großsignalbereich). Zur Untersuchung der Aussteuerungsabhängigkeit der Schaltung wird die Amplitude der Eingangsspannung als Parameter definiert und von geringer Aussteuerung ausgehend bis nahezu zur Vollaussteuerung hin verändert. Als Eingangsgröße dient eine Sinusschwingung mit der Frequenz von 30 MHz. Dieser Wert wurde gewählt, da in diesem Frequenzbereich bereits eine Verringerung der Gegenkopplung erfolgt, der Verstärker jedoch noch nahezu unverminderte Verstärkung aufweist.

```
DIFFVER9.CIR - GEGENK. 10/1; I=10mA; CL=.25pF; CK; RS=50OHM
.OPT ACCT LIST OPTS NODE TNOM=20
.TRAN .5ns 1us 0ns .5ns
.STEP PARAM AMPLITUDE LIST .2 .5V 1V
.PARAM AMPLITUDE=.5V
V1 1 0 SIN(0V {AMPLITUDE} 30MEGHz 0s)
VC 11 0 12V
VE 12 0 -12V
Q1 4 2 61 QNL
Q2 5 3 62 QNL
Q3 6 7 12 QNL
Q4 7 7 12 QNL
RS1 1 2 50OHM
RS2 3 0 50OHM
RC1 4 11 1kOHM
RC2 5 11 1kOHM
RK1 61 6 .1kOHM
RK2 62 6 .1kOHM
RB 7 11 2.2kOHM
CK1 61 6 35pF
CK2 62 6 35pF
CL 4 5 .25pF
.MODEL QNL NPN (BF=80 RB=100 CCS=2pF TF=0.3ns TR=6ns
+CJE=3pF CJC=2pF VA=50)
.PROBE
.END
```

Liste 7.24: Eingabedaten zur Berechnung des frequenzabhängig gegengekoppelten Differenzverstärkers

Das im Zeitbereich erhaltene Ergebnis wird mit Hilfe der FFT in den Frequenzbereich transformiert. Die erhaltenen Spektren sind in Bild 7.69 zunächst für eine Eingangsspannung von 0,2 V aufgetragen. Damit in einem Diagramm das Spektrum der Eingangsspannung V_1 direkt mit dem der Ausgangsspannung V_{45} verglichen werden kann, wird die erstere mit dem Verstärkungsfaktor multipliziert und die letztere invertiert. Da allerdings für diese Umrechnung die Gleichspannungsverstärkung verwendet wurde und da bei der Frequenz von 30 MHz schon ein gewisser Verstärkungsabfall auftritt, verbleibt immer noch eine gewisse Differenz zwischen den beiden Grundschwingungen. Mit Hilfe der Marken C1 und C2 wird diese zu 5,5% bestimmt. Aus dem Ergebnis ist zu erkennen, daß bereits Verzerrungen in Form der zweiten (7,34 mV) und der dritten Oberschwingung (2,95 mV) auftreten. Deren Amplituden sind jedoch noch so gering, daß der Klirrfaktor k:

$$k = \frac{\sqrt{\hat{u}_2^{\,2} + \hat{u}_3^{\,2} + \ldots + \hat{u}_N^{\,2}}}{\sqrt{\hat{u}_1^{\,2} + \hat{u}_2^{\,2} + \hat{u}_3^{\,2} + \ldots + \hat{u}_N^{\,2}}} \approx \frac{\sqrt{\hat{u}_2^{\,2} + \hat{u}_3^{\,2} + \ldots + \hat{u}_N^{\,2}}}{\hat{u}_1} \qquad (7.31)$$

mit 0,45% meistens vernachlässigbar ist.

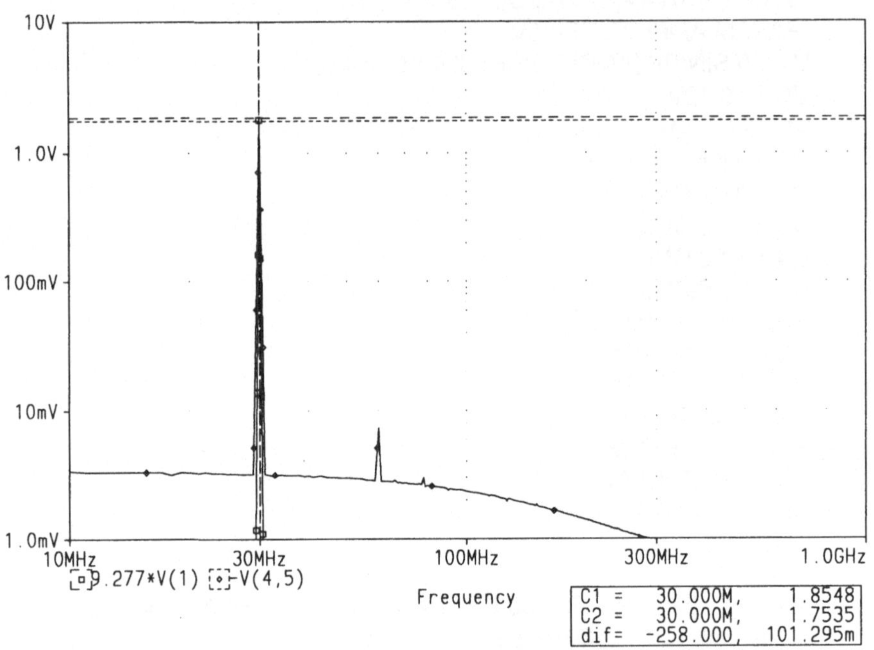

Bild 7.69: Großsignalverhalten des gegengekoppelten Differenzverstärkers; V_1 = 0,2 V; □ — 9,277·V_1, ◇ − -V_{45}

Das in Bild 7.70 für eine Eingangsspannung von 0,5 V dargestellte Ergebnis zeigt bereits höhere Verzerrungen zweiter und dritter Ordnung. Das Ergebnis muß aber mit der erhöhten Amplitude der Grundschwingung (4,3676 V) bewertet werden. Der Klirrfaktor ergibt sich damit zu 0,87%.

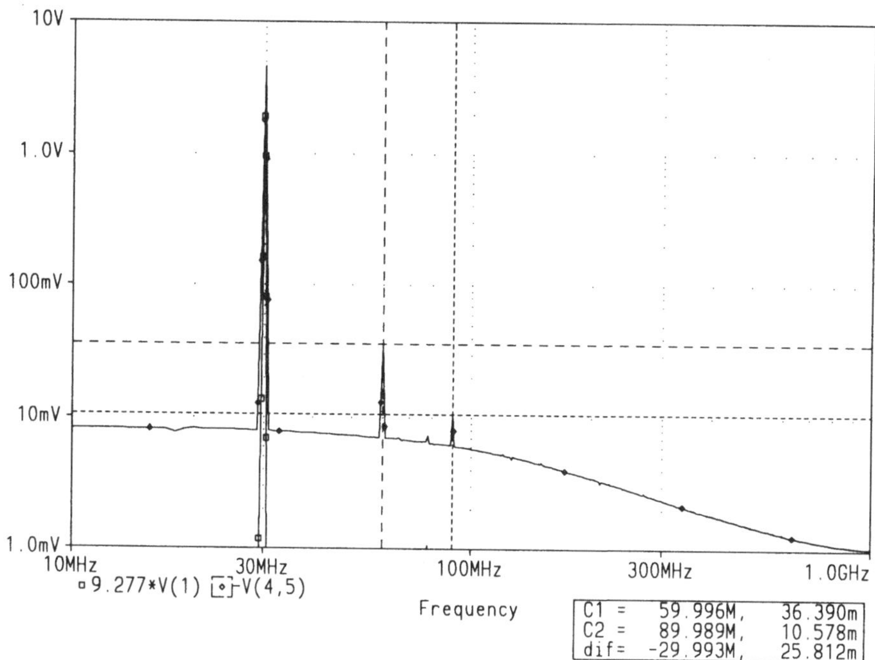

Bild 7.70: Großsignalverhalten des gegengekoppelten Differenzverstärkers; $V_1 = 0,5$ V; □ — $9{,}277 \cdot V_1$, ◇ — $-V_{45}$

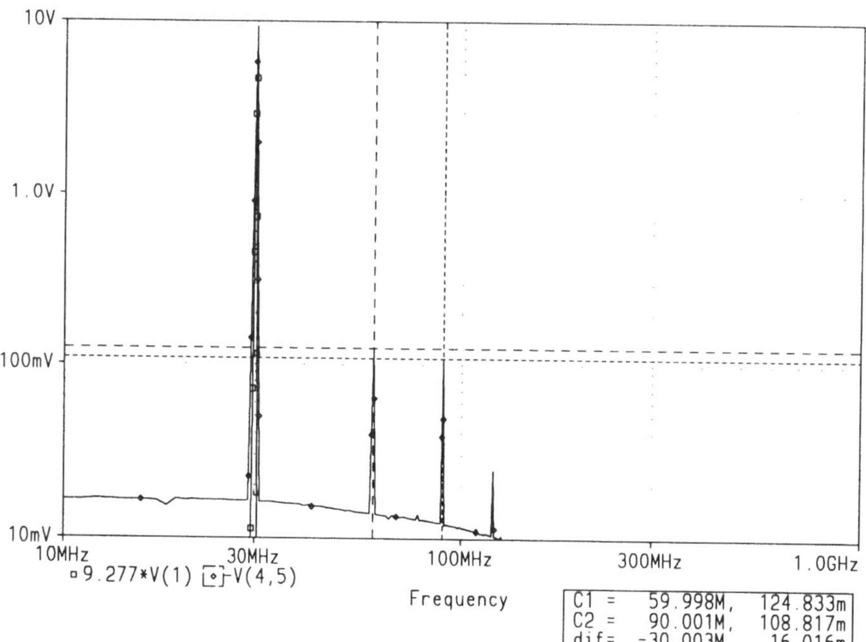

Bild 7.71: Großsignalverhalten des gegengekoppelten Differenzverstärkers; $V_1 = 1$ V; □ — $9{,}277 \cdot V_1$, ◇ — $-V_{45}$

Eine drastische Verschlechterung des Ergebnisses tritt allerdings bei einer auf 1 V erhöhten Eingangsspannung auf. Aus Bild 7.71 sind Verzerrungen bis zur vierten Ordnung zu erkennen, wobei vor allem der Anteil der dritten Ordnung zugenommen hat. Auch nach der Bewertung mit der ebenfalls erhöhten Amplitude der Grundschwingung (8,5348 V) ergibt sich nunmehr bereits ein Klirrfaktor von 1,94%, was für manchen Anwendungsfall nicht mehr akzeptabel sein kann.

Im Rahmen der vorgenannten insgesamt acht Berechnungsschritte wurde eine Optimierung des transienten Verhaltens der betrachteten einfachen Differenzverstärkerschaltung durchgeführt. Um die bei den einzelnen Berechnungsschritten erzielten sehr umfangreichen Ergebnisse im Vergleich noch besser bewerten zu können, sollen im folgenden die wichtigsten der berechneten Daten nochmals tabellarisch zusammengefaßt werden. Dies sind die Gleichstromdifferenzverstärkung G, die obere Grenzfrequenz f_c, die Anstiegszeit T_a, das Verstärkungs-Bandbreite-Produkt $G{\cdot}B$ ($G{\cdot}f_c$) und das Produkt aus Grenzfrequenz und Anstiegszeit $f_c{\cdot}T_a$.

Schaltung	G	f_c	T_a	$G{\cdot}B$	$f_c{\cdot}T_a$
ohne Gegenkoppl.	168,76	0,522 MHz	658,2 ns	88,16 MHz	0,344
Gegenkoppl. 100/1	62,29	0,822 MHz	421,4 ns	51,20 MHz	0,346
Gegenkoppl. 10/1	9,322	1,143 MHz	305,9 ns	10,65 MHz	0,350
zusätzlich I=10 mA	9,224	10,72 MHz	32,69 ns	98,84 MHz	0,350
zusätzlich C_L=1 pF	9,224	22,34 MHz	15,74 ns	206,0 MHz	0,352
zusätzlich C_K=50 pF	9,224	66,39 MHz	5,39 ns	612,3 MHz	0,358
zusätzlich C_L=.25 pF	9,224	71,42 MHz	4,86 ns	658,8 MHz	0,347
zusätzlich R_S=50 Ω	9,277	93,52 MHz	3,68 ns	867,6 MHz	0,344

Tabelle 7.2: Differenzverstärker, Zusammenfassung der Ergebnisse der Optimierung

Wenn man bedenkt, daß der erzielte Leistungsgewinn praktisch ohne Mehraufwand erreicht wurde, so ist die Verbesserung um so bemerkenswerter. Gleichzeitig wird deutlich, welches Entwicklungswerkzeug in derartigen numerischen Berechnungsverfahren liegt und wie gezielt sich dadurch die nach wie vor dringend benötigten experimentellen Untersuchungen durchführen lassen.

Literatur

1   P.M. Pflier, H. Jahn, G. Jentsch: Elektrische Meßgeräte und Meßverfahren; Springer-Verlag, Berlin Heidelberg New York 1978

2   M. Stöckl, K.H. Winterling: Elektrische Meßtechnik; B.G. Teubner-Verlag, Stuttgart 1978

3   The Design Center; Circuit Analysis - Reference Manual; MicroSim Corporation, Version 5.4, 1993

4   P. Tuinenga, SPICE: A Guide to Circuit Simulation and Analysis Using PSpice, Prentice-Hall, New Jersey 1992

5   E. Hoefer, H. Nielinger: SPICE; Springer-Verlag, Berlin Heidelberg New York 1985

6   D. Ehrhardt, J. Schulte: Simulieren mit PSPICE, Eine Einführung in die analoge Schaltkreissimulation; F. Vieweg-Verlag, Braunschweig 1992

7   U. Tietze, C. Schenk: Halbleiter-Schaltungstechnik; Springer-Verlag, Berlin Heidelberg New York 1993

8   G. D. Bishop: Einführung in lineare elektronische Schaltungen; F. Vieweg-Verlag, Braunschweig 1977

9   H. Germer, N. Wefers: Meßelektronik - Band 1 Grundlagen, Maßverkörperungen, Sensoren, Analoge Signalverarbeitung; A. Hüthig-Verlag, Heidelberg 1985

10 W. Klein, P. Dullenkopf, A. Glasmachers: Elektronische Meßtechnik - Meßsysteme und Schaltungen; B.G. Teubner-Verlag, Stuttgart 1992

11 R. Fritz: Elektronische Meßwertverarbeitung - Schaltungen und Systeme; A. Hüthig-Verlag, Heidelberg 1977

12 E. Schrüfer: Elektrische Meßtechnik - Messung elektrischer und nichtelektrischer Meßgrößen; C. Hanser-Verlag, München Wien 1992

13 E. Hölzler, H. Holzwarth: Pulstechnik - Band I Grundlagen; Springer-Verlag, Berlin Heidelberg New York 1975

14 H. Meinke, F.W. Gundlach: Taschenbuch der Hochfrequenztechnik; Springer-Verlag, Berlin Heidelberg New York 1992

15 W. Hilberg: Impulse auf Leitungen; R. Oldenbourg-Verlag, München Wien 1981

16 E. Döring: Werkstoffkunde der Elektrotechnik; F. Vieweg-Verlag, Braunschweig 1988

17 E. Hölzler, H. Holzwarth: Pulstechnik - Band II Anwendungen und Systeme; Springer-Verlag, Berlin Heidelberg New York 1984

18 W. Pfeiffer: Impulstechnik; C. Hanser-Verlag, München Wien 1976

19 H. Bertele: Leistungs-Impulstechnik; R. Oldenbourg-Verlag, Wien München 1976

20   The Design Center; Circuit Analysis - User´s Guide; MicroSim Corporation,
      Version 5.4, 1993

Sachverzeichnis

Unterschwingen, 6; 11; 222

Springer-Verlag und Umwelt

Als internationaler wissenschaftlicher Verlag sind wir uns unserer besonderen Verpflichtung der Umwelt gegenüber bewußt und beziehen umweltorientierte Grundsätze in Unternehmensentscheidungen mit ein.

Von unseren Geschäftspartnern (Druckereien, Papierfabriken, Verpackungsherstellern usw.) verlangen wir, daß sie sowohl beim Herstellungsprozeß selbst als auch beim Einsatz der zur Verwendung kommenden Materialien ökologische Gesichtspunkte berücksichtigen.

Das für dieses Buch verwendete Papier ist aus chlorfrei bzw. chlorarm hergestelltem Zellstoff gefertigt und im pH-Wert neutral.